清华计算机图书·译丛

Computational Geometry, Topology and Physics of Digital Images with Applications

数字图像的计算几何、拓扑和物理及其应用

[加] 詹姆斯·彼得斯（James F. Peters） 著

章毓晋 译

清华大学出版社
北京

北京市版权局著作权合同登记号　图字：01-2022-1569

图书在版编目（CIP）数据

数字图像的计算几何、拓扑和物理及其应用/（加）詹姆斯·彼得斯（James F. Peters）著；章毓晋译. —北京：清华大学出版社, 2023.5
（清华计算机图书译丛）
书名原文: Computational Geometry, Topology and Physics of Digital Images with Applications
ISBN 978-7-302-62691-6

Ⅰ. ①数…　Ⅱ. ①詹…　②章…　Ⅲ. ①数字图像处理　Ⅳ. ①TN911.73

中国国家版本馆 CIP 数据核字（2023）第 023852 号

责任编辑：龙启铭
封面设计：傅瑞学
责任校对：胡伟民
责任印制：沈　露

出版发行：清华大学出版社
网　　址：http://www.tup.com.cn, http://www.wqbook.com
地　　址：北京清华大学学研大厦 A 座　　邮　　编：100084
社 总 机：010-83470000　　邮　　购：010-62786544
投稿与读者服务：010-62776969，c-service@tup.tsinghua.edu.cn
质 量 反 馈：010-62772015，zhiliang@tup.tsinghua.edu.cn
课 件 下 载：http://www.tup.com.cn,010-83470236
印 装 者：三河市铭诚印务有限公司
经　　销：全国新华书店
开　　本：185mm×260mm　　**印　　张：**20.25　　**字　　数：**528 千字
版　　次：2023 年 6 月第 1 版　　**印　　次：**2023 年 6 月第 1 次印刷
定　　价：89.00 元

产品编号：094263-01

译 者 序

本书是一本介绍与图像和视频相关的计算几何学、拓扑学和物理学知识及其应用的书籍，也是从数学和物理的角度，对图像和视频的处理、分析、理解进行深入介绍的书籍。本书从学习图像技术的角度对计算几何学、拓扑学和物理学的相关内容进行了深入的探讨，一方面有助于信号与信息处理和计算机科学与技术等专业背景的人员加强对图像技术原理更深层的认识，另一方面也为数学和物理专业背景的人员进入图像技术和计算机视觉领域有很好的引导作用。

本书内容与同一作者先期出版的书籍——《计算机视觉基础》（已由同一译者翻译并由同一出版社出版）密切相关，可以看作那本书更加专业化的后续，其中还多次引用那本书中的方法和结论并进行深入介绍。这两本书的风格比较接近，都既有教材的特点（包括提供了大量例题和习题以及重要的算法程序，习题难度还分了不同的档次以方便选择使用），也有专著的特点（每章都介绍了研究前沿的相关成果）。本书还针对计算几何学、拓扑学和物理学的概念和术语，全面地介绍了许多深入学习或应用的参考文献和材料。

本书的学习需要一定的基础。对数学和计算机科学专业的读者，最好有些图像处理和分析或计算机视觉的基础。而对电子技术和计算机应用专业的读者，最好有些相关数学（如计算几何学和拓扑学）的基础。另外，具备一定的群论和量子力学基本概念也会有帮助。

从结构上看，本书共有 8 章正文和一个附录（词汇表），以及主题索引。全书共包括 137 节、5 小节。全书共有按章编号的图 205 幅、表格 13 个、定义 13 个、定理 48 个、引理 17 个、推论 2 个、命题 1 个、注释 2 个、例题 194 道、习题 143 道；此外还有按书编号的动机 2 个、算法 23 个、应用 2 个、历史注释 2 个；另外还总结了相关领域的开放问题 13 个。全书译文 50 多万字。本书可作为相关专业本科生和其他专业研究生深入学习图像技术课程的教材和参考资料，也可供从事相关领域科技开发和应用的技术人员自学和科研使用。

本书的翻译基本忠实于原书的描述结构和文字风格。对原书中的明显印刷错误，直接进行了修正。将没有按文中引用顺序编号的图和算法均根据文中引用顺序进行了重排。另外，对原书附录的词汇表和书后的主题索引，都重新按照中文拼音顺序进行了排列，以方便读者查阅。最后，根据中文书籍规范，将矢量和矩阵均改用了粗斜体标注。

感谢清华大学出版社编辑的精心组稿、认真审阅和细心修改。

最后，译者感谢妻子何芸、女儿章荷铭在各方面的理解和支持。

章毓晋

2022 年元旦

通信：北京清华大学电子工程系，100084

邮箱：zhang-yj@.tsinghua.edu.cn

主页：oa.ee.tsinghua.edu.cn/~zhangyujin/

前　言

本书介绍数字图像和视频帧图像序列中计算几何学、拓扑学和物理学的内容。Edelsbrunner [1]的网格生成几何和 Ziegler [2]的多胞形几何为本书所研究的三角视觉场景的几何结构提供了**计算几何学**方法的坚实基础。**平面多胞形**是由覆盖多边形内部的闭合半平面相交所定义的填充多边形。此外，可以在 Peters [3]的计算机视觉几何基础中找到本书中对计算几何的介绍。它是由亚历山德罗夫[4，5]（由 Cooke 和 Finney [6]巧妙地扩展和阐述）、Borsuk [7，8，9]所引入的单元复合形拓扑结构，最近由 Edelsbrunner 和 Harer 提出的这种拓扑结构[10]以及由 Munch [11]在持久性同源性方面的工作为视觉场景的**计算拓扑学**的介绍性研究提供了坚实的基础。这种拓扑形式探索了视觉场景中常见的构造、形状和结构。结合视觉场景的固有几何和拓扑结构，则需要考虑对视频中记录的结构和事件产生的计算物理学以及随之而来的关于光的精细结构的敏感性。Nye [12]介绍了我们所关注的光和光焦散的精细结构。对光焦散的考虑导致了突变理论和光焦散折叠和尖端的出现，从而在三角化数字图像中引入了光学涡旋神经。在这种情况下，**计算物理学**与在视频帧图像中光结构的编排研究是同义词。这种光结构的编排表现为一系列从表面形状反射和折射的光的快照，为研究视觉场景中出现的结构和形状提供了坚实的基础。

研究图像目标形状在视频帧图像序列以及记录视觉场景中表面形状变化的照片序列中的持久性非常重要。表面形状会出现、经历各种光线和表面条件的变化、并最终消失。人们通常倾向于在视觉场景中寻找不寻常的物体（自然的和人工的），这是一种对视觉场景中连续变化和观察到的成分的瞬间持久性的默认认识。换句话说，重要的是需考虑**视觉场景形状的时空特性**。这既指对视觉场景的理解不仅包括对视觉场景的几何和拓扑的研究，也包括对光物理学、光子在视觉场景中与曲面碰撞的特性和能量的考虑。

如果考虑对表面形状的描述和从照片中（特别是在视频帧图像中）记录的表面形状反射的光，**物理学**就会进入图像。计算机工程也通过对光子学和反射光捕获设备的研究而进入图像。就数字图像的物理学而言，能量的变形特性很重要。有关这种能量观点的更多信息，请参见 Susskind [13，§7，p.126]。

计算几何学有助于捕获嵌入在图像目标形状中的细粒度结构。计算拓扑学能够捕捉和分析嵌入在三角化视觉场景几何结构中的**单元复合形**（顶点、线段、填充三角形、循环、涡旋、神经的集族）里发现的近邻（参见 Peters [14，15]）。单元复合形的同源性（亚历山德罗夫拓扑学方法的后代[4]）在这里是一个重要的组成部分。**同源性**是一个数学框架，它关注空间是如何连通的，并利用代数结构，如群和映射，将空间中具有拓扑意义的子集相互联系起来[10，§IV.1，p.79]。

群 G 是一个非空集，它配备了一个结合的二元运算$\circ$，其中有一个恒等元素 e 并且 G 中的每个成员 a 都有一个逆 b，即 $a \circ b = e$。**循环群** H 是这样一个群，其中 G 的每个成员都可以写成称为生成元的单个元素的正整数幂。一个循环群是**阿贝尔群**，只要对于 G 中的每对元素，都有 $a \circ b = b \circ a$。**自由阿贝尔群**是一个有多个生成元的阿贝尔群，即该群中的每个元素都可以写成$\Sigma_i g_i$，这里生成元 g_i 都在 G 中。从同源性观点对循环群的介绍可参见 Giblin [16，A.1，p.216]。

实际上，同源性是洞察视觉场景中的各个部分如何相互连通的来源。循环群有助于以简洁的方式表示视觉场景中的各个部分是如何相互连通并接合在一起的。具有多个生成元的循环群也是指定感兴趣表面形状的重要特征的一个来源，该特征即**贝蒂数**（Betti number，自由阿贝尔群中生成元数量的计数）。H. Poincaré 根据文章[17]为纪念 Enrico Betti 命名了这个数。数字图像的计算几何学、拓扑学和物理学的重点是有限空间。

贝蒂观察到，有限空间具有与其维度大小和元素形状无关的属性。这些属性仅指其**各部分的连通方式**……[17，§3，p.143]。有限有界空间区域的特性倾向于通过覆盖空间的单元复合形中的通道所连通的顶点来揭示。（例如，参见覆盖由图 1 中的表面形状占据的有界区域的通道的连通涡旋）。有关这方面的更多信息，请参见 Tucker 和 Bailey [18]、Salepci 和 Welshinger [19]以及 Pranav、Edelsbrunner、van de Weygaert 和 Vegter [20]。

图 1　覆盖形状的嵌套、非重叠涡旋

Kaczynski、Mischaikov 和 Mrozek [21]对同源性的计算方法进行了深入研究。这里的重点是辨别和跟踪、分析和表达以及近似移动表面形状的接近性。为了应对一个视觉场景中（从一个视频帧图像到另一个视频帧图像）的连续形状变化，描述性邻近空间上的特征矢量为我们提供了一种表示形状变化的方法，这些变化要么彼此靠近，要么有时相距很远。有关这方面的更多信息，请参阅 Di Concilio、Guadagni、Peters 和 Ramanna [22]。

什么是平面上的表面形状？

☕平面上的**表面形状**是欧氏平面上由简单封闭曲线（形状轮廓）限定的具有非空内部（形状内容）的有限区域。

在欧氏平面中，几何结构包括顶点、线段和实心三角形（三边多面体）。**多胞形**是封闭半平面的交集[2]。单个多胞形是一个空间区域，内部充满，四周都有边界。在拓扑设置中，重点是将视觉场景区域分解为非常简单的多胞形，例如易于测量和分析的填充三角形。这种拓扑的基本成分是单纯复合形、形状理论和持久同源性。

这项工作背后的秘密是将封闭的数字图像区域分解成一组形状复合形，这些形状复合形为形状分析提供了基础。**形状复合形**用嵌套的，通常不重叠的涡旋集族（参见图 1）对形状进行覆盖。图 2(b)中显示了对图 2(a)[1]中那不勒斯花卉的部分三角剖分样本的分解。最终结果是用例如花瓣与填充三角形（单纯复形）的集族对图像场景形状的覆盖。在每个复合形中构成神经结构的三角形集族具有共同的顶点。例如，图 2(b)中覆盖白花的复合形为我们提供了一种测量、比较、描述和分类花瓣所占据**场景片段**的方法。一般来说，形状分析的目标是分类、比较、量化异同，并测量形状之间的距离[23]。在本书中，重点是计算拓扑在视觉场景形状分析中的应用。

(a) 视觉场景

(b) 形状复杂性

图 2 覆盖场景形状的单纯复形样本

对于三角化视觉场景中的单元复合形，场景形状被称为神经复合形（参见图 3）的填充三角形簇所覆盖。设 K 是点集的有限集族。集族 K 的**神经**（用 Nrv K 表示）由 K 的所有非空子集族组成，这些子集族具有非空交集[10，§III.2，p.9]。每条神经都有其独特的形状。例如，图 2(b)中覆盖花部分的神经的形状来自围绕单个顶点的填充三角形。在三角化表面上，**亚历山德罗夫神经复合形** A（用 Nrv A 表示）是具有公共顶点的三角形集族[4，§33，p.39]（参见图 4）。

图 3 样本重叠的神经复合形

图 4 亚历山德罗夫神经复合形

本书不仅介绍了数字图像中的计算几何学、拓扑学和物理学的基础知识，而且还给出了许多实际应用。应用包括：

应用 1：单元分裂轨迹：3.13 节，应用 3.13。

1 非常感谢 Arturo Tozzi 的这张照片。

应用 2：最大重心星状神经：4.3 节，应用 4.3。

应用 3：跟踪视频帧图像形状的变化：4.13 节。

应用 4：法医学形态理论中的光学涡流神经：4.14 节。

应用 5：时空涡旋循环：重叠电磁涡旋：5.7 节，应用 5.7。

应用 6：嵌套非同心涡旋特征矢量集族的比较：5.11 节，应用 5.11。

应用 7：基于强描述性连通性的零镜头识别：5.13 节，应用 5.13。

应用 8：物理目标形状分类中的描述近似性：6.5 节，应用 6.5。

应用 9：视频帧图像中形状的近似描述性接近度：7.8 节，应用 1。

应用 10：视频中尖端神经系统形状分类的近似描述接近度：8.13 节，应用 2。

本书中的章节源于我在过去几年中为本科生和研究生讲授的计算机视觉课程的笔记。本书中的许多主题得益于我与一些研究人员、研究生和博士后的讨论和交流，特别是 Sheela Ramanna、Somashekhar Amrith Naimpally（1931—2014）[24, 25]，Anna Di Concilio [26, 27]，Clara Guadagni [28, 29]，Luigi Guadagni、Fabio Marino、Giuseppe Di Maio、Giuseppe Gerla [30]，Gerald (Jerry) Beer、Arturo Tozzi [31]，Romi Tozzi（斐波那契数 8 和∞）和鼓舞人心的 Vittorio Tozzi、Andrew Worsley [32, 33, 34]，Alexander Yurkin [35]，Ebubekir İnan [36, 37, 38, 39, 40, 41]，Mehmet Ali Özturk [42, 43, 44]，Mustafa Uçkun [43]，Özlem Tekin [44]，Orgest Zaka [45]，Brent Clark（阿基米德世界移动支点的回声），Zdzisław Pawlak [46, 47, 48]，Andrzej Skowron [49, 50]，Jarosław Stepaniuk、Jan G. Bazan、Marcin Wolski [51]，Piotr Wasilewski、Ewa Orłwoska、W. Pedrycz、William (Bill) Hankley（时间逻辑），David A. Schmidt（集合理论），Joe Campbell、Rich McBride、Iraklii Dochviri [52, 53]，Hemen Dutta [54]，Maciej Borkowski、Surabhi Tiwari、Sankar K. Pal、Cenker Sengoz、Doungrat Chitcharoen、Chris Henry [55, 56, 57]，Dan Lockery 以及 M. Zubair Ahmad、Arjuna P.H. Don、Maxim Saltymakov、Enoch A-iyeh、Randima Hettiarachchi、Dat Pham、Braden Cross、Homa Fashandi、Diba Vafabakhsh、Amir H. Meghdadi、Enze Cui、Liting Han、Fatemeh Gorgannejad、Maryam Karimi 和 Susmita Saha。

我还要感谢 M. Zubair Ahmad、Sheela Ramanna 和 Fatemeh Gorgannejad，他们对本书的部分内容提供了非常有帮助的见解、建议和更正。

本书的目标读者是工程、数学和物理科学的三年级和四年级本科生、一年级研究生，以及计算几何学、拓扑学、物理学、数字图像处理和计算机视觉领域的研究人员。对每个主要章节主题，给出了相关的算法。以下符号用于表示各章习题的难度级别：

🚲：快速、易于解决；

☕：深入、全面。

温尼伯，加拿大　　　　詹姆斯 F.彼得斯

参考文献

1. Edelsbrunner, H.: Geometry and topology for mesh generation. In: Cambridge Monographs on Applied and Computational Mathematics, vol. 7, pp. xii+177. Cambridge University Press, Cambridge, UK (2001), Zbl 1039.55001
2. Ziegler, G.: Lectures on polytopes, In: Graduate Texts in Mathematics, vol. 152. pp. x+370. Springer, New York (1995). ISBN: 0-387-94365-X, MR1311028
3. Peters, J.: Foundations of computer vision. In: Computational Geometry, Visual Image Structures and Object Shape Detection, Intelligent Systems Reference Library, vol. 124, pp. i-xvii, 432. Springer International Publishing, Switzerland (2017). https://doi.org/10.1007/978-3-319-52483-2, Zbl 06882588 and MR3768717
4. Alexandroff, P.: Elementary concepts of topology, 63pp., Dover Publications, Inc., New York (1965). In: Translation of Einfachste Grundbegriffe der Topologie, Springer, Berlin (1932), translated by Alan E. Farley, Preface by D. Hilbert, MR0149463
5. Alexandroff, P.: Über den algemeinen dimensionsbegriff und seine beziehungen zur elementaren geometrischen anschauung. Math. Ann. 98, 634 (1928)
6. Cooke, G., Finney, R.: Homology of cell complexes. In: N.E. Steenrod, (ed.) Based on lectures by Princeton University Press and University of Tokyo Press, Princeton, N.J., USA; Tokyo, Japan, pp. xv+256 (1967), MR0219059
7. Borsuk, K.: On the imbedding of systems of compacta in simplicial complexes. Fund. Math. 35, 217–234 (1948), MR0028019
8. Borsuk, K.: Theory of shape. Monografie matematyczne, Tom 59. In: Mathematical Monographs, vol. 59, PWN—Polish Scientific Publishers (1975), MR0418088. Based on K. Borsuk, Theory of shape, Lecture Notes Series, No. 28, Matematisk Institut, Aarhus Universitet, Aarhus (1971), MR0293602
9. Borsuk, K., Dydak, J.: What is the theory of shape? Bull. Austral. Math. Soc. 22(2), 161–198 (1980), MR0598690
10. Edelsbrunner, H., Harer, J.: Computational topology. An introduction. Amer. Math. Soc., Providence, RI pp. xii+241 (2010). ISBN: 978-0-8218-4925-5, MR2572029
11. Munch, E.: Applications of persistent homology to time varying systems. Ph.D. thesis, Duke University, Department of Mathematics (2013). Supervisor: J. Harer, MR3153181
12. Nye, J.: Natural focusing and fine structure of light. Caustics and dislocations, pp. xii+328. Institute of Physics Publishing, Bristol (1999), MR1684422
13. Susskind, L.: The Black Hole War, pp. 470. Back Bay Books, New York, NY, USA (2008)
14. Peters, J.: Proximal planar shape signatures. Homology nerves and descriptive proximity. Advan. Math: Sci. J. 6(2), 71–85 (2017), Zbl 06855051
15. Peters, J.: Proximal planar shapes. Correspondence between triangulated shapes and nerve

complexes. Bull. Allahabad Math. Soc. 33, 113–137 (2018), MR3793556, Zbl 06937935, Review by D. Leseberg (Berlin)

16. Giblin, P.: Graphs, Surfaces and Homology, pp. Xx+251, 3rd edn. Cambridge University Press, Cambridge, GB (2016). ISBN: 978-0-521-15405-5, MR2722281, first edition in 1981, MR0643363
17. Betti, E.: Sopra gli spazi di un numero qualunque di dimensioni [italian]: above the spaces of any number of dimensions. Annali di Matematica Pura ed Applicata 4(1), 140–158 (1870)
18. Tucker, W., Bailey, H.: Topol. Sci. Am. 182(1), 18–25 (1950). http://www.jstor.org/stable/24967355
19. Salepci, N., Welshinger, J.Y.: Tilings, packings and expected betti numbers in simplicial complexes. arXiv 1806(05084v1), 1–28 (2018)
20. Pranav, P., Edelsbrunner, H., van de Weygaert, R., Vegter, G.: The topology of the cosmic web in terms of persistent betti numbers. Mon. Not. R. Astron. Soc. 1–31 (2016). https://www.researchgate.net
21. Kaczynski, T., Mischaikov, K., Mrozek, M.: Computational homology, Appl. Math. Sci. 157, pp. xvii+480. Springer, New York, NY (2004). ISBN 0-387-40853-3/hbk, Zbl 1039.55001
22. Concilio, A.D., Guadagni, C., Peters, J., Ramanna, S.: Descriptive proximities. Properties and interplay between classical proximities and overlap. Math. Comput. Sci. 12(1), 91–106(2018), MR3767897, Zbl 06972895
23. Zeng, W., Gu, X.: Ricci flow for shape analysis and surface registration. theories, algorithms and applications, pp. Xii+139. Springer, Heidelberg (2013). ISBN: 978-1-4614-8780-7, MR3136003
24. Beer, G., Di Concilio, A., Di Maio, G., Naimpally, S., Pareek, C., Peters, J.: Somashekhar naimpally, 1931–2014. Topol. Appl. 188, 97–109 (2015). http://doi.org/10.1016/j.topol.2015.03.010, MR3339114
25. Peters, J., Naimpally, S.: Applications of near sets. Notices Am. Math. Soc. 59(4), 536–542 (2012). http://doi.org/10.1090/noti817, MR2951956
26. Concilio, A.D., Guadagni, C.: Bornological convergences and local proximity spaces. Topol. Appl. 173, 294–307 (2014), MR3227224
27. Concilio, A.D., Guadagni, C., Peters, J., Ramanna, S.: Descriptive proximities i: properties and interplay between classical proximities and overlap. Math. Comput. Sci. 12(1), 91–106 (2018), ArXiv 1609.06246v1, MR3767897
28. Peters, J., Guadagni, C.: Strongly proximal continuity & strong connectedness. Topol. Appl. 204, 41–50 (2016), ArXiv 1504.02740, MR3482701
29. Guadagni, C.: Bornological convergences on local proximity spaces and xl- metric spaces. Ph.D. thesis, pp. 79. Università degli Studi di Salerno, Salerno, Italy (2015). Supervisor: A. Di Concilio
30. Concilio, A.D., Gerla, G.: Quasi-metric spaces and point-free geometry. Math. Struct. Comput. Sci. 16(1), 115–137 (2006), MR2220893

31. Peters, J., Tozzi, A.: Quantum entanglement on a hypersphere. Int. J. Theor. Phys. 55(8), 3689–3696 (2016), Zbl 1361.81025, MR3518899
32. Worsley, A.: Harmonic quintessence and the derivation of the charge and mass of the electron and the proton and quark masses. Phys. Essays 24(2), 240–253 (2011). https://doi.org/10.4006/ 1.3567418
33. Worsley, A.: The formulation of harmonic quintessence and a fundamental energy equivalence equation. Phys. Essays 23(2), 311–319 (2010). https://doi.org/10.4006/1.3392799
34. Worsley, A., Peters, J.: Enhanced derivation of the electron magnetic moment anomaly from the electron charge from geometric principles. Appl. Phys. Res. 10(6), 24–28 (2018). https://doi.org/10.5539/apr.v10n6p24
35. Yurkin, Peters, J., Tozzi, A.: A novel belt model of the atom, compatible with quantum dynamics. J. Sci. Eng. Res. 5(7), 413–419 (2018)
36. İnan, E.: Approximately groups in proximal relator spaces. Commun. Fac. Sci. Univ. Ank. Ser. A1. Math. Stat. 68(1), 572–582 (2019), MR3827537
37. Peters, J., İnan, E.: Strongly proximal edelsbrunner-harer nerves. Proc. Jangjeon Math. Soc. 19(3), 563–582 (2016), MR3618825
38. İnan, E., Öztürk, M.: Near groups on nearness approximation spaces. Hacettepe J. Math. Stat. 41(4), 545–558 (2012), MR3060371, MR3241196
39. Peters, J., İnan M.A. Öztürk, E.: Monoids in proximal banach spaces. Int. J. Algebra 8(18), 869–872 (2014)
40. Peters, J., İnan M.A. Öztürk, E.: Spatial and descriptive isometries in proximity spaces. Gen. Math. Notes 21(2), 125–134 (2014)
41. Öztürk, M., Uçkun, M., İnan, E.: Near groups of weak cosets on nearness approximation spaces. Fund. Inform. 133(4), 443–448 (2014), MR3285076
42. Peters, J., Öztürk, M.A., Uçkun M.: Exactness of homomorphisms on proximal groupoids. Fen Bilimleri Dergisi X(X), 1–14 (2014)
43. Peters, J., Öztürk, M., Uçkun, M.: Klee-phelps convex groupoids. arXiv 1411(0934), 1–5 (2014). Published in Mathematica Slovaca 67 (2017), no. 2.397–400
44. Öztürk, M., İnan, E., Tekin, O., Peters, J.: Fuzzy proximal relator spaces. Neural Comput. Appl. (2018). https://doi.org/10.1007/s00521-017-3268-1
45. Zaka, O., Peters, J.: Isomorphic-dilations of the skew-fields constructed over parallel lines in the desargues affine plane. arXiv 1904(01469), 1–15 (2019)
46. Pawlak, Z.: Classification of objects by means of attributes. Pol. Acad. Sci. PAS 429 (1981)
47. Orłowska, E., Peters, J., Rozenberg, G., Skowron, A.: In memory of professor zdzisław pawlak. Fund. Inform. 75(1–4), vii–viii (2007), MR2293685
48. Peters, J.: How near are Zdzisław Pawlak's paintings? Study of merotopic distances between digital picture regions-of-interest. In: A. Skowron, Z. Suraj (eds.) Rough Sets and Intelligent Systems, pp. 89–114. Springer (2012)

49. Peters, J., Skowron, A., Stepaniuk, J.: Nearness of visual objects. Application of rough sets in proximity spaces. Fundam. Inf. 128(1–2), 159–176 (2013), MR3154898
50. Peters, J., Skowron, A., Stepaniuk, J.: Nearness of objects: Extension of approximation space model. Fundam. Inf. 79(3–4), 497–512 (2007), MR2346263
51. Wolski, M.: Toward foundations of near sets: (pre-)sheaf theoretic approach. Math. Comput. Sci. 7(1), 125–136 (2013), MR3043923
52. Dochviri, I.: On submaximality of bitopological saces. Kochi J. Math. 5, 121–128 (2010), MR2656713, Zbl 1354.54027
53. Dochviri, I., Peters, J.: Topological sorting of finitely many near sets. Math. Comput. Sci. 10 (2), 273–277 (2016), Zbl 1345.54020, MR3507604
54. Peters, J., Dutta, H.: Equivalence of planar ˇCech nerves and complexes. Natl. Acad. Sci. Lett. (2019). https://doi.org/10.1007/s40009-019-0790-y, ISSN 2250-1754
55. Henry, C.: Near sets: Theory and applications. Ph.D. thesis, Univ. of Manitoba, Dept. Elec. Comp. Engg. (2010). http://130.179.231.200/cilab/. Supervisor: J.F. Peters
56. Henry, C., Ramanna, S.: Signature-based perceptual nearness: application of near sets to image retrieval. Math. Comput. Sci. 7(1), 71–85 (2013), MR3043919
57. Henry, C., Ramanna, S.: Quantifying nearness in visual spaces. Cybern. Syst. 44(1), 38–56 (2013)

目　　录

表 格 目 录

第 1 章　视觉场景中的计算几何学、拓扑学和物理学

本章介绍视觉场景中的计算几何学、拓扑学和物理学。在所有这三种情况下，数学都辅以算法，以对视觉场景快照中发现的物理形状的分析、比较和分类提供基础。**计算几何学**是一种配备大量分步方法的几何学，可将几何学的经典形式提升到一个在从视觉场景中用多边形平铺的物理形状里提取有用信息时非常实用的水平。计算几何学的根基是算法形式的拓扑。**计算拓扑学**结合了逐步方法（算法），在确定非空单元复合形集合的接近性或分离性时很有用。一种自然的方法[1]是构建一个连通到种子点（顶点）的单元复合形，作为数字图像中底层形状的代理。构建这样的**单元复合形**（连通的顶点、边缘和实心三角形）以覆盖图像，并且可以根据覆盖形状的单元复合形来检测、比较、分析和分类图像形状的接近性。这里的基本方法是提取图像形状的固有结构，否则这些结构将被隐藏，或者至少在对数字图像的随意视觉扫描中不被人们注意。**计算物理学**是物理学的算法方法。在考虑确定电磁波谱可见部分中的像素的波长、像素的粒子特征（例如能量和色调角、饱和度和值）的方法时，将这种物理形式引入了图像，这些方法应用在视频帧图像序列中。

1.1　引　　言

先从绘制在视觉场景图像上的单元复合形开始，这为我们提供了近似表面形状的方法。在平面中，**单元复合形**是相互连接的顶点和边的集族。我们所说的三角形是边相互连接的自然结果。本章中的拓扑部分侧重于与单元复合形接近的平面视图，这些单元复合形是一组通道连接的顶点。整个想法是找到将边连通到顶点的方法，使它们形成简单的闭合曲线，以覆盖和重叠表面形状的边界（例如，参见图 1.1 和图 1.2 中的单元复合形）。

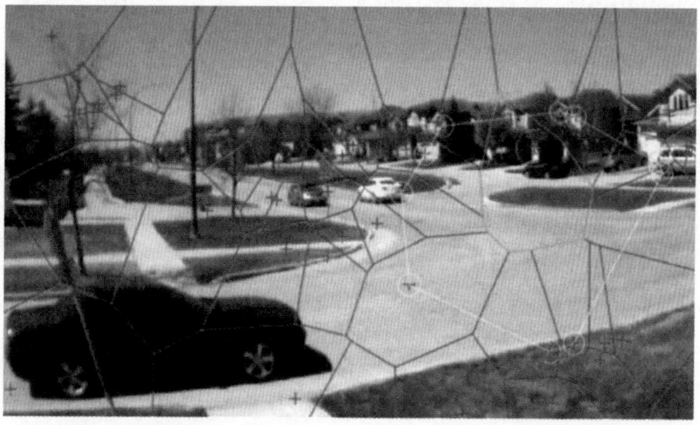

图 1.1　镶嵌视觉场景中绿色核多边形上的黄色涡旋

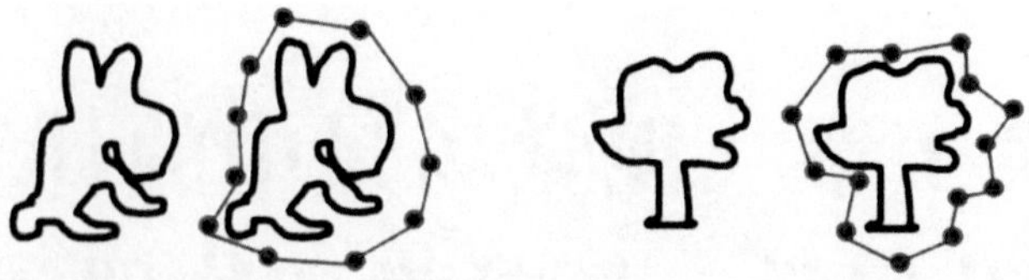

(a) 填充简单闭合曲线覆盖兔子形状 (b) 填充简单闭合曲线覆盖树形状

图 1.2 简单闭合覆盖面形状示例

闭合曲线是没有端点并完全包围平面区域的曲线[2]。**简单闭合曲线**是没有环（自相交）的闭合曲线。**填充简单闭合曲线**是具有非空内部的简单闭合曲线，其中可能有孔也可能没有孔。图 1.2 显示了填充简单闭合曲线覆盖熟悉形状的单元复合形的两个示例。每条简单闭合曲线都满足乔丹曲线定理。

定理 1.1 （乔丹曲线定理）

平面上一条简单闭合曲线将平面分成两个区域并构成它们的公共边界。 ■

引理 1.2 （[4]，p.2）

有限平面形状轮廓将平面分成两个不同的区域。 ■

路径连通的顶点在围绕任何平面形状轮廓的此类曲线的集族中形成简单闭合曲线，构成所谓的平面涡旋复合形。从引理 1.2，可以得到以下结果。

定理 1.3 （[4]，p.2）

有限平面涡旋复合形是一个表面形状上的非同心嵌套形状的集族。 ■

由路径连通的顶点集族构成的简单闭合曲线称为**循环骨架**，它们根据彼此的接近度进行比较。算法拓扑（又名**计算拓扑**）的优雅形式可以根据非常简单的几何结构（例如顶点、边和填充多边形以及在物理形状上绘制的已知边界和内部）的交集（重叠）来理解不规则的物理形状。计算几何为有兴趣探索出现在工作空间中的结构的连通性的拓扑学家提供了一个方便的工具箱。由于希望考虑视觉场景的摄影记录能告诉我们关于物理世界的那些信息，因此将我们对几何学和拓扑学的了解与物理学结合是有意义的。

几何学、拓扑学和物理学的链接

我们所想到的物理学可以在传统的电磁系统方法中找到，例如 Baldomir 和 Hammond[5]、Zangwill[6]以及 Nye[7]中的光学焦散。**电磁学**的研究侧重于电磁场及其与物质的相互作用[6，2.5.1 节，p.46f]。**电磁场**是由带电物体产生的物理场。几何学、拓扑学和物理学有着悠久而辉煌的历史，这些历史证明了考虑物理结构之间相互作用的几何学和拓扑学的重要性，这些物理结构被大量不同波长的光子轰击物理表面和重叠覆盖表面的单元复合形所照亮（如可参阅 Nakahara [8]，他考虑了量子物理和同源群（代数拓扑）之间的相互作用，包括有限生成的循环群和从单元复合形导出的自由阿贝尔群）。例如，可以在 Worsley 和 Peters[9]中找到几何学在物理学中的重要性的证据。

1.2　镶嵌平面有限有界区域

可以用不重叠的多边形覆盖平面有限有界区域来镶嵌该区域。镶嵌中的多边形集族是单元复合形的示例。

例 1.4　（视频帧图像中的镶嵌视觉场景）

一个视频帧图像中的镶嵌视觉场景如图 1.1 所示。此镶嵌中的每个多边形都是相对于由“+”表示的种子点而构建的。■

镶嵌多边形是填充多边形

镶嵌区域上的每个多边形的边都是覆盖多边形内部的半平面的一部分。实际上，每个**镶嵌多边形**都是一族闭合半平面的交集。**闭合半平面**包括其边界。这意味着每个镶嵌多边形都是一个填充多边形，例如填充八边形。有关这方面的更多信息，请参阅 1.3 节。

一个非常简单的**单元复合形**是一族连通的单元，例如在它们之间附加线段的顶点。单元复合形可用于覆盖具有不规则形状的未知物理形状以及具有可测量形状的几何结构。这种方法解决了测量具有不规则轮廓和占据典型视觉场景的非常复杂的表面以及难以捉摸的内部的物理形状的问题。实际上，通过结合几何学和拓扑学以及算法，我们获得了记录物理形状的易于处理的视图，从而可以分析、近似、测量、比较、聚类和分类。

如此，几何学和拓扑学都融入了计算方法，从而可以对各种形式捕获的视觉场景进行可重复的实验。表 1.1 给出了在介绍视觉场景图像上网格覆盖的几何学、拓扑学和物理学内容时所使用的初始符号。这些符号提供了一种速记形式和方法，可以突出显示单个快照和视频帧图像中所记录的、通常称为表面形状的不寻常之处。例如，我们写作 sh$A$ 而不是写作形状 A，以引起读者注意那些在网格覆盖的图像子区域中所发现的形状的不寻常特征。

表 1.1　一些计算几何学、拓扑学和物理学符号

符号	含义	符号	含义
MNC	最大核聚类，见 1.3 节和附录 A.23 节	$\mathcal{P}_{pq}$	p 和 q 之间的路径
$V(s)$	s 的沃罗诺伊区域	Nrv$E$	神经复合形 E，见 1.7.1 小节
$\|p-q\|$	从 p 到 q 的距离	f：$A\mapsto B$	f 映射 A 到 B
$\bigcup_{s\in S} V(s)$	$V(s)$的并集	πA	半平面 A
sh$A$	形状 A，见 1.2 节	$K_{1.5}$	用孔填充△
CW	闭合弱拓扑，见 1.27 节和 2.4 节	cyc$A$	1-循环 A
vcyc$A$	涡旋循环 A	λ，λ_p	波长，见 1.25 节
▲	填充的三角形	sk$E$	骨架 E，见 1.12 节

在表 1.1 中，粒子 p 的波长符号λ_p来自量子力学。有关从量子力学角度对光子波长的介绍，请参阅 Susskind 和 Friedman[10，8.2 节，pp.258-260]。有关光子波长的更多信息，请参阅附录 A 中的 A.8 节。

在数字图像中，通常称谓的像素（图像元素，即图像中的最小子区域）隐藏了这样一个事实，即与光学传感器碰撞的光子（光粒子）的波长记录在图像像素中。进一步推进这种像素观点，当我们在构建叠加在视觉场景上的单元复合形中选择一组**种子点** S 时，是在挑选从视觉场景表面反射的粒子（光子）的记录波长。在我们使用 S 中的种子点进行镶嵌（用填充多边形覆盖视觉场景）或三角剖分（用填充三角形覆盖视觉场景）后，可以期待在场景形状的边界和内部构建线骨架。

此类线骨架中的顶点具有粒子解释并具有物理意义。我们最终得到的**骨架边缘**是细丝（3-D 管的复制品），它们在视觉场景中以环形方式缠绕。在这种情况下，骨架细丝下方的 3-D 管是光子流。我们最终得到的**顶点**是具有特定波长的粒子（光子）的复制品，这些粒子从视觉场景表面反射并与数码相机中的光学传感器发生碰撞。换句话说，视觉场景图像的几何结构具有潜在的物理特性。有关这方面的更多信息，请参阅 Gruber 和 Wallner[11，3.2 节，pp.107-108]。有关三角化视觉场景图像方面的更多信息，请参阅 1.22 节。

我们考虑封装在单个静止镜头和视频帧图像中的视觉场景，这些视频的帧图像是由手机、手持网络摄像头和飞行在地形表面的无人机相机等设备捕获的。例如，特定邻域交通视觉场景中的物理形状用多边形平铺（镶嵌），多边形的边是相对于捕获场景中的选定点（称为种子点）的位置形成的。种子点是视觉场景快照中具有特定波长的特定光点。在视觉场景中寻找有意义的表面形状几何图形所做的一切都取决于对种子点的良好选择。好的种子点是位于表面形状内部或边界上的光点。

场景平铺中的每个多边形都是一个鸽笼（即称为核的可观察表面隔间），包含视觉场景的镶嵌有限有界区域中的整个表面形状和表面形状的片段。**铺片**是填充的多边形。有限有界平面区域 X 的**平铺**是 X 的覆盖，它是具有成对非重叠内部的平铺并集的子集。设 T_i 是 X 覆盖中的一个铺片，那么 X 的平铺定义为

$$X \subseteq \overbrace{\bigcup_{i\geqslant 1} T_i}^{\text{X的样本拼贴}}$$

例 1.5

图 1.3 显示了有限矩形区域 X 与一对填充多边形铺片的平铺示例。请注意，此平铺中的填充多边形具有公共边，但它们的内部不重叠。

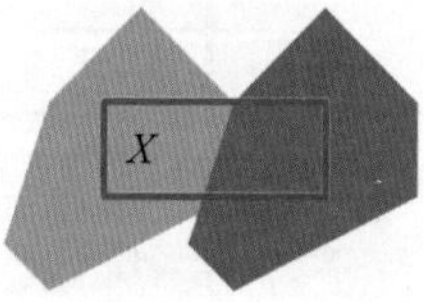

图 1.3 用填充的多边形平铺：$X \subseteq \bigcup_{i\geqslant 1} T_i$ ■

有限有界区域（例如视觉场景）的**镶嵌**是该区域与多边形的平铺。用多边形平铺表面的一个著名例子是西班牙格拉纳达阿尔罕布拉宫内墙上的马赛克。

镶嵌**核**多边形是辐条集族的中心。每个与核具有共同边的多边形称为**辐条叶**。每个神经**辐条**都包含核多边形。辐条的集族定义了一个称为**神经**的视觉场景集群。每个辐条叶多边形在其内部包含一个特殊点，称为种子点。填充多边形的质心是种子点的典型示例。**涡**

旋是通过将每对相邻的叶多边形种子点与一条边连接起来而定义的，其中，边可以是直线也可以是曲线。

例 1.6 （**神经、核、辐条和涡旋**）

图 1.1 所示视频帧图像中的绿色多边形是神经核多边形的一个例子[1]。

图 1.1 中的核以及与核有共同边的多边形是神经辐条的一个例子。这个镶嵌视频帧图像里面的相交辐条集族是神经的一个例子。这些辐条具有非空交点，因为核多边形对于辐条是共同的。请注意，每个叶多边形（即与核有共同边的多边形）在图 1.1 的内部都有一个用“+”表示的显著点。通过将每对相邻的叶种子点与边连接起来，形成具有单个螺旋的黄色涡旋。镶嵌神经覆盖图像形状。最大的神经隔离主要的图像形状。当神经具有最大数量的辐条时，该神经的涡旋提供了一种使用神经多边形和涡旋边的已知几何形状来突出、比较和分类主要图像形状的手段。■

图 1.1 中的平铺（称为沃罗诺伊镶嵌）让人想起笛卡儿在 1644 年引入的可见行星和恒星的几何视图[12，第 8 章，p.115]。在笛卡儿的早期工作中，多边形的边是相对于恒星发出的光点位置而形成的。每颗恒星发出并从周围行星反射的光具有涡旋集族的外观。这启发笛卡儿去考虑他所谓的天体涡旋几何。最终结果是，银河系中可见部分的几何视图可以用坐标或解析几何进行分析，这是笛卡儿和 P. de Fermat 独立发明的(例如，参见 Boyer[13])。笛卡儿对可见空间的几何观点标志着计算几何的诞生。

例 1.7 （**夜空的笛卡儿平铺**）

图 1.4 显示了笛卡儿对可见夜空的平铺示例。该平铺中多边形的边是由相对于笛卡儿绘图中标记为 S 的围绕太阳的行星位置而形成的。笛卡儿将每个天体视为一个涡旋，将相邻的天体拉向自己。圆形的虚线代表引力波[14]，它在时空中以引力辐射的形式传输辐射能量，由 H. Poincaré 在 1905 年首次提出，并由爱因斯坦在 1916 年成功预测。

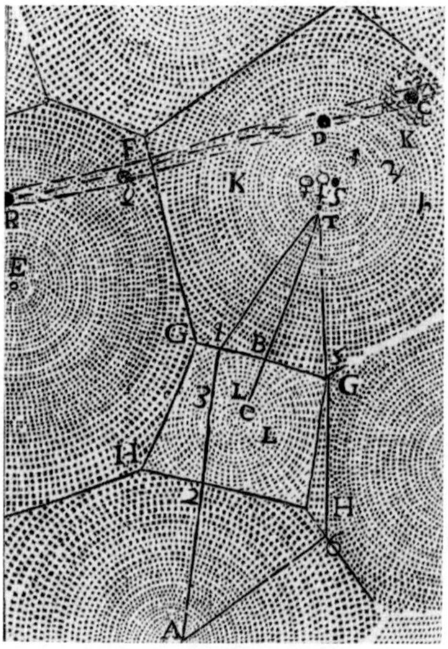

图 1.4　笛卡儿在 1644 年绘制的太阳系图[12，第 8 章，p.115]　■

1　非常感谢 Enze Cui 的镶嵌视频，这是图 1.1 中视频帧图像的来源。

在这项工作中，计算拓扑学提供了覆盖有限有界区域表面（主要在欧氏平面上）的重叠单元复合形的算法视图。**单元复合形**是顶点、线段、骨架（具有连接线段的表面蚀刻）和填充循环（填充多边形）的组合。在每种形式的单元复合形中，都有一个边界。单元复合形边界给出了所谓的封闭有限几何结构的交集（图 1.5）。

(a) 内部空的多边形 (b) 多胞形≡内部非空的填充多边形

图 1.5 多边形与多胞形（填充多边形）示例

视觉场景的拓扑结构自然产生于将视觉场景分解为覆盖重叠单元复合形的表面集族。最后得到的结果是闭合有限弱拓扑学(J. H. C. Whitehead 在 1949 年[15]介绍的 **CW 拓扑学**)，之所以被认为是弱的，是因为它比经典的一般拓扑更通用(有更广泛的范围)。如 Willard[16]及其在 Naimpally 和 Peters[17]中的应用，这取决于交集以及开集的并集。CW 拓扑学是研究有限闭合单元复合形的接近(重叠)的学科。**经典的一般拓扑学**是研究点到集的接近性。这里的重点是**计算 CW 拓扑学**，这是算法丰富的、对单元复合形接近性的研究（逐步解决问题的方法）。

1.3 表面平铺的计算几何

计算几何结合算法和几何来实现有限有界平面区域的平铺。平面区域的平铺可以覆盖具有已知几何形状的区域。Grünbaum 和 Shephard[18]给出了许多古代墙砖的例子。瓷砖表面在建筑物墙壁和柱子上的艺术品中有着悠久的历史，可以追溯到古代。例如，可以找到具有许多艺术美感的手绘瓷砖的著名例子，如 1609 年至 1616 年间在土耳其伊斯坦布尔建造的苏丹艾哈迈德（Sultan Ahmed）清真寺（也称为蓝色清真寺）、伊朗马沙德的伊玛目礼萨（Imam Reza）圣地（可追溯到两千年前）和意大利罗马的西斯廷教堂（建于 1470 年代）的墙壁上。在数字图像或视频帧图像的平铺中，每个平铺都是一个填充的多边形，它覆盖了图像中视觉场景所占据的平面子区域。

这种平铺有助于聚类、比较和分析由类似已知形状覆盖的子区域。

聚类表面平铺：对于平面区域平铺上的任何给定多边形 P_g，聚类由平铺中与 P_g 具有共同边或顶点的那些多边形定义。那些具有非空相交点（例如，重叠的半平面）的铺片定义了所谓的平铺神经复合形。**平铺神经复合形**是具有共同铺片的铺片集族。这种神经复合形类似于连接在自行车轮毂上的辐条，如图 1.6 所示。有关这方面的更多信息，请参阅 1.7.1 小节。

比较曲面平铺：通过考虑曲面镶嵌或三角剖分的属性，可以方便地比较平面区域的平铺。关于沃罗诺伊区域的特性，请参见 1.7 节；关于德劳内三角剖分的特性，请参见 1.22 节。

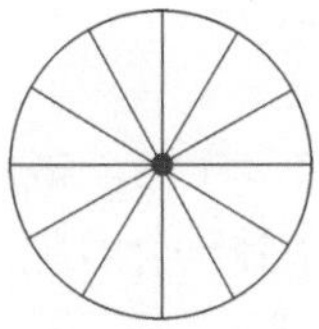

图 1.6　自行车轮的辐条神经复合体

分析表面平铺：有多种方法可以分析平铺。例如，定义了一个接近函数来解决 1.24 节中所谓的拆分可行性问题。这是分析表面平铺的独特方法。其基本思想是识别表面区域的特征点对，例如三角剖分神经的核和神经三角形的重心。然后根据区域特征点之间的距离定义接近函数。进一步考虑这种方法，我们得出了一种简单的方法来比较不同表面平铺中的区域对。分析表面平铺的另一种方法是考虑表面区域随时间的持久性。通过观察表面区域的开始和表面区域随着时间推移的最终消失，可以使用 1.14 节中引入的 Ghrist 条形码跟踪表面区域的行为（即改变表面区域的特征值）。

1.4　平面表面的镶嵌

用具有 n 条边（$n\geqslant 3$）的多胞形对平面区域的平铺称为**镶嵌**。

例 1.8

图 1.1 显示了一个无人机视频帧图像[1]镶嵌示例。与古代建筑墙壁的镶嵌不同，这种镶嵌形式是一族不均匀填充的多边形，称为多胞形。被填充多边形覆盖的视频帧图像部分定义了多边形的内部。这是沃罗诺伊图的一个例子。识别具有最大数量相邻多边形的镶嵌多边形是有意义的（也是一个优势）。图 1.1 中的绿色多边形就是一个例子。 ■

镶嵌中的每个多边形都是多边形聚类的核（即，核多边形与其相邻的多边形一起定义了一个聚类）。如果核多边形具有最大数量的相邻多边形，则该多边形定义为**最大核聚类**（MNC）。一个镶嵌中可以有多个 MNC。人们对视频帧图像和单镜头视觉场景中的 MNC 很感兴趣，因为每个 MNC 通常覆盖场景中具有对比形状以及由 MNC 中大量多边形表示场景的高信息内容的那部分。图 1.1 中视频帧图像镶嵌中的填充多边形是多胞形的示例。

1.5　多胞形及其边界、孔、内部和路径

本节介绍与平面填充多边形（多胞形）相关的基本结构，即边界、孔、内部和路径。这些结构在平面区域的镶嵌中划分一个多胞形与另一个多胞形的边界线时很有用。

具有 n 条边的**平面多胞形**由 n 个闭合半平面的相交定义。**半平面**是一个平面 2-D 区域，它包含无限直线一侧的所有点，而不包含直线另一侧的任意点[19]。一个半平面是封闭的，只要它包括其边线即可。否则，半平面是开放的。**闭合的半平面**是包含其边线的半平面。换句话说，每个**平面多胞形**都是平面区域镶嵌中的填充多边形。有关多胞形的更多

1　非常感谢 Enze Cui 提供的镶嵌无人机视频，这是图 1.1 中视频帧图像的来源。

信息，请参见 Ziegler[20]。

例 1.9

图 1.5 显示了一个有 6 条边的多胞形样例。多胞形的灰色内部区域代表 6 个闭合半平面的交集。尝试使用算法 1 中的方法绘制一个多胞形。   ■

算法 1：构建平面多胞形

   Input : Polygon Pg
   Output: Polytope (filled polygon)
1 *Let $V \subset Pg$ be a set of Pg vertices, $p, q \in V$;*
2 *Let $int(Pg)$ be the set of points in the interior of Pg;*
3 *Select edge $\widehat{pq} \in Pg$;*
4 *Continue := True;*
5 **while** *(Continue)* **do**
6 | *Choose half plane π with edge $\widehat{pq}$ that covers $int(Pg)$;*
7 | *$V := V \smallsetminus \{q\}$;*
8 | **if** *($V \smallsetminus \{p\} \neq \varnothing$)* **then**
9 | | *Select $q' \in V$;*
10 | | *$p := q; q := q'; V := V \smallsetminus \{q'\}, \widehat{pq} := \widehat{qq'} \in Pg$;*
11 | **else**
12 | | *continue := False;*
13 /* $int(Pg)$ = intersection of closed half planes π with edges $\widehat{pq} \in Pg$*/ ;
14 /* $bdy(Pg) \cup int(Pg)$ = polytope Pg*/ ;

多胞形构造符号

在算法 1 和本书的其他地方，使用了以下符号。

P_g：多边形（也指**多胞形**）。

$V \subset P_g$：顶点集 V 是 P_g 的真子集。

$p, q \in P_g$：在 V 中选取的顶点 p, q。

$\overline{p,q} \in P_g$：端点 p、q 在 V 中的边（可能弯曲）。

$p := q$：顶点 p 被 q 替换。

$V \backslash \{q\}$：没有 q 的集合 V。

$\varnothing$：空集。

π：半平面。

int(P_g)：P_g 的内部（在边界内）。

bdy(P_g)：P_g 的边界（轮廓上的边）。

例 1.10（构建视觉场景多胞形）

与算法 1 中的步骤保持一致，视觉场景多胞形的构建如图 1.7 所示。令 $\pi_1, \pi_2, \cdots, \pi_6$ 表示相对于图 1.8 中的多边形各边的闭合半平面。此外，令 $\overline{p,q}$ 是具有端点 p 和 q 的多边形的边。选择边包含 $\overline{p,q}$ 并且覆盖多边形内部的闭合半平面 π_i（例如图 1.7(a)中的半平面 π_1）。逆时针移动，剩余半平面的选择如图 1.7(b)～图 1.7(f)所示。这些半平面的交点如图 1.7(g)所示，这就是所构建的视觉场景多胞形。

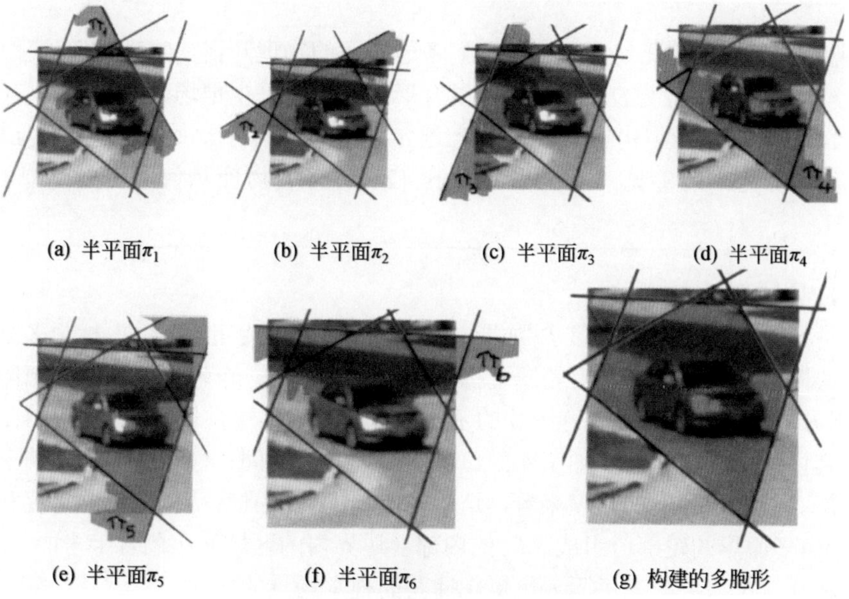

(a) 半平面π_1　(b) 半平面π_2　(c) 半平面π_3　(d) 半平面π_4

(e) 半平面π_5　(f) 半平面π_6　(g) 构建的多胞形

图 1.7　视觉场景多胞形的示例构建

■

图 1.8　带孔的镶嵌视觉场景多胞形

为了理解多胞形，请注意每个表面多边形都是平面的一个有界区域。多边形 P_g 的边定义了有限平面区域（由 bdy(P_g)表示）的**边界**，该区域可能是也可能不是空的。填充多边形内部的暗区就是孔的一个例子。视觉场景**孔**（镶嵌或三角化视觉场景中填充多边形中的暗子区域）的名称来自其物理模拟，即**物理空间**中吸收（不反射）光的部分。视觉场景中表面孔的暗度是其深度的指示。

在被光轰击的视觉场景中，孔类似于光子落入的漏斗（表面穿刺）。从计算的角度来看，表面孔（带有穿孔的表面）很重要，因为每个视觉场景形状的轮廓都由其内部的一个或多个孔来描绘。一个典型的城市例子是由门窗勾勒出的房屋正面形状。从物理几何的角度来看，每个表面的特征在于其表面穿孔的边界形状。例如，房屋正面由临街窗户和门口定义的孔的位置和边界来描绘。例如可参见图 1.1 中视频帧图像中的房屋正面。以地表孔为特征的地表形状的另一个典型例子是会在雨季变成水坑、河流、湖泊或水库的地形集水区。

物理几何

在视觉场景的计算几何背景下，我们考虑表面的物理几何。**物理几何**处理穿孔（有孔）和非穿孔物理表面上的形状和单元复合形。**表面孔**是视觉场景中表面的黑暗吸光区域。例如，在视觉场景中构建的多胞形 P_g 通常在其内部具有表面孔。有关视觉场景中表面孔的最新研究，请参见 Tozzi 和 Peters [21]。有关物理几何的更多信息，请参见 Peters[22]。

例 1.11 （多胞形孔）

在视觉场景中构建的多胞形 P_g 如图 1.8 所示。红色十字准线“+”标记多胞形的质心位置。质心附近的暗区域（车辆轮罩、挡风玻璃、前格栅、车辆下方阴影标记的汽车底盘（车架）下方的中空区域）是多胞形孔的示例，即吸收光的视觉场景区域。图 1.1 中的绿色多胞形在其内部有许多孔，例如车库门口、房屋之间的空间、停在房屋前面的车辆内部和周围的空间。从物理几何的角度来看，这种多胞形的边界具有可以测量的宽度和长度。**边界** bdy(P_g)由多胞形的轮廓边组成。P_g 的**内部**（边界内的区域）由闭合半平面与 P_g 边界上轮廓边的相交定义，并填充了无人机摄像捕获的视觉场景的曲面。 ■

物理几何结构

物理几何中最简单的结构里的主要部分是表面区域中的点（顶点）、粗线（边）、实心三角形、路径连通顶点和孔。表面孔通常是吸收（而不是）反射光并定义表面形状的暗表面区域。表面形状是一个有限有界的表面区域，其内部非空，包含一个或多个孔。

每个物理表面都有穿孔（不同直径的填充孔）。物理表面示例如图 1.1 和图 1.7 所示。

例 1.12 （视觉场景表面孔）

视觉场景中的表面孔的样例如图 1.1 中绿色多边形内的暗区所示。车库门口和车库前面的黑色汽车的车身是此视频帧图像中孔的示例。 ■

平面多胞形 P_g 的内部（由 int(P_g)表示的填充多边形）是平面内部（但不包括！）多边形边的部分。表面填充多边形是平面形状的示例，其轮廓由多边形的边定义，内部为非空。在平面曲面的镶嵌中，其多边形有助于描绘、测量、比较、聚类在一起并比较多边形覆盖的形状的子区域。这在视觉场景序列的镶嵌中尤其如此，例如图 1.1 中的无人机视频帧图像。有关平面形状的更多信息，请参见 Peters[23]。

在有限有界平面区域的镶嵌中，其多胞形的每对顶点之间存在一条路径。设 V 是多胞形 P_g 上的一组顶点，其中 $p,a_1,...,a_k,q\in V$。镶嵌中的**路径**是顶点 $p,q\in V$ 之间的连通多胞形边的有序序列（由 P_{pq} 表示），定义为

$$\mathcal{P}_{pq}=\left\{\overline{p,a_0},\overline{a_0,a_1},\cdots,\overline{a_k,q}\right\}\quad(p\text{和}q\text{之间的路径})$$

这种曲面镶嵌路径视图与 Kaczynski、Mischaikov 和 Mrozek [24，1.3 节，p.17]中的图匹配。与图中路径的长度（图路径中的边数）不同，镶嵌中的路径长度是根据镶嵌路径中各边的长度总和来定义的。

例 1.13 （镶嵌路径）

一个镶嵌路径如图 1.9 所示，其中

$$\underset{pq}{\mathcal{P}} = \{\overline{p,a_0}, \overline{a_0,a_1}, \overline{a_1,q}\} \quad (p\text{和}q\text{之间的示例路径})$$

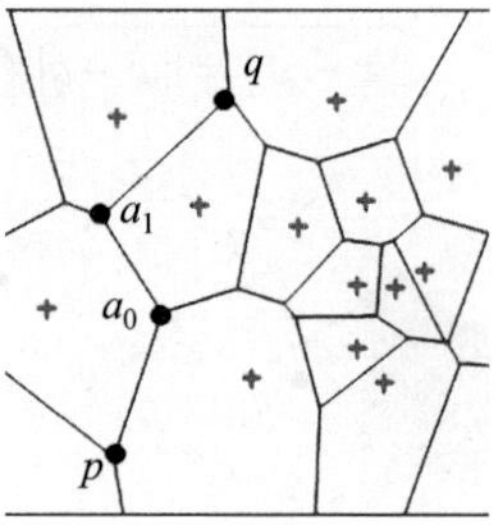

图 1.9　镶嵌路径示例 ■

镶嵌路径中一对顶点 p、q 之间的距离（路径长度，记为 $\text{len}(\underset{pq}{\mathcal{P}})$）等于路径中各边的长度之和，即

$$K = \text{镶嵌多面体集合}$$
$$V = \text{镶嵌顶点集合}$$
$$p,a_0,\cdots,a_k,q \in V$$
$$\overline{a_i,a_{i+1}} = K\text{中}p\text{和}q\text{之间的线段（边）}$$
$$\text{len}(a_i a_{i+1}) = \text{线段}\overline{a_i,a_{i+1}}\text{的长度}$$
$$\text{len}(\underset{pq}{\mathcal{P}}) = \text{len}(\overline{p,a_0}) + \sum_{\substack{a_i \in V \\ 0 \leqslant i < k}} \text{len}(\overline{a_i,a_{i+1}}) + \text{len}(\overline{a_k,q}) \quad \text{（路径长度）}$$

有关多胞形路径的更多信息，请参阅 Larman[25]。

习题 1.14

给出一种在有限有界平面区域中寻找一对镶嵌顶点之间最短路径的方法。有关如何执行此操作的建议，请参见 Morris[26]。 ■

镶嵌平面区域中的每个多边形是多边形集族的核（中心），其中每个多边形具有与核的边相同的边。围绕（邻接）特定多边形的镶嵌多边形的集族称为**核聚类**。

1.6　沃罗诺伊区域及其种子点

本节简要介绍沃罗诺伊区域。设 S 是一个非空的有限种子点集。对于欧氏平面 R^2 中的种子点 $p,q \in S$ 以及欧氏平面 R^2 中的所有点 r，半平面 π_{pq} 定义为

$$\pi_{pq} = \overbrace{\{\boldsymbol{r} \in \mathbb{R}^2 : \| \boldsymbol{r} - p \| \leqslant \| \boldsymbol{r} - q \|\}}^{\text{半平面}\pi_{pq}\text{中所有点}\boldsymbol{r}\in\mathbb{R}^2}$$

例 1.15

样本半平面由图 1.10(a)中相对于 S 中的种子点 p、q 的灰色阴影区域表示。对于图 1.10(a)中的半平面 π_{pq} 中所示的欧氏平面 R^2 中的特定点 r，有

$$\overbrace{\| \boldsymbol{r} - p \| \leqslant \| \boldsymbol{r} - q \|}^{\|\boldsymbol{r}-p\|\text{小于}\|\boldsymbol{r}-q\|}$$

还要注意，如果 r 是图 1.10(a)中半平面 π_{pq} 边缘蓝线上的一个点，有

$$\overbrace{\|\boldsymbol{r}-p\|=\|\boldsymbol{r}-q\|}^{\text{对半平面}\pi_{pq}\text{的边上所有的}\boldsymbol{r}}$$

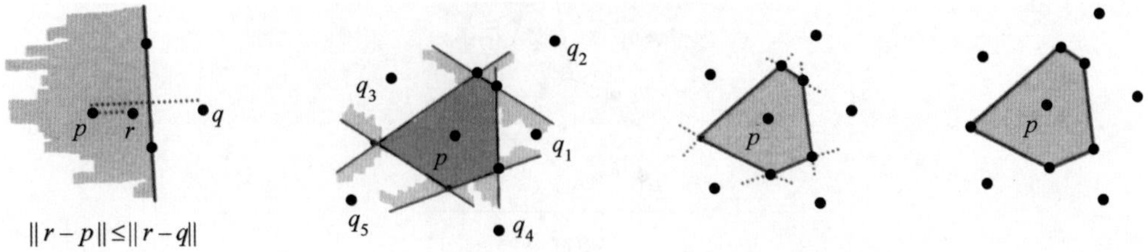

(a) 闭合半平面　　(b) 5个闭合半平面　　(c) 闭合半平面的交集　　(d) 沃罗诺伊区域

图 1.10　点的沃罗诺伊区域的构建示例

总之，半平面 π_{pq} 包含所有那些位于半平面边缘上或左侧的平面点 r。■

令 S 是一组用于镶嵌有限有界平面区域的种子点。**沃罗诺伊区域** $V(p)$在 S 中包含一个**特殊的内部点** p，用于如下定义区域：

$$V(p)=\overbrace{\{r\in\mathbb{R}^2:\|r-p\|\leqslant\|r-q\|\}}^{S\text{的沃罗诺伊区域}}$$

换句话说，沃罗诺伊区域 $V(p)$由包含该区域内部特殊种子点 p 的半平面的交集定义（例如，参见图 1.10(b)中的沃罗诺伊区域）。就像笛卡儿的恒星在特定恒星附近的情况一样，沃罗诺伊区域最终看起来像 $V(p)$，其中半平面边界被剪掉了，如图 1.10(c)的虚线所示，或者如图 1.10(d)的成品所示。有关许多可能的种子点的简要概述，请参见附录 A.23 节。

沃罗诺伊区域 $V(p)$具有的特性见 1.7 节。

1.7　沃罗诺伊区域特性

中分特性（Midway property）。沃罗诺伊区域 $V(p)$边界上的每条边是连接相邻区域边界种子点顶点的直线的垂直平分线。这条连接沃罗诺伊区域种子点的线是半平面上的一条边。回想一下，**半平面** E（记为 πE）是一个平面区域，它包含一条无限长线一侧的所有点，而另一侧没有点[19]。**闭合半平面**是包括其边的半平面（参见图 1.10(a)）。

覆盖特性（Cover property）。设 S 是一组种子点，让 $V(s)$是 S 中种子点 p 的沃罗诺伊区域。此外，设种子点 $q\in S$ 是最接近 p 的种子点之一。那么，存在一个封闭的半平面 π，其边位于 p 和 q 之间，π覆盖了包含种子点 p 的平面区域，参见图 1.10(a)。此外，在 p 与最接近 p 的每个种子点 q 之间都有一个半平面 π。这些半平面中的每一个都有一个位于 p 和 q 中间的边，并且这些相交的半平面中的每一个都覆盖沃罗诺伊区域 $V(s)$。令 Π 为 $V(s)$上闭合半平面相交处的点集。在这种情况下，$V(s)\subseteq\Pi$ 并且称 Π **覆盖**了沃罗诺伊区域 $V(s)$。一般来说，一个非空集 B 覆盖另一个非空集 A，条件是 $A\subseteq B$。

路径连通特性（Path-connected property）。设 $v_1, \cdots, v_k$ 是沃罗诺伊区域 $V(s)$上的 k 个顶点 V。顶点的有序序列 $v_1, \cdots, v_j$，$j\leqslant k$ 定义为**边路径**，即边的序列 $\overline{v_1v_2}, \cdots, \overline{v_{k-1}v_k}$。换句话说，顶点集 V 是**路径连通的**，前提是存在一系列边 $\overline{v_1v_2}, \cdots, \overline{v_{j-1}v_j}$ 对于边路径中的每对顶点

v_i, v_j，$i \leqslant j$ 以及 v_{i-1}, v_i, $1 \leqslant i \leqslant j$ 是边 $\overline{v_{i-1}v_i}$ 的两个面。也就是说，沃罗诺伊区域 $V(s)$的顶点集是路径连通的。一般来说，单元复合形中的一对顶点是**路径连通的**，前提是有一系列边来定义可以从 p 到 q 遍历的路径。一个单元复合形是一个**路径连通的单元复合形** K，前提是 K 中的每一对顶点都是路径连通的。有关这方面的更多信息，请参阅 Kaczynski、Mischaikov 和 Mrozek[24，2.3 节，p.67]。

例 1.16（沃罗诺伊区域顶点连通性）

一组样本顶点 $v_1,\cdots, v_5$ 在沃罗诺伊区域 $V(s)$上形成边路径，如图 1.11 所示。因此，顶点 $v_1, \cdots, v_4$ 是连通的，因为在 v_1 和 v_4 之间有一条边路径 $\overline{v_1v_2}$、$\overline{v_2v_3}$、$\overline{v_3v_4}$。类似地，在 $V(s)$上的任何一对有序顶点之间都有一条边路径。

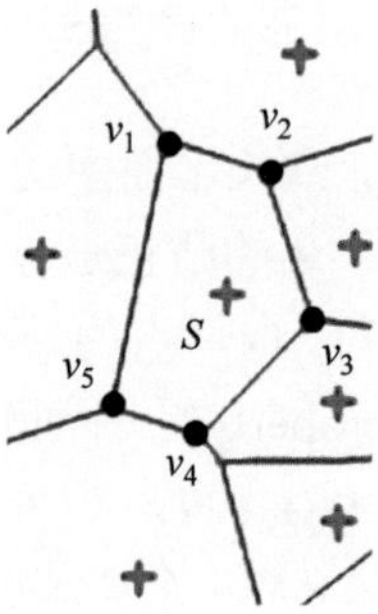

图 1.11　沃罗诺伊区域 $V(s)$上的路径连通顶点与质心 s　■

1.7.1　神经特性

每个沃罗诺伊区域都有一个神经特性。

定义 1.17

令 F 是非空集的有限集族。**Edelsbrunner-Harer 神经 F**（由 Nrv$F$ 表示）定义为

$$\mathrm{Nrv}F = \overbrace{\{X \subset F : \bigcap X \neq \varnothing\}}^{\text{非空集族}\boldsymbol{F}\text{的神经}}$$

也就是说，集族 F 的 Edelsbrunner-Harer 神经等于 F 的所有非空子集 X 的集族，这些子集的交集非空。　■

神经特性（Nerve property）。根据定义 1.17，神经是一族具有非空交集的集合[27，III.2 节，p.59]。沃罗诺伊区域 $V(s)$是一条神经，因为它是具有非空交点的半平面片段（半平面的子集）的集族，例如，参见图 1.12。

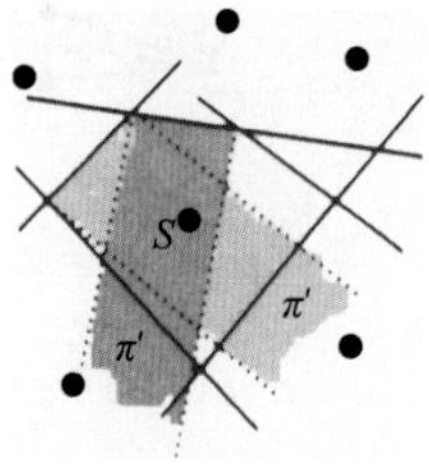

图 1.12　沃罗诺伊区域 $V(s)$：神经 = 具有非空交点的半平面集

闭合半平面特性（Closed half plane property）。半平面π是由一条线（半平面的边界边）界定的平面区域。一个**闭合半平面**π（有时为了清楚起见用$\bar{\pi}$表示）包括它的边界。根据沃罗诺伊区域 $V(s)$、$s \in S$（种子点集）的定义中的小于或等于的要求，覆盖包含种子点 s 的平面区域的半平面$\bar{\pi}$是闭合的，即，

$$\|p-s\| \leqslant \|p-q\|, \quad \forall q \in S$$

例如，参见图 1.10(b)，其中覆盖 $V(s)$的半平面的边包含在沃罗诺伊区域中。

相交点特性（Intersection property）。$V(s)$是 k 个半平面相交中的一组点，前提是种子点 s 有 k 个相邻种子点，这些种子点比 S 中的任何其他种子点都更接近 s（参见图 1.10(c)）。

有界特性（Boundedness property）。$V(s)$是平面的有限有界区域。

多胞形特性（Polytope property）。平面沃罗诺伊区域 $V(s)$是多胞形，因为 $V(s)$由有限多个闭合半平面的交集定义。

凸包特性（Convex hull property）。欧氏平面中的非空集 A 是**凸集**，前提是连接 A 中任意一对点的每条线段都完全位于 A 上。A 的**凸包**是包含 A 的最小凸集。在我们的例子中，沃罗诺伊区域 $V(s)$是包含 $V(s)$边界和 $V(s)$内部点的最小凸集（参见，图 1.10(d)）。

收缩特性（Contraction (shrink) property）。平面的有限有界区域 A 收缩为一个显著点 $x \in A$，前提是存在一系列连续映射 f_t: $A \mapsto A$，$t \in I$（I 是一个索引集）使得每个 $f_i(a)$将点 $a \in A$ 发送到 A 中的显著点 x。映射 f_t: $A \mapsto A$ 是一个**连续映射**，前提是只要 x 靠近 y（x, $y \in A$），$f(x)$就靠近 $f(y)$。即，A 的收缩是一个连续映射族，使得族中每个 A 到 A 的映射，都将 A 中的一个点 a 发送到 A 中的一个显著点 x。点 $x \in A$ 是在 A 中，前提是 A 回缩到 x。一个显著点 $x \in A$ 也是一个**不动点**，前提是至少有一个收缩映射 f_t: $A \mapsto A$ 使得 $f_i(x) = x$。

令连续映射族 f_t: $V(s) \mapsto V(s)$使得每个 $f_i(x)$将 $V(s)$中的点 $x \in V(s)$发送到 $V(s)$的质心 p，这是沃罗诺伊区域 $V(s)$的唯一点，即 $f_i(x) = p$。在这种情况下，质心称为沃罗诺伊区域的**变形收缩**（简称**回缩**）。也就是说，一个沃罗诺伊区域 $V(s)$是 $V(s)$到其质心 p 的收缩。换句话说，沃罗诺伊区域的回缩会将区域缩小到一个点。有关变形收缩的更多信息，请参阅 Hatcher [28，pp.1-2]，有关回缩的许多示例，请参阅 Jänich [29，V.2 节，从 p.61 开始]。从计算拓扑的角度对变形收缩的较好介绍由 Edelsbrunner 和 Harer [27，III.2 节，pp.58-59]给出。

例 1.18（回缩到一个显著点）

有关沃罗诺伊区域 $V(s)$、$s \in S$（种子点集）到其质心 p 的部分收缩的图形表示，参见图 1.13。从边缘点和内部点绘制的线段表示从 $V(s)$到其质心的收缩映射（回缩）。

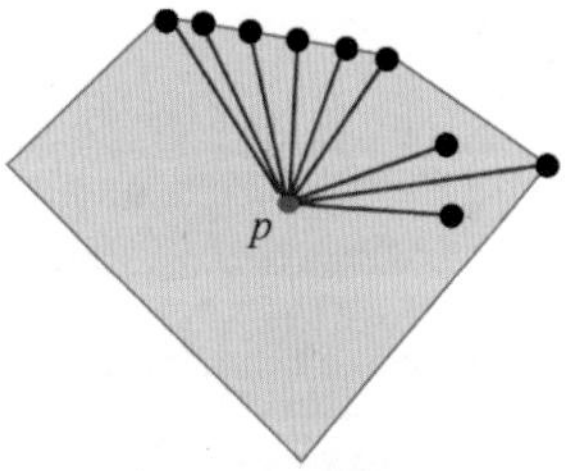

图 1.13 部分沃罗诺伊区域回缩到区域质心 p ■

1.8　沃罗诺伊区域同伦类型特性

本节介绍所谓的沃罗诺伊区域的同伦类型特性。

沃罗诺伊区域 $V(s)$具有所谓的同伦类型特性。为了明白这一点，我们首先考虑什么是同伦映射。设 f 和 g 是一对连续映射 f，g：$X\mapsto Y$。映射 f 和 g 之间的**同伦**是另一个连续映射 h：$X\times[0, 1] \mapsto Y$，定义为（对所有 X 中的 x）

$$h(x,0)=f(x)$$

$$h(x,1)=g(x)$$

也就是说，对于 $t\in X$，h 与 f 一致，使得 $t=0$，而 h 在 $t=1$ 时与 g 一致。Edelsbrunner 和 Harer[27，III.2 节，p.58]观察到[0, 1]中的 t 可以被认为是时间，同伦可以被认为是时间序列函数 f_t：$X\mapsto Y$，由 $f_t(x)=h(x, t)$ 定义。在这种情况下，这个时间序列函数从 $f_0=f$ 开始，到 $f_1=g$ 结束。

子集 $Y\subseteq X$ 是 X 的**回缩**，前提是有一个连续映射：$X\mapsto Y$，且对于 Y 中的所有 y，$r(y)=y$，这是 Munkres [30，19 节，p.108]对回缩的早期观点。

例 1.19　（随时间回缩）

我们已经在例 1.18 中观察到沃罗诺伊区域中的一个显著点，即该区域的质心。在这里，我们再看看随着时间的推移发生的回缩。观察到$\{p\}\subseteq V(s)$（$\{p\}$是 $V(s)$中包含显著点 p 的子集）是沃罗诺伊区域的回缩，其中 f_t：$V(s) \mapsto V(s), t\in[0, 1]$是由 $f_0(x)=\mathrm{id}_x(x)=x$（恒等映射）和 $f_1(V(s))=p$（显著点 $p\in V(s)$定义的连续映射族，即沃罗诺伊区域 $V(s)$的质心。在该情况下，每个映射 $f_1(x)=p$。映射 f 称为回缩。换句话说，在时间 $t=0$（开始时间），f_0 将沃罗诺伊区域的每个成员映射到自身，在时间 $t=1$（结束时间），f_1 将沃罗诺伊区域的每个成员映射到 $V(x)$，这是该区域的一个显著点。恒等映射 $\mathrm{id}_x(x)=x$ 是一个**不动点映射**的例子。■

回想一下，一个非空集合 X 到它自身的恒等映射（用 id_X 表示）定义为

$$\mathrm{id}_X : X\mapsto X \text{ 使得对所有} x\in X \text{ 都有 } \mathrm{id}_X(x)=x$$

例 1.20

图 1.14 显示了一个恒等映射示例。

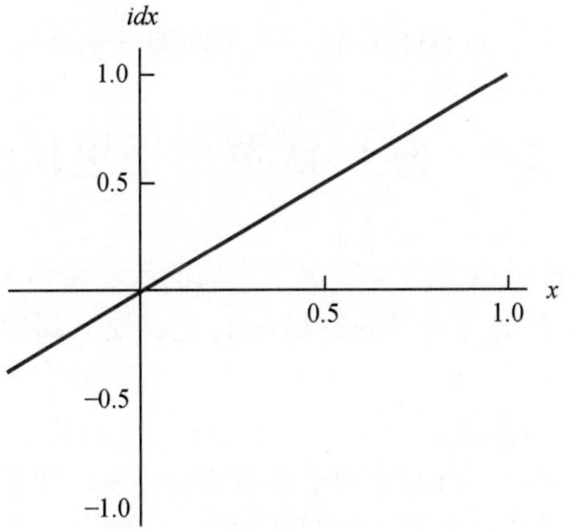

图 1.14　恒等映射 $\mathrm{id}_X(x)=x$

■

例 1.21 （咖啡杯不动点）

不管咖啡的表面如何不断变形，表面上总会有一个点处在它开始时占据的位置（Shinbrot [31，p.105]）。 ■

一对非空集 X 和 Y 具有相同的同伦类型，前提是存在连续映射 f：$X \mapsto Y$ 和 g：$Y \mapsto X$ 使得（图 1.15）：

$$g(f(x)) = g \circ f(x) \approx \mathrm{id}_X \qquad f(g(y)) = f \circ g(y) \approx \mathrm{id}_Y$$

图 1.15 搅拌咖啡固定点 p 示例

在这种情况下，集合 X 和 Y 是**同伦等价的**。映射 f 和 g 称为**同伦等价**。如果 X 具有单点的同伦类型，则集合 X 是**可收缩的**。

定理 1.22 （**[27，III.2 节，p.59]**）

令 F 是欧氏平面中的一个非空的闭合凸集集族。那么神经 Nrv$F$ 和 F 中集合的并集具有相同的同伦类型。 ■

这个来自 H. Edelsbrunner 和 J. L. Harer 的定理被称为神经定理，它有许多替代形式。从定理 1.22，我们得出了沃罗诺伊区域的一个重要性质。

沃罗诺伊区域同伦类型特性

设 $V(s)$是种子点 s 的沃罗诺伊区域。沃罗诺伊神经（记为 Nrv$V(s)$）定义为

$$\mathrm{Nrv}V(s) = \{\text{半平面}\pi \in \mathrm{R}^2 : \bigcap \pi \neq \varnothing\} \quad \text{（沃罗诺伊神经）}$$

Nrv$V(s)$中的每个半平面π都是一个闭凸集，因为连接π中任何一对点的线段也在π中。因此，根据定理 1.22，神经 Nrv$V(s)$和神经中半平面的并集具有相同的同伦类型。 ■

1.9 矩形沃罗诺伊区域

有限有界表面区域中种子点的位置决定了生成的沃罗诺伊区域的形状。例如，如果种子点彼此成对等距并出现在均匀间隔的网格线的交点处，则生成的沃罗诺伊区域将是矩形的。

例 1.23 （矩形沃罗诺伊区域）

从网格线的交点中取出的一组九个种子点 S 显示为+，如图 1.16(a)所示。因此，源自这些种子点的沃罗诺伊区域是方形的（见图 1.16(b)）。图 1.16(b)中每个带蓝色边的正方形

是 S 中 s 的沃罗诺伊区域 $V(s)$，由半平面集族Π的交集形成，其中 $V(s)$的每个边是一个半平面$\pi\in\Pi$。

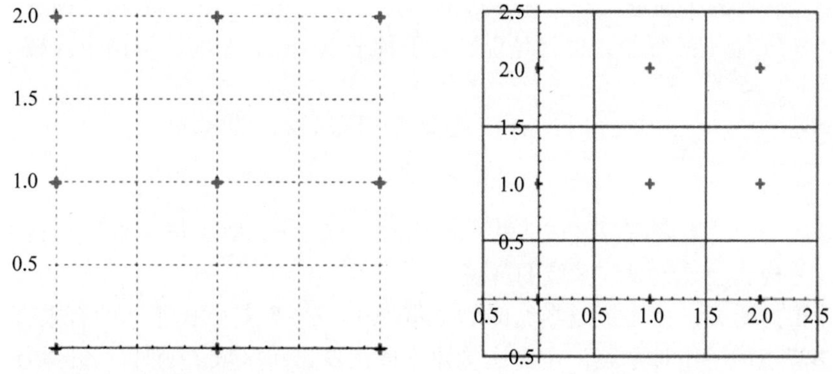

(a) 网格种子点　　(b) 矩形区域

图 1.16　矩形沃罗诺伊区域 ■

习题 1.24

编写使用网格线相交点的 MATLAB 或 Mathematica 脚本，以便生成的沃罗诺伊区域都不是方形的。 ■

注释 1.25 （黎曼曲面）

有限有界区域的另一种来源是黎曼曲面，它覆盖复平面，其中每个复数对应一个唯一的点。基本思想是从（例如欧氏平面的一个区域里的）每个点的邻域开始。然后考虑一个点邻域的可能坐标系(x, y)。在这些坐标系中，挑选出下列组合：

$$t = x + \mathrm{i}y$$

并用作本地参数。在这种情况下，曲面变为黎曼曲面。有关这方面的更多信息，请参阅 Weyl [32]。在 Weyl 的工作中，特别感兴趣的是光滑定向表面上的闭合路径的交集[32，11 节，p.79ff]。 ■

设 S 是欧氏平面 R^2 中有限有界区域 X 中种子点的有限集族。那么 s 的沃罗诺伊区域 $V(s)$定义为

$$V(s) = \{p \in X \subset \mathbb{R}^2 : \| p - s \| \leqslant \| p - r \|, 对所有 r \in S\} \quad （沃罗诺伊区域）$$

习题 1.26

根据黎曼曲面上的种子点 $s\in S$ 定义沃罗诺伊区域 $V(s)$。编写一个 MATLAB 或 Mathematica 脚本来实现在黎曼曲面上构建沃罗诺伊区域。 ■

沃罗诺伊区域的起源

沃罗诺伊区域的想法来自 G. Voronoï，他考虑了依赖于选定种子点集的曲线三角形的构建[33，p.33，p.245，p.254]。请特别注意，沃罗诺伊在三角形构造中对点（我们称之为种子点）选择算法的兴趣[33，3 节，p.245ff]。另还可见[34，35]。有关沃罗诺伊曲面镶嵌（在 3-D 中）的实用最新水平集表面能量方法，请参阅 Mughal、Libertiny、Schröder [36]。

换句话说，用来构造沃罗诺伊区域的闭合半平面的边线具有相对于内部点 s 和 S 中近

邻种子点 r 之间距离的朝向。沃罗诺伊区域的每条边都是将种子点 s 和 r 距离中分的闭合半平面的线段。每个这样的闭合半平面跨越特定沃罗诺伊区域的内部。构建沃罗诺伊区域的最终结果是有效的多胞形，即填充多边形。为有限有界区域 X 中的每个种子点构建沃罗诺伊区域会导致对 A 的覆盖。也就是说，对于种子点 $s\in S$，X 与沃罗诺伊区域 $V(s)$的覆盖定义为

$$X \subseteq \bigcup_{s\in S} V(s) \quad \text{（沃罗诺伊区域覆盖的区域）}$$

定理 1.27

对于欧氏平面的有限有界区域 X 中的一组种子点 S，相对于每个种子点 $s\in X$ 的平面沃罗诺伊区域的构造会导致对该区域的覆盖。

证明： 根据定义，多胞形是半空间的交集[20]。设 X 是欧氏平面的有限有界区域，S 是包含 X 边界点的一组种子点。在 X 上构建平面沃罗诺伊区域 $V(s)$时，该区域的每条边是位于 s 和相邻种子点 r 中间的闭合半平面 π 边缘上的线段。观察到内部 $V(s)$包括所有 $p\in \mathbb{R}^2$ 使得$\|p-s\| \leqslant \|p-r\|$。因此，内部 $\text{int}(V(s)) \subset \pi$。这适用于 $V(s)$的每个边。因此，每个沃罗诺伊区域的内部 $\text{int}(V(s))$等于半平面的交集。所以，为 X 中的每个种子点 s 构建沃罗诺伊区域会导致对 X 的覆盖。 ■

例 1.28

图 1.10 显示了在构建沃罗诺伊区域 $V(p)$时使用种子点的示例。构造开始于选择一对种子点，例如 p 和 q，其半平面 π 的边缘位于所选种子点之间的中间，如图 1.10(a)所示。对上半平面与下半平面的选择取决于哪个半平面覆盖特定沃罗诺伊区域的内部。π 边缘的方向取决于 p 的直接邻域中种子点的位置。

例如，图 1.10(b)中每个半平面边缘的方向由区域 $V(p)$中围绕点 p 的种子点 q_1、q_2、q_3、q_4、q_5 控制。由此产生的沃罗诺伊区域 $V(p)$仅限于 5 个半平面的相交处，如图 1.10(c)所示。图 1.10(c)中的虚线表示 $V(p)$上线段两侧的半平面无限长前沿的那些部分。最终结果是如图 1.10(d)所示的多胞形。 ■

1.10　质心作为形状内部的种子点

追求视觉场景良好的镶嵌需要精细地选择合适的种子点。视觉场景的**良好镶嵌**是这样一种镶嵌，即选择的种子点能导致对场景中前景目标形状的覆盖。平面**形状** A（由 sh$A$ 表示）是欧氏平面的有限区域，其边界为具有非空内部的简单闭合曲线。一条曲线是**简单的**，只要曲线没有自相交（环）。设 p 是闭合曲线上的一个点。一条曲线是**闭合的**，只要曲线上有一条从任何点 p 回到 p 的路径。

图像目标形状对应于视觉场景中的反光区域。考虑到这一点，我们在选择作为镶嵌源的种子点时有两个基本选择。

种子点的基本选择

边缘像素： 边缘点是形状轮廓上的点。例如角点和 Lowe 关键点。**角点**是其梯度方向与其相邻像素明显不同的边缘像素点。Lowe 关键点由 D. Lowe 在 1999 年提出[37]并在[38]中详细阐述。**Lowe 关键点**是具有高像素边缘强度的边缘像素。令 Img 为视觉场景图像，

令 Img(x, y)为位置(x, y)处的像素。**像素边缘强度**（也称为**像素梯度大小**）由 $E(x, y)$表示，定义为

$$E(x,y)=\sqrt{\frac{\partial \operatorname{Im}g(x,y)^2}{\partial x}+\frac{\partial \operatorname{Im}g(x,y)^2}{\partial y}} \quad \text{（像素边缘强度）}$$

质心：平面有限有界区域的**质心**是该区域的质量中心。设 X 是 $m\times m(=n)$ 2-D 矩形区域中的一组点，其中包含在欧氏平面上坐标为(x_i, y_i)，$i = 1,\cdots,n$ 的点。那么，该 2-D 矩形中质心的坐标 x_c、y_c 是

$$x_c = \frac{1}{n}\sum_{i=1}^{n} x_i \quad y_c = \frac{1}{n}\sum_{i=1}^{n} y_i$$

欧氏空间 R^3 中 3-D 区域质心的坐标 x_c、y_c、z_c 是

$$x_c = \frac{1}{n}\sum_{i=1}^{n} x_i \quad y_c = \frac{1}{n}\sum_{i=1}^{n} y_i \quad z_c = \frac{1}{n}\sum_{i=1}^{n} z_i$$

例 1.29（2-D 和 3-D 区域质心）

在图 1.17 中，红点•表示区域质心的位置。这里显示了两个示例，即图 1.17(a)中的 2-D 凸区域中的质心•和图 1.17(b)中由贝多芬占据的 3-D 区域中的质心。

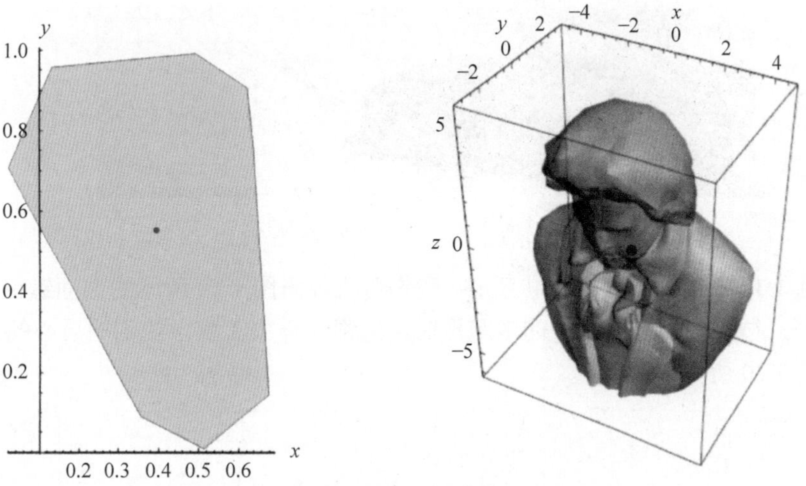

(a) 2-D质心在(x, y) = (0.396052, 0.553726)处　(b) 3-D质心在(x, y, z) = (0.000517128, 0.0504787, −0.715957)处

图 1.17　2-D 多胞形质心和 3-D 贝多芬质心 ■

1.11　基于质心的图像场景形状镶嵌

本节简要说明如何使用质心作为镶嵌图像场景形状的种子点。算法 2 给出了构建基于质心的视觉场景镶嵌的基本步骤。

算法 2：视觉场景图像的沃罗诺伊镶嵌

Input : Visual Scene X
Output: Tessellated Visual Scene Y

Let S be a set of selected seed points;
/* Apply the steps in Theorem 1.27, i.e.,*/ ;
Selection Step; *Select seed point $s \in S$ to obtain a Voronoï region $V(s)$;*
Edges on $V(s)$ are on half planes covering int$(V(s))$;
$V(s)$ is defined by;
$V(s) = \{p \in X \subset \mathbb{R}^2 : \|p - s\| \leqslant \|p - r\|, \text{for all } r \in S\}$;
/* The next step reads **Superimpose** $V(s)$ **on image** X*/ ;
$X := X \cup V(s)$;
Repeat Selection Step for each of the seed points in S;
$Y := X \subseteq \bigcup_{s \in S} V(s)$;

例 1.30 （视觉场景质心）

在图 1.18 中，无人机视频帧图像[1]上形状内部的质心以红色+显示。

图 1.18　无人机视频帧图像上的质心　■

根据从例 1.30 中找到的图像形状质心，我们可推导出图 1.19 所示的曲面镶嵌。按照算法 2 中的步骤，每次构建基于质心的多胞形时，它都会叠加在包含找到的质心的图像上。最终结果如图 1.20 所示。

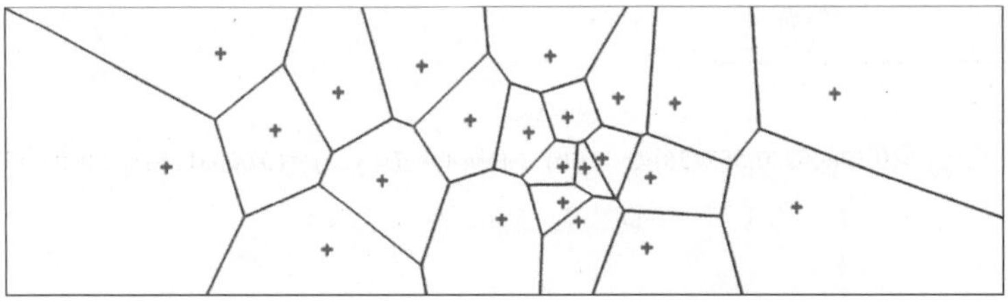

图 1.19　有限有界平面区域的基于质心的曲面镶嵌示例

1　非常感谢 Enze Cui 提供这个视频帧图像。

图 1.20 无人机视频帧图像的基于质心的镶嵌示例

1.12 计算几何和拓扑中的单元复合形

本节介绍单元复合形的基础知识，为计算几何的单元形式提供基础，并引导 CW 拓扑在视觉场景的形状研究中的实际应用。

亚历山德罗夫[39]将单元拓扑引入平面区域的三角剖分中，其中有限有界平面区域被视为单元复合形。在单元复合形的拓扑结构中，**单元复合形** K 是豪斯道夫空间和一系列路径连通的 0-单元 E（记为 sk$E$），后者在 Cooke 和 Finney [40]中被称为**骨架**（也称为 CW 复合形或闭包，即 Hatcher [41]中的有限弱拓扑复合形）。简言之，**豪斯道夫空间**是一个非空集，其中每个点都位于一个邻域中，该邻域与空间中点的每个其他邻域都不相交。有关平面单元复合形中最小骨架的概貌，请参见表 1.2。

表 1.2 最小平面单元复合形骨架

最小骨架	K_i，$i = 0, 1, 1.5, 2$	平面几何	内部
●	K_0	顶点	非空
	K_1	线段	非空
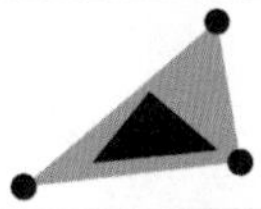	$K_{1.5}$	包含 2-孔部分的填充三角形	非空
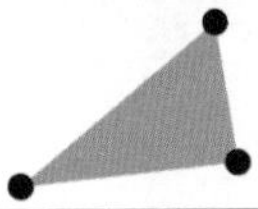	K_2	填充三角形	非空

回想一下，**空间** X 是具有特定属性的非空集，例如单元（X 的成员是连通的单元）、拓扑（X 的成员是开集，其中 X 的子集的并集和交集也属于 X）、可收缩的（X 具有点的同伦类型）、CW 复合形等。有关 CW 复合形在单元随时间持久性方面的实际应用，请参阅 Jaquette 和 Kramár [42]，他们提供了一种构建持久性图的方法，这对于跟踪物理单元复合形的形状

随时间推移的保存、退化和最终消失非常有用。如果形状随时间推移保持其基本结构，就会出现**形状持久性**。

> **形状随时间的持久性**
>
> 确定物理对象的形状随时间的持久性是一个前沿话题。在视频帧图像序列中覆盖形状的单元复合形提供了形状持久性指纹。**形状持久性指纹**表示形状随时间持续存在的程度。覆盖视觉场景形状的单元复合形的形状会因被覆盖的物理对象形状的变化而受到影响（变化）。视频帧图像中的物理形状的消失，在形状属于由摄像机跟踪的变化对象的情况下是正常的。这是一个时空问题。例如，移动的车辆、行人和动物要么留在视野中（旋转、转弯、停车），要么最终从视野中消失，逐步消失在摄像机视野的地平线下。

非空集是**开集**，前提是该集不包括其边界。例如，在一个单元复合形 K 中，一个端点为 p 和 q 的 1-单元 $\overline{p,q}$ 是一条线段。$\overline{p,q}$ 的内部是开的。任何非空集合的内部都是开的[43，性质 1.2.5，p.6]。

空间 X 是豪斯道夫空间，假设每对不同的点 $p, q \in X$ 分别属于不相交的开集 A 和 B，即 $p \in A$，$q \in B$ 和 $A \cap B = \varnothing$ [16]。一个非空单元复合形 K 是一个单元豪斯道夫空间，前提是每对顶点（零单元）都包含在不相交的开放单元集中。最小平面骨架如表 1.2 所示。

表 1.2 包括一个 $K_{1.5}$ 骨架，它是一个内部有 2-孔的实心三角形。$K_{1.5}$ 骨架的分数维数表明这样的骨架具有部分填充的内部，被一个或多个孔刺破。**2-孔**是具有边界和内部孔的平面区域。例如，作为平面形状边界的有限简单闭合曲线定义了一个 2-孔。

称为 1-循环的边缘集族构成覆盖表面形状的循环路径，提供了一种易于使用且有效的逼近感兴趣形状的方法。**1-循环**是定义简单闭合曲线的路径连通顶点的有限集族。顶点 p 和 q 是**路径连通的**，前提是有一系列从 p 开始到 q 结束的边。在 1-循环中，对于 1-循环中的任何顶点，都有一条路径在顶点 p 处开始和结束。

例 1.31 （**连接 1-循环中的 1-单元**）

设 e_1、e_2、e_3、e_4、e_5 是包含连通的 1-单纯形（边）的定向路径序列，如图 1.21 所示。0-单元（顶点）的排序由有向边给出。例如，$e_1 \to e_2 \to e_3 \to e_4 \to e_5 \to e_1$ 定义了一条路径。这条路径是连通的，因为路径中的任意两个顶点之间都有一条路径。这条路径是封闭的，因为在边缘遍历结束时 $e_5 \to e_1$，又从 v_1 开始。这条封闭路径是简单的，因为它没有环路。根据定义，图 1.21 中的路径是 1-循环。

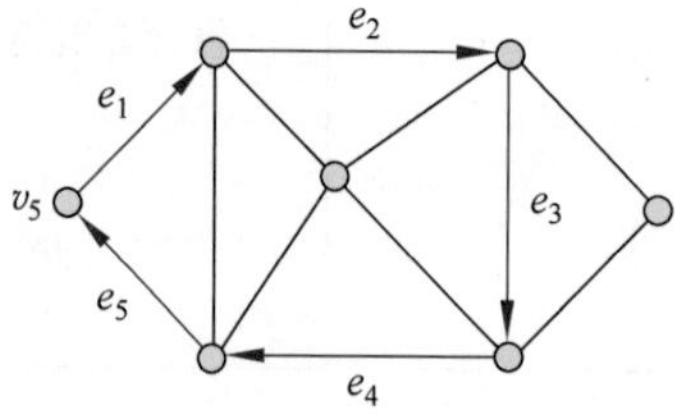

图 1.21　路径

■

1.13　涡旋复合形和形状持久性条形码

单个涡旋是一个填充的 1-循环。涡旋复合形 A（记为 vcyc$A$，简称涡旋 vcyc$A$）是一族非同心、嵌套的 1-循环，内部为非空（即，1-循环共享一组非空的内部点并且其可能重叠或可能不重叠）。每个平面涡旋复合形中的填充 1-循环都有一个共同的非空内部。

涡旋复合形的物理模拟是电场中非同心、嵌套的等势曲线的集族[5，5.1 节，pp.96-97]。这种涡旋复合形的观点适合于物理世界中涡旋研究的近距离物理几何方法[44]。

注释 1.32　（物理涡旋结构）

J. Pudykeiwicz 观察到，在空间足够大的尺度上，几乎所有形式的物质组织都以涡旋的形式出现，其中最壮观的例子是旋转星系。很容易得出结论，涡旋运动在所有从最小到最大的物理系统中无处不在[45]。■

分离形状特性中的涡旋复合形

涡旋复合形，它们的空间以及它们的描述性接近，对于隔离和近似独特的视觉场景对象形状属性很重要，如形状面积、重叠顶点数、形状内部孔数和表面形状上的神经覆盖。例如，通过对表面孔的质心进行三角剖分，我们可以在覆盖前景对象形状的 MNC 上构建重心涡旋复合形，例如，参见图 1.48 和图 1.54。■

1.14　与 Ghrist 条形码相似的形状条形码

有限有界平面形状 A（由 sh$A$ 表示）是欧氏平面的有限区域，其边界为简单的闭合曲线且内部为非空[46]。这里的重点是为一类形状的成员提供指纹的形状标记。**形状标记**可以是单个特征值，例如边界点和形状质心之间的径向距离，如 El-ghazal、Basir 和 Belkasim [47]，也可以是形状特征矢量，如 Yang、Kpalma 和 Ronsin [48，5.6 节，pp.18-19]或 Ghrist [49]和 Peters [50]中的条形码。

在这里，涡旋复合形是形状内的一个形状系统[1]，它具有基于区间的特征值，这些特征值定义了随时间持续存在的形状条形码（也称为 **Ghrist 条形码**）（例如，参见[4，2.6 节]）。也就是说，**形状条形码**是一族平行的水平（或垂直）条形，每个条形的长度代表一个形状覆盖涡旋复合形特征持续（持久）的时间。有关与形状持久性相关的条码的良好介绍，请参阅 Ghrist [51，5.13 节]。

例 1.33　（形状持久性的条形码视图）

图 1.22 给出一个形状条形码示例。该条形码展示了形状特征组合随时间的持久性。在此示例中，展示了具有 5 个三角化视频帧图像的序列。在每个视频帧图像中，都有一个具有公共顶点三角形的集族，即兔子的质心。这个相交三角形的集族刻画了单元神经的结构。

1　非常感谢 M. Z. Ahmad 指出这一点。

该神经中的每个单元内部都有一种随时间变化的主要色调（红色、绿色和蓝色）。此外，该兔子神经中的三角形数量和最大三角形面积也随时间变化。这里的兴趣在于跟踪随时间在视频帧图像序列中出现和消失的形状特征值的持久性。请注意，所有 3 个三角形内部色调仅出现在 5 帧中的 2 帧里。这 2 个多色调神经中的三角形数量和最大三角形面积也在所有 3 种色调出现的相同时间间隔内持续存在。换句话说，序列中只有两幅视频帧图像，其中兔子神经形状具有匹配的特征值。该兔子神经还表现出由与神经中枢质心相对的边缘序列定义的涡旋循环。

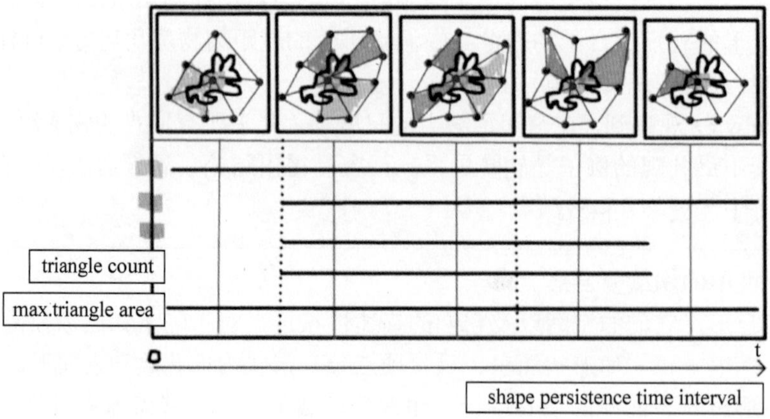

图 1.22 显示了形状特征随时间持久性的 Ghrist 条形码示例 ■

习题 1.34

此习题的目标是使用 Ghrist 条形码以离线三角剖分方法跟踪视频帧图像序列上三角剖分形状的特征值的持久性，并跟踪视频帧图像中形状的持久性。请执行下列操作：

（1）采集不断变化的视觉场景的视频。

（2）使用 MATLAB 离线选择一组种子点，这些种子点是每个视频帧图像里目标的质心。

（3）使用选定的种子点，离线对每个视频帧图像进行三角剖分。

（4）离线查找每个视频帧图像上的最大核聚类（MNC）。

（5）离线提取各个视频帧图像的 MNC 中每个三角形的主要色调。

（6）离线提取每个视频帧图像的 MNC 中的三角形数量。

（7）构建一个 Ghrist 条形码，离线跟踪视频帧图像序列上 MNC 的特征值。评论生成的 Ghrist 条形码。

（8）对相同变化的视觉场景的第二个视频重复步骤（1）。

（9）评论哪些 MNC 形状特征倾向于保留在视频帧图像中。

此外，评论哪些形状特征随时间重复变化。 ■

涡旋循环的几何形状与形状标记[50]和 Litchinitser [52]的光子涡旋几何，Adelberger、Dvali 和 Gruzinov [53]的重叠涡旋，Dzedolik [54]的光子涡旋特性和由光子形成的电磁涡旋和 Thomson (Lord Kelvin) [55]引入的涡旋原子研究有关。

涡旋中重叠的 1-循环构成了涡旋内的 Edelsbrunner-Harer 神经。设 F 是一个有限集族。Edelsbrunner-Harer 神经[27，III.2 节，p,59]由 F 的所有非空子集族（记为 Nrv$F$）组成，其

集合具有非空交集，即

$$\text{Nrv}F = \{X \subseteq F : \bigcap X \neq \varnothing\} \quad \text{（Edelsbrunner - Harer神经）}$$

例 1.35 （涡旋复合体的两种形式）

两种不同的涡旋复合形 vcyc$A$、vcyc$B$ 如图 1.23 所示。涡旋复合形 vcyc$A$ 包含一对非重叠的 1-循环：cycA_1 和 cycA_2。相比之下，图 1.23 中的涡旋复合形 vcyc$B$ 包含一对重叠的 1-循环：cycB_1 和 cycB_2，它们有一个公共顶点，即 v_{13}。设 F 是 cycB_1 和 cycB_2 中边的集族。涡旋复合形 vcyc$B$ 中的一对 1-循环构成了 Edelsbrunner-Harer 神经，因为 cyc$B_1 \cap$ cyc$B_2 = v_{13}$，即 1-循环 cycB_1 和 cycB_2 的交集是非空的。两种形式的涡旋复合体中的循环边缘都定义了封闭的凸曲线。

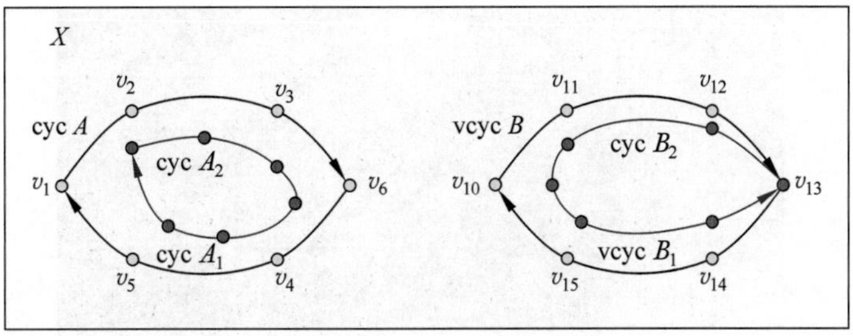

图 1.23　两种不同的涡旋复合形　■

重叠的涡旋会产生涡旋神经，即，涡旋神经 A（由 vNrv$A$ 表示）是相交涡旋的集族（图 1.23）。

例 1.36 （几何涡旋神经样本）

图 1.24 显示了一个简单的几何涡旋神经的例子，它是由–cos(x)– 25y 和–sin(x) – 25y 的涡旋值产生的，结果是一对相交涡旋。根据定义，这对相交的涡旋构成了一个涡旋神经。

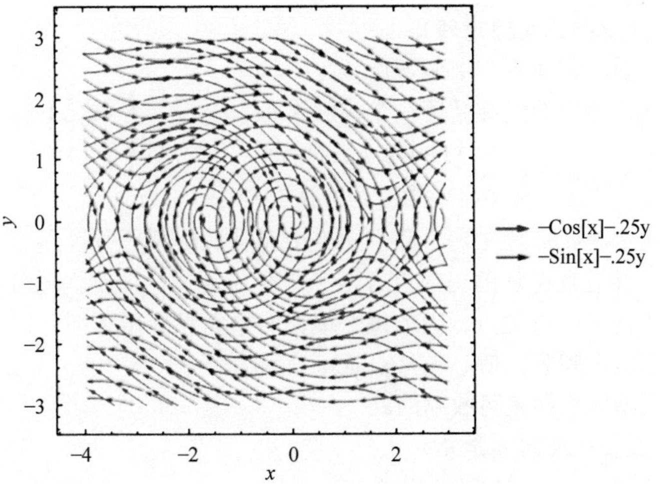

图 1.24　简单几何涡旋神经　■

相交涡旋由一对涡旋循环中的 1-循环重叠定义。请注意，单个 1-循环也是普通涡旋的一个例子。考虑到这一点，通过连接镶嵌图像中的核沃罗诺伊区域周围的质心，可以观察到许多重叠的 1-循环。涡旋神经研究的动机是提供一种覆盖和测量不规则图像形状内部的方法。通过用具有已知几何特征的多边形覆盖形状内部，可以测量这种形状。请注意，每个 1-循环都有一个边界，它是一条多边形曲线。使用 1-循环多边形曲线边界，我们不仅可以测量边界特征（例如，长度、边数、最长边、最短边），还可以测量内部特征（例如，面积、直径、与 1-循环内部质心的最大距离、与 1-循环内部质心的最小距离、彩色图像中内部像素的最小和最大波长）。有关光波波长的详细信息，请参见附录 A.23 节。有关确定彩色图像像素波长的方法，请参见附录 A.4 节。

例 1.37 （**图像涡旋神经样本**）

图 1.25 中的绘画[1]显示了孪生图像涡旋神经的示例。图 1.25 中的三个涡旋循环成对相交，在绿头巾女孩的绘画上形成一对图像涡旋神经。

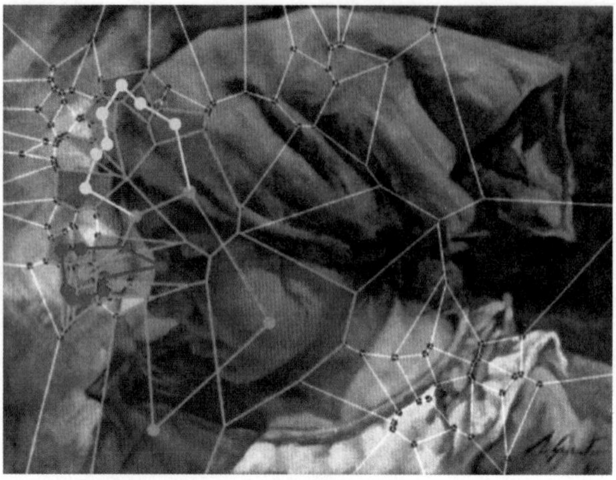

图 1.25　简单的图像涡旋神经对 ■

涡旋循环的许多简单结果来自约旦曲线定理。

定理 1.38 （**涡旋循环回缩定理**）

有限平面涡旋循环回缩到一个显著点。

证明：设 vcyc$A$ 为平面涡旋循环。令映射族 r_t：vcyc$A \mapsto$ vcyc$A$ ($t \in [0, 1]$)定义为

$$r_0(x) = \mathrm{id}_{\mathrm{vcyc}A}(x) = x, \quad x \in \mathrm{vcyc}A$$

$$r_1(x) = p, \quad \text{质心 } p \in \mathrm{vcyc}A$$

根据乔丹曲线定理（定理 1.1），我们知道由充满涡旋循环所包围的平面区域与循环外的区域是分开的，并且在循环的内部包含至少一个显著点，即旋涡内部的质心。质心 $p \in$ vcyc$A$ 是 vcyc$A$ 中的一个特征点，因为每个填充的平面涡旋循环都有一个质心，它是涡旋循环内唯一的特征点。因此，质心 p 是 vcyc$A$ 的回缩。 ■

具有点同伦类型的空间是**可收缩的**。

定理 1.39 （**涡旋循环回缩定理**）

有限平面涡旋循环定义了可收缩的空间。 ■

习题 1.40 🚲

证明定理 1.39。

1　非常感谢意大利萨勒诺的 Alessandro Granata 让我在图像几何研究中使用他的画作。

提示：定义由涡旋复合形上的 1-循环集族所产生的涡旋神经。■

习题 1.41

完成图 1.26(a)上的齐格勒△-to-Y 变换序列。

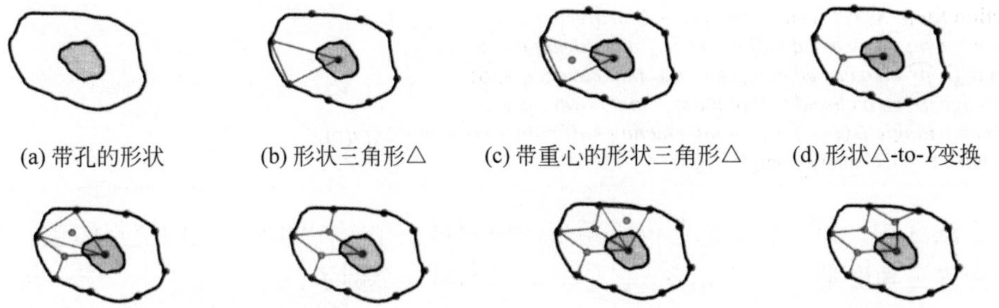

(a) 带孔的形状　(b) 形状三角形△　(c) 带重心的形状三角形△　(d) 形状△-to-Y变换

(e) 第2个带重心的△　(f) 第2个形状△-to-Y变换　(g) 第3个带重心的形状△　(h) 第3个形状?-to-Y变换

图 1.26　带孔形状的△-to-Y 变换

此外，评论哪些形状特征随时间重复变化。■

习题 1.42

证明：（a）具有单个孔的平面形状可以收缩为形状边界和孔边界之间的路径连通重心；（b）生成的路径连通重心是一系列交叉神经复合形的核。■

> **用孔收缩形状**
>
> 有关内部有孔的多边形的最新图形研究，请参阅 Boomari、Ostavari 和 Zarei [56]。这里的兴趣是将带孔的形状收缩到由形状的三角剖分和一系列齐格勒△-to-Y变换产生的重心集族[20，4.1 节，p.106]。最终结果是在成对相交神经的集族中连通顶点的集族（参见图 3.10）。关于在通勤地图和 Banach 收缩原理方面的另一个重要收缩观点，可参见 Singh 和 Gairola [57]。

习题 1.43

需要多少个 2-孔来破坏 1-循环，使其成为具有空的内部的形状边界？■

习题 1.44

2-孔的直径是 2-孔边界上一对点之间的最大距离。在一个填充的、平面的 n 面多胞形中，破坏（使其成为具有空的内部的形状边界）1-循环的 2-孔的直径是多少？■

1.15　矩形网格上的德劳内三角剖分

本节介绍德劳内三角形和沃罗诺伊区域之间的对比。下面从选择作为矩形网格中单元角点的种子点 S 开始。回想一下，沃罗诺伊区域包含一个位于该区域内部的种子点。与沃罗诺伊区域不同，每个德劳内三角形（用△表示）在其边界上包含 3 个种子点，即△的顶点。构建德劳内三角形的步骤在算法 3 中给出。

算法 3：德劳内三角形构建

Input　: Set of seed points S

Output: Delaunay Triangle Construction

Let $p \in S$ *be a member of a set of seed points* S;

Selection Step; *Select seed points* $q, r \in S$ *nearest* $p \in S$;

Draw edge $\widehat{pq}$ *on a closed half plane* π_{pq} *that covers* $r \in S$;

Draw edge $\widehat{pr}$ *on a closed half plane* π_{pr} *that covers* $q \in S$;

Draw edge $\widehat{qr}$ *on a closed half plane* π_{qr} *that covers* $p \in S$;

Edges on triangle $\triangle(pqr)$ *are on intersecting half planes covering* $\triangle(pqr)$;

/* $\triangle(pqr)$ is a Delaunay triangle */ ;

从算法 3 中，可注意到德劳内三角形的内部被三个封闭的半平面的交点覆盖。换句话说，**德劳内三角形**是实心三角形，它是多胞形的另一个例子。

例 **1.45**　（德劳内三角形）

从均匀间隔的网格线的交叉点获取的一组九个种子点 S 显示为+，如图 1.27(a)所示。因此，从这些种子点导出的德劳内三角形的形状均匀但不是等边的（见图 1.27(b)）。图 1.27(b)中每个带红色边的三角形是 S 中三个种子点 p、q、r 的德劳内三角形△(pqr)的示例，由半平面Π的集族相交形成，其中△(pqr)的每条边是一个半平面π∈Π边界上的线段。

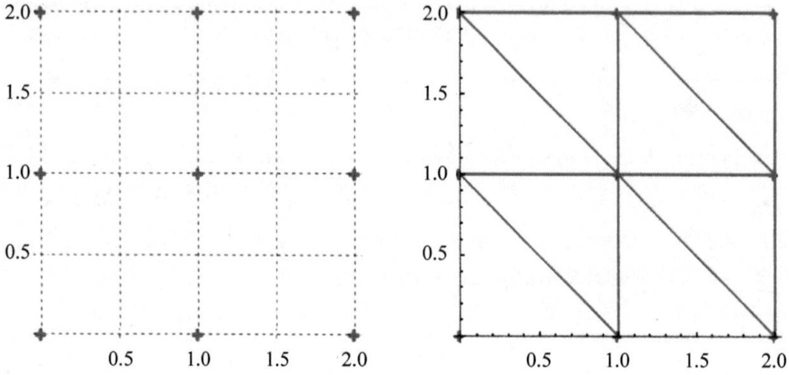

(a) 网格中值点　　　　(b) 德劳内三角形

图 1.27　矩形网格上的德劳内三角形 ■

有关种子点的更多示例，请参见附录 A.23 节。

习题 **1.46**

设计一个使用网格线交点的 MATLAB 或 Mathematica 脚本，以便生成的三角形都不是不规则的（每个三角形都是等边的，并且每个三角形的边长都与其他三角形的边长不匹配）。 ■

习题 **1.47**

使用 MATLAB 设计一个脚本来完成以下操作：

（1）给定一幅数字图像，选择一组种子点 S，它们是图像角点。

（2）三角化 S。

（3）回想一下，三角形的重心位于中线的交点处。从步骤（2）中找出三角形的重心集合 B。

（4）假彩色化所找到的重心。

（5）三角化 B。■

习题 1.48 ☕

回想一下，三角形的重心位于中线的交点处。设计一个 MATLAB 或 Mathematica 脚本以在矩形网格上显示每个德劳内三角形的重心。■

1.16　源自质心德劳内三角形的条形码

设 X 是一个有限有界、有孔的平面区域。X 的每个非孔子区域都有一个质心。设 S 为 X 上的一组质心。在本节中，我们简要对比 S 上的德劳内三角形和沃罗诺伊区域。根据算法 3，S 中的每个种子点 p 是三角形△(pqr)的顶点。△(pqr)中的顶点 q、r 是最接近顶点 p 的种子点。

回想一下表 1.2，其中 2-单元（K_2）是一个实心三角形，而 $K_{1.5}$ 三角形是部分填充的，包含一个 2-孔。2-孔是在有限有界平面区域中的穿孔。对包含孔的平面区域进行三角剖分会产生在其内部具有一个或多个孔的德劳内三角形。

例 1.49 （其内部有一个孔的质心德劳内三角形）

设 S 是在有孔的有限有界平面区域上的一组质心。每个质心是形状的质心。三个形状 A、B、E（由 sh$A$、sh$B$、sh$E$ 表示）由图 1.28(a)中的斑块表示。每个形状的质心由位于 p、q、r 点的红色十字准线+表示。得到的质心德劳内三角形△(pqr)如图 1.28(b)所示。这个特殊的德劳内三角形内部有一个突出的孔 H_0。此外，三角形△(pqr)跨越了三个形状 sh$A$、sh$B$、sh$E$。

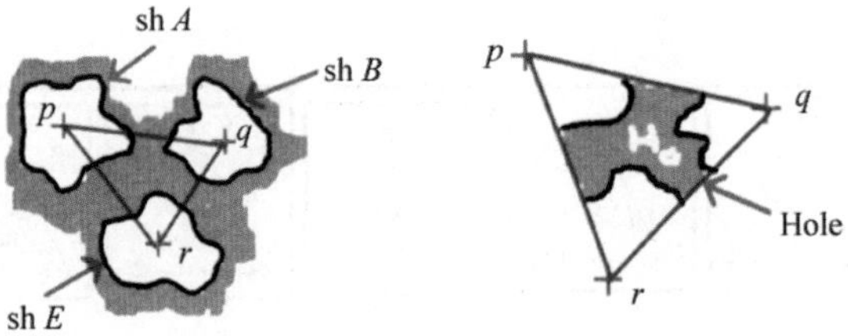

图 1.28　内部有一个孔 H_0 的质心德劳内三角形 ■

例 1.49 提供了一个有用的结果，即对带有穿孔的曲面进行三角剖分，其中每个德劳内三角形的顶点都位于三个形状的内部。这就提出了一种构造形状条形码的方法，该方法可用于对跨越质心德劳内三角形的形状进行分类。形状条形码是从穿孔表面上的质心德劳内三角形导出的特征值矢量。

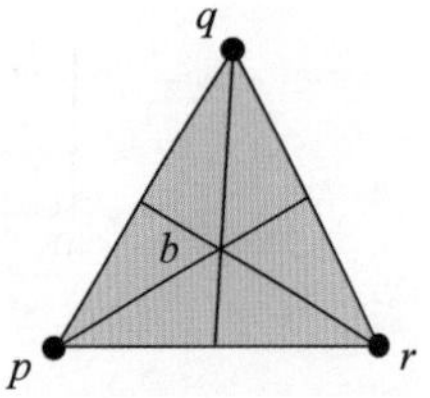

图 1.29　德劳内三角形重心

有很强的动机来考虑从质心德劳内三角形（图 1.29）导出的形状条形码。

动机：源自质心德劳内三角形的条形码 ☕

源自质心德劳内三角形的条形码为带有穿孔的表面上的德劳内三角形所跨越的形状提供了可测量的索引。形状很少单独存在。取而代之的是，每个形状都从其邻居那里借用以获得其独特的特征。请注意，每个质心都位于孔的内部。质心德劳内三角形的顶点跨越三个相邻的形状。实际上，质心德劳内三角形定义了一组形状，它们的内部部分位于质心德劳内三角形的内部。在质心靠近聚集的情况下，可以通过它们的德劳内三角形条形码来比较同一个表面上不同部分或不同表面上的形状聚类。

例 1.50 （源自质心德劳内三角形的形状条形码）

令△(pqr)是质心德劳内三角形，其质心顶点为 p、q、r，其重心为 b，位于有孔的有限有界物理平面区域中，因此三角形跨越三个形状 sh$A$、sh$B$、sh$E$。在这种情况下，只要质心暴露在光线下，每个质心都对应于一个微小的、具有波长的类似顶点的物理质量。

△(pqr)的条形码用 bc(p, q, r, b, A) 表示。例如，令

$$\begin{aligned}
\Phi(p(t)) &= \lambda_p \quad \text{（在时间}t\text{质心}p\text{的波长）}\\
\Phi(q(t)) &= \lambda_q \quad \text{（在时间}t\text{质心}q\text{的波长）}\\
\Phi(r(t)) &= \lambda_r \quad \text{（在时间}t\text{质心}r\text{的波长）}\\
\Phi(b(t)) &= \lambda_b \quad \text{（在时间}t\text{重心}b\text{的波长）}\\
\Phi(\Delta(\text{pqr})) &= A(t) \quad \text{（}A=\text{时间}t\text{时的}\Delta(\text{pqr})\text{的面积）}\\
(\lambda_p,\lambda_q,\lambda_r,A) &= bc(\Delta(p(t),q(t),r(t),(b(t),A(t))) \quad \text{（时间}t\text{时的}\Delta(\text{pqr})\text{的条形码）}
\end{aligned}$$

随着时间的推移，视觉场景的一系列快照上带有孔的实心三角形的形状和色调波长会随着温度和光照（例如阳光）条件的变化而变化。证据可以在白天视觉场景的典型视频帧图像序列中找到。在视觉场景的形状研究中，重要的是要有一些机制来跟踪形状变化。这可以通过所谓的 Ghrist 条形码来完成（例如，参见图 1.30 中显示实心三角形随时间变化的条形码）。变化的实心三角形的特征持续存在的两个时间间隔由图 1.30 中黄色虚线之间的时间间隔表示。

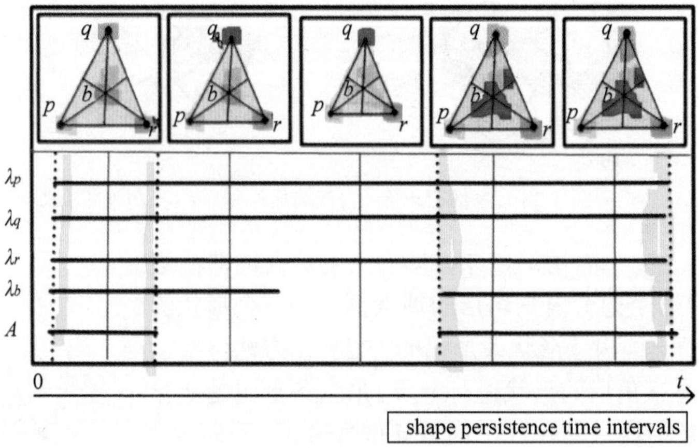

图 1.30 Ghrist 条形码呈现实心三角形顶点波长持久性

形状持久性

随着时间的推移，持续存在的形状特征对于了解具有特定形状物体的弹性和特征非常有用，例如最近发现的火星南极盖湖（火星南极冰盖下方深处的液态水），由 Clery [58] 报道（图 1.31）。这一发现是最近由用于地下和电离层探测的火星先进雷达（MARSIS）

发现的，这是欧洲航天局火星快车上的一种仪器，该仪器于 2003 年开始绕火星运行。有关 Ghrist 条形码的更多信息，请参阅 1.13 节和 1.21 节以及 Ghrist [49]，尤其是[51，5.13 节，pp.104-106 和 pp.202-205]。**形状持久性**由形状的特定配置开始和结束之间的时间间隔定义。

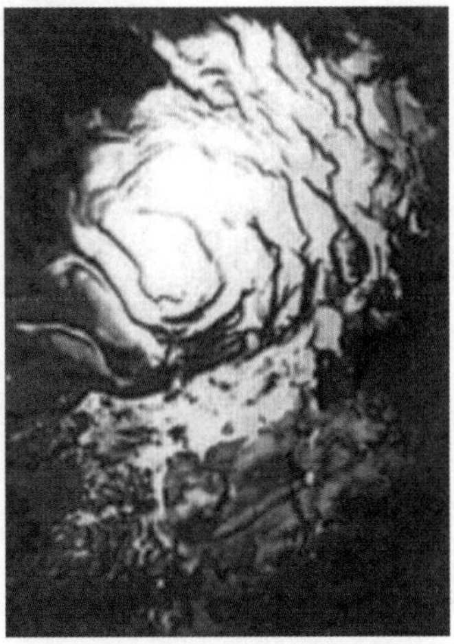

图 1.31　火星快车雷达图中火星南极冰层下液态水涡旋形状[58]

1.17　沃罗诺伊区域上的德劳内三角形

德劳内三角形和覆盖有限有界平面的沃罗诺伊区域之间存在对应关系。事实上，Edelsbrunner [59]指出，如果在具有公共边的沃罗诺伊区域 $V(p)$、$V(q)$上的种子点 p 和 q 之间绘制直边，就会出现对偶图。如果对每个与 $V(p)$有共同边的沃罗诺伊边执行此操作，则将获得德劳内网格。

例 1.51

图 1.32 显示了从沃罗诺伊区域的种子点导出的德劳内三角形的样本集族。对于图 1.32 中的沃罗诺伊区域 $V(p)$，我们有

$$\begin{aligned}
&\text{从沃罗诺伊区域}V(p),V(q_1),V(q_2)\ \ \text{可以得到德劳内}\Delta(pq_1q_2)\\
&\text{从沃罗诺伊区域}V(p),V(q_2),V(q_3)\ \ \text{可以得到德劳内}\Delta(pq_2q_3)\\
&\text{从沃罗诺伊区域}V(p),V(q_3),V(q_4)\ \ \text{可以得到德劳内}\Delta(pq_3q_4)\\
&\text{从沃罗诺伊区域}V(p),V(q_4),V(q_5)\ \ \text{可以得到德劳内}\Delta(pq_4q_5)\\
&\text{从沃罗诺伊区域}V(p),V(q_5),V(q_1)\ \ \text{可以得到德劳内}\Delta(pq_5q_1)
\end{aligned}$$

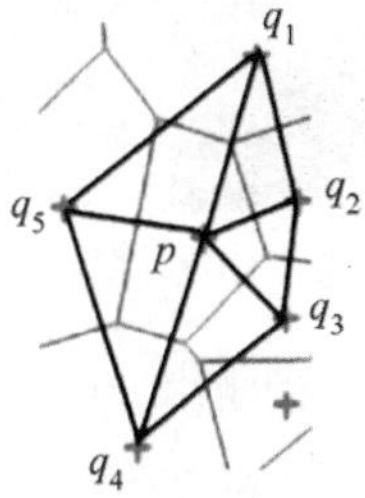

图 1.32　从沃罗诺伊区域的种子点导出的德劳内三角形　■

要看到这一点，请尝试使用矩形网格进行试验。

例 1.52 （从沃罗诺伊区域的矩形网格种子点派生的德劳内三角形）

由沃罗诺伊区域覆盖的 2×2 矩形网格的相交点导出的德劳内三角形的样例推导如图 1.33 所示。

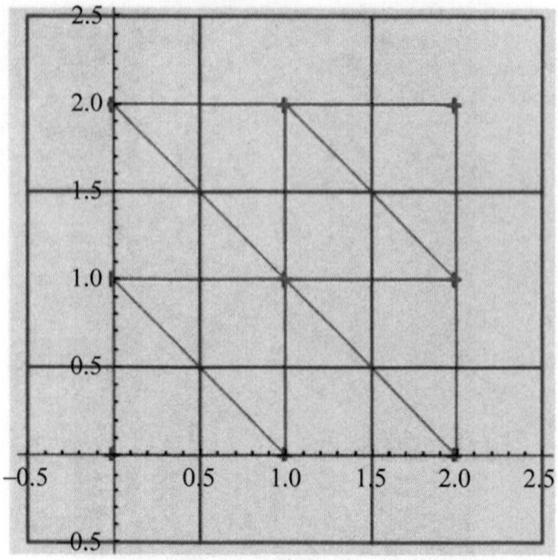

图 1.33 从沃罗诺伊区域的网格种子点导出的德劳内三角形 ■

1.18 视觉场景的德劳内三角剖分

本节介绍一种对视觉场景进行德劳内三角剖分的方法。从算法 3 中，回忆构建德劳内三角形的基本步骤。通过对从视觉场景中提取的一组种子点重复算法 3 中的步骤，我们获得了所选种子点的三角剖分。接下来给出视觉场景三角剖分的基本步骤。

视觉场景的德劳内三角形构建步骤

（1）在视觉场景的给定有限有界平面区域上选择一组种子点 S（例如，参见图 1.34，每个种子点的质心由十字准线+表示）。

图 1.34 无人机视频帧图像上的样本种子点

（2）**种子点步骤：** 在 S 中选择一个种子点 p。

（3）选择最接近种子点 p 的 2 个种子点 q、r。

（4）**边缘步骤**：在种子点 r 对面绘制边缘 $\overline{p,q}$。

（5）**半平面步骤**：选择具有边 $\overline{p,q}$ 的闭合半平面 π_{pq}，使得 $r\in\pi_{pq}$，即选择半平面 π_{pq}，使其覆盖种子点 r。

（6）对边缘 $\overline{p,r}$ 重复步骤（4）。

（7）对半平面 π_{pr} 重复步骤（5），即选择半平面 π_{pr}，使其覆盖种子点 q。

（8）对边缘 $\overline{q,r}$ 重复步骤（4）。

（9）对半平面 π_{qr} 重复步骤（5），即选择半平面 π_{qr}，使其覆盖种子点 p。

（10）**结果**：德劳内三角形△(pqr)等于半平面 π_{pq}、π_{pr}、π_{qr} 的交点。

（11）对 S 中每个种子点 p，从步骤（2）开始，重复构建新的德劳内三角形。

（12）**三角测量结果**：源自步骤（10）。种子点的三角剖分示例，参见图 1.35。

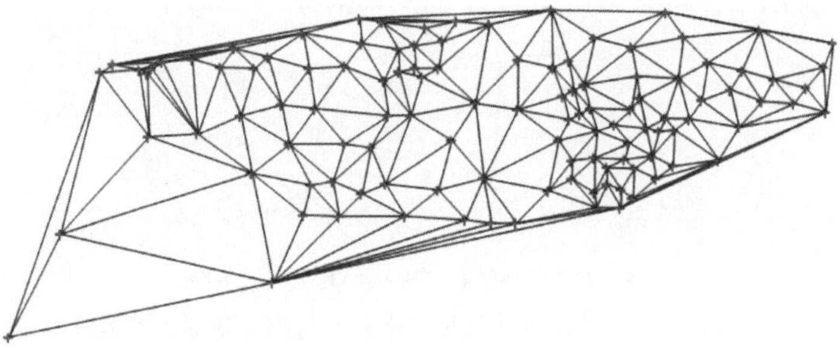

图 1.35　来自视觉场景的一组种子点的三角剖分示例

（13）**三角剖分覆盖结果**：德劳内三角形部分覆盖视觉场景的三角剖分示例，参见图 1.36。

图 1.36　无人机视频帧图像的三角剖分示例

例 1.53　（视觉场景的质心三角剖分）

无人机视频帧图像的质心三角剖分如图 1.36 所示。每个三角形的顶点是视觉场景的有限有界区域上的质心。为了获得有用的结果，有必要调整计算参数以方便提取条形码的特征值，用于比较在时空上分离的形状。通常，在无人机视频中，人们对检测视觉场景中的显著变化以及检测持续存在的表面形状以及逐渐消失或显著变化的表面形状感兴趣。 ■

1.19 视觉场景中源自沃罗诺伊区域的德劳内三角剖分

本节的重点是视觉场景的沃罗诺伊镶嵌和德劳内三角剖分之间的对比。接下来给出这两种计算几何形式的许多对比特征。

两种计算几何形式的对比

种子点的位置：在种子点 s 的沃罗诺伊区域 $V(s)$中，种子点位于 $V(s)$的内部（边界内）。例如，参见图 1.37(a)中沃罗诺伊区域内部的单个种子点与图 1.37(b)中作为德劳内三角形顶点的种子点。图 1.37(a)中的沃罗诺伊区域来自图 1.38 中所示的镶嵌。你能看出是哪一个吗？图 1.37(b)中的德劳内三角形来自图 1.35 中的三角剖分。

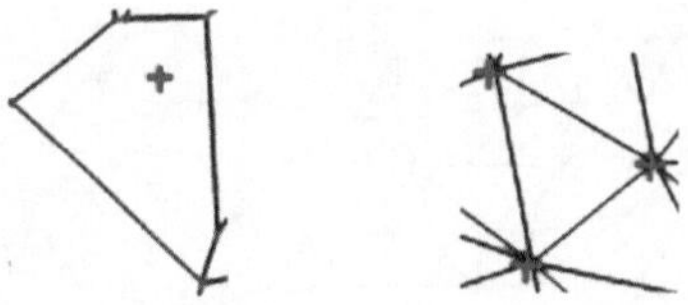

(a) 沃罗诺伊区域　　(b) 德劳内三角形

图 1.37　沃罗诺伊区域种子点与德劳内三角形种子点

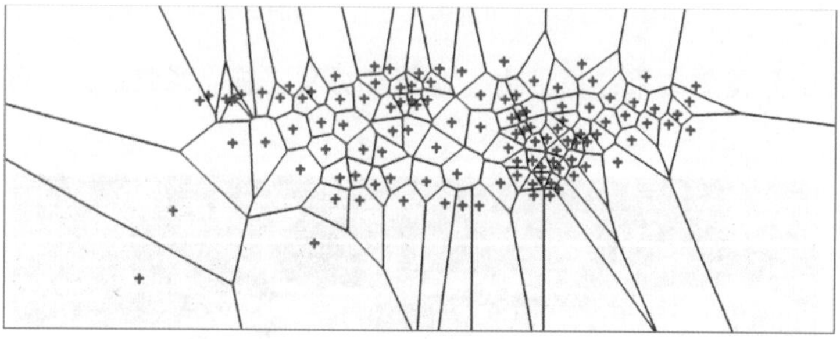

图 1.38　视觉场景中从质心导出的种子点的沃罗诺伊镶嵌

区域聚类：区域聚类的两种明显不同的形式是由有限有界平面区域上的一组种子点的镶嵌与三角剖分产生的。使用沃罗诺伊形式的区域聚类，沃罗诺伊区域位于聚类的中心（参见图 1.39(a)）。这意味着叶子区域（与中心区域相邻的沃罗诺伊区域）与聚类中心的区域相交，但不相邻的叶子对不相交。例如，参见图 1.40 中红色七边形两侧的绿色七边形。虽然各个绿色七边形与红色七边形都有一个共同的边，但（这两个）绿色七边形不相交（它们没有任何共同点）。因此，一组沃罗诺伊区域不是神经结构。

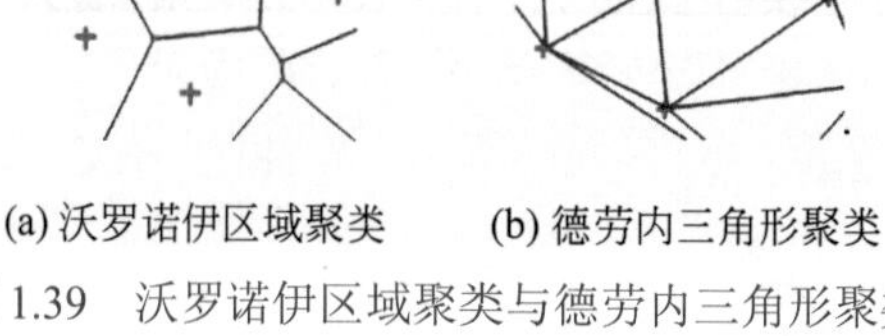

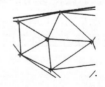

(a) 沃罗诺伊区域聚类　　(b) 德劳内三角形聚类

图 1.39　沃罗诺伊区域聚类与德劳内三角形聚类

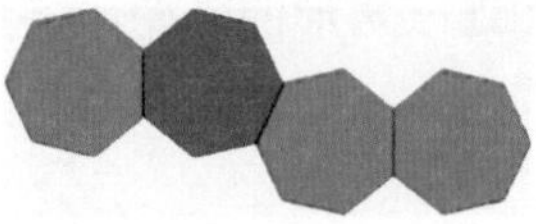

图 1.40　来自[60，12.1 节，p.321]的七边形样本

1.20　基于辐条的单元复合形神经

本节简要介绍神经辐条。为了从镶嵌或三角化的有限有界区域中获得神经，我们需要解决具有与给定多胞形有共同边或顶点但不相交的非相邻多胞形的问题。这个问题已经通过引入多形神经[60，12.1 节，p.320ff]和聚类辐条[61]解决了（另见 Ahmad 和 Peters [62，63]）。**多形神经**是具有共同多边形的连通多边形序列的集族。

例 1.54　（多形神经）

图 1.41 中显示了一个示例多形神经 Nrv*Pf*。在此示例中，各个连接的填充五边形序列（以绿色表示）有一个共同的红色五边形。红色五边形与绿色五边形序列中的任何一个的组合是辐条的一个示例。图 1.41 中所示的两个相交辐条定义了神经 Nrv*Pf*。

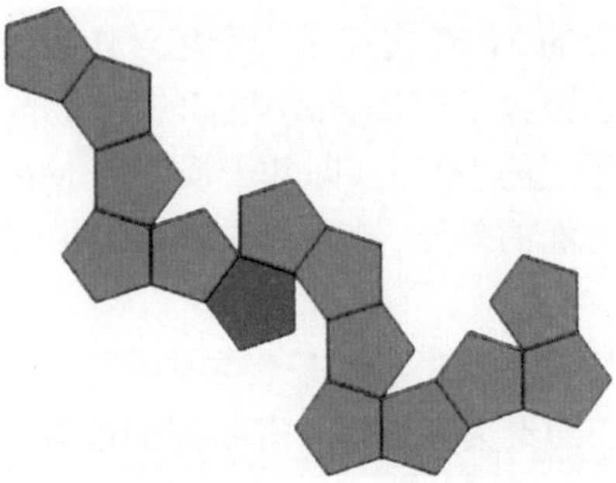

图 1.41　来自[60，12.1 节，p.321]的五边形样本　■

例 1.55　（基于辐条的神经）

三角化视觉场景上的辐条样本如图 1.42 所示[1]。请注意，一对相邻的实心三角形（2-单元）具有共同的顶点或边。这意味着辐条构成具有成对公共顶点或成对公共边的连通三角形序列。图 1.42 中的示例神经从一族具有共同顶点的实心绿色三角形开始。每条神经中的

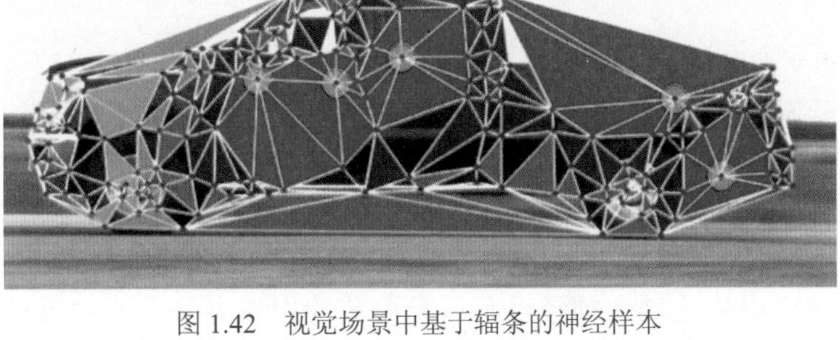

图 1.42　视觉场景中基于辐条的神经样本　■

1　非常感谢 Braden Cross 在三角化图像上提供这个辐条示例。

每个中央绿色三角形都是一系列相连三角形的开始，并形成从每个神经三角形向外延伸的辐条。这些神经是三角形神经的例子，它们是由具有单元（共同的顶点或实心三角形）连通三角形（辐条）的序列构成的多形神经。

习题 1.56 ☕

编写 Mathematica 或 MATLAB 脚本，在视觉场景中突出显示辐条和基于辐条的神经。■

习题 1.57 ☕

编写一个 MATLAB 脚本，在视频的一系列帧图像里突出显示辐条和基于辐条的神经。为此，请使用图像质心作为种子点。以黄色突出显示最大核聚类（MNC）上具有辐射辐条的神经，这些辐条在视频帧图像序列中具有相同长度。也就是说，在一个示例视频中，如果视频帧图像 X 上的 MNC 有两个辐条 sk$A$、sk$B$，长度分别为 5 和 8，另一个视频帧图像 Y 也有一个 MNC，且有两个辐条 skA'和 skB'，长度分别为 5 和 8，然后以黄色突出显示 X 和 Y 帧中的最大核聚类。请注意，带有辐条的 MNC 是基于辐条的神经的示例。使用角点作为三角化视频帧图像序列中的种子点，将基于质心的辐条与结果（寻找具有辐条的视频帧图像 MNC）进行比较。再次以黄色突出显示那些具有相同长度辐射辐条的基于 MNC 辐条的视频帧图像。

从中观察到一个基于质心的 MNC 覆盖了一个包含作为 MNC 核的顶点的形状的内部。相比之下，基于角点的 MNC 覆盖了形状 sh$A$ 内部的一部分，其中 MNC 的核是形状 sh$A$ 边缘上的一个角。评论两种形式的 MNC（即基于质心的 MNC 与基于角点的 MNC）在覆盖视频帧图像中的特定形状方面的差异。哪种形式的 MNC 在比较和分类视频帧图像形状时更有用？■

在沃罗诺伊区域集群的情况下，每个辐条包含聚类中心的沃罗诺伊区域和一个聚类叶子（一个沃罗诺伊区域与中心的聚类多边形具有共同的边）。与沃罗诺伊区域聚类相比，德劳内三角形聚类的中心作为种子点的顶点。德劳内三角形聚类的叶子是三角形（参见图 1.39(b)）。此外，德劳内聚类中的叶子有一个公共顶点，即聚类中心的顶点。因此，德劳内聚类 A 是一个神经复合形，定义为

$$\text{Nrv}A = \{\Delta \in A : \bigcap \Delta \neq \varnothing\} \quad \text{（德劳内聚类神经）}$$

1.21　神经辐条构造

在有限有界平面区域上，神经 Nrv$A$ 上的辐条类似于液体涡旋表面上的螺旋波纹。回想一下，神经辐条是一系列相连的三角形。辐条序列中的三角形包含神经 Nrv$A$ 边界上的边或顶点。每个辐条从神经 Nrv$A$ 的边界向外延伸。对于三角化矩形区域中一组种子点 S 上的德劳内神经 Nrv$A(S)$，每个辐条的末端要么是顶点，要么是不在 Nrv$A(S)$中且最靠近区域边界的边。

有很多方法可以构建这种神经辐条。最简单的构造方法之一是通过交替选择神经 Nrv$A(S)$外部且最接近区域边界的边或顶点来导出的。每个选定的单元格（顶点或边）用于将三角形附加到神经辐条上。例如，首先在三角形$\triangle$(pqr)上选择边$\overline{q,r} \notin \text{Nrv}A$，顶点 p 在神

经 Nrv$A(S)$的边界上。在这种情况下，神经辐条 sk$A$ 包含一个三角形，即从神经 Nrv$A(S)$向外延伸的△(pqr)。接下来，选择不在辐条 sk$A$ 中、不在神经 Nrv$A(S)$中且最接近区域边界之一的顶点 p'。然后画三角形△(qrp′)。辐条 sk$A$ 现在包含一对具有公共边的三角形，即 sk$A$:= △(pqr) ∪△ (qrp′)，它从神经向外螺旋，朝向区域边界之一。算法 4 给出了在有界矩形区域中构建德劳内神经辐条的步骤。

算法 4：德劳内神经交替顶点-边缘辐条结构

Input : Triangulated finite, bounded, rectangular planar region K
Input : Set of seed points S on K
Input : Delaunay nerve Nrv$A(S)$ with nucleus n on K
Output: Constructed Delaunay nerve alternating vertex-edge spoke sk$A$

/* Given boundary edges $B = \{B_1, B_2, B_3, B_4\}$ on region K. */ ;
Nerve Vertex Selection*: Select vertex $p \in NrvA$ opposite the nucleus $n \in NrvA$*;
Triangle Selection*: Select $\triangle(pqr)$ with edge $\widehat{qr}$ closest to a bounding edge $B_i, i \in \{1, 2, 3, 4\}$ in B*;
/* Spoke sk$A := \triangle(pqr)$ on Delaunay nerve Nrv$A(S)$. */ ;
Vertex Selection Step*: Select vertex $p' \in S$ closest to the same bounding edge B_i in B*;
Draw $\triangle(qrp')$;
/* Spoke sk$A := \triangle(pqr) \cup \triangle(qrp')$ on Delaunay nerve Nrv$A(S)$. */ ;
Edge Selection*: Select edge $\widehat{q'r'}$ closest to to the same bounding edge B_i in B*;
Draw $\triangle(p'q'r')$;
/* Spoke sk$A := \triangle(pqr) \cup \triangle(qrp') \cup \triangle(p'q'r')$ on Delaunay nerve Nrv$A(S)$. */ ;
Repeat **Vertex Selection Step** *until there are no other vertices external to skA and close to the same bounding edge B_i in B*;
/* sk$A = \triangle(pqr) \cup \triangle(qrp') \cup \triangle(p'q'r') \cup \cdots$ is a spoke on Nrv$A(S)$.*/ ;

算法 4 将神经辐条的构造限制在靠近特定矩形区域侧的顶点和边缘。对于更极端的辐条，其中辐条环绕包含德劳内神经的有界区域，取消每次选择矩形区域的同一侧的限制，以便选择新的辐条顶点或边。有关在德劳内神经上构建缠绕辐条的信息，请参见习题 1.61。

例 1.58 （德劳内神经辐条样本▲(p′q′r′)）

三个德劳内神经辐条样本如图 1.43 所示。算法 4 中对神经辐条的构造可以从图 1.43 中绿色高亮辐条的角度来看。对于图 1.43 中的橙色和蓝色神经辐条，使用了类似的交替顶点-边缘选择技术。所有三个辐条的基本方法都是将每个辐条向外缠绕到区域边界。

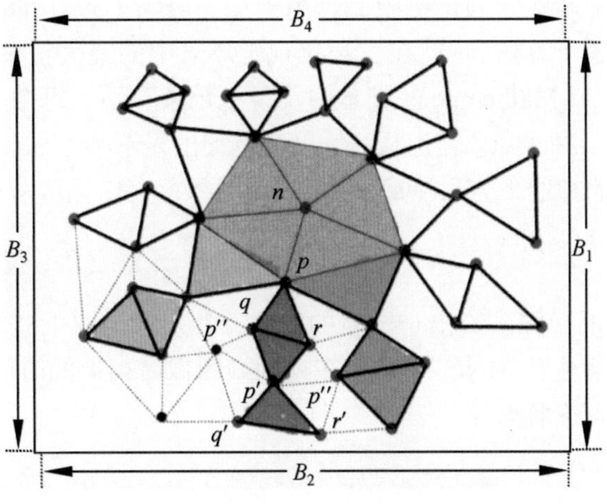

图 1.43　德劳内神经复合形上交替的顶点-边缘辐条　■

习题 1.59 ☕

在一个 MATLAB 或 Mathematica 脚本中实现算法 4，以在三角化视觉场景中的最大核聚类（MNC）上构建辐条。每个 MNC 都是德劳内神经 Nrv*A* 的一个例子。对于种子点，使用质心。以黄色突出显示神经 Nrv*A*（使用高不透明度，以便可以在突出显示的神经下方看到底层图像）。用绿色突出显示从神经 Nrv*A* 向外延伸的每个辐条。 ■

习题 1.60 ☕

在 MATLAB 脚本中实现算法 4，以在两个不同视频中的三角化视频帧图像中的最大核聚类（MNC）上构建辐条。选择跟踪相似视觉场景变化的视频。每个视频帧图像 MNC 都是德劳内神经 Nrv*A* 的一个示例。对于种子点，使用质心。以黄色突出显示神经 Nrv*A*（使用高不透明度，以便可以在突出显示的神经下方看到底层图像）。用绿色突出显示从神经 Nrv*A* 向外延伸的每个辐条。然后执行以下操作：

（1）从每个视频帧图像中，提取以下辐条特征值：

- 神经 Nrv*A* 中的三角形数量。
- 神经 Nrv*A* 中的最大三角形面积。
- 神经 Nrv*A* 上辐条中的三角形的最大数量。
- 神经 Nrv*A* 上辐条中的三角形的最小数量。
- 神经 Nrv*A* 上辐条中的顶点的最大色调波长。
- 神经 Nrv*A* 上辐条中的顶点的最小色调波长。

（2）给出一个 Ghrist 条形码，显示特征值在一系列视频帧图像上的持久性。有关 Ghrist 条形码的示例，参见图 1.22。

提示：选择 8 个视频帧图像的序列，其中辐条特征值随时间变化。对于选定的序列，估计 Ghrist 条形码表示的总时间。还要估计每个辐条特征值持续的时间，即保持接近相同的值。

（3）指出哪些选定的辐条特征值可用于对包含德劳内神经 Nrv*A* 覆盖的形状的视频帧图像区域进行分类。 ■

习题 1.61 ☕

放宽算法 4 里步骤 8 中的固定侧限制，用于构建习题 1.59 中的神经辐条。给出算法 4 的新版本（称之为**绕辐条算法**）。就在三角化视觉场景中的最大核聚类（MNC）上构建辐条而言，在 MATLAB 或 Mathematica 脚本中实现绕辐条算法。每个 MNC 都是德劳内神经 Nrv*A* 的一个例子。对于种子点，使用质心。以黄色突出显示神经 Nrv*A*（使用高不透明度，以便可以在突出显示的神经下方看到底层图像）。用绿色突出显示从神经 Nrv*A* 向外延伸的每个辐条。 ■

习题 1.62 ☕

重复习题 1.60 中的步骤，给出一个新的实现，并重复习题 1.61 中绕辐条算法的步骤。这个习题的结果将是相对于 MNC 绕辐条在视频帧图像序列上的时间持久性的一个新的实现以及一个新的 Ghrist 条形码。

1.22 德劳内三角剖分的性质

德劳内三角形与经典欧氏几何中的普通三角形有很大不同。德劳内三角形的这种显著特征源于其构造方法，该方法将德劳内三角形置于同源的单元复合形的层次结构中（见表 1.2），即 0-单元（顶点）、1-单元（线段）、1.5-单元（带有一个或多个孔的实心三角形）和 2-单元（实心三角形）。德劳内三角形也是 3-D 空间中的 3-单元（填充四面体的面是德劳内三角形的面）和 2.5-单元（部分填充的四面体的面是带有孔的德劳内三角形的面）的面。将德劳内三角形置于单元复合形的层次结构中，将本节中此类三角形的视图与出现在 2-D 或 3-D 空间中有限有界区域的德劳内三角剖分中的更传统的视图德劳内三角形区分开来。为了与包含填充孔的形状的视觉场景三角剖分的兴趣保持一致，我们包括了在其内部具有穿孔的德劳内三角形。

德劳内三角形是一个 1.5-单元（有孔的填充△）或 2-单元（填充三角形），它是三个闭合半平面的交集，其内部可能有或没有孔。回想一下，**闭合的半平面**是包含其边缘的半平面。在德劳内三角形的定义中包含孔是源于我们对视觉场景中的三角表面的兴趣。视觉场景通常有很多孔。在视觉场景中，**孔**是吸收光线的黑暗区域。从地质的角度来看，视觉场景中的孔可以被视为光子落入的集水区，其方式类似于水滴从被刺破的物理表面区域的斜坡滚下的方式。总之，**视觉场景形状**是一个有限有界区域，其内部具有凹凸不平的表面，包括反射光和折射光的区域以及吸收光的暗区（孔）。**德劳内三角剖分**是一族种子点上的德劳内三角形的集合，覆盖有限有界的平面区域。**三角化的视觉场景形状**覆盖了具有填充三角形的视觉场景形状，其中穿孔源自视觉场景中常见的凹痕和阴影区域。

物理表面形状 ☕

物理表面在视觉场景中的物体形状内部包含穿孔（孔洞、吸收光的暗区）。

德劳内三角剖分性质

边特性。德劳内三角形△(pqr)上的每条边都属于一个半平面π，它覆盖了边对面的三角形顶点。

例 **1.63**（德劳内边特性）

德劳内三角形△(pqr)上的闭合半平面π_{pq}样本如图 1.44 所示。半平面覆盖三角形边$\overline{p,q}$对面的顶点 r。

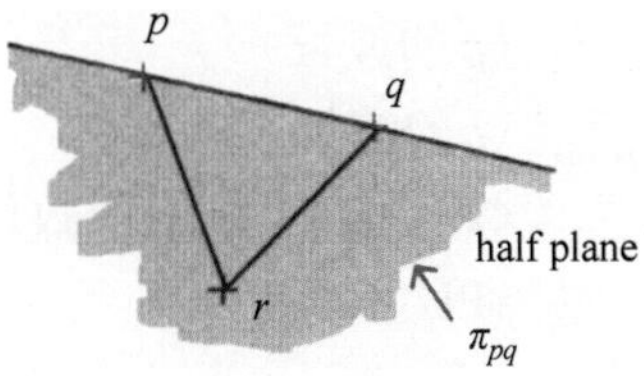

图 1.44 德劳内三角形的边特性 ■

覆盖特性。设 S 是一组种子点，设△(pqr)是一个德劳内三角形△(pqr)，顶点 p、q、r

是 S 中的种子点。每个德劳内三角形△(pqr)被三个相交的闭合半平面覆盖。

证明：这是由德劳内三角形△(pqr)的边属性得出的。因为三角形的每条边都是一个闭合半平面的边界，该半平面覆盖了三角形顶点对边，例如，边 $\overline{p,q}$ 是一个覆盖顶点 r 的闭合半平面 π_{pq} 的边界。 ■

边连通特性。设 p、q、r 是德劳内三角形△(pqr)上的一组顶点 V。一个有序的顶点序列 p，q 定义了一条**边路径**（由 P_{pq} 表示，三角剖分中顶点 p 和 q 之间的路径），即一系列边 $\overline{p,q}$、$\overline{q,r}$、$\overline{r,p}$。顶点集$\{p, q, r\}$ 是**边连通**的，前提是每对顶点都有一系列边。也就是说，这组德劳内三角剖分顶点是边连通的。有关这方面的更多信息，请参阅 Kaczynski、Mischaikov 和 Mrozek [24，2.3 节，p.67]。

例 1.64 （德劳内三角剖分边连通性）

图 1.45 显示了一组顶点 p、q_1、q_2、q_3、q_4、q_5，它们在德劳内三角剖分顶点 p 和 q_5 之间形成了一条边路径。边序列 $\overline{p,q_1}, ..., \overline{q_4,q_5}$ 显示为一系列红色边。此路径包含 5 条边。你能找到 p 和 q_5 之间更短的路径吗？

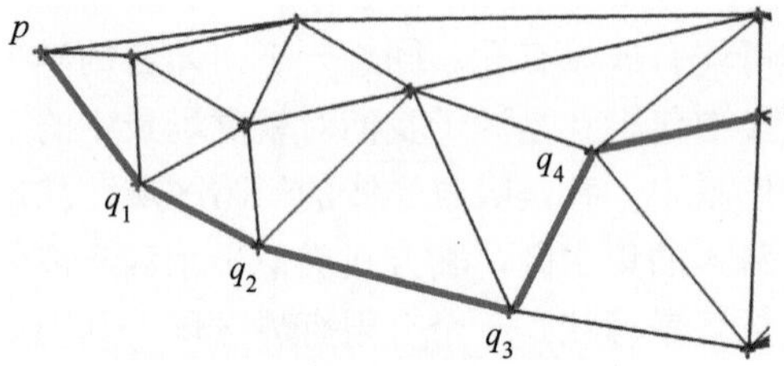

图 1.45 德劳内三角剖分的边连通性 ■

动机 1：形状边路径条形码

边路径长度（由 PL 表示）具有 3 种不同的形式。

边路径长度形式

顶点 PL(vPL) vPL = 边路径中的三角剖分顶点数。

顶点 PL(ePL) ePL = 边路径中的三角剖分边数。

跨度 PL(spanPL) spanPL = 边路径中三角剖分边的长度总和。

此边路径长度条形码（由 $bc_{P_{pq}}$ 表示）描述了视觉场景的德劳内三角剖分中的边路径。

$$
\begin{aligned}
S &= \text{种子点集}（p,q \in S） \\
p &= （\text{路径}\overline{p,q}\text{的起始顶点}） \\
q &= （\text{路径}\overline{p,q}\text{的终结顶点}） \\
P_{pq} &= （\text{三角化中顶点}p\text{和}q\text{间的路径}） \\
\lambda_p &= （p\text{的波长}） \\
\lambda_q &= （q\text{的波长}） \\
v\text{PL} &= （\text{路径}\overline{p,q}\text{中顶点的数量}） \\
e\text{PL} &= v\text{PL} - 1 \\
\text{spanPL} &= \sum_{xy \in P_{pq}} \|x - y\| \quad （\text{路径长度}） \\
bc_{P_{pq}} &= (\lambda_p, \lambda_q, v\text{PL}, e\text{PL}, \text{spanPL})
\end{aligned}
$$

■

边路径条形码 ☕

在形状的三角剖分中，存在跨越形状轮廓点之间空间的边路径。边路径为可用于编码视频帧图像序列中的形状变化（在变形形状上改变边路径的长度和连接）的条形码提供了理想的猎场。一对形状轮廓点 p 和 q 之间的近似距离等于最接近 p 和 q 之间的弧 $\overline{p,q}$ 的边路径的长度。

习题 1.65 🚲

为三角化的视觉场景提供示例形状边路径 Ghrist 条形码 $bc_{\rho_{pq}}$，并突出显示在两对相似（不相同）的视觉场景中与条形码 $bc_{\rho_{pq}}$ 对应的边路径。 ■

习题 1.66 ☕

对于视觉场景三角剖分中的选定形状，计算相对形状轮廓点之间的 vPL、ePL 和 spanPL 的最小值。突出显示在两对相似（不相同）的视觉场景中与 Ghrist 条形码 $bc_{\rho_{pq}}$ 对应的边路径。 ■

1.23 亚历山德罗夫神经

每个德劳内三角剖分都有一个神经属性。

定义 1.67

设△是有限有界平面区域三角剖分中的德劳内三角形的有限集族。一组种子点 S 上的**亚历山德罗夫神经** E（记为 Nrv$E(S)$）定义为

$$\mathrm{Nrv}E(S)=\{\triangle\in E:\bigcap_{p,q,r\in S}\triangle(\mathrm{pqr})\neq\varnothing\}\quad（S\text{的亚历山德罗夫神经}）$$

也就是说，非空种子点集 S 的亚历山德罗夫神经 Nrv$E(S)$等于所有三角形△(pqr)的集族，其中 p、q、$r\in S$，其交点是种子点顶点（称为**核**）。亚历山德罗夫神经的核是神经中三角形的共同顶点。实际上，亚历山德罗夫神经是附着在单元核上的一组三角形**聚类**。出于这个原因，这样的聚类被称为**核聚类**。**亚历山德罗夫核聚类**（ANC）是具有公共顶点的德劳内三角形的集族。换句话说，相交三角形的德劳内聚类是亚历山德罗夫神经的特征，它引起人们对神经核重要性的关注。这在 ANC 最大的情况下令人感兴趣（简单地由 **MNC** 表示）。 ■

定理 1.68

德劳内三角剖分中的每个种子点都是亚历山德罗夫神经的核。

证明：设 p 是有限有界的表面区域上的种子点集合 S 中的一个种子点。假设存在最接近 p 的包含 k 个种子点 $q_1, \cdots, q_k$，$k\geqslant 3$ 的集合 A。然后，对于每一对点 $q_i, q_{i+1}\in A$，构造一个德劳内三角形$\triangle(pq_iq_{i+1})$。在这种情况下，p 是每个构建的三角形的公共顶点，它是亚历山德罗夫神经的核。 ■

神经特性。根据定义 1.67，亚历山德罗夫神经 Nrv$E(S)$是具有公共顶点的填充德劳内三角形的集族（有关神经结构的介绍，请参见 Peters [64，1.23 节，p.70]）。亚历山德罗夫神经 Nrv$E(S)$是一种神经结构，因为它是具有非空交点的闭合半平面片段（闭合半平面的子集）的集族（例如，参见图 1.46(a)中的闭合半平面$\pi_{s1,s2}$）。注意 Nrv$E(S)$中定义德劳内三角形的

闭合半平面覆盖了神经的核 s_0。设 $p\in S$ 是亚历山德罗夫神经 Nrv$E(S)$中的核顶点，π是德劳内三角形△(pqr)，p、q、$r\in S$ 上的一个闭合半平面。核 s_0 总是有以下覆盖情况：

$$S = \text{种子点集合（}s_0\in S\text{）}$$
$$s_0 = \text{亚历山德罗夫神经Nrv}E(S)\text{的核}$$
$$s_0 \in \bigcup_{\pi\in\Delta}\pi \text{ （由}\mathbf{Nrv}\boldsymbol{E(S)}\text{上半平面覆盖的核}\boldsymbol{s_0}\text{）}$$

此外，Nrv$E(S)$中的德劳内三角形有一个共同的顶点（见图 1.46(b)中的神经核 s_0）。

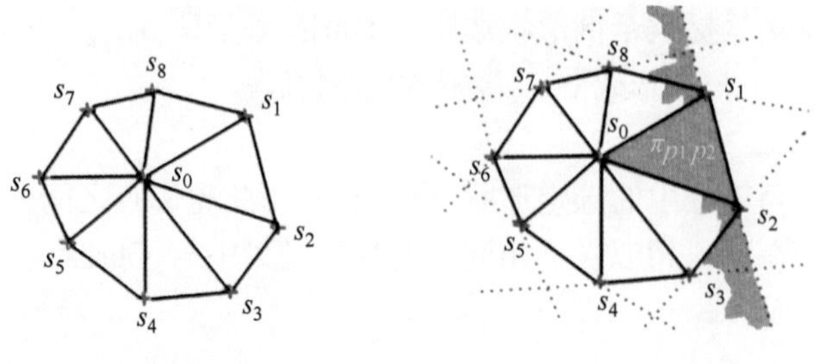

(a) 亚历山德罗夫神经 (b) 德劳内三角形

图 1.46 亚历山德罗夫神经 Nrv$D(\{s_0, s_1, ..., s_8\})$及其闭合半平面之一

例 1.69（**以图像质心作为种子点的德劳内三角剖分**）

图 1.47(a)显示了花瓣上带有雨滴的牵牛花涡旋样本。牵牛花的涡旋形状提供了雨滴流入的集水区。设 S 为花卉图像上的一组种子点，设 s_0 为 S 中的种子点。图 1.47(b)显示了部分花卉集水区的亚历山德罗夫神经 Nrv$D(S)$样本。在这种情况下，s_0 是 Nrv$D(S)$的核，即 Nrv$E(S)$中的实心三角形以 s_0 作为公共顶点。

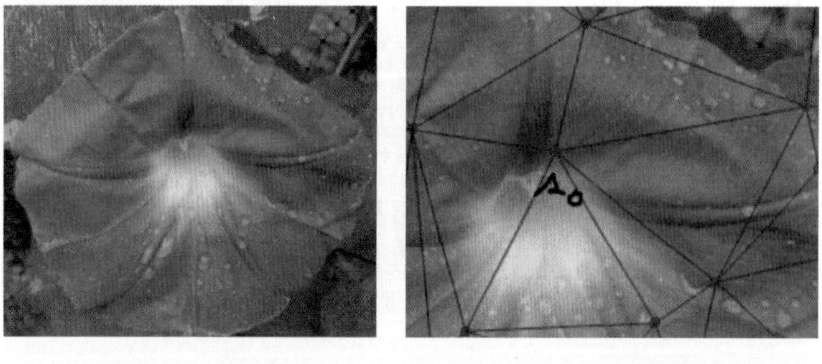

(a) 牵牛花顶点 (b) 牵牛花德劳内神经

图 1.47 德劳内神经 Nrv$E(\{s_0, s_1, ..., s_8\})$及其闭合半平面 ■

接下来，我们将注意力转向视觉场景三角剖分中的最大核聚类（MNC）。在三角剖分中具有核 s_0（由 MNC(s_0)表示）的 MNC 是亚历山德罗夫神经，其中核顶点（神经中三角形的公共顶点）上的三角形数量最大。亚历山德罗夫最大核聚类很重要，因为这样的三角形聚类覆盖了三角形表面最靠近特定种子点的那部分中的种子点浓度最高，即亚历山德罗夫神经的核。根据种子点的选择，亚历山德罗夫最大核聚类将揭示很多关于表面形状的边界区域或内部特征的信息。

例 1.70 （**无人机视频帧图像上三角化的 MNC**）

图 1.47(a)中显示了一个示例 MNC[1]，在三角化视频帧图像上用灰色半透明德劳内三角形突出显示。重心（三角形中线的交点）显示为黄色。MNC 上的黄色线段连接起来形成一个 1-循环。亚历山德罗夫 MNC 很重要，因为这些神经占据了图像中种子点浓度最高的区域。■

基于德劳内神经的形状条形码

在视觉场景的三角剖分中，每条德劳内神经都是条形码的来源，可用于近似、测量、比较和分类表面形状内部。在人们可能考虑的所有德劳内三角形中，最有用的是 MNC 的路径连通核。这导致以下条形码（由 bc_{MNC} 表示）。

bc_{MNC} 条形码包括 **MNC 边路径长度**（MNC 周长由 $\mathbf{perim}_{MNC}$ 表示）的条目，它等于 MNC 中与核相对的边长度的总和。bc_{MNC} 条码按以下方式构建。

$$\begin{aligned}
S &= \text{种子点集合}（s_0 \in S） \\
s_0 &= \text{德劳内神经Nrv}D(S)\text{中的核} \\
s_0\ \mathbf{wavelength}\lambda_{s_0} &= s_0\text{的波长} \\
\text{MNC}(s_0)\mathbf{count}_{\text{MNC}} &= \text{MNC三角形的数量} \\
\text{MNC}(s_0)\mathbf{area}_{\text{MNC}} &= \text{MNC三角形的面积} \\
\text{MNC}(s_0)\mathbf{perim}_{\text{MNC}} &= \text{MNC的周长} \\
bc_{\text{MNC}} &= \lambda_{s_0}，\mathbf{count}_{\text{MNC}}，\mathbf{area}_{\text{MNC}}，\mathbf{perim}_{\text{MNC}}
\end{aligned}$$

■

习题 1.71

使用习题 1.47 中的 MATLAB 脚本，执行以下操作：

（1）选择一对包含相似（但不相同）视觉场景的数字图像（您的选择）。

（2）在这对选定的图像中找到 MNC。对 13、21、34、55、89 个种子点执行此操作。

（3）比较在这对图像中发现的 MNC 覆盖的形状。比较应该通过检查覆盖大部分或所有底层形状的 MNC 来进行。**提示：**专注于每个您找到的 MNC 未涵盖的底层形状的那部分。

（4）确定步骤（2）中哪些种子点选择可提供最佳结果。

（5）推测需要在 MATLAB 脚本中进行哪些更改，以使 MNC 能覆盖 MNC 下的大部分或所有形状。■

习题 1.72

在视觉场景的三角剖分中神经具有最大数量三角形的情况下，构建亚历山德罗夫神经 Ghrist 条形码 bc_{MNC} 的示例。■

习题 1.73

选择一对相似的经过三角剖分的视觉场景。突出显示 MNC，以便在所选图像对中被 MNC 覆盖的底层形状可见。为每个三角化图像提供 MNC 的 Ghrist 条形码 bc_{MNC}。找到一对三角形视觉场景，其中 bc_{MNC} 条形码几乎相等。■

1　非常感谢 M. Y. Ad 在无人机视频帧图像上绘制亚历山德罗夫 MNC。

1.24 视频帧图像上亚历山德罗夫神经的拆分可行性问题

在其原始形式中，拆分可行性问题的定义是在空间 X 中的集合 P 中找到矢量 $\boldsymbol{p}$ 并在空间 Y 中找到矩阵 $\boldsymbol{A}$，以便 $\boldsymbol{Ap}$ 在空间 Y 中的集合 Q 中。对于 Censor、Elfving、Kopf 和 Bortfeld [65]，集合 P 和 Q 是闭凸集。

在本节中，拆分可行性是相对于三角化视频帧图像对 f_i 和 f_j（$j>i$）制定的，每幅帧图像上都有一个 MNC。接下来的问题是在帧图像 f_j 上找到一个神经 B，在其上有 $\boldsymbol{q}\in \text{sk}_{\text{cyclic}}B$（循环骨架边界）；在帧图像 f_i 上找到一个神经 A，在其上有 $\boldsymbol{p}\in \text{sk}_{\text{cyclic}}A$，这样

$$|\text{dist}(\boldsymbol{p}, \text{sk}_{\text{cyclic}}A)-\text{dist}(\boldsymbol{q}, \text{sk}_{\text{cyclic}}B)|<\text{th}$$

这里的重点是选择一个合适的阈值 th > 0，以及比较一个三角化视频帧图像上矢量 $\boldsymbol{p}$ 和单元复合形 $\text{sk}_{\text{cyclic}}A$ 之间的距离与另一个三角化视频帧图像上矢量 $\boldsymbol{q}$ 和单元复合形 $\text{sk}_{\text{cyclic}}B$ 之间的距离。

例如，令 X 和 Y 是一对三角化的视频帧图像。设 $\boldsymbol{p}$ 是亚历山德罗夫神经 Nrv$A$ 的核，在帧 X 上有一个边界 $\text{sk}_{\text{cyclic}}A$。令 th > 0 是一个阈值。使用所谓的矢量和集合之间的豪斯道夫距离（例如，用 dist($\boldsymbol{p}$, $\text{sk}_{\text{cyclic}}A$)表示 $\boldsymbol{p}$ 和 $\text{sk}_{\text{cyclic}}A$ 之间的最小距离），拆分可行性问题简化为一个在帧 Y 上有一个核 $\boldsymbol{q}$ 的亚历山德罗夫神经 Nrv$B$ 上找到边界 $\text{sk}_{\text{cyclic}}B$ 的问题，所以

$$\begin{aligned}
\text{th}\ & >0\\
\text{在视频帧}X\text{中，}\ & \boldsymbol{p}\in \text{Nrv}A\text{上的}\text{sk}_{\text{cyclic}}A\\
\text{在视频帧}Y\text{中，}\ & \boldsymbol{q}\in \text{Nrv}B\text{上的}\text{sk}_{\text{cyclic}}B\\
\text{dist}(\boldsymbol{p},\text{sk}_{\text{cyclic}}A)\ & \min\{\|\boldsymbol{p}-\boldsymbol{a}\|:\boldsymbol{a}\in \text{sk}_{\text{cyclic}}A\}\\
\text{dist}(\boldsymbol{q},\text{sk}_{\text{cyclic}}B)\ & \min\{\|\boldsymbol{q}-\boldsymbol{b}\|:\boldsymbol{b}\in \text{sk}_{\text{cyclic}}B\}\\
|\,\text{dist}(\boldsymbol{p},\text{sk}_{\text{cyclic}}A)-\text{dist}(\boldsymbol{q},\text{sk}_{\text{cyclic}}B)|\ & <\text{th}
\end{aligned}$$

有关豪斯道夫距离的详细信息，请参见附录 A.9 节。

例 1.74 中针对一对特定的亚历山德罗夫神经说明了拆分可行性问题的解决方案。

例 1.74 （一对亚历山德罗夫神经的拆分可行性）

在一对视频帧图像 i 和 j 上，一对亚历山德罗夫神经 Nrv$A$ 和 Nrv$B$ 具有循环骨架边界 $\text{sk}_{\text{cyclic}}A$ 和 $\text{sk}_{\text{cyclic}}B$，如图 1.48 所示。在此例中，神经 Nrv$A$ 是具有公共顶点 vec$\boldsymbol{p}$ 的三角形的集族。类似地，神经 Nrv$B$ 是具有公共顶点 vec$\boldsymbol{q}$ 的三角形的集族。要查看此处拆分可行性问题的适用性，请考虑检查 $\boldsymbol{p}$ 与神经边界 $\text{sk}_{\text{cyclic}}A$ 上的顶点之间的最小距离是否接近 $\boldsymbol{q}$ 与神经边界 $\text{sk}_{\text{cyclic}}B$ 上的顶点之间的最小距离。要检查这是否每个都发生在三角化视频帧图像序列上，请选择一个接近阈值 th > 0。然后我们需要计算豪斯道夫距离 dist($\boldsymbol{p}$, $\text{sk}_{\text{cyclic}}A$)和 dist($\boldsymbol{q}$, $\text{sk}_{\text{cyclic}}B$)并检查以下不等式是否成立：

$$|\text{dist}(\boldsymbol{p},\text{sk}_{\text{cyclic}}A)-\text{dist}(\boldsymbol{q},\text{sk}_{\text{cyclic}}B)|<\text{th}$$

例如，在图 1.48 中，循环骨架边界 $\text{sk}_{\text{cyclic}}A$ 上神经核 $\boldsymbol{p}$ 和顶点 a 之间的红色线段的长度接近循环骨架边界 $\text{sk}_{\text{cyclic}}B$ 上神经核 $\boldsymbol{q}$ 和顶点 b 之间的红色线段的长度。这对线段的**接近度**是根据选定的阈值定义的。通过选取合适的阈值 th，解决了神经在一对视频帧图像上的

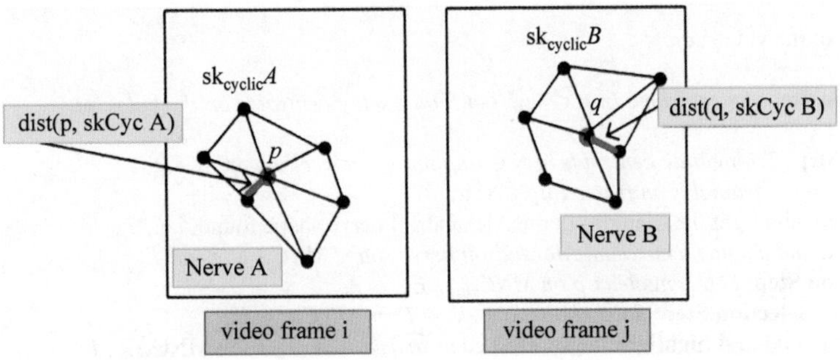

图 1.48　在视频帧图像上比较亚历山德罗夫神经的拆分可行性

拆分可行性问题。 ■

习题 1.75 🚲

通过检查与最初选择的 $\mathrm{MNC}_{\mathrm{shape}}E$、核 $\boldsymbol{p}$、边界顶点 $\boldsymbol{b}\in \mathrm{sk}_{\mathrm{cyclic}}E$、最小距离 $\mathrm{dist}(\boldsymbol{p}, \mathrm{sk}_{\mathrm{cyclic}}E)$ 对视频中的帧完成算法 5，寻找和未找到第二个最大的亚历山德罗夫神经 $\mathrm{MNC}_{\mathrm{shape}}E'$（具有介于核 $\boldsymbol{p}'$和神经边界顶点 $\boldsymbol{b}' \in\mathrm{sk}_{\mathrm{cyclic}}E'$之间的最小长度段 $\overline{\boldsymbol{p}',\boldsymbol{b}'}$），使得

$$|\mathrm{dist}(\boldsymbol{p},\mathrm{sk}_{\mathrm{cyclic}}E)-\mathrm{dist}(\boldsymbol{p}',\mathrm{sk}_{\mathrm{cyclic}}E')|<\mathrm{th}$$

算法 5：在三角化视频帧图像的闭合亚历山德罗夫神经上完成形状的完全拆分可行性

Input : Visual Scene video scv
Output: Shape class $\mathrm{cls}^{\delta_{\|\Phi\|}}_{shape}E$

1 /* Make a copy of the video scv.*/ ;
2 $scv' := scv$;
3 /* Use Algorithm 6 in initial selection of a maximal Alexandroff nerve $\mathrm{MNC}_{shape}E$, nucleus p, boundary $\mathrm{sk}_{\mathrm{cyclic}}E$, $dist(p, \mathrm{sk}_{\mathrm{cyclic}}E)$.*/ ;
4 **Threshold Selection Step**: *Select threshold* $th > 0$;
5 **Frame Selection Step**: *Select frame* $img \in scv'$;
6 /* Delete frame img from scv' (copy of scv), i.e.,*/ ;
7 $scv' := scv' \setminus img$;
8 $continue := True$;
9 **while** ($scv' \neq \varnothing$ *and continue*) **do**
10 　*Select new frame* $img' \in scv'$;
11 　**Test case** *repeat steps 3 to 10 in Algorithm 5 to obtain* $MNC_{shape}E'$, *nucleus* p', *boundary* $sk_{cyclic}E'$, $dist(p', sk_{cyclic}E')$;
12 　/* Check if $|dist(p, \mathrm{sk}_{\mathrm{cyclic}}E) - dist(p', \mathrm{sk}_{\mathrm{cyclic}}E')|$ is less than threshold th*/ ;
13 　**if** ($|dist(p, sk_{cyclic}E) - dist(p', sk_{cyclic}E')| < th$) **then**
14 　　$continue := False$;
15 　**if** ($scv' \neq \varnothing$) **then**
16 　　; /* Delete frame img' from scv', i.e.,*/ ;
17 　　$scv' := scv' \setminus img'$;
18 　**else**
19 　　$continue := True$;
20 /* This completes the solution of the split feasibility problem for comparable Alexandroff $\mathrm{MNC}_{shape}s$ on a sequence of video frames.*/ ;

算法 6：在三角化视频帧图像上闭合亚历山德罗夫神经形状的拆分可行性解决方案：亚历山德罗夫神经形状的初始选择

Input : Visual Scene video scv
Output: Maximal Alexandroff Nerve Shape $\mathrm{MNC}_{shape}E$, nucleus p, boundary $\mathrm{sk}_{\mathrm{cyclic}}E$, $dist(p, \mathrm{sk}_{\mathrm{cyclic}}E)$

/* Make a copy of the video scv.*/ ;
$scv' := scv$;
Frame Selection Step: *Select frame* $img \in scv'$ *Let* S *be a set of centroids on the holes on frame* $img \in scv'$;
Triangulation Step: *Triangulate centroids in* $S \in img$ *to produce cell complex* K';
Let $T \subset K'$ *be a set of triangles on frame* $img \in scv'$;
/* In the next step, highlight the triangles in the Alexandroff nerve shape found, i.e.,*/ ;
MNC Step: *Find and display a maximal Alexandroff nerve shape* $MNC_{shape}E$ *on* T;
Nucleus Selection Step: *Select nucleus* p *on* $MNC_{shape}E$;
Nerve Boundary Selection Step: *Select boundary* $sk_{cyclic}E$ *on* $MNC_{shape}E$;
/* In the next step, find **and highlight** the shortest edge $\widehat{p,q}, q \in \mathrm{sk}_{\mathrm{cyclic}}E$ on $\mathrm{MNC}_{shape}E$*/
Minimal Distance Computation Step: *Find* $dist(p, sk_{cyclic}E)$;
/* Delete frame img from scv' (copy of scv), i.e.,*/ ;
$scv' := scv' \setminus img$;
/* This completes the initial selection of an Alexandroff $\mathrm{MNC}_{shape}E$, nucleus p, boundary $\mathrm{sk}_{\mathrm{cyclic}}E$, $dist(p, \mathrm{sk}_{\mathrm{cyclic}}E)$.*/ ;

习题 1.76

回想一下，三角化数字图像上的亚历山德罗夫神经形状 Nrv$E$ 是具有公共顶点的三角形的集族。我们获得了最大的亚历山德罗夫神经 $\mathrm{MNC}_{\mathrm{shape}}E$，前提是与三角剖分中的其他神经相比，该神经中的三角形数量最大。请执行下列操作：

（1）使用手机或数码相机，选择一个 1/2 分钟到 1 分钟的视频。

（2）使用 MATLAB 为视频中的帧图像实现算法 5。在实施此算法时，请务必突出显示所选视频帧图像中的以下形状。

- 在每个三角化视频帧图像上将质心高亮显示为红点。
- 将三角化视频帧图像上发现的最大亚历山德罗夫神经中的三角形突出显示为绿色三角形。
- 将在初始三角化视频帧图像上发现的最大亚历山德罗夫神经之间的最小长度线段 $\overline{\boldsymbol{p},\boldsymbol{b}}$ 高亮显示为红色。
- 将在另一个三角化视频帧图像上（如果这样的视频帧图像存在）发现的最大亚历山德罗夫神经之间的最小长度线段 $\overline{\boldsymbol{p},\boldsymbol{b}}$ 高亮显示为红色。

（3）显示两个包含解决拆分可行性问题的亚历山德罗夫神经形状的视频帧图像。

（4）显示找到的一对神经形状 $\mathrm{MNC}_{\mathrm{shape}}E$ 和 $\mathrm{MNC}_{\mathrm{shape}}E'$上的最小片段。

（5）以毫米为单位显示差异$|\mathrm{dist}(\boldsymbol{p}, \mathrm{sk}_{\mathrm{cyclic}}E) - \mathrm{dist}(\boldsymbol{p}', \mathrm{sk}_{\mathrm{cyclic}}E')|$和阈值 th。

（6）提供用于解决此问题的视频。 ■

习题 1.77 （视觉场景 MNC 对的拆分可行性）

设 A 是图 1.49 中黄色表示的亚历山德罗夫 MNC X（也称为亚历山德罗夫神经）中的一组点，设 B 是图 1.50 中灰色表示的亚历山德罗夫 MNC Y 中的一组点。另外，设 $x \in A$ 为 MNC A 的核，$h(x)$为 MNC B 的核 p，即 $h(x) = p$。MNC A 中德劳内三角形的重心（重心 $a \in A$）在图 1.49 中为蓝色点并在图 1.50 里为 MNC B（重心 $b \in A$）中的黄色点。注意 MNC X 和 MNC Y 都是凸集。然后执行以下操作（图 1.50）：

（1）选择一对视觉场景图像 img$X$ 和 img$Y$。

（2）三角化 img$X$ 和 img$Y$。

（3）确定三角化 img$X$、img$Y$ 上的 MNC。设 MNC X 为 img$X$ 中的亚历山德罗夫神经，

设 MNC Y 为 img$Y$ 中的亚历山德罗夫神经。

（4）分别确定 MNC X 和 MNC Y 中德劳内三角形上的重心集合 A 和 B。

（5）设 A 是一组顶点（重心），在 MNC X 上的 1-循环 cyc$A$ 上；设 B 是一组顶点（重心），在 MNC Y 上的 1-循环 cyc$B$ 上。

（6）选择一个阈值 th。

（7）设 x 为 MNC X 的核，$h(x)$为 MNCY 的核。比较核 x 与 cyc$A$ 上的一组顶点 A 之间的距离以及核 $h(x)$与 cyc$B$ 上的一组顶点 B 之间的距离，即，确定是否

$$f(x)=\sum_{a\in A}\operatorname{dist}(x,A)-\sum_{a\in A}\operatorname{dist}(h(x),B)\leqslant \text{th}\quad (A\text{和}B\text{与它们对应核的接近度})$$

（8）**实验步骤**：给出几个代表拆分可行性问题解的视觉场景中成对 MNC 的例子。

（9）举例说明几个不同阈值 th 的实验步骤。

图 1.49　亚历山德罗夫神经三角形重心

图 1.50　最大核聚类（MNC）的亚历山德罗夫神经　■

习题 1.78 ☕

对于三角化视觉场景中的 MNC，请执行以下操作：

（1）修改算法 5，以便为每个核 q 和在视频帧图像上找到的 MNC 的边界顶点计算波长。可以看看附录 A.8 节中光子的波长λ_{photon} [10，8.2 节，p.260]是如何计算的，使用符号如下：

$$\begin{aligned}\hbar &= 1.054571726\cdots\times10^{-34}\,\text{kg}\bullet\text{m}^2/\text{s}\text{（普朗克常数）}\\ p &= m\dot{x}=m\,\text{d}x/\text{d}t\text{（粒子的动量）}\\ \lambda_{\text{photon}} &= 2\pi\hbar/p\text{（光子的波长）}\end{aligned}$$

要获得原子核 q 的光子波长，请根据 q 相对于其当时间 t 时在视频帧图像 f 中的第一次出现及其当时间 t' 时在视频帧图像 f' 中的下一次出现的位移来确定 q 的速度；然后使用以下方法计算视频中顶点 q 的速度 v_q：

$$v_q = \frac{|\Delta f|}{|\Delta t|} = \frac{|f - f'|}{|t - t'|}$$

为简单起见，假设 $m \approx 1$ 以获得

$$\lambda_{\text{photon}} = \frac{2\pi\hbar}{\frac{|f - f'|}{|t - t'|}} = \frac{2\pi\hbar}{|f - f'|}|t - t'|$$

在实施此算法时，请务必突出显示所选视频帧图像中的以下部分。

- 在每个三角化视频帧图像上将质心高亮显示为红点。
- 将三角化视频帧图像上发现的最大亚历山德罗夫神经中的三角形突出显示为绿色三角形。
- 在每个三角化视频帧图像上以蓝点突出显示最大的神经核。

（2）选择一个阈值 th > 0。

（3）计算找到的 MNC 核 p 和 q 的波长λ_p和λ_q。

（4）检查 MNC 原子核波长与选定阈值之间的差异。

$$|\lambda_p - \lambda_q| < \text{th} \quad ?$$

为了解决波长对的拆分可行性问题，找到差值小于阈值 th 的波长λ_p和λ_q。

（5）给出几个代表拆分可行性问题解的视觉场景中成对 MNC 的例子。 ■

1.25 彩色像素波长

本节简要介绍估计 RGB（红、绿、蓝）光栅图像或 RGB 视频帧图像中彩色像素波长λ的方法。波长是像素色调的非线性函数。计算λ的第一步是将 RGB 图像转换为 HSV（色调饱和度值）。然后可以根据以下方程转换色调通道（h），该方程是非线性映射的近似。

$$\lambda(i,j) = \begin{cases} 435\text{nm}, & h(i,j) > 0.7483 \\ \dfrac{-(h(i,j) - 2.60836)}{0.004276}, & \text{其他} \end{cases} \tag{1.1}$$

这里我们假设色调值在[0, 1]区间缩放。通过该方程计算的波长（以纳米（nm）为单位，即 10^{-9} m）被限制在[435nm, 610 nm]范围内。有关这方面的更多信息，请参阅 Ahmad 和 Peters [66，4 节，p.51]和附录 A.8 节中的光子波长。

习题 1.79 （平均 MNC 重心波长视觉场景对的拆分可行性）

对 MNC 重心的平均波长重复习题 1.77 中的步骤。这是一个需要考虑的重要问题，因为相似 MNC 的接近度可能会在几何上失败，但在一对 MNC 上重心的色调波长方面却是成功的。该问题的解决方案更接近于比较由 MNC 部分覆盖的视觉场景形状的方法，其中 MCS 的核的位置在一对目标形状的内部。此外，MNC 重心的平均波长是在对 MNC 形状进行分类时要考虑的有用特征（有关更多信息，可参见习题 7.18）。 ■

德劳内三角剖分闭包有限性属性。为简单起见，让一个简单的**涡旋循环**是位于德劳内三角形边上的顶点的边连通路径，这些三角形的边上有一个共同的顶点，即有限有界平面区域三角剖分中的亚历山德罗夫神经核。请注意，涡旋循环中的每个顶点都是另一条神经的核。涡旋循环是单元复合形的一个例子，即涡旋循环的成员是包含 0-单元（顶点）和 1-单元（边缘）的骨架。**单元复合形**是连通单元的集族。单元复合形中的**骨架** A（由 sk$A$ 表示）是一系列边，其中顶点对 v 和 v' 是路径连通的（即，在 v 和 v' 之间存在一系列边）。综上所述，德劳内三角剖分中的单元定义了单元复合形 K。单元复合形是所谓的豪斯道夫空间的一个例子，即每个顶点 p 都属于一个开放球，它是一个包含 p 的邻域，并且与复合形中任何其他顶点的邻域不相交。设 A 是单元复合形 K 中的一组非空路径连通顶点，即欧氏平面的有界区域，p 是 A 中的顶点。半径为 r 的**开放球** $B_r(p)$ 定义为

$$B_r(p) = \{q \in K : \| p - q \| < r\}|$$

A 的闭包（用 cl$A$ 表示）定义为

$$\text{cl}A = \{q \in X : B_r(q) \subset A \text{对某些} r\} \quad \text{（集合}A\text{的闭包）}$$

A 的边界（用 bdy$A$ 表示）定义为

$$\text{bdy}A = \{q \in X : B_r(q) \subset A \bigcap X \setminus A\} \quad \text{（集合}A\text{的边界）}$$

在研究涡旋循环的接近性时，非常有趣的是形状的内部，通过从其闭包中减去形状的边界来发现。一般来说，非空集合 $A \subset X$（用 int$A$ 表示）的内部定义为

$$\text{int}A = \text{cl}A - \text{bdy}A \quad \text{（集合}A\text{的内部）}$$

非空集 A 是**闭集**，只要 A 包括其内部和边界。实际上，一个非空集合 A 是闭合的，只要

$$A = \text{int}A \bigcup \text{bdy}A \quad \text{（闭集）}$$

例 1.80

图 1.51 显示了一族闭集的单元。在每种情况下，单元的边界以及单元的内部定义了单元。例如，顶点（0-单元）的边界就是顶点本身。同样，顶点的内部也是顶点本身。在以下情况下，情况更为直接：

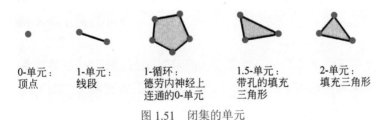

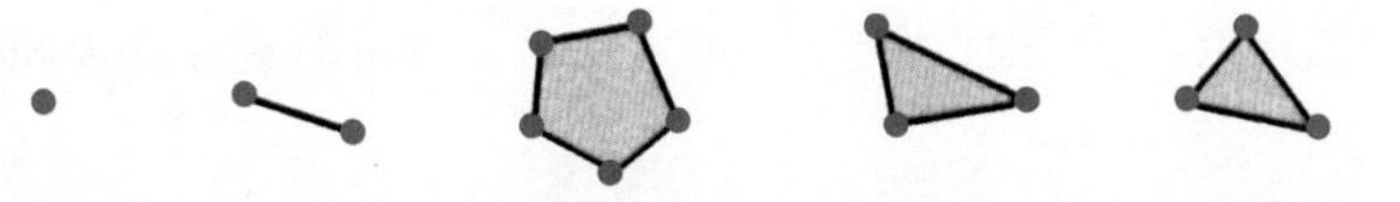

图 1.51 闭集的单元

1-单元（线段）：1-单元的边界是它的端点，1-单元的内部是端点之间绘制的线上的点集。

德劳内神经上的 1-循环：连接 0-单元（顶点）的闭合集定义了德劳内神经上的 1-单元序列。设 cyc$A$ 是一个 1-循环，顶点是亚历山德罗夫神经 Nrv$A$ 上的重心，让 $B = \overline{pq}$ 是 cyc$A$ 中的 1-单元。1-循环的内部等于由 cyc$A$ 包围的亚历山德罗夫神经的表面区域，并且 cyc$A$ 的边界定义为

$$\text{bdy}(\text{cyc}A) = \bigcup_{p,q\in \text{cyc}A} \overline{pq}$$

例如，参见图 1.52 中相交 1-循环的对。亚历山德罗夫神经重心上的 1-循环也称为**重心 1-循环**。

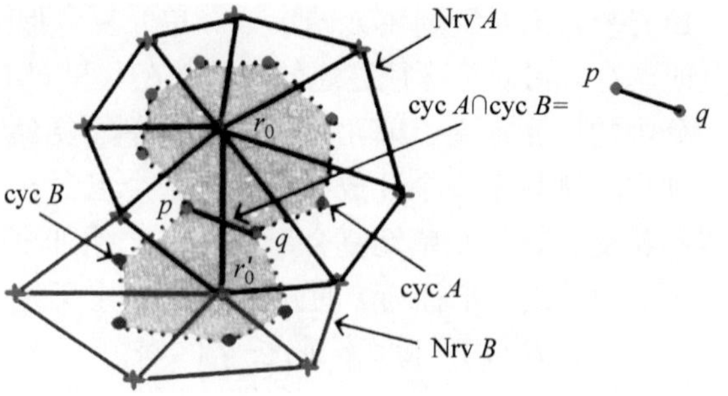

图 1.52 闭集的单元

1.5-单元：带孔的填充三角形。一个 1.5-单元等于它的边（边界）和它的边所界定的内部区域的联合（即，一个 1.5-单元内部是由一个有限有界的、由它的边界确定的穿孔平面区域定义的）。**穿孔平面区域**是去除了点的平面区域。在复平面的情况下，穿孔平面区域是原点被移除的复平面。

2-单元：没有孔的填充三角形。一个 2-单元等于它的边（边界）和由它的边包围的内部区域的联合。

1.26 骨架对上的连通接近性

在本节中，我们简要介绍成对骨架复合形（简称为骨架）的连通性关系。设 K 是平面单元复合形中的骨架集族，A、B 是形成骨架的路径连通顶点的集族。我们假设 K 具有连通关系 $\overset{\text{conn}}{\delta}$ 。集合对 A 和 B 是连通的，（假设 $A\cap B=\varnothing$，即 A 中有一个骨架，它至少有一个与 B 中骨架共有的顶点。）在这种情况下，可写成 $A \overset{\text{conn}}{\delta} B$ 并且说 A 和 B 相连通。

例 1.81

图 1.52 中的循环 A 和循环 B 是连通骨架的示例。在这种情况下，可写成 $\text{cyc}A \overset{\text{conn}}{\delta} \text{cyc}B$。也就是说，循环 A 和循环 B 是连通的，因为这对循环具有公共边。图 1.52 中神经 Nrv$A$ 和 Nrv$B$ 的边界也是骨架连通的例子。为此，写成

$$\overbrace{\text{Nrv}A \overset{\text{conn}}{\delta} \text{Nrv}B}^{\text{神经}\textbf{Nrv}\boldsymbol{A}\text{和}\textbf{Nrv}\boldsymbol{B}\text{是连通的}}$$

也就是说，神经 Nrv$A$ 和 Nrv$B$ 是相连通的，因为这对神经有一个共同的顶点。 ■

在这项工作中，三角化有限有界平面区域上的单元复合形 K 是如下定义的连通闭合单元的集族：

$$K = \underbrace{\overset{\text{conn}}{\delta}(\{0\text{-单元},1\text{-单元},1.5\text{-单元},2\text{-单元}\}\in K) \bigcup \overset{\text{conn}}{\delta}(\{1\text{-循环}\}\in K)}_{\text{复合形}\boldsymbol{K}\text{中连通单元的并集}} \quad (\text{单元复合形}\in K)$$

德劳内三角剖分闭包有限性

设 A 是单元复合形 K 中的任何单个单元或一组连通单元，例如在有限有界表面区域的三角剖分中任何亚历山德罗夫神经边上的 1-循环。德劳内三角剖分具有闭包有限性，前提是 K 中每个单元的闭包 cl$A$ 与有限数量的其他单元相交。例如，亚历山德罗夫神经上 1-循环的集族具有闭包有限性。

定理 1.82

德劳内三角剖分具有闭包有限性，前提是 K 中每个单元的闭包 cl$A$ 与有限数量的其他单元相交。

证明： 设 A 是单元复合形 K 中的 1-循环，该单元复合形 K 由三角形的边定义，该三角形的边与三角化有限有界区域上的亚历山德罗夫神经核相对。每个 1-循环具有有限数量的顶点。并且 1-循环上的每个顶点都是亚历山德罗夫神经的核。由于 A 的顶点数是有限的，因此 1-循环 cyc$A$ 中的每个顶点 p 与有限数量的包含顶点 p 的其他 1-循环相交，即与 cyc$A$ 具有非空交集的亚历山德罗夫神经的核相交。因此，1-循环 cyc$A$ 中的每个单元都满足闭包有限性。■

任何子复合形的闭包

请注意，在三角化的有限有界平面区域上单元复合形的任何子复合形（包括单个单元）的闭包都等于该成员，因为子复合形的闭包等于子复合形边界的所有部分以及子复合形的内部。也就是说，子复合形 A 中每个点 p 的每个开放球 $B_r(p)$的所有部分都在子复合形 A 的边界或内部中。

例 1.83（1-循环的闭包有限性）

一对相交的亚历山德罗夫神经 Nrv$A$、Nrv$B$ 显示在图 1.52 中。图 1.52 还显示了神经 Nrv$A$ 上的重心填充 1-循环 cyc$A$ 和神经 Nrv$B$ 上的重心填充 1-循环 cyc$B$。在这种情况下，有

$$\begin{aligned}\text{cyc}A &\in \text{Nrv}A\\ \text{cyc}B &\in \text{Nrv}B\\ \text{cl}(\text{cyc}A) &= \text{cyc}A\\ \text{cyc}A\cap\text{cyc}B &= \overline{pq}\\ &= \boldsymbol{p}\bullet\!\!-\!\!-\!\!-\!\!-\!\!\bullet\boldsymbol{q}\end{aligned}$$

在此例中，三角剖分中的 1-循环仅仅包含一个其他 1-循环。如果我们扩展神经 Nrv$A$ 末端的顶点，三角剖分中的 1-循环就会更多。■

习题 1.84 🚲

展开图 1.52 中的神经 Nrv$A$，在与神经 Nrv$B$ 相邻的神经上使用重心 1-循环。给出神经 Nrv$B$ 上的重心填充 1-循环 cyc$B$ 与神经 Nrv$A$ 扩展中的其他重心 1-循环的交点。■

习题 1.85 ☕

利用 Mathematica 在选定视觉场景的三角剖分中为 MNC 实现例 1.83。即执行以下操作：

（1）选择一个视觉场景 img。

（2）在视觉场景中找到 MNC Nrv$A$。

（3）在 Nrv$A$ 上找到三角形的重心。

（4）在神经 Nrv$A$ 上绘制 1-循环 cyc$A$。

（5）在与神经 Nrv$A$ 核相对的边之一上绘制神经 Nrv$A$。

（6）在神经 Nrv$B$ 上找到三角形的重心。

（7）在神经 Nrv$B$ 上绘制 1-循环 cyc$B$。

（8）突出显示神经 Nrv$A$ 上 1-循环 cyc$A$ 的内部和神经 Nrv$B$ 上 1-循环 cyc$B$ 的内部。

（9）突出显示 1-循环 cyc$A$ 和-循环 cyc$B$ 交叉处的 1-单元（线段）。 ■

习题 1.86

在 MATLAB 脚本中，对视频图像帧执行例 1.85 中的步骤。换句话说，对每个视频帧图像进行三角化，然后在 MNC 上突出显示神经 Nrv$A$ 上的 1-循环 cyc$A$，突出显示神经 Nrv$A$ 上的 1-循环 cyc$A$ 内部和神经 Nrv$B$ 上的 1-循环 cyc$B$ 内部。此外，对于每个三角化视频帧图像，突出显示 1-循环 cyc$A$ 和 1-循环 cyc$B$ 交叉处的 1-单元（线段）。 ■

习题 1.87

设 A 是由视觉场景的三角剖分定义的单元复合形的子复合形。证明 A 具有闭包有限性。

■

德劳内三角剖分弱拓扑特性。德劳内三角剖分的弱拓扑特性是三角剖分中 0-、1-、1.5-和 2-单元组合的直接结果。设 A 是单元复合形 K 中的任何单个单元或一组连通单元，例如在有限有界表面区域的三角剖分中任何亚历山德罗夫神经边缘上的 1-循环。

德劳内三角剖分弱拓扑

为了得到德劳内三角剖分的弱拓扑，我们需要确保 K 的任何闭包子复合形与 K 中另一个子复合形 B 的闭包的非空交集是闭合的。也就是说，$A \in 2^K$ 是闭合的（$A = \text{bdy}A \cup \text{int}A$），前提是 $A \cap \text{cl}B$ 是闭合的，即

$$A \bigcap \text{cl}B = \text{bdy}(A \bigcap \text{cl}B) \bigcup \text{int}(A \bigcap \text{cl}B)$$

视觉场景的德劳内三角剖分上的单元复合形 K 具有弱拓扑结构，前提是 $A \cap \text{cl}B$ 对于 K 中的子复合形 A、B 是闭合的。

习题 1.88

设 A、B 是由视觉场景的三角剖分定义的单元复合形的子复合形。证明 K 的任何闭合子复合形与 K 中另一个子复合形 B 的闭包的非空交集是闭合的。 ■

1.27 CW 复合形及其来源

本节简要地介绍 P. Aleksandrov [Alexandroff]、H. Hopf 和 J. H. C. Whitehead（见图 1.53(a)[1]~图 1.53(c)）的 CW 复合形的包容和相交条件。CW 代表**有限闭包**和**弱拓扑**。总地来说，平面中的单元复合形是所谓骨架（顶点、边和填充三角形的序列）的集族。在平面中，**单元**是 0-单元（顶点）或 1-单元（边）或 2-单元（实心三角形）。

1 非常感谢 Maxim Saltymakov 提供了 P. Aleksandrov 的照片。

(a) P. Aleksandroff, 1986—1982　(b) H. Hopf, 1894—1971　(c) J.H.C. Whitehead, 1904—1960

图 1.53　单元复合形 CW 拓扑的创始人

> **CW 复合形的包容条件**
>
> 在 CW 复合形中，复合形 K 中单元上的一个单元始终是复合形 K 的成员（这是**亚历山德罗夫-霍夫包含条件**）。

例如，复合形 K 中实心三角形（2-单元）上的一个顶点（0-单元）也在 K 中。当我们考虑循环骨架（其中有一条边路径的边序列，从位于表面神经复合形上的顶点开始并结束于同一顶点）时，这很重要。也就是说，如果我们从一组种子点 S 的三角剖分开始，然后在神经复合形 Nrv$E(S)$的三角形上找到一组重心 B，我们通过将边附加到重心来获得循环骨架 $\mathrm{sk}_{\mathrm{cyclic}}E$。

> **CW 复合形的包容条件**
>
> 在 CW 复合形中，复合形 K 中任意两个闭合单元的交集也在 K 中（这是**亚历山德罗夫-霍夫交集条件**）。**闭合单元**包括其边界（例如，实心三角形 2-单元上的边）。

例如，复数 K 上一对 2-单元（实心三角形）的共同边也在 K 中。回想一下，每条神经 Nrv$E(S)$都是具有公共顶点 p（神经核）的三角形的集族。出于这个原因，Nrv$E(S)$上三角形的重心构成了围绕核 p 的三角形上的一组顶点。并且可以通过将边附加到 B 中的每对重心来构建循环骨架 $\mathrm{sk}_{\mathrm{cyclc}}E$。

> **循环骨架和闭合单元复合形的概念** ☕
>
> 单元复合形的环状骨架是闭合单元复合形的一个例子。通常，包括其内部和边界的单元复合形 E 是闭合单元复合形。■

这里要注意的重要一点是，循环骨架是表面区域的边界。也就是说，$\mathrm{sk}_{\mathrm{cyclic}}E$ 的内部（用 $\mathrm{int}(\mathrm{sk}_{\mathrm{cyclic}}E)$表示）是非空的表面区域。$\mathrm{sk}_{\mathrm{cyclic}}E$ 内部的这个表面区域的边界（由 $\mathrm{bdy}(\mathrm{sk}_{\mathrm{cyclic}}E)$ 表示）是连接在神经三角形重心之间的边序列。因此，$\mathrm{sk}_{\mathrm{cyclic}}E$ 是一个**闭合单元复合形**，定义为

$$\mathrm{sk}_{\mathrm{cyclic}}E = \overbrace{\mathrm{bdy}(\mathrm{sk}_{\mathrm{cyclic}}E)\cup\mathrm{int}(\mathrm{sk}_{\mathrm{cyclic}}E)}^{\text{循环骨架}\mathbf{skcyclic}E\text{是闭合单元复合形}}$$

循环骨架是闭合单元的一个例子。在一个单元复合形 K 上，两个闭合单元复合形

$\mathrm{sk}_{\mathrm{cyclic}}A$ 和 $\mathrm{sk}_{\mathrm{cyclic}}B$ 的交集始终是 $\mathrm{sk}_{\mathrm{cyclic}}A$ 和 $\mathrm{sk}_{\mathrm{cyclic}}B$ 上的闭合单元。该交集可以是 $\mathrm{sk}_{\mathrm{cyclic}}A$ 和 $\mathrm{sk}_{\mathrm{cyclic}}B$ 共有的一条或多条边的序列，也可以是 $\mathrm{sk}_{\mathrm{cyclic}}A$ 和 $\mathrm{sk}_{\mathrm{cyclic}}B$ 共有的顶点的序列。请注意，顶点（0-单元）或连接在顶点之间的边（1-单元）是闭合单元。

例 1.89 **（相交 1-单元满足亚历山德罗夫-霍夫交集条件）**

例如，每一个 1-单元 $\overline{p,q}$ 都是一个闭合单元，即表示为

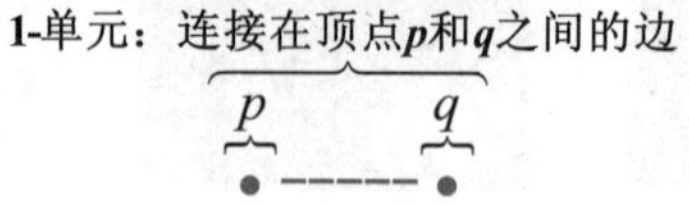
1-单元：连接在顶点p和q之间的边
p
q

应用到 $\overline{p,q}$ 的术语**闭合单元**意味着一个 1-单元包括它的**边界**（由它的顶点 p 和 q 提供）和它的内部（由连接 p 和 q 的边提供）。设 $\overline{p,q}$ 和 $\overline{q,r}$ 是一对相交的具有公共顶点 q 的 1-单元，表示为

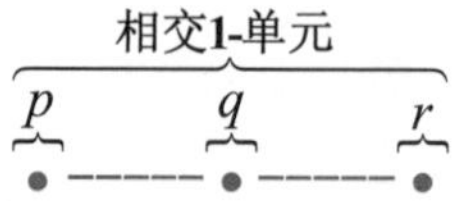
相交1-单元
p
q
r

0-单元 q 是闭合的，因为它包含它的边界（即它自己）和它的内部（也就是它自己）。并且 q 同时是 $\overline{p,q}$ 和 $\overline{q,r}$ 上的闭合单元。 ■

习题 1.90

给定一个单元复合形 K，证明以下情况满足亚历山德罗夫-霍夫交集条件：

（1）设 K 上的 sk$A$、sk$B$ 是具有公共边的骨架（连通边的序列），即

$$\mathrm{sk}A \cap \mathrm{sk}B = \text{公共1-单元}$$

（2）设▲A、▲E 是在 K 上一对有公共顶点的实心三角形。

（3）设 K 上的 Nrv$A$、Nrv$B$ 是一对具有公共三角形的亚历山德罗夫神经。参见图 1.52。

■

习题 1.91

给定一个单元复合形 K。设 p、q、r 是 K 上亚历山德罗夫神经上三个相邻三角形的重心。证明三角形▲(pqr)满足两个 CW 条件：①▲(pqr)是 K 上一个单元，即▲(pqr)满足亚历山德罗夫-霍夫包含条件；②▲(pqr)满足亚历山德罗夫-霍夫交集条件。 ■

习题 1.92

给定由平面区域上的一组种子点的三角剖分产生的单元复合形 K。令 $\mathrm{sk}_{\mathrm{cyclic}}E$ 是 K 上一个孔边界上的循环骨架。假设循环骨架的内部 int($\mathrm{sk}_{\mathrm{cyclic}}E$)是一个孔。$\mathrm{sk}_{\mathrm{cyclic}}E$ 是闭合单元复合形吗？ ■

CW 复合形的两个条件的起源

亚历山德罗夫和霍夫[67，III 节，从 p.124 开始]引入了有限闭包弱拓扑的条件。Pavel Sergeevich Aleksandrov（在俄罗斯以外被称为 P. Alexandroff，1896—1982）撰写了大约 300 篇科学文章。例如，在 1924 年，亚历山德罗夫引入了局部有限覆盖，用作拓扑空间度量的基础。他与霍夫的合作始于 1926 年，最终于 1935 年在拓扑学方面取得了开创性的成果。

Heinz Hopf（见图 1.53(b)）[1]，1894—1971，不仅与 P. Alexandroff 一起研究单元复合形的拓扑学，他还因在代数拓扑学方面的工作而闻名，特别是在同源类和矢量场方面。

John Henry ConstantineWhitehead（见图 1.53(c)）[2]，FRS（皇家学会会士），1904—1960，引入了射影空间的表示，1930 年，由 O.Veblen 指导，于 1939 年形式化了 CW 复合形的两个亚历山德罗夫-霍夫条件[68，pp.315-317]。

J. H. C. Whitehead 在 80 多年前详细介绍了亚历山德罗夫-霍夫 CW 拓扑，在 1939 年发表的文章中达到高潮[68，pp.315-317]，并于 1949 年详细阐述[15，5 节，p.223]和应用于 Peters [50，2.4 节，p.81]形状标记中。单元复合形 K 的拓扑 τ 是 **CW 拓扑**，前提是 τ 具有闭合有限性和弱拓扑特性。对 CW 拓扑的很好介绍可见 Hatcher [41，pp.519-521]和 Jänich[69，VII.3 节，pp.95-96]。

习题 1.93

设 K 是由视觉场景的三角剖分定义的单元复合形。证明 K 具有弱拓扑。■

CW 拓扑基于由亚历山德罗夫-霍夫在其复合形拓扑结构中引入的单元复合形的两个条件[67，III 节，从 p.124 开始]，即

TK(1)：**亚历山德罗夫-霍夫单元复合形包含条件**。复合形 K 中任何单元上的每个单元也在 K 中。

TK(2)：**亚历山德罗夫-霍夫单元复合形交集条件**。K 中两个闭合单元的交集同时也是它们两个的闭合单元。

在三角化视觉场景上具有 CW 拓扑的优势

从我们目前所见，三角化有限有界平面区域（例如三角化视觉场景）上的闭合有限性和弱拓扑特性，复合形拓扑的亚历山德罗夫-霍夫条件[Topologie der Komplexe（German）]都能得到满足。此外，我们知道每个三角化的视觉场景都会导致每个视觉场景复合形上的拓扑。因此，实际上，这意味着对三角化视觉场景上复合形拓扑的研究具有足够的强度，可用于许多应用。由于在三角化视觉场景中存在 CW 拓扑，在配备一个或多个接近性的视觉场景中识别**形状类**是一项简单的任务（参见 6.6 节）。

1.28　基于复合形亚历山德罗夫-霍夫拓扑的图像分割

图像分割是根据某些标准将图像划分成一组有意义的区域。这是 Fehri、Velasco-Forero 和 Meyer [70]的观察结果。在本节中，我们考虑基于复合形亚历山德罗夫-霍夫拓扑的图像分割。基本方法是将每个图像划分为两种类型的闭集。这里有几个例子。

亚历山德罗夫神经交集

每个三角化图像 img 都是亚历山德罗夫神经的集族，即有一个由 img 上的亚历山德罗夫神经集合定义的单元复合形 K。只考虑边界相交的那些亚历山德罗夫神经。我们知道亚

1　源自 https://www.genealogy.math.ndsu.nodak.edu/id.php?id=17409。非常感谢 M. Z. Ahmed 指出这点。

2　源自 https://en.wikipedia.org/wiki/J._H._C._Whitehead。非常感谢 M. Z. Ahmed 指出这点。

历山德罗夫神经是一个闭集的子复合形。从亚历山德罗夫-霍夫条件 TK(2)可知，一对闭集的交集也是相交集上的闭集。将图像划分为不重叠的闭集，这些闭集是亚历山德罗夫神经的相交点。那么每个图像片段是一个闭集，它是一对亚历山德罗夫神经的交集，或者是一个不是一对亚历山德罗夫神经交集的闭集（所谓的相交亚历山德罗夫神经之间的边界区域）。 ■

亚历山德罗夫神经重心 1-循环

设 Nrv$A$ 为图像 img 的德劳内三角剖分中的神经。并令 K 为 img 上的单元复合形。对于每条神经，仅考虑与另一条神经的边界相交的那些神经。设 cyc$A$ 是神经 Nrv$A$ 上的重心 1-循环。将图像划分为包含非重叠填充 1-循环的非重叠闭合集。那么每个图像片段要么是一个重心 1-循环，要么是一个重心 1-循环之间的区域。 ■

亚历山德罗夫神经涡旋循环

设 K 为三角化图像 img。设 Nrv$A$ 是图像的德劳内三角剖分中的一条神经，并令 Nrv$B$ 是其德劳内三角形之一与 Nrv$A$ 具有共同边的神经。根据亚历山德罗夫-霍夫条件 TK(2)，Nrv$A$∩Nrv$B$ 是 K 中的一个闭集。设 cyc$A$ 是 Nrv$A$ 上的一个重心 1-循环，令 cyc$B$ 是一个 1-循环，其顶点是沿 Nrv$A$ 边界的神经核。设 vcyc$E$ 表示一族嵌套的非同心 1-循环。结果是由下式定义的涡旋复合形 vcyc(cyc$A$)：

$$\begin{aligned}
\text{重心cyc}A &\in \text{Nrv}A \\
\text{bdy}(\text{Nrv}B) &\cap \text{bdy}(\text{Nrv}A) \neq \varnothing \\
p &= \text{Nrv}B\text{的核} \\
\text{vcyc}E(\text{cyc}A) &= \text{cyc}A \cup \text{核}p - \text{cyc}B \supset \text{重心cyc}A
\end{aligned}$$

■

定理 1.94

如果将三角化图像分割成不相交的涡旋复合形，则每个图像子区域都是一个闭集，它要么是涡旋复合形，要么是涡旋复合形之间的闭集。

证明：设 cyc$A$ 是三角化图像 img 上亚历山德罗夫神经三角形重心上的重心 1-循环。每个涡旋复合体 vcyc$E$(cyc$A$)是 cyc$A$ 边界上亚历山德罗夫神经连接核上的 1-循环核 p–cyc$B$ 和 cyc$B$ 内部的亚历山德罗夫神经三角形重心上的重心 1-循环的并集。设 K 是三角化的有限有界平面区域中的单元复合形。将该区域设为图像 img。此外，让 vcycE'(cycA')是一个包含核 p'–cycB'的涡旋复合形，使得 cyc$B$ 和 cycB'没有共同的顶点。在这种情况下，vcyc$E$(cyc$A$)占据的三角化图像 img 的区域是 K 中的复合形（来自亚历山德罗夫-霍夫条件 TK(1)）。类似地，由 vcycE'(cycA')占据的三角化图像 img 的区域是 K 中的复合形（来自亚历山德罗夫-霍夫条件 TK(1)）。由于核 1-循环 cyc$B$ 和 cycB'没有共同的顶点，所以 vcyc$E$(cyc$A$)和 vcycE'(cycA')是不相交的。那么三角化图像 img 的每一部分要么是一个涡旋复合形，要么是 img 中不是涡旋循环的区域。 ■

例 1.95

图 1.54 显示了三角化绘画“裁缝”[1]上的 1-循环片段样例。

1 非常感谢意大利萨勒诺的亚历山德罗•格拉纳塔（Alessandro Granata）为这项图像几何研究贡献了他的画作。

图 1.54　三角化视觉场景中的 1-循环样例　■

1.29　德劳内三角剖分的收缩特性

至少有两种形式的德劳内收缩需要考虑。

德劳内三角剖分回缩

重心回缩：一系列连续映射，是从德劳内三角形到其重心的收缩映射，重心是三角形中的一个显著点。三角形的重心位于中线的交点处。**中线**是在三角形顶点和顶点对面的边的中点之间绘制的线。

核回缩：一系列连续映射，是从亚历山德罗夫神经边界和内部点到其核的收缩映射，核是神经中的一个显著点。

1.29.1　德劳内三角形重心回缩

本节开始于将任一形式的德劳内三角形（即填充 1.5-单元或填充 2-单元）映射到一个显著点。回想一下，平面的有限有界区域 A 收缩为唯一的点 $x \in A$，前提是存在一系列连续映射 f_t：$A \mapsto A$，$t \in I$（I 是索引集），因此每个 $f_i(x)$发送一个点 $x \in A$ 到 A 中唯一的点 a。映射 f_i：$A \mapsto A$ 是一个连续映射，只要 x 在其靠近 y 时则有 $f(x)$靠近 $f(y)$，$y \in A$。

A 的**收缩**是一个连续映射族，使得族中 A 到其每个映射都将 A 中的每个点 x 发送到 A 中的一个显著点 a。

设 p、q、r 是三个种子点，它们是德劳内三角形$\triangle(pqr)$的顶点，b 是$\triangle(pqr)$的重心。然后定义一个连续映射族 f_t：$\triangle(pqr) \mapsto R^2$（从$\triangle(pqr)$到欧氏平面中的一个显著点的映射），以便每个 $f_i(x)$将 $x \in \triangle(pqr)$中的点发送到$\triangle(pqr)$的重心 b，它是德劳内三角形$\triangle(pqr)$中的唯一点，即 $f_i(x) = b$。在这种情况下，重心称为德劳内三角形的变形回缩（简称**回缩**）。也就是说，一个德劳内三角形$\triangle(pqr)$收缩到它的重心 b。换句话说，德劳内三角形上的收缩将$\triangle(pqr)$缩小到单个显著点，这可以在每个德劳内三角形中找到。

例 1.96（**重心回缩**）

图 1.55(a)显示了一个重心为 b 的德劳内三角形△(pqr)示例。重心 b●（△(pqr)里中线的交点）是三角形中一个显著点。一系列连续映射 f_t：△(pqr)↦ R^2 将每个点 $x\in$△(pqr)发送到重心 b，在图 1.55(b)中用从各个三角形点●到重心 b●的中线●-----●表示。从△(pqr)点●到重心 b●的回缩映射部分显示在图 1.55(b)中。另请注意，德劳内三角形△(pqr)向其重心 b●的收缩包括从 int(△(pqr))中的每个内点到 b 的收缩。

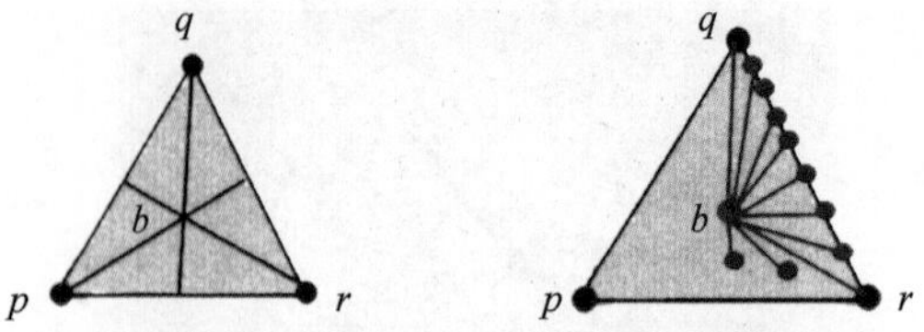

(a) 德劳内三角形重心　　(b) 德劳内三角形重心收缩映射

图 1.55　德劳内三角形向重心收缩　■

猜想 1.97（**图像压缩的重心收缩形式**）

该猜想侧重于图像压缩的重心收缩形式。原始数字图像具有压缩形式，前提是压缩图像需要比原始图像更少的存储空间。这种形式的图像压缩借鉴了传统的压缩观点，其中连续的模拟信号以离散形式表示，与原始模拟信号相比，它需要的存储空间更少。有关这方面的更多信息，请参阅 Gersho 和 Gray [71，1.1 节，pp.7-8]。

在三角化数字图像 img 中，每个德劳内三角形向其重心 b 的收缩导致图像压缩的无损形式，前提是连续映射 f_t 族的每个成员：△(pqr)↦ R^2 是可逆的，即，每个映射 $f_i(x)=b$ 对于每个 $x\in$△(pqr)都有一个连续的逆，使得 $f_i^{-1}(f_i(x))=f_i^{-1}(b)=x$。每当无法从压缩图像中尽可能准确地恢复原始图像时，就会发生图像的有损压缩[71，1.1 节，p.5]。我们希望通过重心收缩实现图像压缩的可逆形式。也就是说，我们希望最大限度地减少这种压缩形式的存储需求，并且我们还希望恢复作为重心压缩源的原始图像。在这种形式的图像压缩中剩下的是一组德劳内三角形重心。随着种子点数量的增加，这种形式的图像压缩质量会提高。也就是说，对于大的 S，德劳内三角形将很小，在将 img 三角剖分中的每个三角形收缩到三角形的重心后，会导致压缩的损失较小。■

1.29.2　亚历山德罗夫神经核回缩

在本节中，我们将神经核视为有限有界平面区域三角剖分中亚历山德罗夫神经中的回缩。

设 Nrv(S)是一组种子点 S 上的亚历山德罗夫神经。另外，设 p、q、n 是三个种子点，它们是德劳内三角形△(pqn)的顶点，n 是神经 Nrv 的核(S)。然后定义一个连续映射族 f_t：Nrv(S)↦ R^2（从神经 Nrv(S)映射到欧氏平面中的一个显著点），以便每个 $f_i(x)$发送点 $x\in$ Nrv(S)到 Nrv(S)的核 n，这是亚历山德罗夫神经 Nrv(S)中的唯一点，即，对于每个 $x\in$ Nrv(S)，$f_i(x)=n$。在这种情况下，核 n 称为亚历山大神经的变形回缩（简称**回缩**）。也就是说，亚历山德罗夫神经 Nrv(S)收缩到它的神经核 n。换句话说，亚历山德罗夫神经的收缩将神经

Nrv(*S*)收缩到一个单独的点（核），这可以在每个亚历山德罗夫神经中找到。

例 1.98 （亚历山德罗夫神经核回缩）

图 1.56(a)显示了一个带有核 n 的亚历山德罗夫神经 Nrv(*S*)样本。核 n（Nrv(*S*)中实心三角形的交点）是神经中的一个显著点。一系列连续映射 f_t: Nrv(*S*) $\mapsto$ R^2 将每个点 $x \in$ Nrv(*S*)发送到核 n，这在图 1.56(b)中用从各个神经点到核 n 所绘制的线来表示。从 Nrv(*S*)点到核回缩 n 的映射部分地表示在图 1.56(b)中。在一对三角形△(pqn)和△(qq′n)上，边缘点收缩到核回缩 n 的示例如图 1.56(b)所示。注意，亚历山德罗夫神经 Nrv(*S*)向其核 n 的收缩包括从 int(Nrv(*S*))中的每个内部点到 n 的收缩。

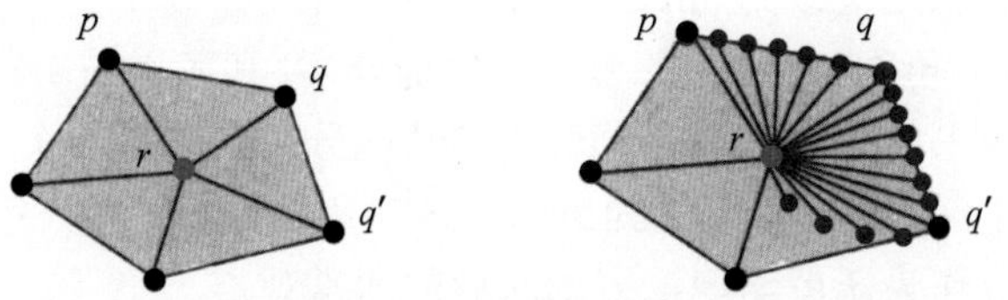

(a) 亚历山德罗夫神经核n　　(b) 亚历山德罗夫神经核收缩映射

图 1.56　亚历山德罗夫神经核收缩　■

猜想 1.99（图像压缩的神经收缩形式）

假设连续映射家族的每个成员 f_t: Nrv(*S*) $\mapsto$ R^2 是可逆的，即，在三角化数字图像 img 中，每个亚历山德罗夫神经向其核的收缩导致图像压缩的有损形式，每个映射 $f_i(x) = n$ 对于每个 $x \in$ Nrv(*S*)都有一个连续的逆，使得 $f_i^{-1}(f_i(x)) = f_i^{-1}(b) = x$。我们希望通过神经到核的收缩实现一种可逆的图像压缩形式。也就是说，我们希望最大限度地减少这种压缩形式的存储需求，并且我们还希望恢复作为神经到核压缩来源的原始图像。在这种形式的图像压缩中剩下的是亚历山德罗夫神经核的集合。随着种子点数量的增加，这种形式的图像压缩质量会提高。也就是说，对于大的 *S*，亚历山德罗夫神经将较小，从而在将 img 三角剖分中的每条神经收缩到神经核后导致压缩损失较小。　■

1.30　资料来源和进一步阅读

资料 1：本节简要说明计算几何学和拓扑学的思想和方法以及进一步阅读的介绍性资料来源。

计算几何学

网格生成：Elelsbrunner [59]。

多胞形：Ziegler [20]。

视觉场景几何、曲面镶嵌、三角剖分：Peters [64]。

单元复合形：

　　对单元复合形的入门介绍：Jänich [29，第 7 章]。

　　复合形拓扑结构和单元平铺的最佳介绍：Alexandroff [39，1 节，pp.1-11]。

　　复合形的定义：Cooke 和 Finney [40，1.1 节]。

单元复合形的拓扑特性：Hatcher [41，第 0 章，pp.5-10]。

数字图像几何学：

在数字图像形状研究中的应用：Ahmad 和 Peters [62]。

德劳内三角剖分和沃罗诺伊镶嵌：Peters [60，4.1 节，pp.122-125]。

平铺：

沃罗诺伊镶嵌：Grünbaum 和 Shephard [18]（另见[72]）是对平铺和其他有用内容的很好的介绍。关于一组种子点上的狄利克雷平铺（我们称之为一组种子点上的沃罗诺伊镶嵌），参见 5.4 节，从 p.250 开始。有关在有限有界平面区域里的种子点上构建狄利克雷镶嵌的信息，请参阅 Green 和 Sibson [73]。

三角剖分：对三角剖分（包括德劳内三角剖分）及其应用的出色介绍，请参见 Hjelle 和 Dæhlen[74]。该书的主要部分是德劳内三角剖分。它包括一个关于德劳内三角剖分算法的章节（第 4 章）和一个关于约束德劳内三角剖分的章节（第 6 章）。书中给出了将德劳内三角剖分作为沃罗诺伊镶嵌的对偶的通常观点。

观察 1：德劳内三角剖分

不幸的是，这两种平铺表面的对偶观点隐藏了它们之间的一个重要区别。从复合形的拓扑学角度，请注意德劳内三角形的顶点是种子点（我们的 0-单元）。对比之下，一组种子点上的沃罗诺伊区域的边缘不包括任何种子点。相反，沃罗诺伊区域在其内部有一个单一的种子点。因此，沃罗诺伊区域中的种子点与沃罗诺伊镶嵌中的任何其他种子点都没有路径连通。相比之下，德劳内三角剖分中的每个种子点都通过路径连通到三角剖分中的任何其他种子点。也就是说，给定三角剖分中的一个德劳内三角形顶点 p 和其他顶点 q，在 p 和 q 之间存在一系列边。换句话说，从种子点的角度来看，沃罗诺伊镶嵌不是路径连通的。进一步说，德劳内三角剖分是在其上定义了 CW 拓扑的复合形。此外，德劳内三角剖分的每个子复合形都有一个定义在其上的 CW 拓扑。

此外，每个德劳内三角形在其内部都有一个**显著点**，即三角形的重心。**亚历山德罗夫神经**复合形由三角剖分中**任何给定顶点上**的三角形相交产生。重心 1-循环复合形由连通每条德劳内神经中三角形重心之间的边产生。 ■

根据对有限有界表面区域的德劳内三角剖分的这些观察，我们得到以下结果。

定理 1.100

有限有界平面区域的每个德劳内三角剖分都是神经复合形的集族。

证明：令 K 为有限有界平面区域的德劳内三角剖分，并令 p 为 K 中的顶点。顶点 p 是以其作为顶点的德劳内三角形集合所共有的。根据定义，p 是亚历山德罗夫神经 Nrv$A$ 的核。Nrv$A$ 的每个成员都是一个实心三角形，它是一个 2-单元。因此，Nrv$A$ 是一种单元复合形。而 K 的每个顶点都是一个神经复合形的核。因此，得证。 ■

德劳内三角剖分：参见 Grünbaum 和 Shephard [18，p.266]以及 Green 和 Sibson [73，p.173]。要构建德劳内三角形，需从三个种子点（即内部具有种子点的相邻多边形）上的三个最接近的沃罗诺伊区域开始，并将种子点与边连接以形成三角形。

其他形式的平铺：对于形状具有已知特征（例如轮廓、内部孔和色调）的有限有界的平面区域，许多其他形式的平铺也是可能的。

例 1.101

图 1.57 显示了具有已知形状和特征的平铺示例。区域 X 中的袋鼠头 B 在描述上类似于区域 Y 中的袋鼠头 A。这种相似性源于这样一个事实，即两个头部具有相同的轮廓以及相同数量和类型的孔，但这些形状具有不同的内部色调。有关平铺具有不同已知形状的有限有界平面区域的信息，请参阅 Naimpally 和 Peters [17，14.5 节，从 p.227 开始]。

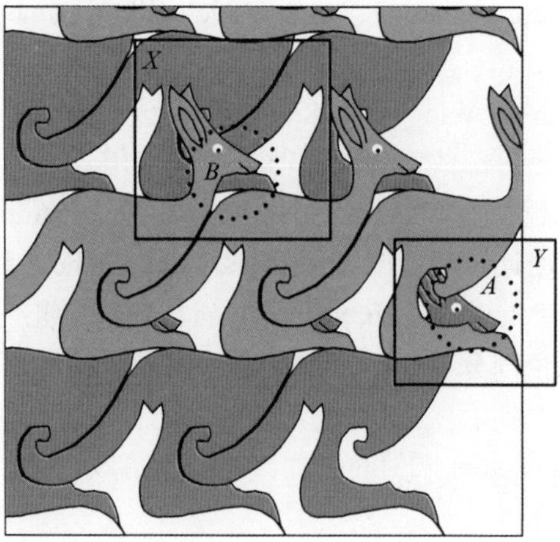

图 1.57　描述性相似的袋鼠形状 ■

习题 1.102

使用 MATLAB 平铺具有已知形状（例如多边形）的视觉场景，以便每个平铺都是相同的多边形。也就是说，每个图块都是一个多边形，边数相同，内部面积相同。定义一个接近函数，该函数可用于使用两个区域中多边形上的显著点之间的距离来比较两个不同的视觉场景区域 X 和 Y。请执行下列操作。

（1）给出视觉场景中一对平面区域 X'和 Y'的例子，其中接近函数不为零且大于某个固定阈值。这表明视觉场景区域 X'和 Y'是不同的。

（2）给出视觉场景中一对平面区域 X'和 Y'的例子，其中接近函数为零或小于某个固定阈值。这表明视觉场景区域 X'和 Y'是相似的。

（3）根据两个不同视觉场景中区域的接近度函数求解（1）和（2）。

（4）对成对的视频帧图像重复步骤（1）、（2）、（3）。即，对具有相似平铺区域和不同平铺区域的视频帧图像对来求解（1）和（2）。 ■

习题 1.103

重复习题 1.102 中的步骤，使用已知形状（例如具有不同边数或不同内部区域的多边形）来平铺视觉场景。 ■

有关不依赖于沃罗诺伊镶嵌或德劳内三角剖分的其他平铺形式的示例，可参见[75]。例如，可参见 carta marmorizzata（大理石纹纸），pp.164-165 和 disegno cachemire（羊绒设计），pp.166-167，了解将平面区域不寻常地分解为艺术上令人愉悦、充满空间的形状[1]。

1　非常感谢 Fabio Marino 指出这一点。

计算几何学的应用

拓扑形状度量是由 Barth、Niedermann、Rutter 和 Wolf [76]引入的。在本文中，绘图、地图和图像用网格线或正交径向网格（具有已知半径和圆间距的同心圆）进行矩形化，以获得形状度量。在比较矩形形状的情况下，该方法类似于在拆分可行性问题的解决方案中推导接近函数。

机器人运动规划是通过将机器人的爬行空间分解为凸多边形以及多边形之间的路径来完成的。例如，参见 de Berg、Cheong、van Kreveld 和 Overmars [77，第 13 章，从 p.284 开始]。

网络定位是 Dai、Shen 和 Win 论文[78]的重点。该文介绍了相对于顶点的路径连通性在网络节点上的平面多边形内部或三角网络节点中的应用。

fMRI 镶嵌上的神经聚类是由 Peters、Inan、Tozzi 和 Ramanna[79]介绍的。该文在沃罗诺伊镶嵌中的核聚类里使用计算接近度。另请参阅 Hettiarachchi 和 Peters [80]使用沃罗诺伊镶嵌的彩色图像分割以及 Peters、Tozzi 和 Ramanna [81]的脑组织镶嵌。

视频帧图像镶嵌和三角剖分由 Peters [64]介绍，用于检测可比较视频帧图像的神经复合形。

形状神经复合形源自 Peters [23]的平面形状三角剖分。**数字图像目标形状近似**是由 Ahmad 和 Peters [62]引入的。

计算拓扑学

基础知识：对基础主题的良好、扎实的介绍：Edelsbrunner 和 Harer [27]。

时变系统的持久性：应用概述：Munch[82]。持久性条形码简介：Ghrist [51，5.13 节，pp.104-106]。

路径连通性：Kaczynski 和 Mischaikov 和 Mrozek [24，1.1 节，第 8 章和 12.4 节]

形状：带孔形状简介：Peters [60，5.3 节，pp.148-150]。回缩介绍：Hatcher [41，第 0 章，pp.1-4]。

参 考 文 献

1. Carrière M., Oudot S.: Joint contour nets. IEEE Trans.Vis. Comput. Graph. 20(8), 1100–1113 (2014).
2. Weisstein, E.: Closed curve. Wolfram MathWorld (2018). http://mathworld.wolfram.com/ClosedCurve.html
3. Jordan, C.: Cours d’analyse de l’École polytechnique, Tome I-III.? Editions Jacques Gabay, Sceaux (1991). Reprint of 1915 edition, Tome I: MR1188186, Tome II: MR1188187, Tome III: MR1188188
4. Peters, J.: Proximal vortex cycles and vortex nerve structures. Non-concentric, nesting, possibly overlapping homology cell complexes. J. Math. Sci. Model. 1(2), 56–72 (2018). ISSN 2636-8692. www.dergipark.gov.tr/jmsm. See, also, https://arxiv.org/abs/1805.03998
5. Baldomir, D., Hammond, P.: Geometry of Electromagnetic Systems. Clarendon Press, Oxford

(1996). xi+239 pp. Zbl 0919.76001

6. Zangwill, A.: Modern Electrodynamics. Cambridge University Press, Cambridge (2013). xxii+977 pp. ISBN: 978-0-521-89697-9, MR3012344
7. Nye, J.: Natural Focusing and Fine Structure of Light. Caustics and Dislocations. Institute of Physics Publishing, Bristol (1999). xii+328 pp. MR1684422
8. Nakahara, M.: Geometry, topology and physics. Institute of Physics, Bristol, UK (2003). xxii+573 pp. ISBN: 0-7503-0606-8, MR2001829
9. Worsley, A., Peters, J.: Enhanced derivation of the electron magnetic moment anomaly from the electron charge from geometric principles. Appl. Phys. Res. 10(6), 24–28 (2018). https://doi.org/10.5539/apr.v10n6p24
10. Susskind, L., Friedman, A.: Quantum Mechanics. The Theoretical Minimum. Penguin Books, UK (2014). xx+364 pp. ISBN: 978-0-141-977812
11. Gruber, F., Wallner, G.: Polygonization of line skeletons by using equipotential surfaces–a practical descriptions. J. Geom. Graph. 18(1), 105–114 (2014). MR3244043
12. Descartes, R.: Le monde de Mr. Descartes ou Traité de la lumiere, et des autres principaux objets des autres sens avec un discours de l'action des corps, et un autre des fièvres, composez selon let principes du mème auteur [The world of Mr. Descartes or the treatise of the light and other main objects of the senses: with a speech of local movement, and another of the fevers, compose according to the principles of the same author]. T. Girad, Paris, France (1664). http://doi.org/10.3931/e-rara-18973
13. Boyer, C.: History of Analytic Geometry. Scripta Mathematica, NY (1656). Ix+291 pp., MR0081235
14. contributors, W.: Gravitational Wave. Wikipedia, The Free Encyclopedia (2018). https://en.wikipedia.org/w/index.php?title=Gravitational_wave&oldid=845420183
15. Whitehead, J.: Combinatorial homotopy. I. Bull. Am. Math. Soc. 55(3), 213–245 (1949). Part 1
16. Willard, S.: General Topology. Dover Pub., Inc., Mineola (1970). Xii + 369pp., ISBN: 0-486-43479-6 54-02, MR0264581
17. Naimpally, S., Peters, J.: Topology with Applications. Topological Spaces via Near and Far. World Scientific, Singapore (2013). Xv + 277 pp., Amer. Math. Soc. MR3075111
18. Grünbaum, B., Shephard, G.: Tilings and Patterns. W.H. Freeman and Co., New York (1987). Xii+700 pp., MR0857454
19. Renze, J., Uznanski, D., Weisstein, E.: Half plane. Wolfram MathWorld (2018). http://mathworld.wolfram.com/Half-Plane.html
20. Ziegler, G.: Lectures on polytopes, Graduate Texts in Mathematics, 152. Springer, New York (1995). x+370 pp. ISBN: 0-387-94365-X, MR1311028
21. Tozzi, A., Peters, J.: Topological assessment of unidentified moving objects. MDPI Preprints 2019(020160), 1–7 (2019). https://doi.org/10.13140/RG.2.2.10252.56960
22. Peters, J.: Two forms of proximal physical geometry. Axioms, sewing regions together,

classes of regions, duality, and parallel fibre bundles. arXiv 1608(06208), 1–26 (2016). To appear in Adv. Math.: Sci. J. 5(2) (2016), Zbl 1384.54015

23. Peters, J.: Proximal planar shapes. Correspondence between triangulated shapes and nerve complexes. Bull. Allahabad Math. Soc. 33 113–137 (2018). MR3793556, Zbl 06937935. Review by D, Leseberg (Berlin)
24. Kaczynski, T., Mischaikov, K., Mrozek,M.: Computational Homology, Applied Mathematical Sciences, vol. 157. Springer, New York (2004). xvii+480 pp. ISBN 0-387-40853-3/hbk, Zbl 1039.55001
25. Larman, D.: Paths on polytopes. Proc. Lond. Math. Soc. 20, 161 (1970)
26. Morris, Jr W.D.: Lemke paths on simple polytopes. Math. Oper. Res. 19, 780–789 (1994). MR1304624
27. Edelsbrunner, H., Harer, J.: Computational Topology. An Introduction. American Mathematical Society, Providence (2010). xii+241 pp. ISBN: 978-0-8218-4925-5, MR2572029
28. Hatcher, A.: Algebraic Topology. Cambridge University Press, Cambridge, UK (2002). Xii+544 pp. ISBN: 0-521-79160-X; 0-521-79540-0, MR1867354
29. Jänich, K.: Topology. With a chapter by T. Bröcker. Translated from the German by Silvio Levy. Springer, New York (1984). ix+192 pp. ISBN: 0-387-90892-7 54-01, MR0734483
30. Munkres, J.: Elements of Algebraic Topology, 2nd edn. Perseus Publishing, Cambridge (1984). ix + 484 pp. ISBN: 0-201-04586-9, MR0755006
31. Shinbrot, M.: Fixed–point theorems. Sci. Am. 214(1), 105–111 (1966). https://www.jstor.org/stable/24931240
32. Weyl, H.: The Concept of a Riemann Surface. [Die Idee der Riemannschen Fläche (German)]. Dover, Mineola, New York (2009). Translated by G.R. MacLane, xi+191 pp. ISBN-13: 978-0-486-47004-7, MR0166351
33. Voronoï, G.: Sur un problème du calcul des fonctions asymptotiques. J. für die reine und angewandte Math. 126, 241–282 (1903)
34. Voronoï, G.: Nouvelles applications des paramètres continus à la théorie des formes quadratiques. premier mémoire. sur quelques propriétés des formes quadratiques positives parfaite. J. für die reine und angewandte Math. 133, 97–102 (1908)
35. Voronoï, G.: Nouvelles applications des paramètres continus à la théorie des formes quadratiques. deuxièm mémoire. researches sur les parallélloèdres primitifs. J. für die reine und angewandte Math. 134, 198–287 (1908). JFM 39.0274.01
36. Mughal, A., Libertiny, T., Schröder, G.: How bees and foams respond to curved confinement: level set boundary representations in the surface evolver. arXiv 1611(10055v1), 1–28 (2016)
37. Lowe, D.: Object recognition from local scale-invariant features. In: Proceedings of the 7th IEEE International Conference on Computer Vision, vol. 2, pp. 1150–1157 (1999). https://doi.org/10.1109/ICCV.1999.790410
38. Lowe, D.: Distinctive image features from scale-invariant keypoints. Int. J. Comput. Vis.

60(2),91–110 (2004). https://doi.org/10.1023/B:VISI.0000029664.99615.94
39. Alexandroff, P.: Elementary Concepts of Topology.Dover Publications, Inc., NewYork (1965).63 pp., translation of Einfachste Grundbegriffe der Topologie [Springer, Berlin, 1932], translated by Alan E. Farley, Preface by D. Hilbert, MR0149463
40. Cooke, G., Finney, R.: Homology of Cell Complexes. Based on Lectures by Norman E. Steenrod. Princeton University Press, Princeton; University of Tokyo Press, Tokyo (1967). xv+256 pp. MR0219059
41. Hatcher, A.: Algebraic Topology. Cambridge University Press, Cambridge (2002). xii+544 pp. ISBN: 0-521-79160-X, MR1867354
42. Jaquettc, J., Kramár, M.: On ε approximations of persistence diagrams. Math. Comp. 86(306), 1887–1912 (2016). MR3626542
43. Krantz, S.: A Guide to Topology. The Mathematical Association of America, Washington, D.C. (2009). ix + 107 pp. The DolcianiMathematical Expositions, 40. MAA Guides, 4, ISBN: 978-0-88385-346-7, MR2526439
44. Peters, J.: Two forms of proximal, physical geometry. Axioms, sewing regions together, classes of regions, duality and parallel fibre bundles. Advan. Math. Sci. J. 5(2), 241–268 (2016). Zbl 1384.54015, reviewed by D. Leseberg, Berlin
45. Pudykeiwicz, J.: Examples of vortical structures. Researchgate (2018). https://www.researchgate.net/post/What_are_examples_of_vortexes_in_the_physical_world
46. Peters, J.: Proximal planar shapes. Correspondence between shape and nerve complexes. arXiv 1708(04147v1), 1–12 (2017)
47. El-ghazal, A., Basir, O., Belkasim, S.: Farthest point distance: a new shape signature for fourier descriptors. Signal Process.: Image Commun. 24, 572–586 (2009)
48. Yang, M., Kpalma, K., Ronsin, J.: A survey of shape feature extraction techniques. HAL archives-ouvertes.fr (2008). http://hal.archives-ouvertes.fr/hal-00446037
49. Ghrist, R.: Barcodes: the persistent topology of data. Bull. Amer. Math. Soc. (N.S.) 45(1), 61–75 (2008). MR2358377
50. Peters, J.: Proximal planar shape signatures. Homology nerves and descriptive proximity. Adv. Math: Sci. J. 6(2), 71–85 (2017). Zbl 06855051
51. Ghrist, R.: Elementary Applied Topology. University of Pennsylvania (2014). Vi+269 pp. ISBN: 978-1-5028-8085-7
52. Litchinitser, N.: Structured light meets structuredmatter. Sci., New Ser. 337(6098), 1054–1055 (2012)
53. Adelberger, E., Gruzinov, A.: Structured light meets structured matter. Phys. Rev. Lett. 98, 010,402–1–010,402–4 (2007)
54. Dzedolik, I.: Vortex properties of a photon flux in a dielectric waveguide. Tech. Phys. [trans. from Zhurnal Tekhnicheskol Fiziki] 50(1), 135–138 (2005)
55. Kelvin, W.T.L.: On vortex atoms. Proc. R. Soc. Edin. 6, 94–105 (1867)
56. H. Boomari, M.O., Zarei,A.: Recognizing visibility graphs of polygons with holes and

internalexternal visibility graphs of polygons. arXiv 1804(05105v1), 1–16 (2018)

57. Singh, S., Gairola, U.: Coordinatewise commuting andweakly commuting maps, and extension of jungck and matkowski contraction principles. J. Math. Phys. Sci. 25(4), 305–318 (1991). MR1168798
58. Clery, D.: Liquid water spied deep below polar ice cap on mars. Sci. Mag. 1–2 (2018). http://www.sciencemag.org/news/2018/07/liquid-water-spied-deep-below-polar-ice-cap-mars
59. Edelsbrunner, H.: Geometry and Topology for Mesh Generation. Cambridge Monographs on Applied and Computational Mathematics, vol. 7. Cambridge University Press, UK (2001). xii+177 pp. ISBN: 978-0-521-68207-7, MR2223897
60. Peters, J.: Computational Proximity. Excursions in the Topology of Digital Images, Intelligent Systems Reference Library, vol. 102 (2016). Xxviii + 433 pp. https://doi.org/10.1007/978-3-319-30262-1, MR3727129 and Zbl 1382.68008
61. Peters, J.: Proximal nerve complexes. A computational topology approach. Set-Value Math. Appl. 1(1), 1–16 (2017). ISSN: 0973-7375, arXiv preprint arXiv:1704.05909
62. Ahmad, M., Peters, J.: Proximal cech complexes in approximating digital image object shapes. Theory and application. Theory Appl. Math. Comput. Sci. 7(2), 81–123 (2017). MR3769444
63. Ahmad, M., Peters, J.: Delta complexes in digital images. Approximating image object shapes. arXiv 1706(04549v1), 1–20 (2017)
64. Peters, J.: Foundations of Computer Vision. Computational Geometry, Visual Image Structures and Object Shape Detection, Intelligent Systems Reference Library, vol. 124. Springer International Publishing, Switzerland (2017). i-xvii, 432 pp. https://doi.org/10.1007/978-3-319-52483-2, Zbl 06882588 and MR3768717
65. Censor, Y., Elfving, T., Kopf, N., Bortfeld, T.: The multiple-sets split feasibility problem and its applications for inverse problems. Inverse Probl. 21(6), 2071–2084 (2005). MR2183668
66. Ahmad, M., Peters, J.: Maximal centroidal vortices in triangulations. A descriptive proximity framework in analyzing object shapes. Theory Appl. Math. Comput. Sci. 8(1), 38–59 (2018). ISSN 2067-6202
67. Alexandroff, P., Hopf, H.: Topologie. Springer, Berlin (1935). Xiii+636pp
68. Whitehead, J.: Simplicial spaces, nuclei and m-groups. Proc. Lond. Math. Soc. 45, 243–327(1939)
69. Jänich,K.: Topologie. (German) [Topology], 8th edn. Springer, Berlin (2005). x+239 pp. ISBN: 978-3-540-21393-2, MR2262391
70. Fehri, A., Velasco-Forero, S., Meyer, F.: Segmentation hiérarchique faiblement supervisée. arXiv 1802(07008v1), 1–4 (2018)
71. Gersho, A., Gray, R.: Vector Quantization and Signal Compression. Kluwer Academic Publishers, Boston (1992). xii + 732 pp
72. Grünbaum, B., Shepherd, G.: Tilings with congruent tiles. Bull. (New Ser.) Am. Math. Soc. 3(3), 951–973 (1980)

73. Green, P., Sibson, R.:ComputingDirichlet tessellations in the plane.Comput. J. 21(2), 168–173 (1978). MR0485467, includes both Dirichlet tessellations and Delaunay triangulations
74. Hjelle, Ø., Dæ hlen, M.: Triangulations and Applications. Mathematics and Visualization. Springer, Berlin (2006). ISBN 978-3-540-33260-2, MR2262170
75. Ltd.,A.: Disegnum. Prospettiva, simmetria, curve, arte celtica e islamica, sezione aurea. Alexian Limited, Milano, Italy (2014). ISBN 978-88-518-0249-3, https://www.illibraio.it/libri/
76. Barth, L., Niedermann, B., Rutter, I.,Wolf, M.: Towards a topology-shape-metrics framework for ortho-radial drawings. arXiv 1703(06040v1), 1–35 (2017)
77. de Berg, M., Cheong, O., van Kreveld, M., Overmars, M. Computational Geometry. Algorithms and Applicaitons, 3rd edn. Springer, Berlin (2008). ISBN 978-3-540-77973-5, https://doi.org/10.1007/978-3-540-77974-2
78. W. Dai, Y.S., Win, M.: A computational geometry framework for efficient network localization. IEEE Trans. Inform. Theory 64(2), 1317–1339 (2018). MR3762623, includes detailed algorithms
79. Peters, J., ˙Inan, E., Tozzi, A., Ramanna, S.: Bold-independent computational entropy assesses functional donut-like structures in brain FMRI images. Front. Hum. Neurosci. 11, 1–38 (2017). https://doi.org/10.3389/fnhum.2017.00038, https://doi.org/10.3389/fnhum.2017.0003
80. Hettiarachchi, R., Peters, J.: Voronoï region-based adaptive unsupervised color image segmentation. arXiv cs.CV 1604(00533v1), 1–2 (2016)
81. Peters, J., Tozzi, A., Ramanna, S.: Brain tissue tessellation shows absence of canonical microcircuits. Neurosci. Lett. 626, 99–105 (2016). https://doi.org/10.1016/ j.neulet.2016.03.052
82. Munch, E.: Applications of persistent homology to time varying systems. Ph.D. thesis, Duke University, Department of Mathematics (2013). Supervisor: J. Harer, MR3153181

第 2 章　形状内的单元复合形、细丝、涡旋和形状

本章重新审视数字图像中的单元复合形、神经结构和形状。为了理解边界定义图像对象形状的孔和非孔的反对称性，我们用完全可理解的连接结构来表示形状，称为细胞复合体。这种理解大量视频帧图像点云中固有谜团方法的有益结果是我们引入了形状指纹，这是非常简单的称为细丝骨架的事物的集族，具有清晰的可测量和可比较的属性。这种方法的要点是一种比较数字图像中隐含在点云中的形状的直白方式。

2.1　引言：三角形有界平面区域上的路径连通顶点

在有界平面区域中，单元复合形的构建块是顶点（0-单元）、边（1-单元）和填充三角形（1.5-单元或 2-单元）。通过选择一组不同的表面 0-单元，我们可以使用德劳内的方法对包含所选顶点的有界表面区域进行三角剖分。回想一下，这样的 0-单元被称为种子点。也就是说，**种子点**是用作曲面三角剖分中的顶点或用作沃罗诺伊曲面镶嵌里填充多边形构造中的枢轴的曲面点。在三角剖分的情况下，结果是单元复合形。**单元复合形**是位于所谓的豪斯道夫空间上的路径连通顶点的集族。简而言之，一个空间是**豪斯道夫空间**，只要满足分离的点位于具有非零半径的分离（不相交）球中的条件。单元复合形的几乎最新的示例是德劳内三角剖分。

单元复合形中的每个单元都是一个闭集，即复合形中的每个单元都有一个边界和一个非空的内部。实际上，每个单元都是形状的一个示例。在 1-单元的情况下，顶点是其边界，其内部由顶点之间的边定义。对于 1.5-单元（内部有孔的实心三角形）或 2-单元（传统实心三角形），三角形的边是它的边界，边之间的任何东西都定义了它的非空内部。

2.2　表面形状、孔和涡旋

这里的重点是将有限有界表面区域分解为覆盖表面形状和孔的连通单元的集族。这种连通单元（顶点）的集族被称为单元复合形。每个单元复合形都完全填充了一个有界平面区域，其中包含顶点、边和填充三角形。**表面形状**是具有非空内部的任何有界表面区域。通常，表面形状在其内部有孔。对于物理表面形状尤其如此。与表面形状相比，**表面孔**是一个内部为空的有界区域（表 2.1）。

表 2.1　更多计算几何学和拓扑学符号

术语	含义	术语	含义
表面形状	见 2.2 节	表面孔	见 2.2 节和 2.3 节

续表

术语	含义	术语	含义
表面轮廓	见 2.2 节	涡旋	见 2.2 节
种子点	见 2.1 节	豪斯道夫空间	见 2.2 节和 2.3 节
骨架神经	见 2.6 节和 2.7 节	细丝	见 2.5 节和 2.3 节
$B_r(p)$	球：见 2.3 节	$cl(K_n)$	闭包，见 2.4 节

通常所说的形状（即**轮廓**）根据定义是一个孔。换句话说，表面孔用其轮廓（其边界上的边）标识。孔对于区分形状非常重要，具体取决于形状内部孔的大小和数量。视觉场景中的任何暗区都被认为是一个孔，因为每个暗区都吸收光（即光子流[1]与这样的孔碰撞，落入暗区）。图 2.1 中火星表面的暗区就是孔的例子。

图 2.1　显示火星地下湖的三角化火星快车雷达图像上的重心涡旋

位于平面单元复合形上的一系列连通顶点的显著圆形路径称为**涡旋**。每个涡旋都有一个连续的边界和一个非空的内部。因此，涡旋是形状的一个例子。最简单的涡旋是单个圆形路径连通的顶点系列，其内部没有涡旋。图 2.1 中黄色路径连通的顶点是一个简单的重心涡旋的例子。**重心涡旋**由形成圆形路径的一系列连通的三角形重心定义。涡旋引起人们极大的兴趣，因为它们在物理表面中很常见。每个物理表面孔的边界都是虚拟涡旋的一个例子。物理表面孔边界是一个虚拟涡旋，前提是我们在位于物理孔边界上的粒子的质心之间绘制边。作为嵌套的、通常非同心的涡旋集族的涡旋是形状中的形状系统的一个示例。

2.3　视频帧图像、豪斯道夫空间和 CW 复合形

回想一下，每个**空间**都是具有特定属性的非空集，例如有限和闭合（具有边界的空间）。

在本书中，每个空间都是豪斯道夫空间。这意味着不同的点位于彼此不相交的球（也称为邻域）中，即，可以找到包含每个点的球，这样的所有球都不相交。令 R^2 表示欧氏平

1　Xavier Oudet 观察到光只是光子流[1]。光子是电磁能的量子，其尺寸由其波长决定。有关更多信息，可参见附录 A.8 节。

面。在平面中，半径为 r 且包含点 p（由 $B_r(p)$表示）的**球**定义为

$$B_r(p)=\{\boldsymbol{q}\in\mathbb{R}^2:\|p-q\|<r\}\quad（包含一个点的球）$$

点 p 的球 $B_r(p)$是**开放的**，因为它不包括它的边界。否则，包含其边界的点的平面球是**闭合的**。显然，如果平面单元复合形中的每个顶点都位于一个开放的球中，那么该复合形就是豪斯道夫空间。

每个物理表面都是由空间中的孔隔开的粒子（具有非零质量的东西）的集族。物理表面中的**孔**是不包含粒子的表面部分。孔的质量为零。假设物理表面上的每个粒子都生活在类似于甜甜圈（doughnut）的表面区域中。

引理 2.1

一个有限有界的物理表面是一个豪斯道夫空间。

证明： 令 X 是一个有限有界的物理表面，包含最近邻的粒子 p 和 q。X 上的每个粒子与最近邻的粒子都被一个孔隔开。设 h 是一个在 p 和 q 之间具有非零直径 d 的孔。假设孔 h 位于 p 和 q 之间。设 $B_r(p)$是一个包含 p 的球。球 $B_r(p)$与 q 分开（即，$B_r(p)$不包括 q），前提是半径 $r<d$，这是 p 与最接近 p 的任何粒子 q 之间的间距。由于每个表面粒子周围都存在一个孔，因此 X 中的每个粒子 p 都包含在一个球中，该球不包括任何最接近 p 的粒子。因此，X 是豪斯道夫空间。 ■

引理 2.1 的一个简单结果是定理 2.2，我们用表面像素的集族而不是表面粒子来解释它。在许多方面，**视频帧图像**是物理表面的复制品，可以反射摄像机捕获的光线。

定理 2.2

一个视频帧图像是一个豪斯道夫空间。

证明 1： 用像素替换粒子后立即从引理 2.1 开始。 ■

证明 2（详细）： 视频帧图像是平面图像，它是一组图像元素（像素）。每个视频帧图像的像素都有整数坐标。这是数字化模拟信号的自然结果，该模拟信号由来自轰击摄像机中光学传感器的视觉场景的反射光产生。像素本身位于有限有界平面上。设 p、q 为相邻像素，设 $d=\|p-q\|$为 p 和 q 之间的欧氏距离。我们只需选择一个包含 p 的球 $B_r(p)$使其半径为 r，因此 $0<r<d$。由于每个像素都有整数坐标，我们总能找到一个包含一个像素的球，这样的球不会相交，前提是球的半径 $B_r(p)$是一个小于 1 的非零分数。因此，根据定义，视频帧图像是豪斯道夫空间。 ■

最后，我们得出一个重要的观察结果，即单元复合形是豪斯道夫空间。这种情况下，表面粒子和视频帧图像像素被 0-单元（顶点）或由独自存在的骨架替换。令 K 为单元复合形。**骨架**是 K 中的一个闭合的、不相交的子复合形，它是路径连通的 n 个顶点的集族 K_n（$n\geqslant -1$）。这产生了以下骨架。

–1-骨架： K_{-1} 是空集，它是每个单元复合形的成员。

0-骨架： K_0 是信号顶点。

1-骨架： K_1 是连通到线段（我们一直称之为 1-单元）的一对顶点。

2-骨架： K_2 是 2+1 路径连通顶点（一个 2-单元）的集族。

……

n-骨架： K_n 是 n+1 路径连通顶点的集族。它们是闭合的（该集族有边界）并且与 K 中

的其他骨架不相交。

实际上，每个骨架都是 K 的豪斯道夫子空间，因为每个骨架都与 K 中的所有其他骨架不相交。单元复合形 K 中的骨架 K_n（$n\geqslant 0$）的集族也是豪斯道夫空间。例如，K_0 是 K 中的顶点集，K_1 是 K 中的边集。

2.4　单元复合形的有限闭包和弱拓扑性质

在本节中，我们简要介绍一下表征 **CW 复合形**的有限闭包和弱拓扑性质。术语弱拓扑源于这样一个事实，即这样的复合形只需要所谓的交集特性（单元复合形 K 的每个封闭子复合形的交集都是非空的和闭合的）。

单元复合形的拓扑

有关单元复合形拓扑结构的可靠介绍，尤其是在 CW 复合形上的弱拓扑方面，可参阅 Cooke 和 Finney [2，1.1 节，pp.1-2]。相比之下，非空集 X 上的常规**一般拓扑学**要求 X 的开放子集的交集和并集也都属于 X。有关一般拓扑学的更多信息，请参阅 Krantz [3，1.1 节，p.1]（优秀、精辟的观点）和 Willard [4，3.1 节，p.23]（全面和详细的观点）；对于具有许多应用程序的一般拓扑学，可参阅 Naimpally 和 Peters [5，2.1 节，pp.55-56]。■

复合形 K 中的骨架集族 K_n 具有以下特性。

$$\mathrm{K}_{-1}\subset \mathrm{K}_0\subset \mathrm{K}_1\subset \mathrm{K}_2\subset\cdots\subset \mathrm{K}_n,\quad \mathrm{K}_n\subset K\text{是闭合的}$$

$$K=\bigcup_{0\leqslant k\leqslant n}\mathrm{K}_k$$

$\mathrm{cl}(\mathrm{K}_n)$（$\mathrm{K}_n$ 的闭包）仅与 K 中有限数量的其他骨架相交（**复合形的闭包有限性质**）。

$\mathrm{K}_n\subset K$ 是闭合的$\Leftrightarrow$每一个 $\mathrm{K}_n\cap \mathrm{K}_n\neq\varnothing$对于 $\mathrm{K}_k\subset K$ 是闭合的（**弱拓扑**）。

回想一下，集合的闭包等于集合的边界和集合的内部。例如，令 $\overline{pq}$ 为 1-循环（用 $p\bullet\!\!-\!\!\!-\!\!\!-\!\!\bullet q$ 表示）。$\overline{pq}$ 的边界是顶点对 p 和 q。而 $\overline{pq}$ 的内部是连接在 p 和 q 之间的边。

CW 复合形的闭包有限性

对于 CW 复合形，我们需要使骨架集族 K_n 的闭包仅仅与空间中有限数量的骨架相交。在具有有限数量的路径连通顶点的单元复合形中，此要求很容易实现。在 CW 复合形中，每个骨架都连接到一个或多个其他骨架。例如，0-骨架 K_0（顶点集）是 1-骨架 K_1（边集）的子空间，因为 CW 复合形中的每个顶点都连接在一条边上。类似地，1-骨架 K_1 是 2-骨架 K_2（实心三角形集）的子空间，因为 CW 复合形中的每条边都连接在实心三角形上。这一点对连接在更高维子空间中骨架上的骨架也成立。■

换句话说，由于 K 中骨架的闭包有限性和弱拓扑特性，复合形 K 上有一个 CW 拓扑。因此，单元复合形的默认名称是 CW 复合形。

2.5 定向细丝骨架

1-骨架中的顶点是路径连通的，前提是一个骨架中的顶点和另一个骨架中的顶点之间存在路径。骨架是通过将一个骨架连接到另一个骨架来构建的。边骨架（连通边的序列）中的每条边称为**细丝**。实际上，**细丝骨架**是一系列连接的细丝（边）。一系列路径连通的顶点定义了一条**边路径**。这些构造的最终结果是所谓的**定向细丝骨架**，它是有序的、路径连通的顶点的集族。

骨架边被称为细丝，以引起人们对涡旋中边的物理对应物的注意，它是反射光中光子流里物理涡旋的集中部分，或者是流体中循环流体的浓缩。**涡旋细丝**是涡旋沿其集中而周围流体没有涡旋的边。有关涡旋细丝的更多信息，请参见 Cottet 和 Koumoutsakos [6，3.2 节，p.63ff]。

例 **2.3**

细丝骨架样例如图 2.2 所示，即

顶点骨架：如图 2.2(a)所示。

边骨架：如图 2.2(b)所示。

边骨架连接在边骨架上：如图 2.2(c)所示。

这个骨架是通过将边 $\overline{pq'}$ 连接到边 $\overline{pp'}$ 来构建的。骨架 sk$A$ 通过将另一个骨架连接到 sk$A$ 来生长。

填充三角形骨架：连接在边骨架上，如图 2.2(d)所示。

填充三角形骨架：连接在边骨架上，如图 2.2(e)所示。

在这个骨架中，三角形$\triangle(pp'p'')$连接在边 $\overline{p'q'}$ 上以形成另一个骨架。

连接在细丝上的填充三角形骨架：如图 2.2(f)所示。

在此骨架中，三角形$\triangle(pp'p'')$连接在边路径中的细丝 $\overline{p'q'}$ 上。

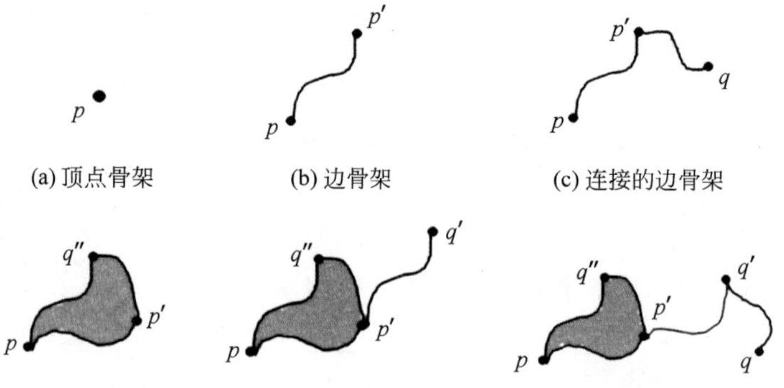

(a) 顶点骨架 (b) 边骨架 (c) 连接的边骨架

(d) 三角形骨架 (e) 三角形-边骨架 (f) 三角形-细丝-边骨架

图 2.2 复杂 CW 骨架样本 ■

设 sk$A$、sk$B$、sk$E$ 为三个骨架。细丝可用于探测连接到边骨架的分离骨架之间的连通路径，例如，sk$A$ 中的任何顶点都通过 sk$E$ 中的细丝序列路径连通到 sk$B$，例如图 2.3(a)中连接在边上的一对实心三角形。**三角形聚类**是一族连接在边上的实心三角形，形成一个路径连通的骨架，因为集族中的任何三角形对都是路径连通的。这样的聚类可能是也可能不是神经复合形。

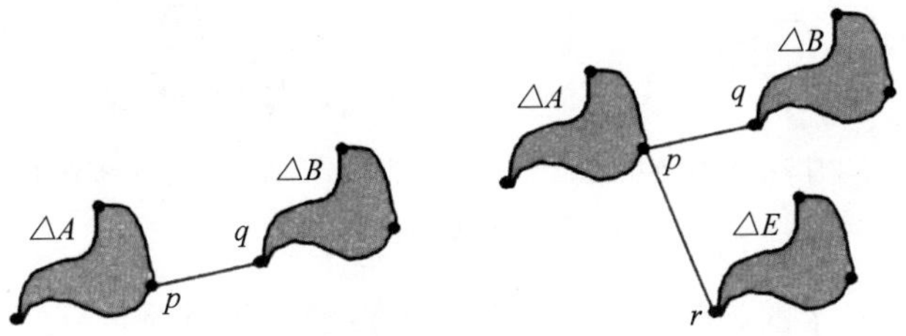

(a) 边连通三角形骨架　(b) 边骨架

图 2.3　复杂 CW 三角形聚类骨架样本

例 2.4

三角形聚类样例如图 2.3 所示。三角形$\triangle A$和$\triangle B$中的顶点是路径连通的，并且共有边为$\overline{pq}$。通过边相互连通的两个三角形的组合构成一个骨架。这个骨架中的每一对顶点都是路径连通的。如果有一个顶点在$\triangle A$中而另一个顶点在$\triangle B$中，顶点对之间通过边$\overline{pq}$存在路径。

图 2.3(b)中的三个三角形属于一个三角形聚类，这源于边$\overline{pq}$和$\overline{pr}$提供的三角形之间的连通。■

2.6 骨架神经

本节通过考虑作为神经复合形的三角形聚类来推进对 CW 复杂骨架的初步观察。设$\text{sk}(A_i), 1<i\leqslant n$是一个骨架。CW 复合形中的骨架集族定义了**骨架神经** A（由 skNrv$A$ 表示），前提是

$$\text{skNrv}A=\overbrace{\left\{\text{sk}(A_i):\bigcap_{1<i\leqslant n}\text{sk}(A_i)\neq\varnothing\right\}}^{\text{骨架神经}}$$

例 2.5

图 2.4 显示了一族不同形式的骨架神经，它们都有一个共同的顶点。

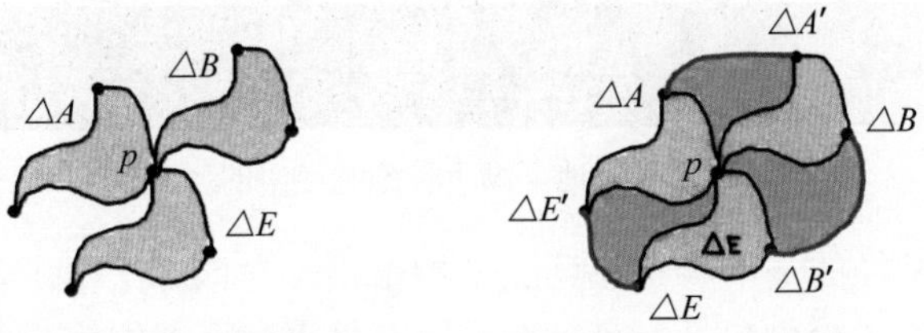

(a) 骨架神经中3个顶点连接的三角形　(b) 骨架神经中6个顶点连接的三角形

图 2.4　复杂 CW 骨架神经

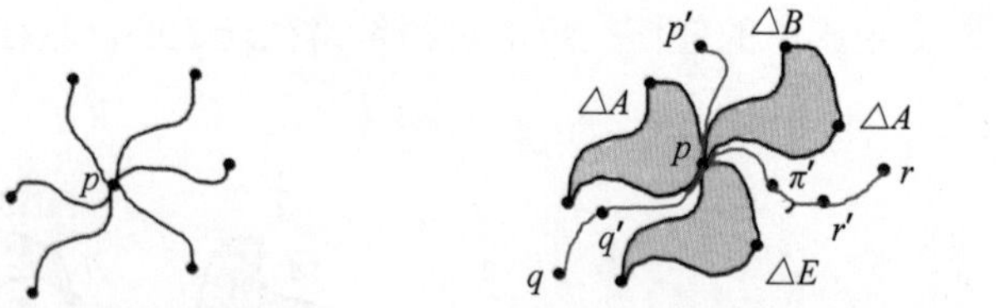

(c) 骨架神经中连接的细丝　　(d) 骨架神经中连接的细丝和三角形

图 2.4　复杂 CW 骨架神经（续）

例如，连接在顶点上的三角形集族如图 2.4(a)和图 2.4(b)所示。这种类型的骨架神经的许多例子出现在 1.23 节。细丝状骨架神经如图 2.4(c)所示。在这种情况下，6 个细丝的集族具有非空交集，因为细丝具有公共顶点。例如，在图 2.4(c)中，显示了顶点是种子点的细丝。这些细丝具有定义骨架神经的非空交叉点，因为这些细丝具有共同的种子点顶点 p。图 2.4(d)中的骨架神经结合了细丝骨架和三角形骨架（3 个填充三角形连接到一个公共顶点）。这种混合形式的骨架神经的核是顶点 p。 ■

例 2.6

这个例子介绍了一种基于细丝的骨架神经的应用，如图 2.4(c)所示。基本方法是突出显示三角化视觉场景中特定顶点与其他顶点之间的关系。为此，请在三角化的视觉场景中选择一个感兴趣的顶点。然后将感兴趣的细丝连接到选定的顶点。例如，在图 2.5 所示的火星表面的德劳内三角剖分中，显示了顶点为质心的细丝。这些细丝有一个共同的顶点 p，定义了一条骨架神经。在这个样本神经中，细丝从核 p 向外辐射。在两种情况下，细丝到达火星表面有地下湖证据的那部分（图像中的白色区域）。湖细丝骨架都以绿色 p•——•q 细丝结尾，终止于德劳内神经的核。

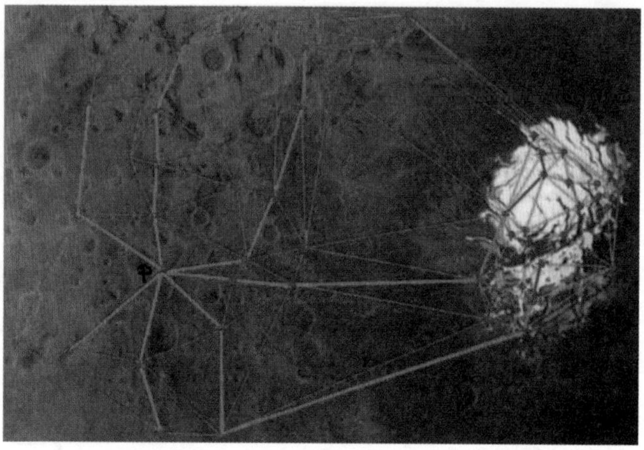

图 2.5　火星地下湖上骨架神经中的质心细丝 ■

构建细丝骨架神经的基本步骤在算法 7 中给出。在该算法中，各种形式的三角剖分都是可能的。例如，为了简单起见，可以在有限有界平面区域的德劳内三角剖分上构建细丝骨架神经。这就是例 2.6 中所做的。

算法 7：细丝骨架神经构建

Input : Set of planar seed points S
Input : Triangulated finite, bounded, rectangular planar region $K(S)$
Output: Constructed filament skeletal nerve skNrv$A(S)$

Vertex Selection Step: *Select vertex* $p \in K(S)$;
Filament Skeleton Selection Step: *Select an interesting filament-based skeleton skA* $\in K(S)$ *with end vertex p.*;
Filament Skeleton Attachment: *Attach filament-based skA to p.*;
Repeat **Filament Skeleton Selection Step** *until there are no other filament skeletons of interest in* $K(S)$*.*;
/* Filament Skeletal Nerve: */ ;
$skNrvA(S) = \left\{skA \in K(S) : \bigcap skA = p\right\}$. ;
/* Each of the selected filament-based skeletons of interest is attached to vertex p to obtain a skeletal nerve.*/ ;

习题 2.7

选择显示视觉场景的图像，例如图 2.6 中的火星表面。使用一组图像质心的德劳内三角剖分实现算法 7 中的步骤。对于算法 7 中的**顶点选择步骤**，使用三角剖分中最大核聚类 Nrv$A$ 的核 p。对于算法 7 中的**细丝骨架选择步骤**，通过绘制一系列连接的线段来定义细丝骨架 sk$E$，这些线段从核 p 开始，到 Nrv$A$ 中最接近核 p 的神经聚类的核 q 结束。

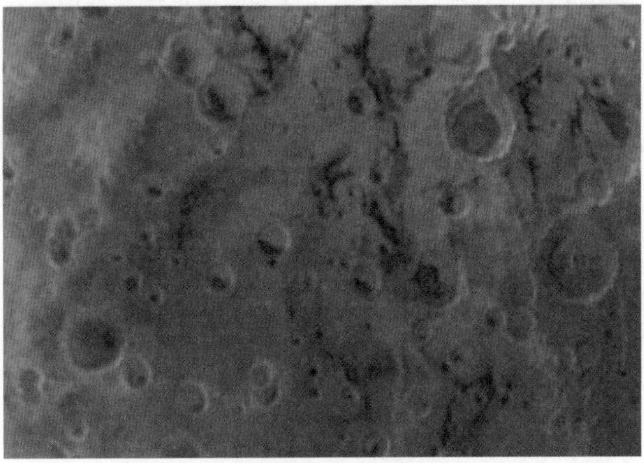

图 2.6　火星表面（由美国宇航局提供）■

习题 2.8

对视频中的每个帧重复习题 2.7 中的步骤。突出显示每个帧中最大细丝骨架中的细丝。■

习题 2.9

选择显示视觉场景的图像，例如图 2.6 中的火星表面。使用一组图像质心的德劳内三角剖分实现算法 7 中的步骤。对于算法 7 中的**顶点选择步骤**，使用三角剖分中最大核聚类的核 p。对于算法 7 中的**细丝骨架选择步骤**，通过绘制一系列连通的线段来定义细丝骨架 sk$E$，该线段从核 p 开始并在神经聚类的核 q 处结束，该聚类的中心 q 离核 p 最远。■

习题 2.10

对视频中的每个帧重复问题 2.9 中的步骤。突出显示每个帧中连接到神经核的细丝

骨架。 ■

习题 2.11 （视觉场景中神经核的波长）

选择显示视觉场景的图像，例如图 2.6 中的火星表面。使用一组图像质心的德劳内三角剖分实现算法 7 中的步骤。对于算法 7 中的**顶点选择步骤**，使用三角剖分中最大核聚类的核 p。令λ_p为核 p 的色调波长。选择阈值 th > 0。对于**细丝骨架选择步骤**，通过绘制一系列线段来定义细丝骨架 sk$E$，该线段从核 p 开始，到神经聚类的核 q 结束，该聚类的中心为 q，波长λ_p满足以下条件：

$$\overbrace{\left|\lambda_p - \lambda_q\right| > \text{th}}^{\text{细丝结束条件}}$$

对于细丝骨架 sk$E$ 中的每一对中间顶点，选择一条包含彼此最接近顶点的边。这有时会导致细丝骨架重叠。给出两个不同图像中的细丝骨架的示例。 ■

习题 2.12

对视频中的每个帧重复习题 2.11 中的步骤。突出显示每个帧中连通到神经核的细丝骨架。 ■

习题 2.13 （社交网络中神经核的中心性）

选择一组作为社交网络中感兴趣节点的种子点。使用一组感兴趣的节点的德劳内三角剖分来实现算法 7 中的步骤。对于算法 7 中的**顶点选择步骤**，使用三角剖分中最大核聚类的核 p。令λ_p为核 p 的中心度。**社交网络节点的中心度**是基于节点具有的链接数的重要性得分。选择一个阈值 th > 0。对于**细丝骨架选择步骤**，通过绘制一系列线段来定义细丝骨架 sk$E$，该线段从核 p 开始，结束于具有中心 q 的神经聚类的核 q，中心度λ_p满足以下条件：

$$\overbrace{\left|\lambda_p - \lambda_q\right| > \text{th}}^{\text{网络细丝结束条件}}$$

对于细丝骨架 sk$E$ 中的每一对中间顶点，选择一条包含彼此最接近顶点的边。这有时会导致细丝骨架重叠。给出两个不同社交网络中的细丝骨架的例子。 ■

习题 2.14

选择一组种子点，这些种子点是代表星系中星质心的节点。使用一组图像质心的德劳内三角剖分实现算法 7 中的步骤。对于算法 7 中的**顶点选择步骤**，使用三角剖分中最大核聚类的核 p。令λ_p是从核 p 发出的光的波长。选择阈值 th > 0。对于**细丝骨架选择步骤**，通过绘制一系列线段来定义细丝骨架 skE，该线段从核 p 开始，结束于中心为 q 的神经聚类的核 q，光的波长λ_p从满足以下条件的核 q 发出：

$$\overbrace{\left|\lambda_p - \lambda_q\right| > \text{th}}^{\text{星系细丝结束条件}}$$

对于细丝骨架 sk$E$ 中的每一对中间顶点，选择一条包含彼此最接近顶点的边。这有时会导致细丝骨架重叠。给出两个不同星系中细丝骨架的例子。 ■

将细丝骨架和填充三角形的组合连接到单个顶点会产生多功能形式的骨架神经。这种形式的骨架神经的模型如图 2.4(d)所示。在三角化视觉场景中寻找这种形式的骨架神经的一个明显位置是那些三角形和从德劳内神经核向外辐射的细丝骨架的结合体。

例 2.15 （视觉场景的德劳内三角剖分上的混合骨架神经）

图 2.7 显示了德劳内三角剖分上混合形式的骨架神经的示例。设 S 是一组种子点，它们是所示火星表面上的质心。每个质心由+表示。在这个德劳内骨架神经中，首先选择感兴趣的种子点 p。选定的种子点将是德劳内神经的核，因为三角剖分中的每个种子点都是实心三角形集族的顶点。将一个或多个填充三角形和一个或多个细丝骨架连接到选定的种子点上。这些选定的、连接到 $p\in S$ 的三角形构成一个三角形骨架 sk$A$。类似地，那些连接在 q 上的细丝骨架构成另一个细丝骨架 sk$B$。sk$B$ 中的每个细丝骨架都以边 $\overline{pq}$ 开始，其中一个顶点为 p，而另一个顶点是 p 对面的边的中点 q。在图 2.7 中的每一个细丝骨架里，一个或多个额外的感兴趣的边被连接到 $\overline{pq}$ 上。对短语“感兴趣”的解释取决于应用。因此，有

$$\mathrm{sk}A\cap\mathrm{sk}B = p$$

这表明 sk$A\cup$ sk$B$ 是骨架神经。

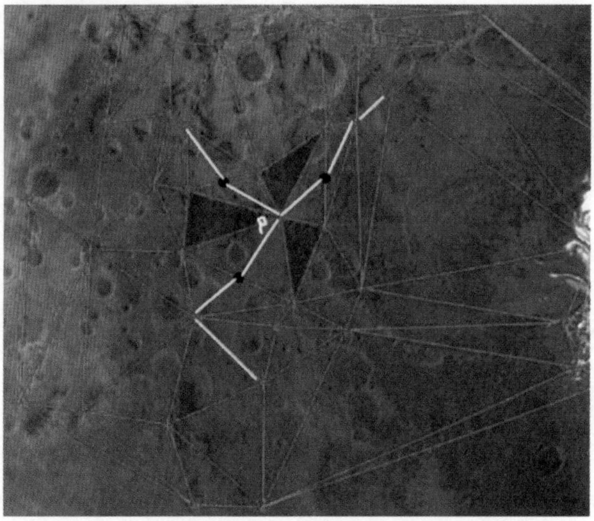

图 2.7　火星表面的混合细丝-三角形骨架神经　■

2.7　光子能量和骨架神经能量

在本节中，我们从量子力学的角度考虑光子能量，并从相对论的角度简要提及骨架神经能量。

在时空中，骨架神经代表随着时间发光的碰撞质量的相互作用。这种骨架神经中的每个骨架都是从视觉场景表面反射的光子的总质量 m_t 和时间 t 的函数 sk(m, t)。也就是说，每个骨架与在特定时间产生骨架顶点的光子的组合质量之间存在对应关系。首先，考虑光子的结构和长度。

光子质量

Ryutov [7]在 2007 年给出的**光子质量**（用 m_{ph} 表示）的值（以 g 为单位）是

$$m_{\mathrm{ph}} \approx 1.5\times10^{-41}\,\mathrm{g}$$

设 $\mathrm{ph}_1, \mathrm{ph}_2, \cdots, \mathrm{ph}_i, \cdots, \mathrm{ph}_k$ 是 k 个光子。在时间 t 从视觉场景表面反射的 k 个光子的总

质量 m_t 是

$$m_t := \overbrace{\sum_{i=1}^{k} m_{\text{ph}_i}}^{\text{在时间}t\text{观察到的反射光子的总质量}}$$

Agarwal [8]在 2015 年给出了光子具有非零质量的实验证明。

光子质量与电子质量的比较

Ryutov [7，B429]观察到光子质量 m_{ph} 的上限比电子质量小 22 个数量级。在这种情况下，22 个数量级等于 10^{22}。令 m 为电子的质量，则 $m_{\text{ph}}<m/10^{22}$。

Agarwal [8，p.628]观察到偏振激光的光子在反射时的偏差是由于光子质量在反射接触点处产生的力。只有当光子有质量时才能产生力。零质量的光子不能在反射接触点产生任何力，也不会偏离。旋转光子的质量产生在反射接触点转动的力，导致光子偏离并改变光子方向。

系统的能量以焦耳或 $\text{kg}\bullet\text{m}^2/\text{s}^2$ 为单位测量。普朗克引入了一个常数 h 来简化系统能量的表示，即

$$h = \overbrace{6.6\times10^{-34}\text{kg}\bullet\frac{\text{m}^2}{\text{s}^2}}^{\text{普朗克常数}}$$

后世物理学家改进了普朗克常数，使用

$$\hbar=\frac{h}{2\pi}=\overbrace{1.054571726\cdots\times10^{-34}\text{kg}\bullet\frac{\text{m}^2}{\text{s}^2}}^{\text{改进的普朗克常数}}$$

有关这方面的更多信息，请参阅 Susskind 和 Friedman [9，4.6 节，pp.102-104]。

令λ、$\hbar$ 和 c 分别为以纳米（缩写为 nm，即百万分之一米）为单位测量的光子波长（可见光中的光子波长在 620～750nm（红色）、495～570nm（绿色）和 380～400nm（蓝色）的区间内，绿色在可见光谱的中间）、普朗克常数和真空中的光速（299 792 458m/s 或 299 792km/s，或 186,282mile/s），设 $E(\lambda)$是单个光子的能量[9，10.8 节，p.344]，定义为

$$E(\lambda) = \overbrace{\frac{2\pi\hbar c}{\lambda}}^{\text{单个光子的能量}}$$

2.8 骨架神经的能量

在视频帧图像序列中骨架神经的一系列快照中，观察到的神经能量可以根据其相对论质量和粒子速度推导出来。**相对论质量**取决于观察者的参考系，根据相对于观察者对一系列三角化视频帧图像的神经演化质量的看法，这些视频帧图像提供来自视觉场景表面的反射光（光子流）的短暂历史。神经的**粒子速度**是根据神经顶点（其粒子）的位移以及在视频帧图像序列中神经最初出现和该神经下次出现之间经过的时间来定义的。在本章的后续章中，我们在计算单个神经或神经系统的能量时考虑了神经顶点的粒子速度和神经的相对

论质量（详见 8.12 节）。

骨架神经 $E(\mathrm{skNrv}A)$的能量类似于 Susskind 和 Friedman [9，10.8 节，p.344]中的波的能量。更多相关信息，请参见附录 A.8 节。

2.9　骨架神经的接近性

为什么我们单独考虑细丝骨架和骨架神经呢？细丝骨架比三角形骨架具有更大的范围。在有限有界表面区域 K 的三角剖分中，以顶点 p 开始并以顶点 q 结束的细丝骨架 sk$A$ 可以穿越 K。在骨架神经 skNrv$A$ 中，从顶点 p（图 2.7 中骨架神经的核）开始的细丝骨架可以跨越三角化曲面 K 上的顶点，因此可以选择种子点和非种子点作为 skNrv$A$ 上细丝骨架 sk$A$ 的末端顶点。相比之下，骨架神经 skNrv$A$ 中具有相同顶点 p 的三角形在三角形覆盖的三角化表面部分方面受到限制。

对于混合骨架神经（例如图 2.7 中的那个），我们在细丝骨架上引入了一个接近度函数，它提供了一种比较不同三角化图像上的骨架神经的方法。令 V 为三角化图像上的一组顶点，并令 th > 0 为阈值。如果设 λ_p 和 λ_q 分别是骨架神经 skNrv$A$ 上的细丝骨架中起始顶点 p 和结束顶点 q 的色调波长，那么波长接近度函数 $f: V\times V\to \mathbb{R}$ 可定义为

$$\overbrace{f(p,q)=|\lambda_p-\lambda_q|}^{\text{波长接近度函数}}$$

此外，令 skNrv$B$ 是三角化表面 B 上的混合骨架神经，令 skNrv$B$ 包含具有末端顶点 p 和 q 的细丝骨架。那么，骨架神经 skNrv$A$ 被认为与骨神经 skNrv$B$ 就其细丝骨架而言相似，前提是

$$\overbrace{|f(p,q)-f(p',q')|<\mathrm{th}}^{\text{细丝相似度条件}}$$

为了加强混合骨架神经的这种比较，还可以基于神经中三角形的最大面积引入第二个接近度函数。

令$\blacktriangle_a E$ 和$\blacktriangle_a E'$分别为骨架神经 skNrv$A$ 和 skNrv$B$ 中实心三角形的面积，并让$\blacktriangle K$ 是骨架神经 skNrv$A$ 中的三角形集合。然后考虑**最大三角形面积（MTA）接近度函数** g：$\blacktriangle K\to$ R，定义为

$$\overbrace{g(\blacktriangle K)=\max\{\blacktriangle_a E\}}^{\text{最大三角形面积接近度函数}}$$

并令$\blacktriangle K'$是骨架神经 skNrv$B$ 中的三角形集合。那么骨架神经 skNrv$A$ 被认为与骨架神经 skNrv$B$ 在三角形骨架方面相似，前提是

$$\overbrace{|g(\blacktriangle K)-g(\blacktriangle K')|<\mathrm{th}}^{\text{三角形骨架相似度条件}}$$

将这两个相似性度量放在一起，我们得出：一对骨架神经相似度的度量[1]可定义为

1　非常感谢 M. Z. Ahmad 提出这种骨架神经相似性度量的公式。

$$\overbrace{\alpha|f(p,q)-f(p',q')|+\beta|g(\blacktriangle K)-g(\blacktriangle K')|}^{\text{骨架神经相似度度量}}<2\times \text{th},\quad 0\leqslant\alpha,\beta\leqslant 1$$

习题 2.16 ☕

使用 MATLAB 或类似的工具，对显示不断变化的视觉场景的视频中的帧 X 进行三角化，如图 2.8 中的那样。使用一组图像质心的德劳内三角剖分，在算法 7 中的 X 上实现波长和三角形面积相似度函数 $f(p, q)$、$g(\blacktriangle K)$。对于算法 7 中的**顶点选择步骤**，使用三角剖分中最大核聚类的核 p。对于算法 7 中的**细丝骨架选择步骤**，通过绘制一系列连通的线段来定义细丝骨架 sk$E$，该线段从核 p 开始并在神经聚类的核 q 处结束，该聚类的中心 q 离核 p 最远。

图 2.8　三角化视频帧图像中的牵牛花 ■

2.10　骨架涡旋的诞生

本节继承了出现在 1.13 节中的涡旋循环的概念。在 CW 复合形中的骨架神经背景下引入骨架涡旋。通常，**涡旋**是嵌套的、非同心的 1-循环（也称为**细丝骨架**）的集族。在这项工作中，**涡旋细丝**是一个定向边缘，即一个边缘要么是单向朝向的，要么是双向朝向的。在骨架涡旋中沿特定朝向的细丝类似于物理涡旋细丝，粒子沿特定方向移动。这种结构在动力学系统、粒子物理学、量子涡旋细丝（Abhinava 和 Guhaby [10，3.2 节，p.12ff]中带有阻力的涡旋细丝运动）和流体力学（旋转流体中沿边缘的速度，例如水从具有 Coriolis 效应的排水管中倾泻而下，即沿着符合地球自转的方向旋转，由 G.-G.Coriolis 在 1835 年描述）。有关涡旋细丝的示例，请参阅 Cottet 和 Koumoutsakos [6，3.2.3 节，p.68ff]。与不相交涡旋的常见形式不同，骨架涡旋中的细丝骨架具有共同的顶点。总之，三角化表面上的**骨架涡旋**是一族定向的细丝骨架，具有至少一个公共顶点或至少一个公共边。

例 2.17 （骨架涡旋中的细丝骨架）

图 2.9 显示了骨架涡旋 skVA 和 skVB 的两个示例。在 skVA 中，一对细丝骨架 skA_1、skA_2 有一个共同的顶点 p。细丝骨架 skA_1 模拟粒子在顺时针方向上的运动。相比之下，细丝骨架 skA_2 模拟了粒子的双向运动。相比之下，skVB 中的三个细丝骨架分别模拟了粒子

顺时针方向的运动。与骨架涡旋的结构一致，skVB 中的细丝骨架具有共同的顶点 p'，即

$$\overbrace{\bigcap_{\mathrm{sk}B\in \mathrm{skV}} \mathrm{sk}B = p'}^{\mathbf{skV}\boldsymbol{B}\text{中细丝骨架的交集}}$$

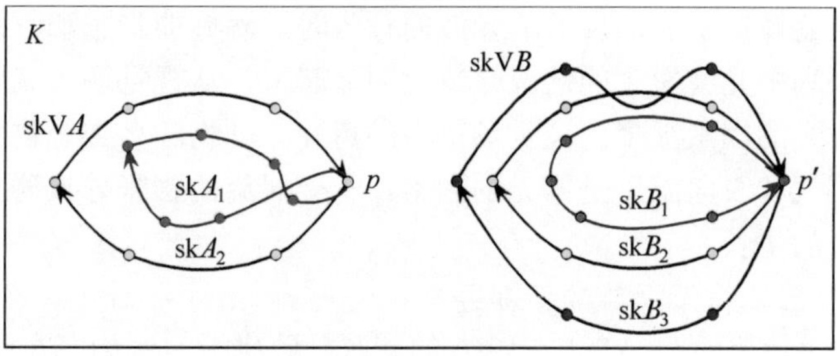

图 2.9　两个不同的骨架涡旋 ■

这种细丝骨架可以在任何三角形有界表面中找到。

这个特殊的骨架涡旋是骨架神经的一个例子（来自引理 2.18）。

图 2.4 中的每个骨架神经都代表了一个骨架涡旋的诞生。考虑到物理涡旋中骨架发生变化的可能性，各个骨架涡旋的第一次出现都标志着时空涡旋的诞生。通过在三角化视频帧图像中的一系列快照中跟踪每个涡旋，可以见证骨架涡旋的演变。

骨架涡旋 A（由 skVA 表示）是具有公共顶点 p 的细丝骨架的集族，定义为

$$\mathrm{skV}A = \bigcup_{\mathrm{sk}A\in\mathrm{skV}A} \mathrm{sk}A : \bigcap \mathrm{sk}A = p \quad \text{（骨架涡旋）}$$

引理 2.18

一个骨架涡旋是一个骨架神经。

证明：设 skVA 为一个骨架涡旋。根据定义，skVA 中的细丝涡旋具有非空交点。这给出了所需要的结果。 ■

回想一下，德劳内神经是具有共同顶点的填充三角形的集族。骨架涡旋 skVA 与普通的德劳内神经 Nrv$A$ 不同，因为 skVA 仅限于具有共同顶点 p 的细丝骨架。

骨架涡旋是通过重复应用算法 8 来构建以获得一组细丝骨架的，这些细丝骨架对于有限有界表面区域上的一族种子点具有共同的顶点。

算法 8：细丝骨架构建

Input : Set of planar seed points S
Input : CW complex $K(S)$ on a finite, bounded, rectangular planar region
Output: Constructed filament skeleton sk$A$ on $K(S)$

Select vertex $p \in K(S)$;
Select an edge $\widehat{pq} \in K(S)$ *with end vertex* q.;
/* Initial filament skeleton:*/ ;
$skA := \widehat{pq}$;
Vertex Selection Step: *Select new vertex* $q' \in K(S)$;
/* Attach filament $\widehat{qq'}$ to skeleton sk$A$:*/ ;
$skA := skA \cup \widehat{qq'}$;
Repeat **Vertex Selection Step** *until there are no other vertices of interest in* $K(S)$ *relative to skeleton skA.*;
/* Each of new filament of interest is attached to sk$A$ to obtain a filament skeleton.*/ ;

2.11 碰撞骨架涡旋

在使用骨架涡旋模拟从表面反射的光波的行为时，涡旋的膨胀和收缩是常见的。这在比较视频帧图像序列中光波发生的情况时变得明显起来。从视觉场景表面反射的光总在发生变化。影响反射光的因素很多。视觉场景中的树叶、动物和鸟类等物体的运动、大气扰动、空气中的水蒸气和表面温度是常见的因素。骨架涡旋的膨胀导致碰撞。碰撞的骨架涡旋会导致骨架神经的生长。

例 2.19 （来自碰撞骨架涡旋的新神经）

图 2.9 中的一对骨架涡旋 skVA、skVB 的膨胀导致碰撞。例如，在图 2.10 中，这对涡旋中的细丝骨架在顶点 p 处相互碰撞。根据引理 2.18，skVA、skVB 本身就是骨架神经。我们有

$$\begin{aligned}
\text{sk}A_1 \cap \text{sk}A_2 &= p \quad \text{（神经skNrv}A\text{的核）}\\
\bigcap_{\text{sk}B\in\text{skV}B} \text{sk}B &= p' \quad \text{（神经skNrv}B\text{的核）}\\
\text{skNrv}A \cap \text{skNrv}B &= p \quad \text{（新神经skNrv}E\text{的核）}\\
\text{skNrv}E &= \text{skNrv}A \cup \text{skNrv}B \quad \text{（新神经skNrv}E\text{的结构）}
\end{aligned}$$

骨架涡旋 skVA 和 skVB 碰撞的结果是一种新神经的出现，即具有核 p 的骨架神经 skNrv$E$。

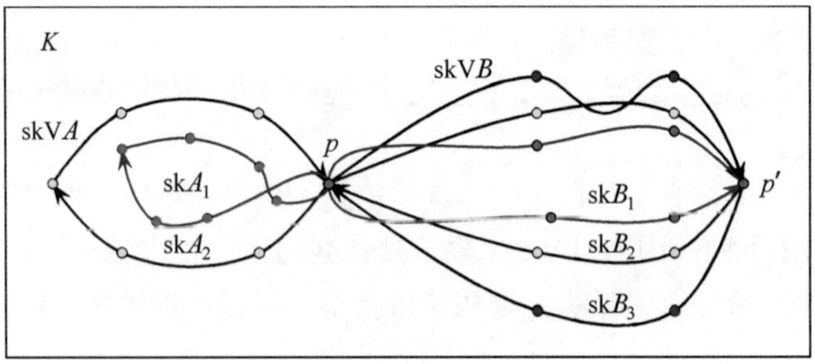

图 2.10 一对碰撞的骨架涡旋 ■

由于骨架涡旋的碰撞，我们可以预期骨架神经的寿命会很短。在下面的细丝骨架继续扩张的情况下，新的骨架神经（如例 2.11 中的骨架神经）将具有较短的寿命。换句话说，由碰撞的细丝骨架产生的骨架神经只存在很短的时间。在反映视觉场景变化的一系列视频帧图像中，可以很容易地观察到这种现象。

2.12 部分为骨架神经的碰撞骨架涡旋

为了与对不断变化的细丝骨架进行建模的骨架涡旋的兴趣保持一致，通常情况下，一对碰撞涡旋中的细丝不会相交。有时，这为成对的子涡旋中的细丝碰撞相交打开了大门。

例 2.20

总地来说，图 2.11 中的一对涡旋骨架 skVA 和 skVB 不构成单个复合骨架神经，因为细丝骨架 skB_3 与 skA_1 相交但不与 skA_2 相交。另一方面，我们获得一个新的骨架神经，只要我们考虑细丝骨架 skB_1、skB_2 与 skVA 的交集，即

$$\overbrace{\text{skV}A \cap \{\text{sk}B_1, \text{sk}B_2\} = p}^{\text{新骨架神经的核}}$$

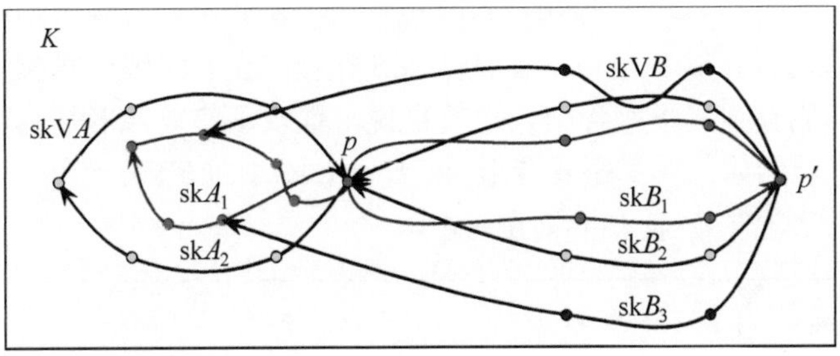

图 2.11　碰撞骨架涡旋　■

例 2.21

图 2.12 显示了一只猫在玩棋子（来自中国桌面游戏“麻将”（Mahjong）[1]）的视频的示例帧。图 2.12 中的一对涡旋骨架 skVA 和 skVB 不构成单个复合骨架神经，因为细丝骨架 skB_3 不与 skA_3 相交。另一方面，如果我们考虑细丝骨架{skB_1, skB_2}与{skA_1, skA_2}的交集，将获得一个新的骨架神经：

$$\overbrace{\{\text{sk}A_1, \text{sk}A_2\} \cap \{\text{sk}B_1, \text{sk}B_2\} = q}^{\text{新骨架神经的核}}$$

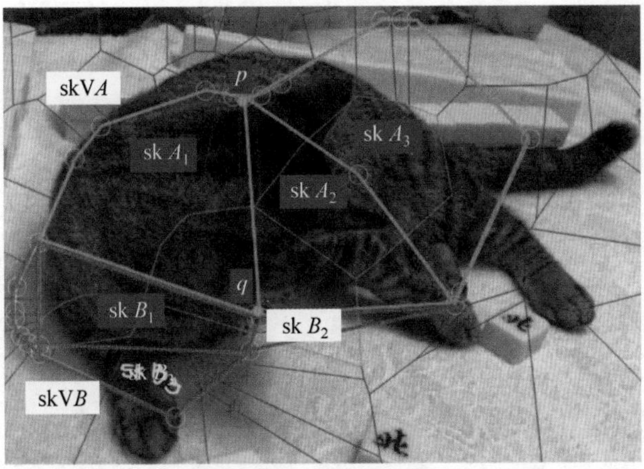

图 2.12　碰撞细丝骨架　■

1　非常感谢 Enze Cui 对这个示例的视频帧图像进行了镶嵌。

2.13 双子座复合形和双子座神经结构

与同一个单元复合形相交的细丝骨架的集族称为双子座复合形。也就是说，**双子座复合形** A（由 skGA 表示）是在有限有界平面上循环的细丝骨架的集族，这些骨架连接在相同的单元复合形上。例如，skGH = {sk$A$，sk$B$}是双子座复合形，前提是细丝骨架 sk$A$ 与单元复合形 E 相交，单元复合形 E 也与细丝骨架 sk$B$ 相交。在一对细丝骨架具有共同的单元复合形的情况下，我们有强双子座骨架。也就是说，**强双子座复合形**是具有共同单元复合形的细丝骨架的集族。例如，双子座复合形 skGH' = {skA'，skB'}是一个强双子座复合形，只要有某些单元复合形 E'使得 skA'∩ skB' = E'。

> **双子座复合形骨架**
>
> 双子座中的骨架类似于双子座中的 Castor 和 Polydeuces，这对孪生兄弟在希腊神话中被称为 Dioscuri（宙斯之子）。然而，只有 Polydeuces 是宙斯的儿子，而 Castor 是斯巴达国王 Tyndareus 的儿子。在双子座复合形 skGA 的背景下，那些连接在形状 sh$M$ 上的同一个单元复合形 E 的骨架的特征告诉我们一些关于基本形状 sh$M$ 的信息，skGA 中的细丝骨架连接在 E 上，间接地在这里起作用。也就是说，**间接原则**引导我们通过考虑相关问题（通常更简单）的解决方案来解决原始问题。我们通过考虑 skGA 中相邻骨架的特征来了解形状 sh$M$ 的特征。当 skGA 中的骨架与形状 sh$M$ 重叠时，这变得很有趣。 ■

例 2.22（双子座骨架）

在图 2.13 的人群场景[1]中有几个双子座骨架的实例。设 sk$A$、sk$B$、sk$E$、sk$G$、sk$H$ 为细丝骨架，如图 2.13 所示。我们有

图 2.13 镶嵌图像中的双子座细丝骨架 ■

1 非常感谢 Xinbo Li 提供这张图片。

$$\begin{aligned} \mathrm{sk}G \cap \mathrm{sk}H &\neq \varnothing \quad \mathrm{sk}G\text{和}\mathrm{sk}H\text{有一个共同的边} \\ \mathrm{sk}A \cap \mathrm{sk}B &= \varnothing \quad \text{不相交双子座细丝骨架} \\ \mathrm{sk}A \cap \mathrm{sk}E &\neq \varnothing \quad \mathrm{sk}A\text{和}\mathrm{sk}E\text{有一个共同的边} \\ \mathrm{sk}B \cap \mathrm{sk}E &\neq \varnothing \quad \mathrm{sk}B\text{和}\mathrm{sk}E\text{有一个共同的边} \end{aligned}$$

即 sk$G$、sk$H$ 是强双子座骨架，因为这对细丝骨架有一个共同的边。同样，sk$A$、sk$E$ 和 sk$E$、sk$B$ 都是强细丝骨架。细丝骨架 sk$A$、sk$B$ 是双子座骨架，因为两个骨架都与 sk$E$ 相交。然而，sk$A$、sk$B$ 有非空交点。因此，sk$A$、sk$B$ 不是强双子座骨架。

从接近度和形状分类的角度来看，在三角化或镶嵌表面上检测双子座和强双子座细丝骨架很重要。从两种类型的双子座复合形的特征，我们可以开始刻画被骨架覆盖的表面的形状。

我们可以利用细丝复合形本身就是单元复合形的事实来获得以下结果。

定理 2.23

强双子座复合形是双子座复合形。

证明：强双子座复合形中的细丝骨架与相同的细丝复合形相交。根据定义，细丝骨架是单元复合形。因此，得到期望的结果。■

从例 2.22 可知，虽然图 2.13 中的 sk$A$、sk$B$ 是双子座骨架，但它们没有共同的部分，即 sk$A$、sk$B$ 不是强双子座复合形中的细丝骨架。因此，定理 2.23 的逆命题不成立。

例 2.24 （**强双子座骨架**）

图 2.12 中有很多强双子座复合形的例子。这里是两个例子：

skA_1、skA_3 有共同的顶点。

skA_1、skB_1 有共同的边。■

习题 2.25

在彩色图像 X 中实际选择一组种子点 S。镶嵌 X 并识别镶嵌图像上的最大核聚类（MNC）。尝试使用 S，直到在同一幅图像中找到多个 MNC。图 2.13 中的人群场景就是一个例子。在找到的 MNC 上绘制细丝骨架。强调以下两点：

（1）强双子座复合形中的一对骨架。

（2）一对双子座骨架，它们不是强双子座细丝骨架。■

习题 2.26

重复习题 2.25 中的步骤，根据彩色图像中选定的一组种子点对彩色图像 X 进行三角剖分。■

习题 2.27

重复习题 2.25 中的步骤，根据视频帧图像中选定的一组种子点对视频中的帧进行镶嵌。■

习题 2.28

重复习题 2.25 中的步骤，根据视频帧图像中选定的一组种子点对视频中的帧进行三角剖分。■

请注意，强双子座复合形再次将我们带到神经复合形的方向。

定理 2.29

强双子座复合形是骨架神经。

证明： 根据定义，强双子座复合形 skGA 是具有共同顶点或边的细丝骨架的集族。因此，skGA 是一个骨架涡旋。因此，根据引理 2.18，skGA 是一个骨架神经。 ■

根据定理 2.29，双子座神经结构是一个强双子座复合形。

2.14 定向细丝骨架

定向细丝骨架是具有特定顺序的顶点的细丝骨架。这种排序可以是单向的，也可以是双向的。例如，在平面定向的细丝骨架中，有亚历山德罗夫所说的特殊旋转感[11，II.13 节，p.13]。

观察 2：坐在骨架神经核上的观察者。

为了直观地了解细丝骨架顶点的排序意味着什么，请考虑具有核 p 的骨架神经 skNrv$A$，观察者坐在 p 上，观察连接在 p 上的细丝骨架周围的运动。为简单起见，假设观察者看到单个细丝骨架 sk$E$，其中包含 p 作为其 5 个顶点之一。sk$E$ 表示如下：

$$\text{sk}H := \{e_1, e_2, e_3, e_4, p\}$$

观察者看到自己朝着（映射到）e_4（由 $p \mapsto e_4$ 表示）移动，开始以下运动：

$$\begin{aligned} p &\mapsto e_4 \\ e_4 &\mapsto e_3 \\ e_3 &\mapsto e_2 \\ e_2 &\mapsto e_2 \\ e_1 &\mapsto p \end{aligned}$$

换句话说，p 处的观察者（或者，$0p = 5p \bmod 5$）见证了自己围绕骨架 sk$A$ 的循环旋转，这将观察者带回到了他开始时的地方。观察者的这种循环旋转如图 2.14 所示。令 x 为正整数，令 $x \bmod 5$ 为 x 除以 5 后的余数。我们将核 p 处的观察者所见证的内容表示为顶点系数的模 5 求和。事实上，观察者认为自己是 $0 \bmod 5p = 0p = 0$，它是循环 mod 5 中顶点系数的总和，即

$$\begin{aligned} 0p &= 1 \bullet e_4 := 1 \\ &= 1 + 1 \bullet e_3 := 1 + 1 \\ &= 1 + 1 + 1 \bullet e_2 := 1 + 1 + 1 \\ &= 1 + 1 + 1 + 1 \bullet e_1 := 1 + 1 + 1 + 1 \\ &= (1 + 1 + 1 + 1 + 1)p := (5) \bmod 5 + 0p := 0 + 0p \\ &= 0p \end{aligned}$$

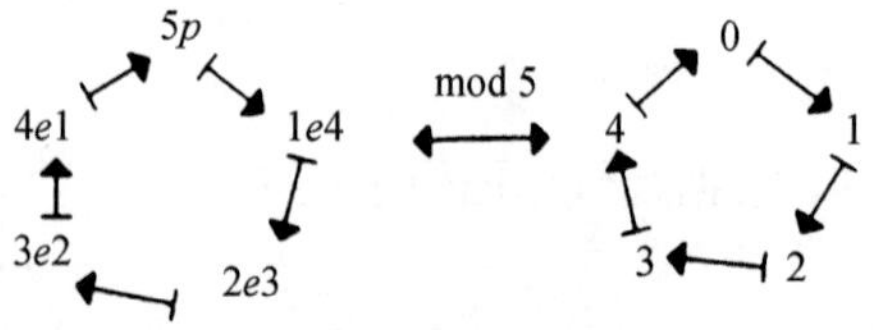

图 2.14 观察者 mod 5 的循环旋转

换句话说，核 p 处的观察者将自己视为循环行为的一部分，并且循环的所有成员（顶

点）都与自身路径相连。事实上，骨架神经（如 skVA）中细丝骨架的旋转运动定义了神经核。在后续中，我们会发现 p 是循环群的生成元。有关这方面的更多信息，请参阅 3.6 节和 3.17 节。■

例 2.30

一对具有共同顶点 p 的定向骨架涡旋细丝骨架 skA_2 和 skB_1 如图 2.15 所示。我们有

$$\text{sk}A_2 := \{a_0, a_1, a_2, p, a_4, a_5, p\}$$
$$\text{sk}B_1 := \{p, b_1, b_2, b_3, p', b_4\}$$

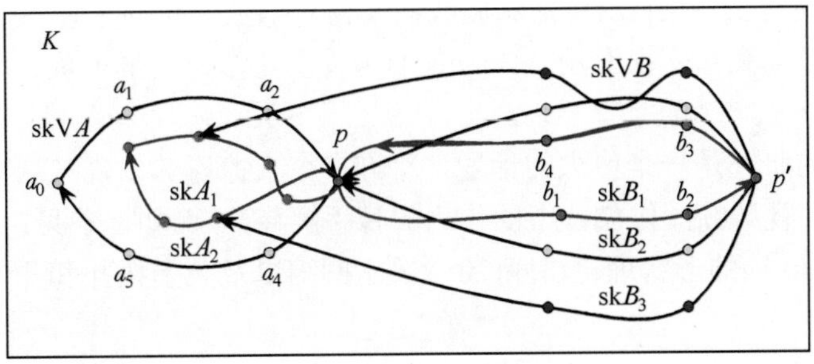

图 2.15　定向细丝骨架 ■

这项关于骨架神经循环行为研究的主要兴趣是光波在定向细丝骨架的顶点序列中的传播，这些骨架定义了三角化视频帧图像中形状的神经结构。在不断变化的视觉场景中，来自物体表面的光反射集合在每个视频帧图像中记录的形状的内部。视觉场景中表面穿孔密度最高的部分是通过孔质心的集合里而找到的，其中之一将是在三角化表面中很容易检测到的最大核聚类（MNC）中的核。

光波传播

视频通常会提供光波在视觉场景中从表面形状反弹的传播记录，这是需要注意的重要事情。每个视觉场景都是表面的集族，我们通过从表面反射的光子流的视频来记录和了解这些表面。**视频**是改变形状表面的记录。从沿平面图分布的有限数量的柔性弦（读作光波）集族的角度，有关波传播、观察和控制的更多信息，可参阅 Dager 和 Zuazua [12]。要计算定向细丝骨架的能量，可参阅 Gupta 和 Srivastav [13]。

2.15　资料来源、参考文献和其他阅读材料

本节指向对单元复合形研究有用的来源。

CW 复合形：有许多关于 CW 复合形的研究。例如，参见：

基本介绍：Jänich [14，VII.3 节，p.95ff]。

高级介绍：Hatcher [15，p.529ff]。

单元复合形：有许多关于单元复合形的很好的介绍。例如，参见：Jänich [14，VII.2 节，p.92ff]。

定向复合形：亚历山德罗夫[11，II.13 节，从 p.12 开始]给出了单元复合形研究中的基

本结构（尤其是几何形状）的非常易读的介绍，包括定向复合形。亚历山德罗夫挑选出了流形拓扑中的基本构建块，即**定向骨架**（我们的术语）、代数复合形和代数复合形的边界[11，13 节，p.12]。**流形**是局部欧氏的拓扑空间。有关流形的简要概述，参阅 Rowland [16]。有关流形的详细信息，参阅 Peters [17，8.1 节，p.237ff]。亚历山德罗夫首先引起了人们对神经复合形的关注，这些神经复合形是具有非空交集的有限集合系统[11，33 节，p.39]。

光子：有许多关于光子的不同但有用的研究。例如，参见：Susskind 和 Friedman [9，8.2 节，p.260 和 10.8 节，p.345]关于光子的波长和能量。Ryutov [7]关于光子的质量。

涡旋：泰勒的博士论文[18]包括涡旋线的几何和缩放，这对于研究骨架涡旋和涡旋神经中细丝骨架的方向和相交很有用。Dennis [19]关于光作为矢量干扰、普朗克光谱和光场偏振的光子解释。

形状：形状的研究是一个巨大的话题，有许多令人惊讶的山峰（从艺术到回缩理论）和山谷（对光子在视频帧图像创建中的作用的棘手解释）。例如，参见：

Borsuk 于 1970 年的形状理论讲座[20]，关于回缩以及关于拓扑和几何直觉之间的密切联系。

Borsuk 和 Dydak 于 1980 年关于形状理论的文章[21]，对形状理论中最重要的概念、结果和问题的调查。

Ghrist 关于一个心不在焉的应用拓扑[22]，其中包括拓扑数据分析，导致引入同源条形码（象形文字）、拓扑演化的单个描述符和所谓的持久同源性（随时间推移的形状持久性）。

Ghrist [23]关于使用称为同源条形码的象形文字可视化点云数据的形状。

Peters 和 Ramanna [24]关于形状检测、图像形状几何、形状的空间和描述性近似。

Peters [25]关于近端平面形状以及三角形状和神经复合形之间的对应关系。

Peters[26]关于定义形状条形码，拓扑神经和同源神经复合形的简短历史。

Ahmad 和 Peters [27]关于辐条复合形、最大核聚类（MNC）、形状特征和近似图像对象的形状。

定义形状的表面孔与非孔：物理形状中的孔与非孔之间存在明显的不对称性，我们在大多数视觉场景中都会看到这种情况。这种不对称性类似于以正电荷为特征的重子物质（即包括质子、中子和所有由原子核组成的物体）与以负电荷为特征的重子反物质之间的对比。有关基本物理系统中物质-反物质不对称性的详细介绍，可参见 Sasso [28]。回想一下，**形状**是具有非空内部的有限有界表面区域。这里的悖论是，一个形状从其内部的孔中获得了它的特征和定义。没有孔的**物理表面**反射的光因表面材料和曲率而异。相比之下，带有孔的物理表面会吸收光。具有边界和内部部分未刺穿（无孔）和部分刺穿（布满了孔）的物理表面定义了形状。

参 考 文 献

1. Oudet, X.: Light as flow of photons. Technical Report, Université Paris-Sud (2018). https://www.researchgate.net/profile/Xavier_Oudet
2. Cooke, G., Finney, R.: Homology of cell complexes. Based on lectures by Norman E.

Steenrod.Princeton University Press and University ofTokyo Press, Princeton, NJ,USAandTokyo, Japan(1967). xv+256pp., MR0219059

3. Krantz, S.: A Guide to Topology. The Mathematical Association of America, Washington,DC (2009). ix+107pp., The Dolciani Mathematical Expositions, 40. MAA Guides, 4. ISBN: 978-0-88385-346-7, MR2526439
4. Willard, S.: General Topology. Dover Pub., Inc., Mineola, NY (1970). Xii+369pp. ISBN: 0-486-43479-6 54-02, MR0264581
5. Naimpally, S., Peters, J.: Topology with Applications. Topological Spaces via Near and Far.World Scientific, Singapore (2013). Xv+277pp., Amer. Math. Soc., MR3075111
6. Cottet, G.II., Koumoutsakos, P.: Vortcx Mcthods. Thcory and Practicc. Cambridge University Press, Cambridge, UK (2000). xiv+313pp. ISBN: 0-521-62186-0, MR1755095
7. Ryutov, D.: Using plasma physics to weigh the photon. Plasma Phys. Control. Fusion 49, B429–B438 (2007). https://doi.org/10.1088/0741-3335/49/12B/S40
8. Agarwal, N.: Experimental proof of mass in photon. J. Mod. Phys. 6(5), 627–633 (2015). https://doi.org/10.4236/jmp.2015.65068(Opensource)
9. Susskind, L., Friedman, A.: Quantum Mechanics. The Theoretical Minimum. Penguin Books, UK (2014). xx+364pp. ISBN: 978-0-141-977812
10. Abhinava, K., Guhaby, P.: Inhomogeneous Heisenberg spin chain and quantum vortex filamentas non-holonomically deformed NLS systems. arXiv 1703(02353v3), 1–15 (2017)
11. Alexandroff, P.: Elementary Concepts of Topology.Dover Publications, Inc., NewYork (1965). 63pp., translation of Einfachste Grundbegriffe der Topologie (Springer, Berlin, 1932), translatedby Alan E. Farley , Preface by D. Hilbert, MR0149463
12. Dager, R., Zuazua, E.: Wave propagation, observation and control in 1-D flexible multistructures.Math'ematiques & Applications (Berlin) (Mathematics & Applications), vol. 50.Springer-Verlag, Berlin (2006). x+221pp. ISBN: 978-3-540-27239-9, MR2169126
13. Gupta, S., Srivastav, S.: Matlab program for energy of some graphs. Int. J. Appl. Eng. Res.12(20), 10145–10147 (2017). ISSN 0973-4562
14. Jänich, K.: Topologie (Topology), 8th edn. Springer, Berlin (2005). x+239pp. ISBN: 978-3-540-21393-2, MR2262391 (in German)
15. Hatcher, A.: Algebraic Topology. Cambridge University Press, Cambridge, UK (2002). xii+544pp. ISBN: 0-521-79160-X, MR1867354
16. Rowland, T.: Manifold. Wolfram MathWorld (2018). http://mathworld.wolfram.com/Manifold.html
17. Peters, J.: Computational proximity. Excursions in the topology of digital images. Intell.Syst. Ref. Libr. 102 (2016). Xxviii+433pp. https://doi.org/10.1007/978-3-319-30262-1, MR3727129 and Zbl 1382.68008
18. Taylor, A.: Analysis of quantised vortex tangle. Ph.D. Thesis, University of Bristol, Bristol, England (2017). Supervisor: M. Dennis
19. Dennis, M.: Topological singularities in wave fields. Ph.D. Thesis, University of Bristol,

H.H.Wills Physics Laboratory, Bristol, England (2001). Supervisor: M. Berry, http://www.bris.ac.uk/physics/media/theory-theses/dennis-mr-thesis.pdf

20. Borsuk, K.: Theory of Shape. Monografie Matematyczne (Mathematical Monographs), vol.59. PWN—Polish Scientific Publishers (1975). MR0418088, Based on K. Borsuk, Theory ofshape, Lecture Notes Series, No. 28. Matematisk Institut, Aarhus Universitet, Aarhus (1971),MR0293602
21. Borsuk, K., Dydak, J.: What is the theory of shape? Bull. Austral. Math. Soc. 22(2), 161–198 (1980). MR0598690
22. Ghrist,R.: Elementary Applied Topology. University of Pennsylvania (2014).Vi+269pp. ISBN: 978-1-5028-8085-7116 2 Cell Complexes, Filaments, Vortexes and Shapes …
23. Ghrist, R.: Barcodes: the persistent topology of data. Bull. Amer. Math. Soc. (N.S.) 45(1),61–75 (2008). MR2358377
24. Peters, J., Ramanna, S.: Shape descriptions and classes of shapes.Aproximal physical geometry approach. In: Sta′nczyk, B., Zielosko, U., Jain, L. (eds.) Advances in Feature Selection for Dataand Pattern Recognition, pp. 203–225. Springer (2018). MR3895981
25. Peters, J.: Proximal planar shapes. Correspondence between triangulated shapes and nerve complexes. Bull. Allahabad Math. Soc. 33, 113–137, : MR3793556, Zbl 06937935. Reviewby D, Leseberg (Berlin) (2018)
26. Peters, J.: Proximal planar shape signatures. Homology nerves and descriptive proximity. Adv.Math. Sci. J. 6(2), 71–85 (2017). Zbl 06855051
27. Ahmad, M., Peters, J.: Proximal Cech complexes in approximating digital image object shapes.Theory and application. Theory Appl. Math. Comput. Sci. 7(2), 81–123 (2017). MR3769444
28. Sasso, D.: Inhomogeneous Heisenberg spin chain and quantum vortex filament as nonholonomically deformed NLS systems. viXra 1411(0413v2), 1–18 (2017)

第 3 章　骨架涡旋上的三个形状指纹、测地轨迹和自由阿贝尔群

本章重新审视单元复合形中的细丝骨架、骨架涡旋和骨架神经。这里的重点是基于数字图像计算拓扑（**CTdi**）的群论。数字图像是所谓形状空间的一个例子。空间是任何非空的点集。**形状空间**是一组点 X 的集族，并且 X 子集中的每个特定配置（点的排列）定义了一个形状。**数字图像形状空间**是数字化光学传感器值的集族，可提供色调饱和度值的颜色空间中像素色调角度的记录。在给定的时空中，像素色调角与视觉场景中表面反射光的波长之间存在一对一的关系。正是这种一对一的关系导致对三角化视频帧图像上的骨架复合形有更深入的了解。

3.1　引言：空间的形状

Zomorodian [1，1.2 节，p.3]对空间的形状进行了介绍。CTdi 揭示的许多数字图像形状在很大程度上对随意检查是隐藏的。数字图像的这种隐藏特征促使将图像分解为可识别的几何形状，从而可以测量和比较图像子区域中的形状。例如，可以通过对图像形状空间上的选定点进行三角剖分来完成这种分解。CTdi 提供了一些算法（方法），它们给出了获得有关图像目标形状的特定结果的步骤。本章还介绍了视觉场景中的 Betti-Nye 涡旋循环以及对持久贝蒂数的异想天开的观点。表 3.1 给出了本章中使用的形状复合形、骨架和其他符号的选择。

表 3.1　形状复合形、骨架和其他有用的符号

符号	含义	符号	含义
R^2	欧氏平面	K	单纯复合形
▲	2-单元（实心三角形）	2^K	K 的子集集族
$\overline{pq}$	顶点 p 和 q 之间的弧	cov$A$	A 的覆盖
sh$A$	形状 A	$x \bmod 2$	x 除以 2 后的余数
$\bigcap_{i=1}^{n} A_i$	子集 A_i 的交集	sh$A \subseteq$ cov$A$	形状 A，覆盖 cov$A$ 的子集
$\langle g \rangle$	循环群生成元	sh$A \in 2^K$	形状 sh$A$，2^K 中的子集族
sk$E$	细丝骨架	skV$A \in 2^K$	K 中的骨架涡旋
skNrv$E$	骨架神经	sh ⓈA	物理骨架 A

3.2 在三角化表面形状上发现定向细丝骨架的生成元

本节简要介绍一种在三角化表面上的定向细丝骨架中寻找生成元的方法。回想一下，一个定向细丝骨架是由一族有序的、路径连通的顶点定义的，并且每个**定向细丝骨架** sk$A$ 都有一个独特的顶点 $a\in$ sk$A$，称为**生成元**（由⟨a⟩表示）。例如，定向细丝骨架 sk$A$ 的生成元⟨a⟩是骨架中边之间的最小细丝长度。

> **在哪里寻找生成元**
> 寻找形状骨架涡旋和骨架神经生成元的途径是通过在三角形表面形状上构建定向的双向细丝骨架。细丝骨架是**定向的、双向的**，前提是可以从任何骨架顶点开始并沿着骨架的细丝向前或向后移动。 ■

骨架将从连接到顶点 v_1 的起始顶点 v_0 开始，并且该段的长度为 $\overline{v_0v_1}$，因此骨架 sk$A$ 中的每个其他段的长度都是该初始段长度的倍数，这是一个定义在 sk$A$ 中 k 个路径连通顶点的有序集合上的生成元 a（由$\langle a\rangle$表示），即

$$V=\overbrace{\{v_0,v_1,\ldots,v_i,\ldots,v_{k-1}\}}^{\boldsymbol{k}\text{阶顶点}}$$

$$\langle a\rangle=\overbrace{\|v_1-v_0\|}^{\text{生成元}\langle\boldsymbol{a}\rangle=\text{最小细丝长度}}$$

为简单起见，我们通常在$\langle a\rangle$明确时将其写成 a。然后从每条路径中连通的细丝引入映射，使得每条细丝的长度是生成元$\langle a\rangle$的倍数。让 $m_1,\ldots,m_i,\ldots,m_{k-1}$ 是生成元 a 的倍数。这意味着，如沿着特定的细丝向前移动会导致

$$\overbrace{a+a+\cdots+a}^{a\text{的}m_i\text{份}}=m_ia$$

并且沿着同一根细丝向相反方向移动会导致

$$\overbrace{(-a)+(-a)+\cdots+(-a)}^{-a\text{的}m_i\text{份}}=-m_ia$$

例如，可写出

$$\overline{v_0,v_1}=\overbrace{\mapsto}^{\text{映射到}}1a$$

$$\overline{v_0,v_1}+\overline{v_1,v_2}=\overbrace{\mapsto}^{\text{映射到}}1a+m_1a$$

$$\vdots$$

$$\overline{v_0,v_1}+\cdots+\overline{v_{k-2},v_{k-1}}=\overbrace{\mapsto}^{\text{映射到}}1a+\cdots+m_{k-1}a$$

路径边之间的“+”读作“连接到”。一条路径由一条边 $\overline{v_0v_1}$ 开始形成，其中顶点 v_0 是路径中前端的开始，$\overline{v_1,v_2}$ 是细丝骨架中有序顶点集中的下一条边。回想一下，边 $\overline{v_0,v_1}$ 被称为**细丝**。术语细丝用于描述涡旋循环中的边，引起人们对三角化图片（视觉场景快照）中

事物的物理方面的注意。通过将生成元$\langle a\rangle$写成 $m_i a$ 的倍数，我们忽略了任何细丝长度中生成元距离的变化分数，而专注于对生成元长度的倍数求和。

对于 sk$A$ 中的每个细丝 $\overline{v_{i-1},v_i}$，在相反方向上都有一个对应的 $\overline{v_i,v_{i-1}}$（我们允许在骨架上向前或向后移动）。因此，对于每个 $m_i a$，存在**加性逆**$-m_i a$。也就是说，我们总是可以写出 $m_i a - m_i a = 0$。还要注意，每组定向的、路径连通的顶点都有一个零运动。我们写成

$$\overbrace{\overline{v_{i-1}v_i}+0}^{\text{零运动}} \mapsto m_i a + 0 = m_i a \quad \text{（0=加性恒等）}$$

由 0 表示的空细丝或由 0 表示的零运动称为**加性恒等**。实际上，这种细丝骨架的所有成员都可以表示为其生成元的线性组合。后续中，我们考虑定向细丝骨架的循环群表示。为了保持人们对视觉场景中 CW 复合形细丝骨架的兴趣，回想一下如何在三角形形状空间上构建细丝骨架。

例 3.1

贝壳表面一对涡旋的外部和内部分别表示在图 3.1(a)和图 3.1(b)中[1]。从计算机视觉的角度来看，这些图像中的暗区是孔（即吸收与表面碰撞光（光子流动）的表面区域）。这些图像中的白色区域是表面反射光的那些部分（所谓的目标区域）。

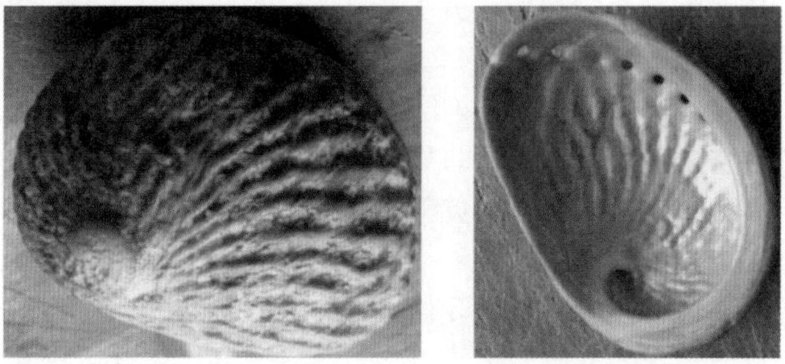

(a)　外部贝壳涡旋　　　　(b)内部贝壳涡旋

图 3.1　贝壳涡旋样本

为了解有关表面形状（例如图 3.1(a)中的贝壳涡旋）的更多信息，执行以下操作。

（1）选择一组包含某些表面目标区域质心的种子点 S。

（2）对 S 中的点执行德劳内三角剖分。最终结果是一个单元复合形 K，它是一个实心三角形▲（2-单元）的集族。每个三角形▲的顶点是 S 中贝壳表面上彼此最接近的种子点。

（3）在 K 上找到一个或多个最大核聚类（MNC）。回想一下，三角剖分 MNC 是具有公共顶点的三角形的最大集族。

（4）找出 MNC 三角形的重心以及与 MNC 接壤三角形上的三角形。

（5）绘制一个细丝骨架 sk$A$，它表示一组在 sk$A$ 上路径连通的有序重心。

与 MNC 接壤三角形的重心上的示例细丝骨架 sk$A$ 在图 3.2 中显示为连通的黄色边[2]。sk$A$ 的形状反映了质心在与 MNC 接壤的形状空间里小的子区域中的分布。至少，sk$A$ 提供了一种查找与 sk$A$ 相似的其他表面区域的简单方法。

1　非常感谢 S. Ramanna 提供这些 Apple iPad 图片。

2　非常感谢 M. Z. Ahmad 提供用于绘制重心细丝骨架的 MATLAB 脚本。

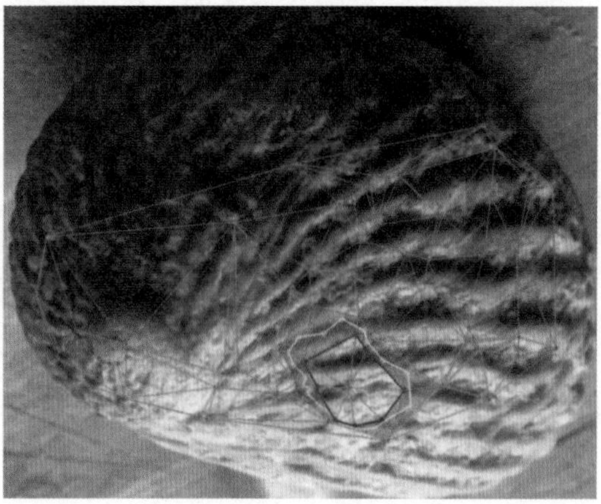

图 3.2　由贝壳图像表示的形状空间三角剖分　■

sk$A$ 中的路径连通顶点的排序很重要，因为我们总是可以将 sk$A$ 中的特定顶点 a 指定为骨架中有序顶点开始处的顶点，即所谓的生成元$\langle a\rangle$。这种排序让我们对细丝骨架的循环群表示有了新的认识，我们将在本章的后续中进行解释（例如，参见 3.21 节）。

对 CW 复合形中定向细丝骨架的研究（来自 2.5 节），也为称为自由阿贝尔群的高阶代数结构打开了大门，这是骨架涡旋（来自 2.10 节）和骨架神经（来自 2.6 节）的简单结果。修补这些结构（细丝骨架、骨架涡旋和神经）的实际结果是一种新形式的条形码，该条形码基于涡旋复合形的自由阿贝尔群表示的贝蒂数或由多个骨架神经循环相交而构建的看似摩天大楼的骨架的贝蒂数。简而言之，**贝蒂数**是自由阿贝尔群中生成元数量的计数（参见词汇表 A.2）。

随着基于贝蒂数的条形码的出现，我们可以开始考虑视频中图像帧形状在时空中的持久性。也就是说，只要形状的群所表示的贝蒂数持续存在，形状就会在视频帧图像序列中持续存在。实际上，我们得到了一种非常简单的方法来测量视觉场景中表面的形状磨损。**形状磨损**指示在一系列视频帧图像中记录的表面形状能持续多长时间。

3.3　图像几何学：研究图像目标形状的方法

CTdi 在很大程度上是更通用的计算拓扑（CT）的应用，以 Edelsbrunner 和 Harer [2] 为代表。CT 融合了几何学和拓扑学，并提供了大量非常有用的算法，这些算法可以在不同的环境中轻松实现。CTdi 还包括计算接近度（CP）组件。CP 是一种算法方法，用于查找彼此靠近或相距很远的非空点集。连通性、有界性、神经复合形、凸性、形状和形状理论是研究物理和抽象形状的接近和分离的主要主题。

故事从图像几何开始，这是从图像的三角剖分中轻松得出的结论。基本思想是将图像分解成三角形，顶点位于图像中的各个位置（通常称为种子点或关键点）。我们主要对平面图像感兴趣。平面图像的三角剖分更容易处理，而不是试图理解 2-D 或 3-D 图像中像素集的相互关系。隐藏的图像结构，例如形状和子形状聚类，通过对图像进行三角剖分来揭示。由于三角剖分属于初等几何学，没有进行三角剖分的图像中非常复杂的东西现在变得更加简单。

有关 CT 及其应用的介绍，请参阅 Zomorodian [3]关于构建点集的组合表示和采样空间的拓扑（点和集的接近度）的恢复。要从几何拓扑的角度深入介绍 CT，请参阅 Edelsbrunner 和 Harer [2]以及 Rote 和 Vegter [4]，另参阅 Zomorodian [5]。

CT 中的主要主题是图（尤其是连通组件）、曲面（尤其是三角剖分）、复合形（例如单纯复合形和德劳内复合形）、同源性（尤其是从循环中导出的群）、持久性（即结构随时间的生存）和稳定性（即结构对随时间变化的抵抗力）。CT 中的这些主要主题从 CTdi 中的应用角度以各种形式重新出现。CT 有一个庞大的拓扑组件，当我们考虑结构（如亚历山德罗夫神经）在随时间变化的三角化形状空间中的持久性时，它就会浮现出来。

有关拓扑的非常好的介绍，请参阅亚历山德罗夫[6]、Jänich [7]、Hatcher [8]、Ghrist [9]和 Giblin [10]。有关计算接近性（CTdi 中的一个强大组件）的介绍，请参阅 Peters [11]。有关 CTdi 在计算机视觉中的基本应用，请参阅 Peters [12]。

在 CTdi 中，映射是图像形状中重要结构的中心来源。**映射**是一对集合之间的对应关系。在图像形状的研究中，将形状子图像集上的映射定义为三角形△s 集。在单元复合形的拓扑中，我们考虑将形状内部集合映射到孔上的路径连通顶点集合。

连通形状路径是边（1-单元）的序列，这些边由三角剖分的形状上的单元复合形中的路径连通顶点（0-单元）来定义。这些连通的形状路径可以是形状孔的边界、循环连接形状路径（1-循环）或非循环连接形状路径（不在同一顶点开始和结束的骨架）。在同一顶点开始和结束的形状路径具有循环组表示。

回想一下，**群**是配备了二元运算∘的非空元素集，它是关联的。每个群都有不同的元素，称为标识或单元元素 e。群 G 的每个成员 x 都有一个由 x^{-1} 表示的逆，即 $x \circ x^{-1} = e$。

循环群 G 是一组 n 个元素 a^i，$i = 0, 1, 2, ..., n-1$ 称为生成元（表示为$\langle a^i \rangle$），配备有二元运算∘。对 G 是一个循环群的要求是

$$
\begin{aligned}
a^0 &= e \\
a^n &= a^0 \circ a^1 \circ a^2 \circ \cdots \circ a^{n-1} = e \\
a^i \circ a^i &= a^{i+j}\text{，如果} i + j \leqslant n \\
a^i \circ a^j &= a^{i+j-n}\text{，如果} i + j > n
\end{aligned}
$$

Herstein [13，2 节，p.29]观察到具有 n 个元素的循环群的**几何实现**是让群生成元在单位圆的圆周上旋转 $2\pi n$ 的角度。二元运算∘是阿贝尔运算，因为 $a \circ b = b \circ a$ 满足所有 G 中的成员 a、b。在 CTdi 形状理论中，通过让运算∘成为加法模 n，即$\circ = +\ \text{mod}n$ 来简化问题。对于$(a + b)\text{mod}\ n$，请记住加法模 n 等于总和除以 n 后的余数。因此，如果让$(G,+\text{mod}\ 2)$是一组包括 5 和 8 的整数。那么

$$
\overbrace{(5+8)\,\text{mod}\,2 = 13\,\text{mod}\,2 = 1}^{13\text{除以}2\text{后的余数}}
$$

对从三角形上的循环导出的循环群元素的系数执行加法+mod 2。Edelsbrunner 和 Harer [2，IV.1 节，p.79]观察到，在单纯复合形里单元复合形的形式和之中，形式和的项的系数通常为 0 或 1（称为**模 2 系数**）。

在 CTdi 中，循环群是由在围绕三角化形状上的连通形状路径上游动的循环来定义的。

除了形状的轮廓之外，图像形状的内部还有很多这样的路径。因此，CTdi 中的循环群通常包含不止一个生成元。

3.4 从图像形状分析角度看 CTdi

本节从图像形状分析的角度简单介绍 CTdi。术语**图片**和**数字图像**可互换使用。数字图像是指光栅图像。对于游戏等许多应用程序，对图像的关注从光栅图像转移到矢量图像。本章及以后常用的符号见表 3.1。本书中使用的符号的完整列表在本书末尾的主题索引的开头给出。

故事从将图片（也称为数字图像）分解为图像上选定关键点之间连通的三角形集族开始。通过将图像分解为连通顶点、边和三角形的集族，我们可以访问图像中的一些隐藏内容。对图像进行三角剖分的直接结果是**单纯复合形**，它是一族覆盖图像的由顶点唯一确定的非重叠三角形。图像 X 被单元复合形 A **覆盖**，只要 $X \subseteq A$，即只要图像点集是复合形 A 的子集。由有限有界区域的三角剖分产生的单元复合形称为▲复合形（又名实心三角形复合形）。隐藏在大多数具有适度复杂性的图像中的是我们在每幅图像上绘制的三角形网格中捕获的大小形状的集族。

例 3.2 （三角化的形状）

一个简单的袋鼠形状 A（用 sh$A$ 表示）如图 3.3(a)所示。这种形状有许多由深色表面区域代表的孔，即耳朵、眼睛和嘴巴。将该形状分解为填充三角形的集族{▲}（称为集族 cov$A$）如图 3.3(b)所示。请注意，形状 sh$A$ 被 cov$A$ 覆盖，即 sh$A \subseteq$ cov$A$。这标志着图像目标形状研究的开始。

(a) 袋鼠形状

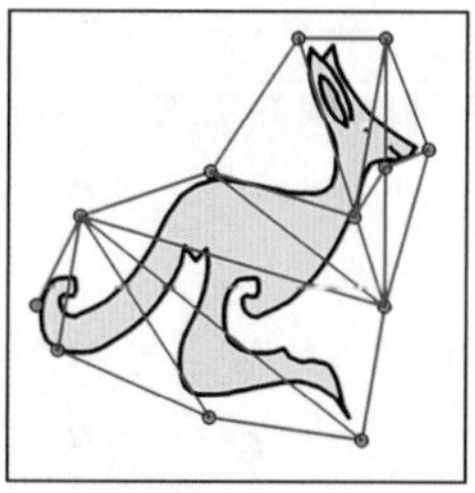

(b) 带孔的三角化形状

图 3.3 袋鼠形状和三角化形状 ■

3.5 单元、单元复合形，循环和边界

本节介绍数字图像计算拓扑中的一些基本构建块，从△复合形中的单元和单元复合形（绘制在图像形状上的连通的 1-单元的序列）开始。从基本结构（例如图像形状的顶点和边）出发，我们可以访问更丰富的结构，例如沿着形状边界的连通闭合弧序列（称为**闭合 1-单元**）或开放圆盘之间的连通弧序列（称为 **2-单元**）或称为 0-单元（顶点）的最小图像形状结构。下一步很容易开始考虑弧链（1-复合形），每个链通过一对顶点之间的一系列弧而将一个顶点（**0-单元**）连接到另一个顶点。

简而言之，**链**是表示为形式总和的单元复合形的有限集族。由此，我们获得了一个包含顶点之间连通路径的链复合形。在链复合形包含简单的、封闭的连通路径的情况下，图像区域被可测量的路径包围。有关链的更多信息，请参见附录 A.12 节。在解开图像形状中的隐藏结构时，我们主要对所谓的 1-链感兴趣。**1-链**是△复合形中连接弧（1-单元）的形式总和。

对于平面形状，形状的几何是通过用**单元复合形**覆盖形状来找到的。单元复合形（由△复合形表示）是连通单元的集族，这些单元是通过沿着称为循环的路径将顶点和边拼接在一起而构建的。对于每个给定的图像形状，基本方法是从一组 0-单元（顶点）开始，并通过将边（1-单元）附加到每个顶点来构建单元复合形。在获得△复合形之后，我们可以根据形状的单元覆盖来确定图像目标的几何形状，或者可以开始在△复合形中跟踪由从一个顶点到另一个顶点的边序列所确定的不同类型的路径。每个△复合形包含不同类型的路径，可用于对形状进行分类。

我们对循环（位于平面形状上的简单、封闭、连通的路径）的构建感兴趣。这样做的动机是我们对形状的某些部分进行了易于处理的近似。形状本身可能非常复杂，即使是最简单的形状也是如此。

形状指纹

通过在形状上构建单元循环，我们获得了形状的指纹，这是由于每个形状边界的限制而产生的形状特征。**形状指纹**是从形状的一部分到形状的另一部分的独特连通路径。形状指纹告诉我们有关形状的信息，而无需查看形状的每个部分。这里有一个试图证明或反驳的猜想。

猜想 3.3

每个物理目标至少有一个独特的形状指纹。 ■

在数字图像的上下文中，基于没有两个数字图像完全相同的假设，还有第二个猜想需要考虑。

猜想 3.4

每幅数字图像至少有一个独特的形状指纹。 ■

将形状指纹视为连通的封闭 1-单元的集族。**闭合的 1-单元**（闭合弧）是具有端点的 1-单元。

例 3.5　（从单元映射构建形状循环）

三个 0-单元和两个 1-单元的集族如图 3.4(b)所示。每个形状路径循环的构建都从选择一对 0-单元开始，这些单元映射到一个开弧或 1-单元。例如，一对 0-单元 v 和 v'（用●表示）到开弧的边界（标记为 1a）的映射如图 3.4(a)所示。设 V 是一组顶点。映射 cellMap 本身是

$$\text{cellMap}: V \to \text{开单元}1a$$

定义为

$$\overbrace{\text{cellMap}(\{v, v'\}) = \overline{vv'}}^{\text{从0-单元到开弧映射}}$$

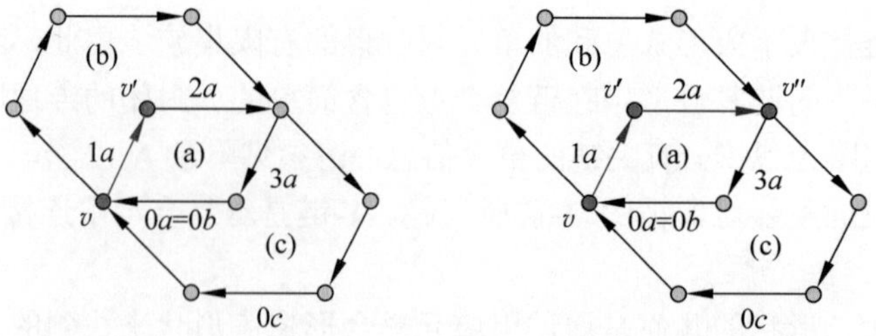

(a) 开始循环：0-单元{v, v'}（映射到）1-单元边界　　(b) 面到面：1-单元（映射到）1-单元

图 3.4　从连通的闭合 1-单元序列构造形状循环

面到面映射的结果是一个闭合的弧，一个形状循环中的边。将一个闭合弧嫁接到另一个闭合弧上是通过一系列面到面映射来完成的。设 v''是一个 0-单元，如图 3.4(b)所示。然后单元映射产生一个简单的闭环（路径）片段 $\overline{vv'} \cup \overline{v'v''}$，如图 3.4(b)所示，即，

$$\overbrace{\text{面到面}(\{v,v'\}) \cap \text{面到面}(\{v',v''\}) = v'}^{\text{面到面映射的交集}}$$

回想一下，两个集合 A、B 的交集是两个集合中所有公共点的集合（用 $A \cap B$ 表示）。在这个例子中，每个面到面($\{v, v'\}$)都是闭合弧中的一组点。每对连通的弧都有一个共同的 0-单元（顶点）。在这种情况下，顶点 v'是一对面到面映射的共同点。

继续这个面到面映射序列，我们得到标记为$\langle a \rangle$的循环，它是一条连通路径，具有在顶点 v 开始和结束的遍历。完整的面到面映射序列的最终结果是边标记为 $1a$、$2a$、$3a$ 和 $0a$（循环结束）的形状循环。实际上，该循环的遍历具有 4 小时制的时钟上的旋转时钟指针的外观（当完成标记为 $0a$ 的段的遍历时，计数重新开始）。■

△-复合形中的**路径**是在复合形中的一对顶点之间引导的边序列。如果路径中的任何一对顶点之间存在一系列边，则路径是**连通的**。一条路径是**简单的**，只要这条路径没有自相交（循环）。如果路径中的顶点对之间有一系列边连接，则路径是**闭合的**。一个 0-单元是链复合形中的顶点，而不是△复合形中的顶点。

3.6　在图像形状上绘制的定向弧上旋转

沿着封闭的连通路径（我们称之为形状循环）来回导航需要双向 1-单元（也称为定向弧）。回想一下，**双向定向弧**（也称为**定向边**）$\overline{vv'}$ 是可以从端点 v 遍历到另一个端点 v'并且也可以从 v'遍历到 v 的弧。定向弧的**旋转行为**需要沿正向遍历弧，然后沿反向遍历边。尽管弧和边这两个术语可以互换，但弧比边更受欢迎，因为图像边（以及物理世界中的所有其他边）往往是弯曲的而不是直线的。直边的概念是欧氏几何的延续，欧氏几何是测量员通过经纬仪所见的简化视图。

例 3.6　（在定向闭合弧上旋转）

两种形式的定向弧如图 3.5 所示，即，

（1）图 3.5(a)显示了单个定向闭合弧 $\overline{vv'}$（在正方向标记为 $1a$，在反（负）方向标记为 $-1a$）。静止状态是每个旋转行为的一部分。在定向弧的旋转行为中，静止状态是没有旋转

的状态。静止状态（无旋转）由 $0a$ 表示（图 3.5(a)中未显示）。这条弧上的旋转是通过沿着箭头→从顶点 v 到 v'遍历弧，然后通过沿着箭头→从顶点 v'遍历这条弧回到 v 来执行的。定向弧的完整旋转行为由集合表示：

$$\langle a\rangle = \{0a, 1a, -1a\} \quad \text{（自旋行为集）}$$

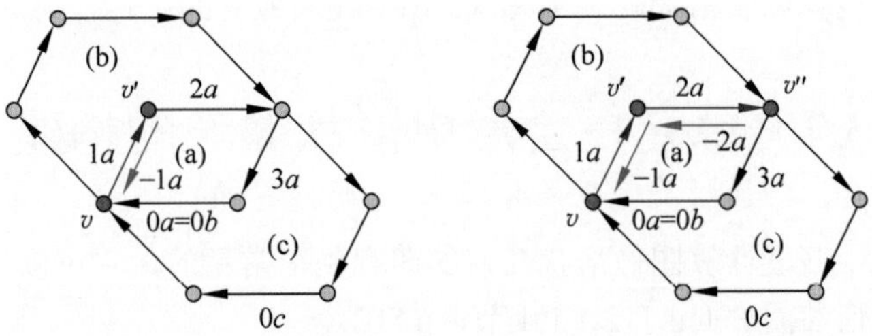

(a) 在定向闭合1-单元上旋转　　(b) 在一对定向连通闭合弧上旋转

图 3.5　连通定向闭合 1-单元

这种在定向弧上旋转的自然结果 $\overline{vv'}$ 是如下形式的循环

$$0a\text{（静止状态）}: \underbrace{\rightarrow}_{\textbf{遍历弧}1a} \underbrace{\rightarrow}_{\textbf{遍历弧}-1a} \cdots$$

$$0a\text{（静止状态）}$$

（2）图 3.5(b)显示了一对连接的定向弧 $\overline{vv'}$（标记为 $1a$）和 $\overline{v'v''}$（标记为 $2a$）。图 3.5(b)还显示了从 v''到 v'（标记为$-2a$）然后从 v'到 v（标记为$-1a$）的反向遍历。这对连通的弧上的旋转是通过沿着箭头→从顶点 v 到 v''遍历弧，然后沿着箭头→从顶点 v''遍历这条弧回到 v 来执行的。定向弧的完整旋转行为由集合表示：

$$\langle a\rangle = \{0a, 1a, 2a, -2a, -1a\} \quad \text{（自旋行为集）}$$

这种在连通弧上旋转的自然结果是如下形式的循环

$$0a\text{（静止状态）}: \underbrace{\rightarrow}_{\textbf{遍历弧}1a} \underbrace{\rightarrow}_{\textbf{遍历弧}2a}$$

$$\underbrace{\rightarrow}_{\textbf{遍历弧}-2a} \underbrace{\rightarrow}_{\textbf{遍历弧}-1a} \cdots$$

$$0a\text{（静止状态）}$$

定向弧上的旋转行为可以压缩成表格形式。这是通过将沿着边的每次遍历视为对弧标签的系数进行模 2 加法的一种形式来完成的。设 a 和 b 是整数。回想一下，加法$(a+b)$模 2 等于 $a+b$ 除以 2 后的余数。那么，可在如下表中表示单个定向弧上的完整旋转行为。

+mod 2	$0a$	$1a$	$-1a$
$0a$	$0a$	$1a$	$-1a$
$1a$	$1a$	$0a$	$-0a$
$-1a$	$-1a$	$0a$	$-0a$

$$\underbrace{\mapsto}_{\text{映射到}}$$

+mod 2	0	1	−1
0	0	1	−1
1	1	0	−1
−1	−1	0	−0

当通过去掉弧标签 a 和$-a$ 将左边的+mod 2 表映射到右边的系数表时，表示定向弧旋转

行为的表格被简化了。在这两种情况下，请注意保留了旋转行为。在这两个表中都有一个恒等元素，即左侧表中的 $0a$ 和右侧表中的 0。并且每个元素的逆元素也表示在这些表格中。对一系列连通的定向弧的加法模 2 运算也为我们提供了循环群的两个简单例子。 ■

习题 3.7

使用加法模 2 运算以表格形式表示图 3.5(b)中连通弧对的旋转行为。 ■

3.7　单元复合形中形状循环的构建

在计算机视觉中开展计算图像形状几何的研究是很常见的，它可以使用镶嵌或三角化图像形状，例如，请参阅 Peters [12，1.4 节，p.8ff]。

简而言之，通过使用多边形尽可能多地覆盖形状来形成所谓的沃罗诺伊图，从而对图像形状进行**镶嵌**。这是通过预先选择一组关键点（通常沿着图像中形状的边缘）来实现的。然后，每个关键点 p 成为通过将直（或弯曲）边连接到最接近 p 的每对关键点而构建的多边形的中心。相比之下，也可通过让每个关键点 p 成为三角形的顶点来对图像形状进行**三角化**，三角形的顶点是通过将 p 的直边连接到最接近 p 的一对关键点来构造的。这种方法称为**德劳内三角剖分**。在任何一种情况下，我们都会获得图像形状的单纯复合形覆盖。有关德劳内三角剖分的介绍，请参阅 Edelsbrunner 和 Harer [2]以及 Peters [14]和[12，1.4 节，p.8ff]。

在形状空间中，**连通弧**是形状表面上路径中连通闭合弧的集族。设（闭合弧集中的一对闭合弧）$\overline{vv'}$ 、$\overline{v'v''} \in \mathrm{cl}X^1$。那么，映射‡：$\mathrm{cl}X^1 \times \mathrm{cl}X^1 \to \mathrm{cl}X^1$ 定义为

$$\ddagger(\overline{vv'},\overline{v'v''}) = \overbrace{\overset{\text{conn}}{\delta}\ A}^{\text{以连通弧粘合在一起的弧}} \in \mathrm{cl}X^1$$

实际上，映射‡将闭合弧黏合在一起以形成连通的闭合弧。**单元复合形**是一族连通的闭合弧线，用于定义形状表面上的连通路径。单元复合形是可以从形状的一个部分穿越到形状的另一部分的道路。如果连通的闭合弧允许在同一顶点开始和结束遍历，则连通的闭合弧可以定义称为**循环**的简单闭合路径。如算法 9 所示，构建了一个单循环的单元复合形。

算法 9：构建形状循环

Input : Collection of closed arcs $\mathrm{cl}X^1$, initial closed arc $\widehat{vv'}$
Output: Shape cycle

$connA := \widehat{vv'} \in clX^1$;
$Selcct\ newArc \in clX^1$;
$continue \longmapsto True$;
while $(continue\ \&\ v \notin newArc)$ **do**
　/* Glue $newArc$ to $\overset{conn}{\delta} A$ to form new connected arc. */ ;
　$\overset{conn}{\delta} A := \ddagger(\overset{conn}{\delta} A, newArc) \in clX^1$;
　$Selcct\ newArc \in clX^1$;
　/* Check if $newArc$ is connected to $\widehat{vv'}$*/ ;
　if $(newArc \cap \widehat{vv'} = \varnothing)$ **then**
　　/* Glue $newArc$ to $\overset{conn}{\delta} A$ to form new connected arc. */ ;

```
        δ^conn A := ‡(δ^conn A, newArc) ∈ clX^1;
        Selcct newArc ∈ clX^1;
    else
        continue := False;
```

回想一下 CW 拓扑中的 **C** 读作有限闭包，因为我们正在处理循环上的闭合弧；**W** 读作**弱**拓扑，我们通常只关心图像形状循环上的相交弧，这被认为是弱拓扑，因为普通拓扑中开集的并集不是我们考虑的一部分。这里的主要原因是相交循环产生新形式的循环群，而形状循环的并集通常不会产生循环群。每个循环都被称为**单元复合形**，因为我们在构建形状循环时使用简化形式的图像拓扑结构中的开放弧单元。

这是从检查图像三角剖分中的顶点到 0-单元的重要转变，0-单元是图像形状上简单闭合连通路径（循环）中的基本构建块。类似地，1-单元是链中的一个开放弧（或开放边，即没有端点的边），作为形成单元复合形的胶水，作为图像形状上的简单闭合路径，具有新的特征。将我们的注意力从三角化图像形状上的顶点和边转移到作为简单连通路径中 1-单元端点的 0-单元的主要动机是简化图像中形状的表征、比较和分类。也就是说，使用三角剖分，重点是用三角形覆盖一个形状并检测具有公共顶点的相交三角形的集族（称为亚历山德罗夫神经）。相比之下，覆盖条件随着在图像形状上游动的单元复合形构成循环（简单的、封闭的、有界的、连通的路径）而消失。实际上，我们提供了一种通过考虑形状表面上的循环来检测形状指纹的简单方法。

3.8　闭合连通的路径：图像形状中孔的边界

通过构建循环的闭合弧，我们获得了一种隔离单元复合形（又名链复合形）边界内形状的内部区域的方法。在图像目标形状的研究中，通常考虑两种类型的形状循环，即，

作为孔边界的循环：形状孔是包含具有均匀强度的像素的有界图像区域。这意味着形状孔有多种外观。孔是均匀暗或均匀亮的图像区域。三角化形状中三角形的边是近似形状边界的方便来源。

例 3.8　（形状孔边界）

图 3.6(a)显示了示例袋鼠形孔 H_o 的边界（由 bdyH_o 表示）。边界 bdyH_o 由三角形的边定义。

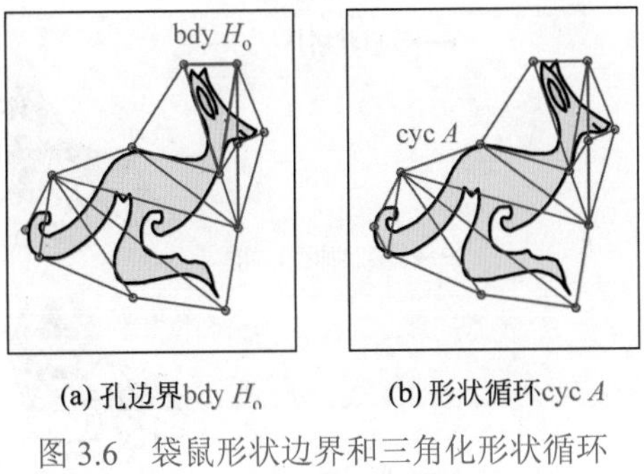

(a) 孔边界bdy H_o　　(b) 形状循环cyc A

图 3.6　袋鼠形状边界和三角化形状循环　■

不是孔边界的环：形状 A 上的环（用 cyc$A$ 表示）是一个简单的、封闭的、连通的路

径，它要么围绕有边界的孔，要么不围绕形状孔。

例 3.9 （形状循环）

形状循环 cyc*A* 样例如图 3.6(b)所示。在这个例子中，cyc*A* 的内部没有可见的孔。■

CT 的重要部分是仅考虑围绕孔的循环作为边界。这是有道理的，因为孔基本上是一个有边界的空白空间。在将围绕孔的循环声明为边界时，我们通常处理的是孔的边界的近似值。扫过图像形状空间的其他循环不是孔的边界。

例 3.10 （围绕多个孔的形状循环）

围绕几个图像孔的形状循环 cyc*B* 如图 3.7 所示。在这个例子中，cyc*B* 在其内部包含可见的孔，即袋鼠形状的耳朵、眼睛和嘴。

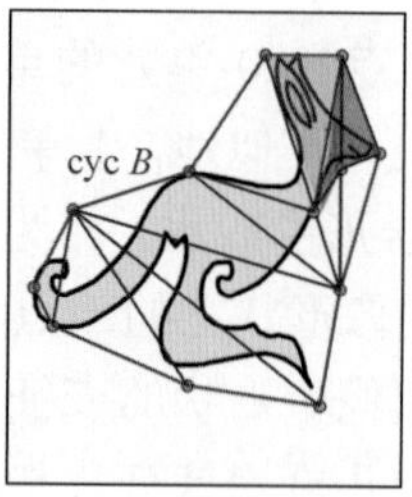

图 3.7 环绕多个孔的循环 cyc*B* ■

3.9 映射到神经复合形的形状顶点

对图像进行三角化的最终结果是将图像划分为包含图像形状的单独区域。其基本思想是从仅仅限制我们对三角化图像的观察进到对三角形图片区域的集族去仔细观察图像三角形的内部，这是开集，即没有边界的三角形内部，这是数字图像拓扑的开始。有关弧的链的更多信息，请参见 Flegg [15，p.43]。该方法可以看作是一系列映射（图像点到顶点、弧和相交三角形的投影）：△-复合形是对形状 sh*A*（由 cov(sh*A*)表示）的覆盖，满足（图 3.8）

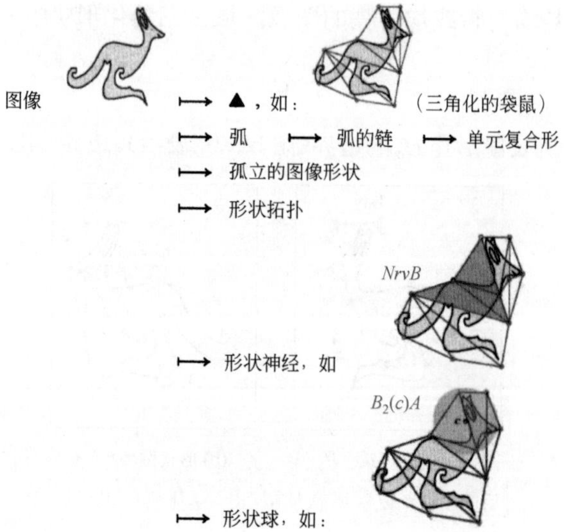

图 3.8 形状映射示例

$$\text{sh}A \subseteq \text{cov}(\text{sh}A) \quad （形状覆盖条件）$$

即，形状 sh$A$ 完全位于覆盖层的内部（是 cov(sh$A$)的真子集）或 sh$A$ 占据与覆盖层 cov(sh$A$)相同的平面区域。

映射是目标（例如图像）与其三角剖分之间的对应关系。覆盖图像目标形状 sh$A$ 的每个△-复合形都包含称为神经复合形（由 Nrv$A$ 表示）的结构。

定义 3.11 （亚历山德罗夫神经复合形）

设 sh$A$ 是一个被△-复合形 cov(sh$A$)覆盖的平面形状，设 v 是覆盖 cov(sh$A$)中的一个顶点。那么一个亚历山德罗夫神经复合形 Nrv$A$ 是相交三角形△∈ cov(sh$A$)的集族，即，

$$\text{Nrv}A = \{\triangle \subset \text{cov}(\text{sh}A) : \bigcap \triangle \neq \varnothing\} \quad （神经复合形）$$

神经核 Nrv$A$ 是神经中所有 △ 共有的顶点。 ■

源自三角化曲面的神经复合形以亚历山德罗夫（P. Alexandroff）的名字命名，他于 1926 年[16]引入了神经复合形，1935 年他给出了一个非常易读的介绍[6，33 节，p.39]。

例 3.12 （神经复合形样例）

图 3.9 显示了袋鼠形状覆盖物中的一对样本神经复合形。图 3.9(a)中的神经 Nrv$A$ 是一族三角形，覆盖了袋鼠的头部、肩部和颈部的大部分。红色●是 Nrv$A$ 的核。图 3.9(b)中的神经 Nrv$B$ 是一族风筝形的三角形集合，覆盖了袋鼠的大部分肩部和部分颈部。同样，红色●是 Nrv$B$ 的核。

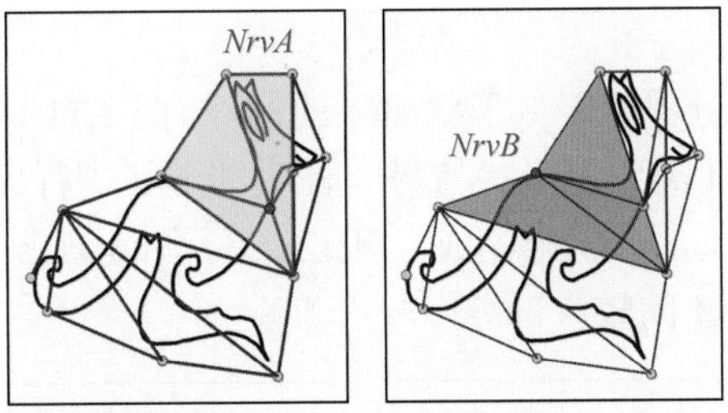

(a) 形状神经Nrv$A$　　(b) 形状神经Nrv$B$

图 3.9 袋鼠形状复合形 Nrv$A$ 和 Nrv$B$ ■

请注意，相交神经提供了一种简单的方法来描述由具有共同顶点或共同边或共同实心三角形的一对神经部分覆盖的形状。

例 3.13 （相交神经复合形样例）

图 3.10 显示了一对相交神经复合形部分地覆盖袋鼠形状的样例。神经 Nrv$A$ 与神经 Nrv$G$ 有一个共同边。

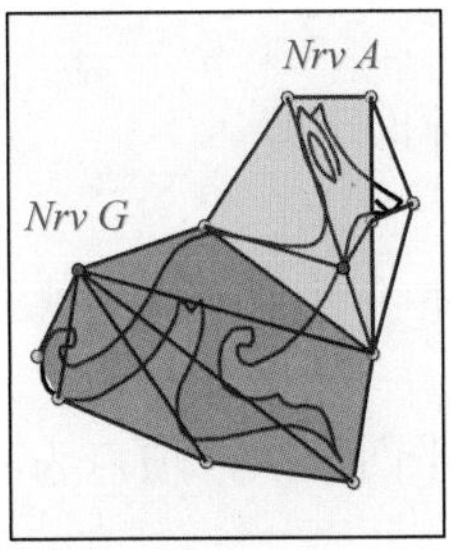

图 3.10 相交神经 Nrv$A$ 和 Nrv$G$ ■

定理 3.14

单纯复合形中的每个顶点都是神经的核。

证明：令 K 为单纯复合形，令 v, v'为 K 中的顶点。根据定义，存在神经 $\text{Nrv}A\in 2^K$ 使得

$$\text{Nrv}A=\{\Delta\in K:\bigcap\Delta=v\}\quad\text{（具有核}v\text{的神经复合形）}$$

类似地，有一个神经 $\text{Nrv}B\in 2^K$，核 $v'\neq v$。由于 v，v'是任意的，所以得到证明。■

3.10 形状映射到具有顶点中心的球

本节介绍从三角化平面形状 sh$A$ 到中心为 c 和半径为 r 的**开单纯形球**（由 $B_r(c)$表示）的映射。

定义 3.15 （开球）

设 sh$A$ 是覆盖单元复合形 K 的平面形状，顶点为 $c\in K$，半径 $r>0$。单纯形球 $B_r(c)$定义为

$$B_r(c)=\overbrace{\{y\in \text{sh}A:\|c-y\|<r\}}^{\text{开球}}\quad\text{（开球）}$$

$B_r(c)$是一个**开球**，因为 $B_r(c)$没有边界。■

例 3.16 （开球样例）

图 3.11 显示了一对部分覆盖袋鼠形状 sh$A$ 的开球。图 3.11(a)中的球 $B_r(c)$部分覆盖了袋鼠的头部，这提供了一种此类头部形状与另一种头部形状进行比较的简化方法。这可以通过使用球的面积粗略近似头部形状来完成。相比之下，图 3.11(b)中半径为 $r'>r$ 且顶点中心为 c'的 $B_r(c')$覆盖了形状 sh$A$ 的较大部分。

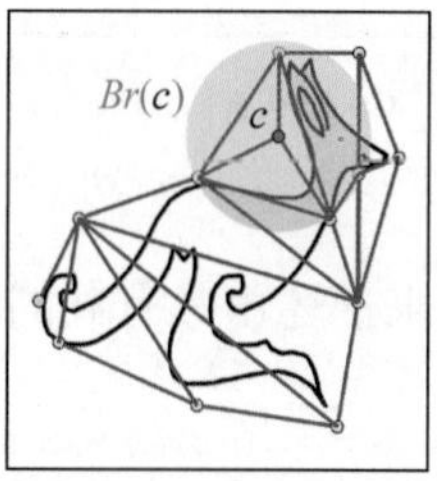

(a) 形状单纯形球$Br(c)$

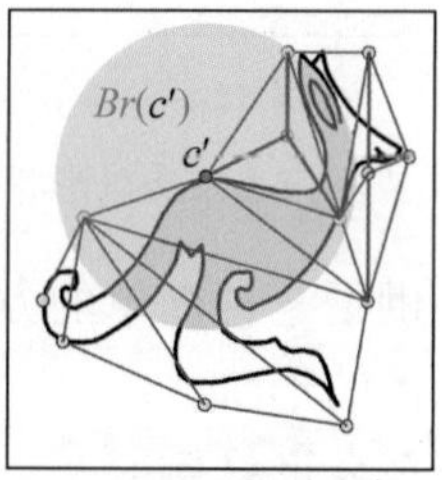

(b) 形状单纯形球$Br(c')$

图 3.11 开单纯形球 $B_r(c)$和 $B_r(c')$ ■

定理 3.17

单元复合形中的每个顶点都是球的中心。

证明：可直接从定义 3.15 得到。■

根据应用的不同，包含边界的球（即闭合球）可用于分析单元复合形。

定义 3.18 （闭合球）

设 sh$A$ 是覆盖单元复合形 K 的平面形状，顶点为 $c\in K$，半径 $r>0$。闭合球 $\text{cl}(B_r(c))$定义为

$$\mathrm{cl}(B_r(c)) = \overbrace{\{y \in \mathrm{sh}A : \| c - y \| \leqslant r\}}^{\text{闭合球}}$$

$\mathrm{cl}(B_r(c))$是一个**闭合球**，因为 $\mathrm{cl}(B_r(c))$包括它的边界。 ■

例 3.19 （闭合球样例）

图 3.12 显示了部分覆盖袋鼠形状 $\mathrm{sh}A$ 的一对闭合球。图 3.12(a)中的球 $\mathrm{cl}(B_r(c))$部分覆盖了袋鼠的头部，这提供了一种用头部部分到边界或到闭合球内部的距离来比较两个头部形状简化方法。同样，这可以通过使用区域以及闭合球的边界作为头部形状的粗略近似来完成。相比之下，图 3.12(b)中半径为 $r'>r$ 且顶点中心为 c'的 $\mathrm{cl}(B_{r'}(c'))$覆盖了形状 $\mathrm{sh}A$ 的较大部分。

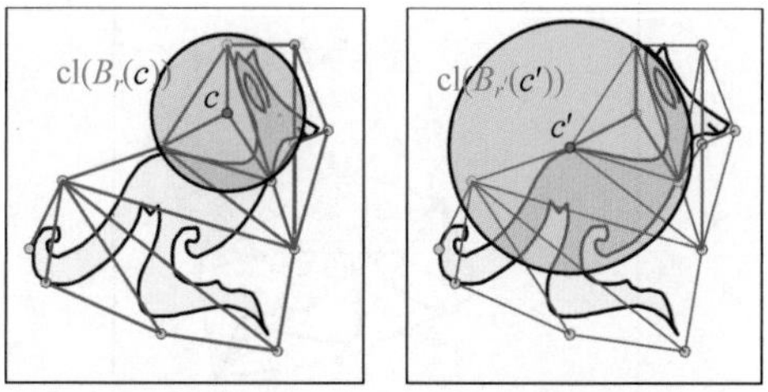

(a) 闭合球$\mathrm{cl}(B_r(c))$　　(b) 闭合球$\mathrm{cl}(B_{r'}(c'))$

图 3.12　闭合单纯形球 $\mathrm{cl}(B_r(c))$和 $\mathrm{cl}(B_{r'}(c'))$ ■

3.11　切赫神经中的多个球

单元复合形 K 上的切赫（Čech）神经是一族交叉球，每个中心 $c\in K$，半径为 r（由 $\mathrm{Cech}_r(K)$表示），定义为

$$\mathrm{Cech}_r(K) = \left\{ B_r(c) : \bigcap_{c\in K} B_r(c) \neq \varnothing \right\} \quad \text{（切赫神经）}$$

从具有倒圆角边的三角形平面形状的角度来看，切赫神经优于亚历山德罗夫神经，因为切赫神经中的球的外边缘往往更容易符合形状边缘。

例 3.20 （切赫神经样例）

设 K 为覆盖图 3.13(a)中袋鼠形状的单元复合形。图 3.13(a)显示了部分覆盖三角袋鼠形状 $\mathrm{sh}A$ 的切赫神经样本 $\mathrm{Cech}_r(K)$。K 中选定的顶点是切赫神经中的球的中心来源。在图 3.13(a)中，每个球中心都用●表示。在构建切赫神经时，有必要识别所有相交的球（具有一个或多个共同点）。半径为 $r'>r$ 的第二个切赫神经样本 $\mathrm{Cech}_{r'}(K)$如图 3.13(b)所示。这个切赫神经完全覆盖了袋鼠头。由于这个原因，$\mathrm{Cech}_{r'}(K)$比图 3.13(a)中较小的切赫神经更有趣。

在测量三角化平面形状时，重叠的切赫神经也很有趣。因为这给我们提供了一个方便的形状测量来源，在对大且相交的形状区域比较时，形成了所谓的切赫复合形（图 3.14）。

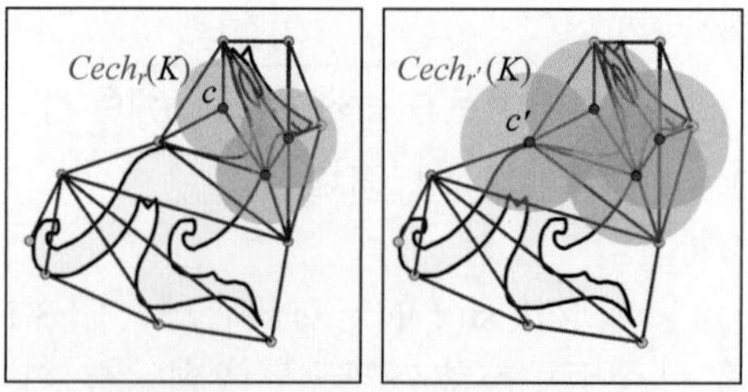

(a) 切赫神经 $Cech_r(K)$ (b) 切赫神经 $Cech_{r'}(K)$

图 3.13 切赫神经 $\mathrm{Cech}_r(K)$和 $\mathrm{Cech}_{r'}(K)$ ■

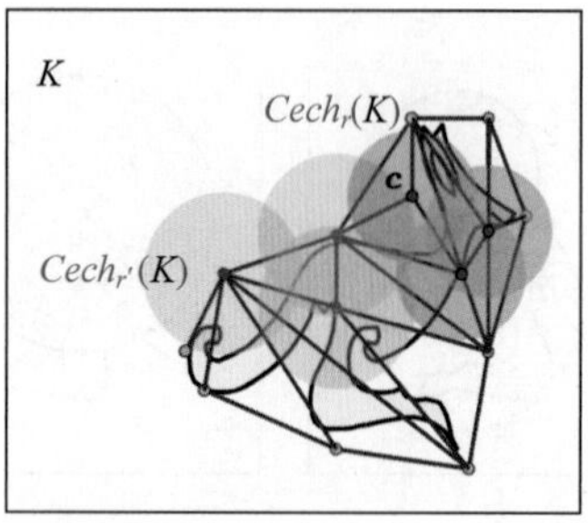

图 3.14 重叠的切赫神经 $\mathrm{Cech}_r(K)$和 $\mathrm{Cech}_{r'}(K)$

3.12 切赫复合形：切赫神经重叠

本节介绍计算拓扑学中的一个众所周知的结构，即在一组顶点 S 上的切赫复合形。**切赫复合形**是在 S 上相交的切赫神经集族里球中心的三角剖分（表示为 $\mathrm{cxCech}_r(S)$），定义为

$$\mathrm{cxCech}_r(S) = \overbrace{\left\{\mathrm{Cech}_r(S) : \bigcap_{A \in s2^S} \mathrm{Cech}_r(A) \neq \varnothing\right\}}^{\text{切赫复合形}}$$

回想一下，每个切赫神经 $\mathrm{Cech}_r(K)$是一族相交的球，每个球都有自己的中心，半径为 r。在这里，重点从构建单元复合形的顶点三角剖分转移到相交切赫神经集族里球的中心的三角剖分。

例 3.21 （**切赫复合形样例**）

设 S 是一组顶点（S 中的每个顶点用红色●表示。图 3.15 显示了 S 上的样本切赫复合形部分覆盖袋鼠形状。这个切赫复合形 $\mathrm{cxCech}_r(S)$包含三个重叠的切赫神经，即，

$$\mathrm{cxCech}_r(S) = \bigcap \{\mathrm{Cech}_r(A_1), \mathrm{Cech}_r(A_2), \mathrm{Cech}_r(A_3)\} \neq \varnothing$$

这是三个切赫神经的非空交点。每个 A_i 都是位置 S 集的一个子集。请注意，每个切赫神经与中心球重叠，中心球为绿色阴影的切赫神经 $\mathrm{Cech}_r(A_2 \in 2^S)$，如图 3.15 所示。然后在三个神经的球的中心处进行三角剖分。

在近似形状方面，从球的中心向外展开的三角形的中心处部分地覆盖形状是对覆盖形状的普通单纯复合形的改进。从球的中心派生出的一族三角形与切赫神经相交是单纯复合形的另一种形式。有关这方面的更多信息，请参阅 Edelsbrunner 和 Harer [2，III.2 节，p.60]。

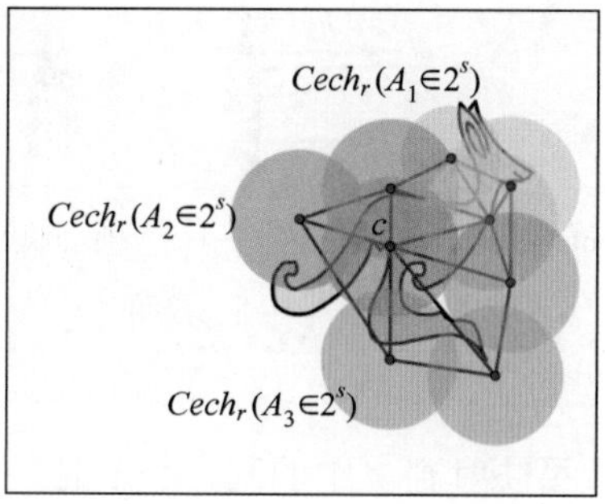

图 3.15　切赫复合形 $\text{cxCech}_r(S) = \bigcap_{i-1}^{3} \text{Cech}_r(A_i \in 2^S)$ ■

3.13　同源映射和神经之间的轨迹

本节介绍形状之间的边轨迹（路径）。**轨迹**是一系列**连通的边**，其联合同源于一条横跨轨迹中初始顶点和结束顶点的线段，如 Boltyanskiĭ 和 Efremovich [17，1.4 节，p.11]所介绍。

设 X、Y 为非空集。回想一下，从 X 到 Y 的**映射** h（由 h：$X \to Y$ 表示）具有这样的性质，即对于每个 $x \in X$，对应**恰好一个** $y \in Y$。让 $a\delta b$ 读作 a **接近** b，对于元素 $a, b \in X$。集合 Y 称为映射 h 的**范围**（也称为**图像**）。集合 X 称为映射 h 的**域**（也称为**预图像或前像**）。

映射 h: $X \to Y$ 是**连续的**，假设对于元素 $a, b \in X$，每当 $a\delta b$（即 a 和 b 接近），则 $h(a)\ \delta h(b)$（即 $h(a)$和 $h(b)$接近），即 h 是连续的，h 将 X 中的接近点映射到 Y 中的接近点。符号 $h(X)$ 读作 $h(X)$等于 Y 的子集，前提是 h 将 X 映射进（into）Y。在 **into** 的情况下，$h(X) \subset Y$。如果 h 将 X 映射到（**onto**）Y，则 $h(X) = Y$。这里将 onto 映射称为满射映射。

映射 h：$X \to Y$ 是一对一的，写成 $1 \leftrightarrow 1$（也是**单射**或可逆的），前提是 h 范围内的每个元素都对应于 h 的 X 域的唯一成员。换句话说，如果映射 h 是 $1 \leftrightarrow 1$ 的，那么 h 范围内的每幅图像在 h 的域中都有一个唯一的前像。映射 h 的逆表示为 h^{-1}。每当映射可逆时，则 $h^{-1}(x) = x$。既是 $1 \leftrightarrow 1$ 的又是 onto 的映射称为**双射**。有关映射的详细介绍，请参阅 Gellert 百科全书[18，14.5 节，p.325ff]。

例 3.22　**（1-1 的类型，onto 映射）**

考虑可逆映射 h：$X \to Y$ 的图像，这类似于每一侧都有一个手柄的头发梳子，其中梳子的每个尖齿都在由●表示的 X 中的成员 x 和由●表示的 $h(x) = Y$ 中的成员 y 之间（图 3.16(a)中的映射 h 既是 $1 \leftrightarrow 1$ 的又是 onto 的，图 3.16(b)中的映射只是 $1 \leftrightarrow 1$ 的而不是 onto 的）。图 3.16(b)中的映射不是 onto 的，因为 Y 的一些成员不包括在映射中，即 Y 的成员（由●表示不连接到 X 中的成员）不包括在映射 h 的范围内。

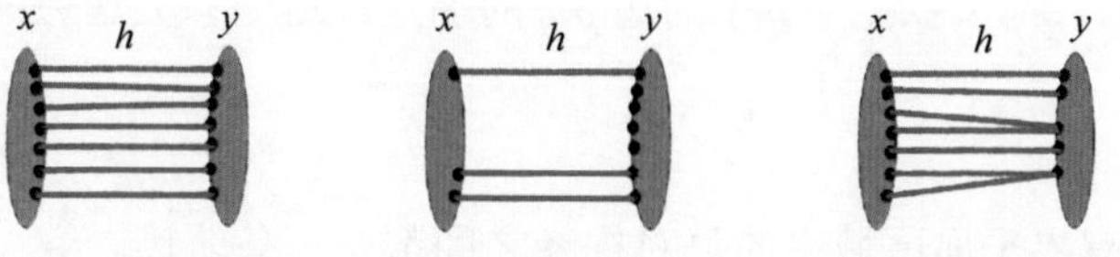

(a) 1-1, onto　(b) 1-1, 不是onto　(c) 不是1-1, onto

图 3.16　h：$X \to Y$ 映射与非映射的类型

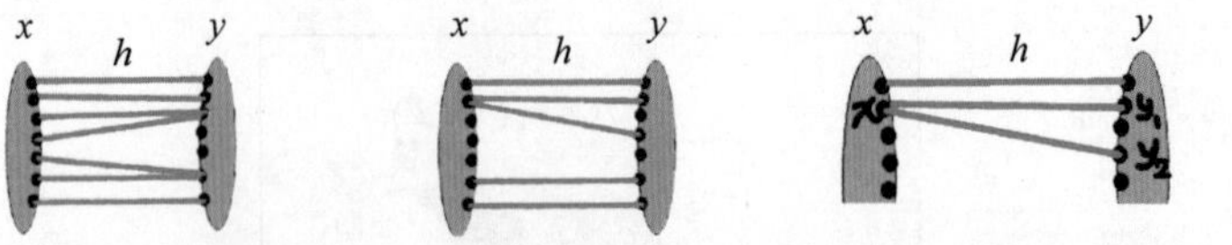

(d) 不是1↔1, 不是onto　　(e) 不是映射　　(f) 非映射：$h(x)=y_1$ 和 $h(x)=y_2$

图 3.16　h：$X \to Y$ 映射与非映射的类型（续）　■

例 3.23　（非映射）

每当 X 上的映射将多个成员映射到 Y 中的同一个 y 时，该映射就不是 1↔1 的。例如，图 3.16(c)中的映射 h 不是 1↔1 的，但却是 onto 的，因为 Y 的所有成员都包含在 h 的范围内。图 3.16(d)中表示的映射 h 不是 1↔1 的，也不是 onto 的，因为 Y 的一些成员不包括在 h 的范围内。在图 3.16(e)中，X 和 Y 之间的关系 h 不是映射，因为 X 中有一个成员 x 被同时映射到 Y 中的 y_1 和 y_2（如图 3.16(f)所示），即 h 没有将 x 映射到单个（唯一）Y 的成员。

设 X 和 Y 为一对群。**同源**（也称同胚）是一个映射 h: $X \to Y$，假设映射 h 是 1↔1 的（域中的每个元素只映射到范围内的一个元素）和 onto 的（$h(X) = Y$），而且映射 h 是连续的，并且逆映射 h^{-1} 也是连续的。同源通常称为**同源映射**。换句话说，映射 h 是一个双射，而 h 是双连续的（即映射及其逆都是连续的）。　■

例 3.24　（路径映射到单个边）

设 $X = \{\overline{p_1p_2}, \overline{p_2p_3}, \overline{p_3p_4}\}$是图 3.17 所示的连通弧的轨迹。例如，顶点 p_1 和 p_2 之间的曲线段表示为 $\overline{p_1p_2}$。也设映射 h：$X \to Y$ 定义为

$$\overbrace{h(X) = \bigcup_{i=1}^{3} p_i p_{i+1} = \overline{p_1 p_4} = Y}^{\text{路径}X\text{映射到线段}\overline{p_1 p_4}}$$

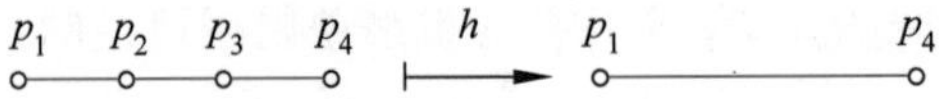

图 3.17　连通边的轨迹映射到单个线段

映射 h 是 1↔1 的，因为 X 中的每个点都映射到 $\overline{p_1p_4}$ 中的单个点。映射 h 是 X 到 $\overline{p_1p_4}$ 的 onto 映射，因为 $\overline{p_1p_4}$ 范围内的所有点都包含在映射中。对 $A, B \in X$，令 $A\delta B$ 读作 A 接近 B。观察到 h 是连续的，因为对 $\overline{p_1p_4}$ 范围中的 $h(x)$和 $h(x')$，X 中 $x\delta x'$映射到 $h(x)\ \delta h(x')$。最后，h^{-1} 也是连续的，因为 $h^{-1}(x)\ \delta h^{-1}(x')$映射到 $x\delta x'$。因此，轨迹 X 同源于段 $\overline{p_1p_4}$。　■

引理 3.25

三角化平面区域中的每一对顶点之间都有轨迹。

证明：设 $p,q\in$ cx$K$ 是一组顶点 K 上三角化平面区域中的一对顶点。每个顶点 $p\in K$ 连接到附近的顶点 $p'\in K$，并在边 $\overline{pp'}$ 上。选择 $p''\in K$ 靠近 p'，并在边 $\overline{p'p''}$ 上。重复此步骤，直到 q 是连通边序列 $\overline{pp'}$、$\overline{p'p''}$、...、$\overline{p^nq}$ 中的边 $\overline{p^nq}$ 的端点。这一系列连通的边在 p 和 q 之间形成一条轨迹。　■

引理 3.26

在三角化的有限有界平面区域中的每对神经之间都有一条轨迹。

证明：设 p 和 q 分别是一对神经 Nrv$A(p)$和 Nrv$B(q)$的核，位于三角化平面区域中。根

据引理 3.25，在核 p 和 q 之间有一条轨迹。 ■

例 3.27　（神经之间的路径）

图 3.18 显示了一对神经 Nrv$A(p)$和 Nrv$B(q)$中的核 p 和 q 之间的样本轨迹。

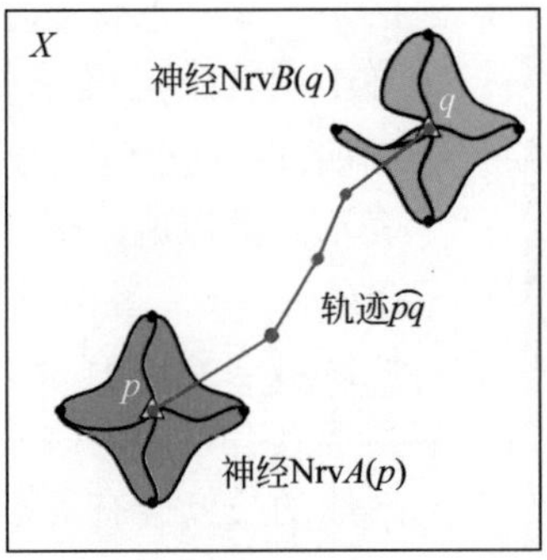

图 3.18　神经核之间连通边的轨迹 ■

单元分裂轨迹

单元拓扑的一个重要副产品是识别具有匹配特征矢量的单元面（单元分裂瞬间单元中的组件），以及存在来自空间中单元面的集族（团块）的动态变化的分段连续映射，从时空到它们的描述。随着时间的推移，这些从父单元到其子单元的单元面映射序列的效果是 Boltyanskiĭ 和 Efremovich 引入的 Boltyanskiĭ-Efremovich 轨迹[17，1.4 节，p.11]，它引导父单元中的特征矢量（n-D 顶点）到达具有匹配特征矢量的子单元。 ■

回想一下，**Boltyanskiĭ-Efremovich 轨迹**是一系列顶点之间的连通边序列，这些顶点的联合同源为单个线段，只有原始序列中的端点。就单元活动平面视图的三角剖分而言，主要结果是顶点之间轨迹的展开（随时间传播）使得追踪单元分裂树中的后代成为可能。

另一个重要的结果是通过在单元分裂期间从一系列流形中沿着特征矢量之间的轨迹移动一个非常小的两轮车来近似测地线。在不同顶点之间发现最短测地线取决于随着时间的推移，单元分裂的连续嵌入空间曲线（也称为扭曲曲线）的方式。有关空间曲线的介绍，请参见 Hilbert 和 Cohn-Vossen [19]。在每个接合点，**单元测地线**在通过曲面上顶点的曲线中具有最小的曲率，并且在测地线的顶点处具有相同的切线。

3.14　形状之间的测地线轨迹

测地线是局部长度最小化曲线[20]。这里的重点是位于三角化平面区域里的测地线轨迹上的形状。**测地线轨迹**是三角化有限有界平面区域中顶点之间的所有轨迹中长度最短的轨迹。在极限情况下，测地线是直线上的一系列线段（或 H.Weyl 所说的**大地线**[21，p.115]）。在实践中，测地线轨迹就像图 3.18 中的扭曲（摆动）轨迹 $\overline{pq}$。有关三角化图像目标形状的测地线的最新研究，请参阅 Ahmad 和 Peters [22]。在该研究中，重点是在对形状的近似中使用直线和曲线测地线。在这里，重点转移到通过形状顶点之间的测地线轨迹来确定三角化形状的接近度。

例如，观察图 3.19 中那不勒斯早餐图片[1]中形状之间的许多可能的测地线轨迹。

图 3.19 包含多种形状的那不勒斯早餐

例 3.28 （形状顶点之间的测地线）

图 3.19 中那不勒斯早餐的三角剖分如图 3.20(a)所示。一对形状 $\mathrm{sh}A(p)$和 $\mathrm{sh}B(q)$中顶点 p、q 之间的样本测地线$\overline{pq}$是图 3.19 所示的红色线段序列——。例如，图 3.20(b)中形状 $\mathrm{sh}A$ 上的特定顶点 p 由 $\mathrm{sh}A(p)$表示。类似地，图 3.20(c)中形状 $\mathrm{sh}B$ 上的顶点 q 由 $\mathrm{sh}B(q)$表示。图 3.20(c)中标记为 $\mathrm{sh}B$ 的突出显示的黄色区域表示具有最大数量的三角形的神经，这些三角形具有共同的核 q。根据对形状上顶点的选择，测地线的长度会有所不同。以下是 $\mathrm{sh}A(p)$和 $\mathrm{sh}B(q)$之间的测地线样例。

$\overline{pq}$ = 核p和q之间的测地线

$\overline{pp'''}$ = $\mathrm{sh}B$的核p和$\mathrm{sh}B$的顶点p'''之间的测地线

$\overline{p'q}$ = $\mathrm{sh}B$的顶点p'和$\mathrm{sh}B$的q之间的测地线

$\overline{p'p'''}$ = $\mathrm{sh}B$的顶点p'和$\mathrm{sh}B$的顶点p'''之间的测地线

测地线末端顶点的选择将取决于每个形状的最感兴趣的部分。

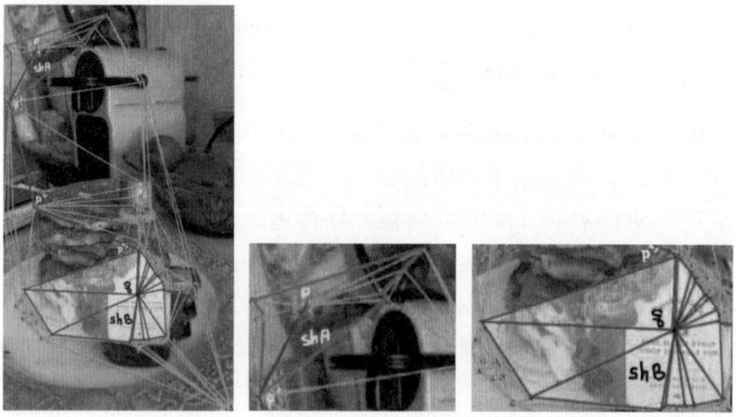

(a) 三角化形状 (b) 形状$\mathrm{sh}A(p)$ (c) 形状$\mathrm{sh}B(q)$

图 3.20 三角化图像形状上的测地线样本 ■

定理 3.29

在三角化的有限有界平面区域上的每对形状之间存在测地线轨迹。

证明：令 $\mathrm{cx}K$ 是有界平面区域的顶点集合 K 上的三角剖分。根据定义，每个平面形状 $\mathrm{sh}A$ 都有一个边界 $\mathrm{bdy}(\mathrm{sh}A)$，它是一条简单的闭合曲线。选择形状 $\mathrm{sh}A$、$\mathrm{sh}B\in \mathrm{cx}K$。选择边界 $\mathrm{bdy}(\mathrm{sh}A)$上的顶点 p 和边界 $\mathrm{bdy}(\mathrm{sh}B)$上的顶点 q。根据引理 3.26，在 p 和 q 之间有一个轨迹$\overline{pq}$。通过选择路径$\overline{pq}$中每对可能顶点之间的最短轨迹，我们获得了 p 和 q 之间的测地线。 ■

1 非常感谢 R. Tozzi 和 A. Tozzi 提供那不勒斯早餐图片。

习题 3.30

证明三角化平面形状之间的路径中的每个线段都有最短的线段。■

习题 3.31

给出一种算法来查找并突出显示视频每一帧里三角化有界区域中一对形状之间的测地线轨迹。使用 MATLAB®在视频帧图像上实现您的算法。■

视频帧图像中目标的形状变化非常小，前提是摄像机的移动量很小，并且视觉场景的组成部分在很短的时间间隔内变化很小。对以三角化帧中选定顶点之间测地线轨迹的形式来映射连续形状变化的轨迹值得关注。拍电影期间记录的形状变化的集族定义了形状空间。**形状空间**是视频帧图像序列中形状变化顶点的记录。**形状变化测地线轨迹**是形状空间中所记录变化顶点之间的一系列线段。有关这方面的更多信息，请参阅 Faraway 和 Trotman [23]。

习题 3.32

给出一种算法来计算视频帧图像序列上三角化有界视频帧图像区域上顶点之间的形状变化的测地线的长度。形状变化由形状边界顶点的变化记录表示，其中所选形状边界顶点对之间的线段长度和梯度发生相应变化。使用 MATLAB®在 10 个不同视频帧图像的选择上实现您的算法。■

3.15　基 本 形 状

基本形状是一个有限有界平面区域，其边界是简单的闭合曲线，并且内部为非空。回想一下，简单的闭合曲线是没有自相交（环）的曲线。设 A 是一条简单的闭合曲线。由 A 包围的内部平面区域用 int$A$ 表示，A 外部的平面区域用 ext$A$ 表示。有关简单闭合曲线的更多信息，请参见[18，p.682f]。

例 3.33　（**简单闭合曲线示例**）

图 3.21 显示了一个简单的闭合曲线 A 的样例。在图 3.21 中，内部点 int$p$ 由靶心●表示，外点 ext$q$ 由靶心●表示。

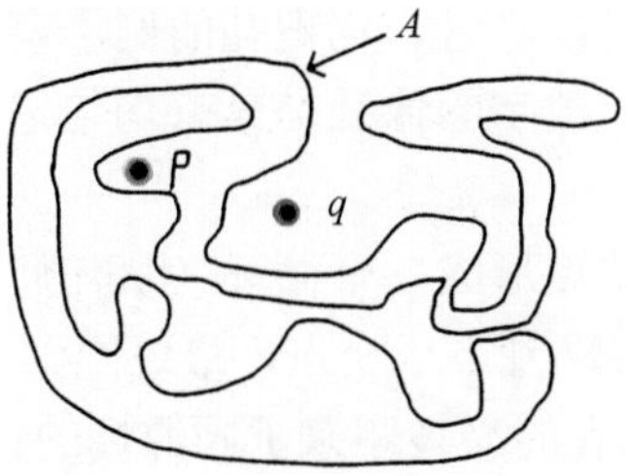

图 3.21　简单闭合曲线样例，$p\in$ int$A$，$q\in$ ext$A$　■

实际上，简单的闭合曲线提供了基本平面形状的轮廓，该轮廓包围了不同的内部区域以及基本形状外部的平面区域。从乔丹曲线定理 1.1，我们得到以下所有平面基本形状的结果。

定理 3.34　（**Di Concilio-Guadagni-Peters 定理**）

每个基本平面形状将平面分成两部分。

证明：根据定义，基本平面形状的边界是简单的闭合曲线。形状边界确定形状的内部

平面区域和外部平面区域之间的分隔。因此，根据乔丹曲线定理 1.1，基本形状将平面分成两部分。■

乔丹曲线定理可扩展到 3-D 空间中的曲面，其中每个简单的闭合曲面（一个不会折叠成自身的曲面）将空间划分为两个区域，就像平面上简单闭合曲线所做的那样[6，p.3]。

单元复合形的拓扑

简单的闭合曲线没有物理对应物。情况是这样的，因为沿着平面基本形状边界的简单闭合曲线上的任何点都没有质量，而物理点在时空中具有质量。基本形状是几何形状的一个示例，它是具有明确边界的表面区域。■

几何形状是没有物理对应物的基本形状。也就是说，平面简单闭合曲线上的点没有物理对应物。几何形状的示例是顶点、填充三角形和几何球。**物理形状**是时空中的有限有界区域，它是具有非空内部的简单封闭曲面。没有把手的杯子是一个简单的 3-D 物理形状的封闭表面。**平面物理形状（2-D 物理形状）**是平面上一个完全平坦的有限区域，其边界为简单闭合曲线且内部为非空。例如，2-D 数字图像的每个有界区域都显示由图像形状边界和内部的像素强度定义的平面物理形状。

数字图像是视觉场景中一族物理形状的反射光的快照。例如，驾驶员的躯干形状如图 3.23(a)所示。平面**数字图像形状**是由具有非空内部的简单封闭表面界定的 2-D 数字图像区域。类似地，**红外（IR）图像**是红外光谱中检测到的反射热能的快照，用于非反射光场景中的物理形状集族。**IR 形状**是来自物理形状的热波长的记录。

图 3.22　V. A. Yurkin，19 世纪 40 年代的自画像

在这些情况下，Yurkin [24]（参见图 3.22 中的自画像[1]）对物理边界的观察与考虑物理形状相关，即边界包围了整个区域，同时又是具体的边界（属于区域）。

几何孔是有限有界平面（2-D）区域，其边界为简单闭合曲线，内部为空。实际上，几何孔不能缩小为一个点，因为孔的内部没有点。一个**物理孔**（空腔）是一个有限有界 3-D 时空区域，光（或任何质量，如水）可以穿过。物理孔的例子有咖啡杯把手、窗纱和金属丝或绳圈。**数字图像孔**是具有均匀像素强度的有限有界平面图像区域。

一般而言，由于孔边界上的点形成一个循环（从任何孔边界点开始，沿着边界从一个点移动到下一个点，最终回到起点），Adhikari [25，2.6 节，p.83]借助循环来辨识孔。对图像孔的兴趣带来了同源性的计算形式（同源群及其生成元），它根据孔的循环边界来表征目标，包括检测单元（在包含孔区域的单纯复合形上的顶点、边缘、面）、循环（连通顶点、闭合连通边和面的集合）、链（连通顶点、边和面的集合）和孔的边界。

边界是围绕孔的链复合形。**链复合形**是连通单元的集族。**循环**是定向骨架上的闭环中连通的单元的序列。一对环是同源的，只要它们限定了一个空间区域，比如一个洞。有关

1　非常感谢 Alexander Yurkin 提供这幅他父亲的自画像。

这方面的更多信息，请参见 Pranav、Edelsbrunner、van de Weygaert 和 Vegter [26]。在平面中，实心三角形的有向边通过顺时针或逆时针方向的连通来定向。定向边保证每个有向边都有一个逆，为加性循环群提供了基础。有关这方面的更多信息，请参阅 Peltier、Ion、Haxhimusa、Kropatsch 和 Damiand [27]。

例 3.35 （数字图像孔示例）

停在萨勒诺火车站外的意大利 Emme 邮政车如图 3.23 所示。孔的样例如图 3.23(b)所示。孔的质心位置如图 3.23(c)所示。在每种情况下，孔的质心由红点●表示。

(a) Emme邮政车　(b) 图像孔　(c) 孔质心　(d) 过滤孔

图 3.23　示例图像孔 ■

由于多种原因，孔是很有趣的。从拓扑的角度来看，几何孔不能收缩为点，因为这样的孔内部是空的，即几何孔内部不包含点。从计算拓扑的角度来看，数字图像孔内部不是空的，但图像孔内部不包含可区分点。在各种情况下，都不可以将孔压缩（收缩）到某个特定内部点。从图 3.23 中的二值化 Emme 邮政车图像样本中，可注意到 2-D 数字图像孔是具有许多不同形状的有界区域。

请注意，图像孔可以是包含低强度像素的有界图像区域。

例 3.36 （低亮度和高亮度图像孔示例）

如图 3.24(a)所示的意大利 Emme 邮政车驾驶员的驾驶室包含许多孔，这些孔包含均匀的低亮度像素，而包含均匀高亮度像素的有界区域如图 3.24(b)所示。

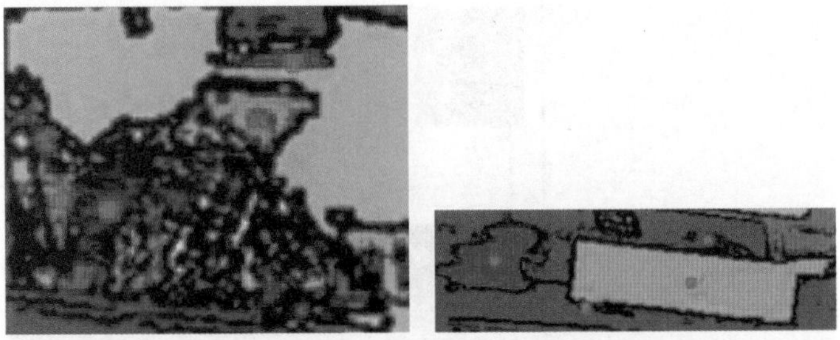

(a) Emme邮政车暗孔　(b) Emme邮政车发光孔

图 3.24　暗孔和（白光）照明图像孔示例 ■

平面图像形状边界上的简单闭合曲线 M 是**弧形连通**的。这意味着在 M 上的任意两个像素点之间有一条弧线。M 上的点形成连通点的弧形循环链。也就是说，给定连通在 M 上的点 p 和 q 之间的任何弧 A，A 的任一端点（例如 p）是 M 上有限弧序列的开始，因此序列中最后一个弧的端点 q 也在 A 上。结果称为 M 上的**循环链式连通**点集[28，p.338]。

定理 3.37

平面物理形状的每个边界都可以分解成一个循环的链式像素集。

证明：可借助构造来证明。选择任何包含像素的集合 M 和在 $p, q\in M$ 之间连通的弧 A。假设 M 包含至少 3 像素。然后将 p 连接到 M 上的在 p 和 $r\in M\backslash q$ 或 $q\in M$ 之间的弧段。重复此操作，直到选择的最后一个弧以 q 作为端点。■

3.16　形状接近性：将互相邻近的形状集族缝合在一起

在本节中，可以将在三角化平面区域中找到的形状收集到那些彼此具有相似性的形状的集族中。这是通过在三角化区域上施加接近关系来完成的。

令 X 为非空集，令 2^X 表示 X 中所有子集的集族，其中 A，$B\in 2^X$。

回想一下，集族 2^X 上的邻近关系 δ 是集族 2^X 中的一组有序子集对。如果 $(A, B)\in\delta$，可观察到 δ 对有序对 (A, B) 成立，并将其写成 $A\delta B$ 的形式。我们可以在 X 上构建一个 **Leader 统一拓扑**（参见 Learder [29]）。为此，选择接近每个给定集合 $A\in 2^X$ 的所有集合 $B\in 2^X$。最终结果集族是一个 2^X 的子集族，这样的每个子集族都包含具有 $A\delta B$ 性质的成员。如果 A、B 具有匹配的描述，那么我们用 $A\delta_{\Phi}B$ 来表示 A 在描述性上接近 B。设 X 是一个平面区域，设 $\mathrm{cx}K$ 是从 X 中一组顶点 K 上的 X 三角剖分导出的单纯复合形。下标 Φ 来自描述映射 Φ: $2^X\to \mathrm{R}^n$，其定义为

$$
\begin{aligned}
A_i &= \text{曲边三角形 } A_i\in \mathrm{cx}K\\
\Phi(A_i) &= \text{曲边三角形 } A_i\in \mathrm{cx}K\text{的特征值}\\
\Phi(A_i) &= \text{曲边三角形 } A_i\in \mathrm{cx}K\text{的特征矢量}\\
\Phi(A_i) &= (10) = \text{三角化区域}A_i\text{中的平均红外像素强度}
\end{aligned}
$$

因此，$A\delta_{\Phi}B$ 读作相对于像素强度 A 在描述性上接近 B（图 3.25）。

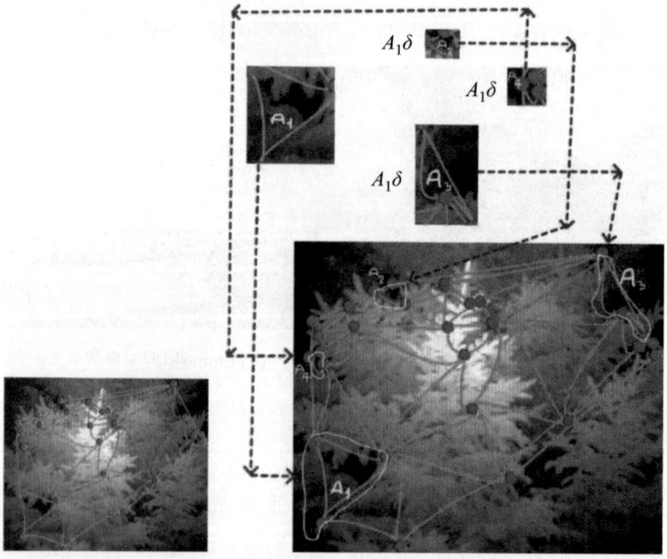

(a) 三角化的IR区域　　(b) 描述性接近IR三角形

图 3.25　描述性接近弯曲 2 单元的样本集族

例 3.38　（**Leader 统一拓扑中的描述性接近集**）

一个三角化的 IR 区域如图 3.25(a)所示。要开始构建 Leader 统一拓扑，请选择实心三角形，例如图 3.25(a)中的$\blacktriangle A_1$。请注意，均匀包含$\blacktriangle A_1$的有界样本区域有一个非常暗的区域。接下来，将$\blacktriangle A_1$的描述与图 3.25(a)中的其他曲边三角形进行比较，寻找匹配的描述。例如，

$\blacktriangle A_1 \delta_\Phi \blacktriangle A_2$（$\blacktriangle A_1$描述性接近$\blacktriangle A_2$）

$\blacktriangle A_1 \delta_\Phi \blacktriangle A_3$（$\blacktriangle A_1$描述性接近$\blacktriangle A_3$）

$\blacktriangle A_1 \delta_\Phi \blacktriangle A_4$（$\blacktriangle A_1$描述性接近$\blacktriangle A_4$）

在这种情况下，集合$\{A_1, A_2, A_3, A_4\}$是图 3.25(a)中三角化区域上 Learder 统一拓扑中描述性接近三角形的集族。■

3.17　从形状轮廓和骨架派生的循环群

本节简要讨论称为循环群的代数结构，它们可以从物理形状的轮廓和骨架中推导出来。这是通过将形状轮廓和骨架分解为单位长度弧的集族来完成的。

平面图像形状边界上的**弧**类似于 B.L. McAllister 所说的 Peano 连续体（连续曲线上任何可测量的闭合区间）中的**块**[28，p.337]。在本节中，我们考虑将简单闭合曲线分解为等长的弧。这为引入称为从形状边界派生的循环群的代数结构铺平了道路。为此，我们首先处理群结构，例如没有特殊属性的普通群、花园品种群以及阿贝尔群。首先，我们考虑普通群，这是与各种形状（包括物理形状）相关的普遍结构。

定义 3.39　（群）

一个**群**是一个对$(G, \circ)$，其中 G 是一个非空集，在 G 上定义了一个**二元运算**$\circ$。令 a、b、$c \in G$。G 是一个群，条件是

闭包：$a \circ b \in G$ 对于所有 a、$b \in G$。

恒等元：存在一个恒等元 $e \in G$ 使得 $a \circ e = a$ 对于所有 $a \in G$。

结合性：$(a \circ b) \circ c = a \circ (b \circ c)$对于所有 a、$b \in G$。

逆元：存在一个逆元$-a \in G$ 使得 $a \circ -ae$ 对于所有 $a \in G$。注意逆元$-a$ 是 $a \in G$ 的负元，可以有许多不同的形式，取决于所选择的二元运算$\circ$和 G 中元素的性质。■

群的**二元运算**也称为**乘积**，用$\circ$或$\bullet$表示。回想一下，从集合 X 到集合 Y 的**映射**是 $X \times Y$ 的 M 的子集，这样，对于每个 $x \in X$，都有一个唯一元素 $y \in Y$，使得有序对(x, y)在 M 中[13，2 节，p.10]。我们写成 $\pi : X \rightarrow Y$ 以表示 π 是 X 到 Y 的映射，即 π 将 X 映射到 Y。

G 上的二元运算是映射$\circ$: $G \times G \rightarrow G$，它将乘积 $G \times G$ 映射到 G（即$\circ$是封闭的）。一般设 X 是一个非空集。$X \times X$ 到 X 的映射$\circ$是对 X 的**二元运算**。**恒等元**是群$(G, \circ)$中的一个特殊元素（通常用 e 表示），它使 G 中的任何其他元素在 ae 之后保持不变，对于所有 $a \in G$。Herstein [13]给出了一个很好的群论介绍。

例 3.40

令 G 为整数 0，±1，±2，±3，…的集合，并令$\circ$ =+（加法运算）。■

习题 3.41

验证例 3.40 中的加法$(G,+)$是否满足群属性。■

例 3.42

设 G 为**幂集**，即集合 G（用 2^G 表示）的所有子集的集族，令$\circ = \cap$（**集合交集**）。回想一下，对于 G 中的子集 A、B，其交集 $A \cap B$ 定义为

$$A \bigcap B = \{x \in A : x \in B\} \quad \text{（集合交集）}$$

即 $A \cap B$ 是 A 中所有也在 B 中的元素的集合。关于集合论的一个很好的介绍，参见 Moschovakis [30]。注意空集∅包含在 2^A 中。令 A^c（$A \subseteq G$ 的补集）表示不在 A 中的元素集合，G^c 是所有不在 G 中的元素的集合。就交集而言，A^c 是 A 的逆，∅是恒等元。即，$A \cap A^c = \varnothing$。

■

习题 3.43 🚲

验证例 3.42 中的$(G, \cap)$是否满足群属性。 ■

例 3.44

设 X 是图 3.26 兔子草图中的一组形状，即

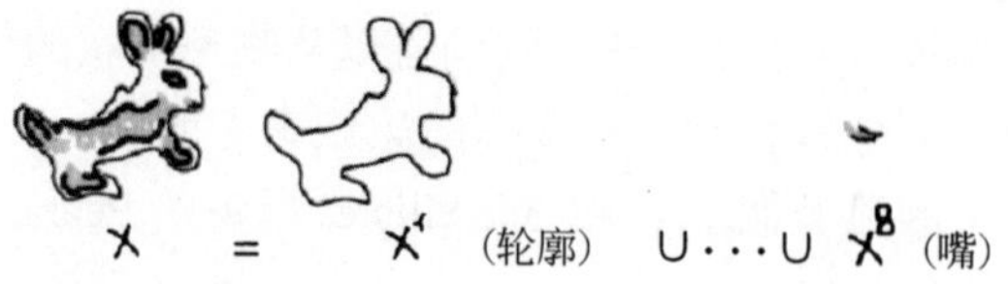

换句话说，从图 3.26 中，我们有

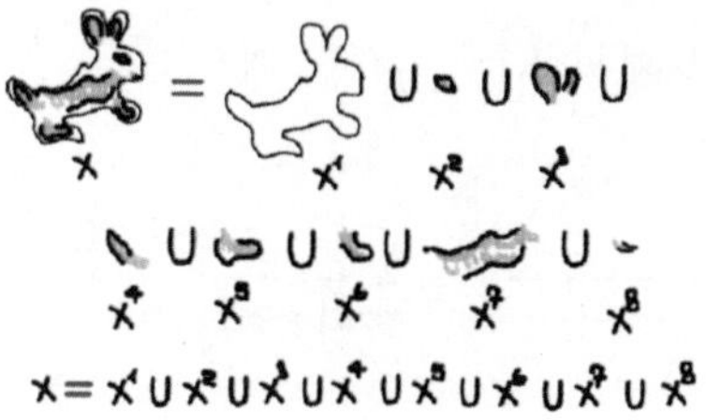
图 3.26 兔子形状子集

$$X = X_1 \cdots \bigcup X_i \bigcup \cdots \bigcup X_8 = \bigcup_{i=1}^{8} X_i$$

（兔子草图中子集的并集）

其中

X_1 = 兔子形状轮廓（边界）

X_2 = 眼睛

X_3 = 内耳

X_4 = 内尾

X_5 = 内后爪

X_6 = 内前爪

X_7 = 体毛

X_8 = 嘴巴

设 X 是集合 X_i 的所有子集的集族，$1 \leqslant i \leqslant 8$（用 2^X 表示，形状幂集）并令$\circ = \cup$（并集）。再次注意空集∅包含在 2^X 中。令 X_i^c（X_i 的补集）表示不在 X_i 中的元素的集合，X^c 是不在 X 中的元素的集合。就交集∩而言，X_i^c 是 X_i 的逆，∅是恒等元，则 $X_i \cap X_i^c = \varnothing$。 ■

习题 3.45 🚲

验证例 3.44 中的$(X, \cap)$是否满足群属性。 ■

例 3.46

令 G 是数字图像 Img 中所有像素强度值的集合。假设 Img 中的所有像素强度值的范围为 0～255。$x \bmod m$ 的**余数**表示 x 除以 m 后的余数。数 m 称为**模数**。这有时称为**时钟算法**。让 $x \bmod 255 = \text{mod}\,[x, 255]$表示 x 除以 255 后的余数。例如，$55 \bmod 255 = \text{mod}\,[55, 255] = 55$（55 除以 255 后的余数）。

■

习题 3.47

验证例 3.46 中的$(G, \mathrm{mod}255)$是否满足群属性。 ■

例 3.48

设 G 是数字图像 Img 的所有子图像的集族（A 的所有子图像的集族，用 2^{Img} 表示）并令$\circ=\cap$（交集）。请注意，如果 A 是 G 中的一个子集，则 A^c（A 的补集）是所有不在 A 中的子图像的集合。因此，$A\cap A^c=\varnothing$，即 A^c 是 A 相对于集合交集的逆。请注意，空集$\varnothing$是不包含像素的空白子图像，即包含在 2^{Img} 中。空集用作 G 中子图像上交集的恒等元。 ■

习题 3.49

验证例 3.48 中的$(G, \cap)$是否满足群属性。

提示：图像 Img 中任意一对子图像的交集是 2^{Img} 中的子集之一。 ■

定义 3.50　（阿贝尔群）

设 G 是一个在 G 上定义了二元运算$\circ$的群。设 $a, b\in G$。G 是一个**阿贝尔群**，条件是

交换性：$a\circ b=b\circ a$ 对于所有 $a, b\in G$。 ■

习题 3.51

证明例 3.44 中兔子形状子集的群$(G, \cap)$是阿贝尔群。

提示：检查 G 上交点交集的性质。 ■

习题 3.52

证明例 3.46（像素强度的时钟算法）中的群$(G, \mathrm{mod}255)$是阿贝尔群。

提示：检查并集 mod255 的属性。 ■

习题 3.53

证明例 3.48（2^{Img} 的交集）中的群$(G, \cap)$是阿贝尔群。

提示：检查 G 上交点交集的性质。 ■

考虑将圆形轮廓（边界）分解为弧，以便每条弧都是最小弧的倍数。例如，图 3.27 中的弧 $\overline{AC}$ 的长度是弧 $\overline{AB}$ 的长度的两倍。类似地 $\overline{AD}=3\,\overline{AB}$ 。

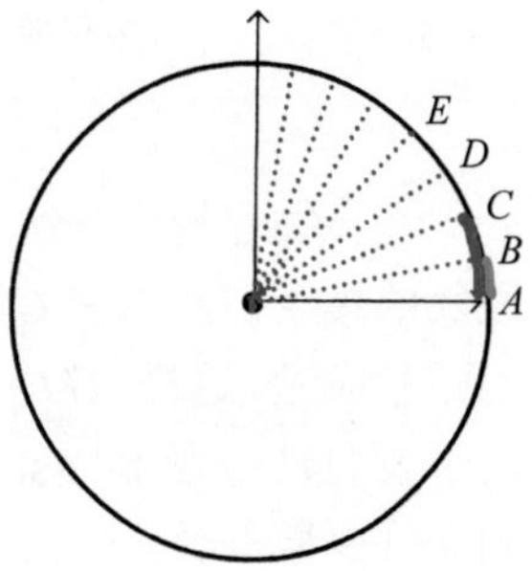

图 3.27　圆弧生成元

弧 $\overline{AB}$ 是 Giblin [10，A.6 节，p.216]称为循环组中的**生成元**的一个例子。令$(G,+)$是一个群，令 $q\in G$。元素 q 是 G 的生成元，只要每个 $x\in G$ 都可以写成 q 的倍数，即对于某个整数 n，$x=nq$。

例 3.54

令 G 等于运算+下的整数集。对于一个正整数 $x\in G$，有 $x=n\bullet 1$。如果 x 是一个负整数，那么有 $x=-n\bullet 1$。而且，如果 $x=0$，那么 $x=0\bullet 1$。因此，1 是整数的生成元。 ■

定义 3.55　（循环群[10]）

一个群$(G,+)$是循环的，只要存在一个元素 $a\in G$ 使得任何 $b\in G$ 对于某个整数 $n\in\mathbf{Z}^+\cup 0$（n 是一个正整数或零）都具有 na 的形式。元素 a 称为 G 的生成元，$-a$ 是生成元 a 的逆元。 ■

例 3.56

令 G 等于整数集 0，±1，±2，±3，…，并令$\circ=+$（加法运算），具有生成元+1。 ■

习题 3.57

验证例 3.56 中的$(G,+)$是一个循环群。

提示： 利用习题 3.41 中的$(G, +)$是一个群的事实。■

例 3.58

令 G_{arc} 等于图 3.27 中圆⊙的圆周上的弧集，因此 G 中的每条弧都是弧 $\overline{AB}$（生成元）的倍数，并在 G 中的弧集上定义+。■

习题 3.59

验证例 3.58 中的$(G_{arc},+)$是一个循环群。

提示： 首先证明$(G_{arc}, +)$是一个群。然后观察每个弧 $b\in G_{arc}$ 是 $\overline{AB}$ 的倍数。集合 G_{arc} 非常受限制。请注意，图 3.27 中圆边界上还有许多其他的弧不包含在 G_{arc} 中的弧集中。■

平面**几何轮廓**是平面几何形状的边界，它是一条简单闭合曲线。平面**物理轮廓**是物理形状 A（由 bdy(sh$A$)表示）的边界。平面物理轮廓是简单闭合曲线的物理对应物。也就是说，物理轮廓的每一段在时空中都有质量，而几何轮廓的每一段都没有质量。每个物理形状都有一个骨架。

例 3.60

图 3.28(a)给出了兔子物理形状的草图（称之为形状 sh$A$）。sh$A$ 的轮廓如图 3.28(b)所示（称为形状 bdy(sh$A$)）。sh$A$ 的骨架显示在图 3.28(c)中皮包骨的兔子形状内部。图 3.28(d)给出了兔子的（自身）身体骨架。

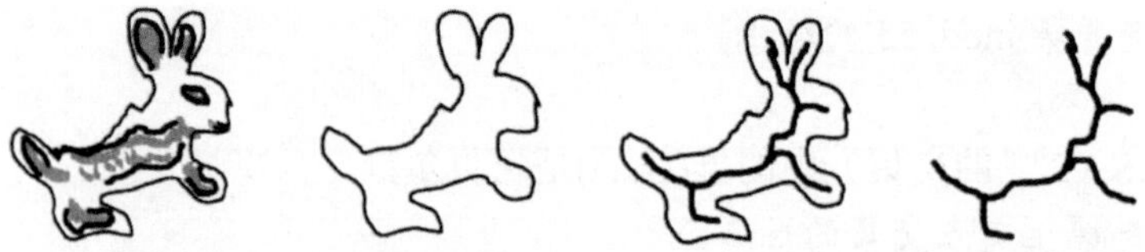

(a) 物理形状　(b) 形状轮廓　(c) 骨架化形状　(d) 裸骨骨架

图 3.28　明暗图像孔示例 ■

在将物理轮廓分解为弧时，目标是将形状 A 的轮廓 bdy(sh$A$)分解为具有相同长度的连通弧的集族 G，以使 G 覆盖 bdy(sh$A$)。为此，必须选择具有某些单位长度（例如 1 mm）的弧生成元。这样，G 中的每一个圆弧长都是 $n\times 1$mm。如果单位弧长足够小，这是可能的。由于我们只需要 bdy(sh$A$) $\subseteq G$，因此在不能将轮廓均匀划分为相同长度的弧的情况下，我们允许少量重叠。

例 3.61

图 3.29 所示为一个物理轮廓的分解示例。这里的假设是弧 $\overline{AE} = 5\,\overline{AB}$ 。

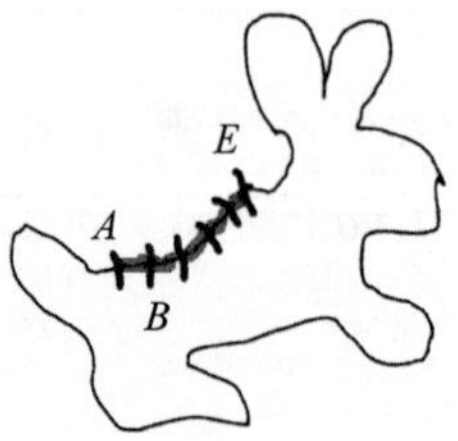

图 3.29　分解为弧的物理轮廓 ■

定理 3.62　（物理轮廓循环群）

每个平面物理轮廓都有一个用于循环群的弧生成元。

证明：设 bdy(sh$A$)是物理形状 A 的轮廓。将 bdy(sh$A$)分解为覆盖 G 的连通弧的集族 G，使得每个弧 $a\in G$ 及其逆$-a$ 具有相同的长度，使得 G 中每条弧的长度都是 a 的整数倍。因此，根据定义，$(G,+)$是一个循环群。■

平面**几何形状骨架**是连通线段（几何 1-单元）的集族，因此每个线段与线段两侧的形状轮廓等距。物理形状 sh$A$ 的平面**物理形状骨架**是连通边的集族（由 shⓢA 表示的物理 1-单元（线段）的集族），因此线段上的每个顶点与边两侧的形状轮廓等距。请注意，形状骨架上的线段可以是直的，也可以不是直的。

例 3.63

物理形状 sh$A$ 的骨架显示在图 3.28(a)中皮包骨的兔子形状内部（称为 shⓢA）。图 3.28(d)给出了（单独的）兔子物理骨架 sh$A$。■

使用类似于分解物理轮廓的方法，以实现将形状骨架 A 的轮廓 bdy(sh$A$)分解为具有相同长度的连通集族的 G 目标，使得 G 覆盖 bdy(sh$A$)且 G 中每个弧长是单个弧长的倍数（单个弧 $a\in G$ 是 $b\in G$ 中所有其他弧的生成元，其中 $b=na$）。为此，必须选择具有某些单位长度（例如 1 mm）的弧生成元。那么 G 中的每条弧都是 $n\times$ 1mm。

例 3.64

物理形状 sh$A$ 的骨架显示在图 3.28(d)中皮包骨的兔子形状内部（称为 shⓢA）。在图 3.28(d)中，（单独的）兔子物理骨架 shⓢA 中的部分被分解为单位长度的弧。物理轮廓的部分分解如图 3.30 所示。这里的假设是弧 $\overline{AE}=5\overline{AB}$。

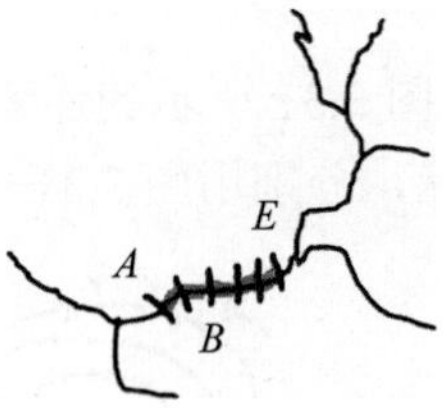

图 3.30　分解成弧线的物理骨架　■

定理 3.65　（物理骨架循环群）

每个平面物理骨架都有一个用于循环群的弧生成元。

证明：设 shⓢA）是物理形状 A 的骨架。将 shⓢA）分解为相同长度的连通弧 a 的集族 G，使得 G 覆盖 shⓢA），并且 G 中每条弧的每个长度都是 a 的倍数。也就是说，如果 b 是骨架 G 中的弧，则 $b=na$，$n\in\mathbf{Z}^+\cup\{0\}$。因此，根据定义，$(G,+)$是一个循环群。■

3.18　在骨架涡旋上的自由阿贝尔群

有限生成的（f.g.）循环群$(G,+)$是具有生成元 $q_1,\cdots,q_n$（$n\geqslant 1$）的循环群，只要满足，对于 $x\in G$

$$x=\lambda_1 q_1+\cdots+\lambda_i q_i+\cdots+\lambda_k q_k,\ k\leqslant n;\ q_1,\cdots,q_k\in G;\ \lambda_i\in\mathbf{Z}$$

$(G,+)$是一个**自由的 f.g.循环群**，只要满足

$$x=\lambda_1 q_1+\cdots+\lambda_k q_k=0,\ q_1,\cdots,q_k\in G \text{ 表明 } \lambda_1=\cdots=\lambda_k=0$$

运算+是阿贝尔运算。也就是说，对于任意一对元素 $x, y\in G$，我们有

$$x+y=y+x \quad \text{运算+的阿贝尔性质}$$

说+是阿贝尔（运算）是对+具有交换性的另一种说法。

自由阿贝尔群 G 的**秩**（用 r 表示）等于 G 的生成元数量（Giblin [10，定理 A.30，p.234]，见亚历山德罗夫[31，2 卷，p.213]）。例如，(Z,+)的秩为 1，因为每个整数都是数字 1 的倍数。具有 r 个生成元$\langle x\rangle$的自由阿贝尔群用 G_r 表示。有限自由阿贝尔群$(G,+)$是循环群集族的直接和[32，p.188]。令 $x_1, ..., x_k\in G$ 并令 $m_1,m_2, ..., m_i, ...,m_k$，$1\leqslant i\leqslant k$ 是整数。这意味着 G 中的每个成员 g 都有 $k>0$ 个生成元$\langle x_1\rangle,\langle x_2\rangle, ..., \langle x_i\rangle, ...,\langle x\rangle_k$可用以下方式写成生成元的线性组合。

$$g=\overbrace{m_1x_1+m_2x_2+\cdots+m_ix_i+\cdots+m_kx_k}^{\text{生成元的线性组合}}$$

带有一个生成元$\langle x\rangle$的**自由阿贝尔群**$(G,+)=(\{\langle x\rangle\},+)$是一个循环群。

由于 G 的每个成员都是生成元 $q_1,\cdots, q_n$ 与乘数 $\lambda_1 +\cdots+ \lambda_k$ 的线性组合，因此生成元的集合称为 G 的基。也就是说，**线性组合**是基元素的和，其中和的每一项是基元素的倍数。设 G_2 是一个自由群，有 2 个生成元$\langle q_1\rangle$和$\langle q_2\rangle$。例如，设$\langle q_1\rangle$为 89 条相连线段的集族，$\langle q_2\rangle$为 21 条相连线段的集族。因此，群成员 $g\in G_2$ 可定义为

$$g=\lambda_1 g_1+\lambda_2 g_2=89\bullet q_1+21\bullet q_2=\text{源自}\langle q_1\rangle\text{和}\langle q_2\rangle\text{的连通段}$$

有关自由群的更多信息，请参阅 Giblin [10，A.10 节，p.218]。

例 3.66

自由循环群 G_2 的一对生成元由图 3.31 所示的连通涡旋表示。我们写成 G_2，因为这个自由群的秩是 2，即 G 有 2 个生成元，分别用图 3.31 中的$\langle q_1\rangle$、$\langle q_2\rangle$表示。

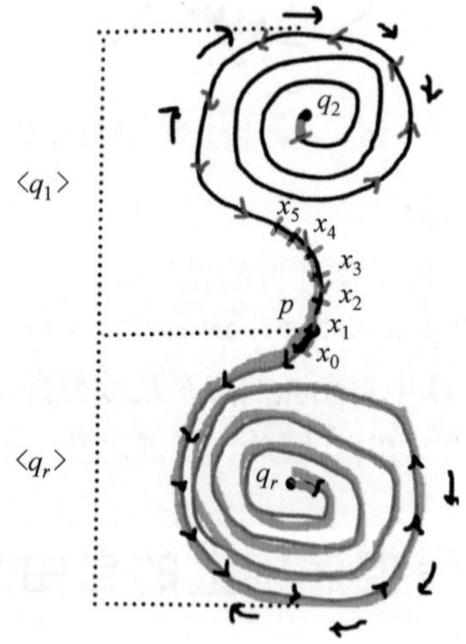

图 3.31 带有两个生成元$\langle q_1\rangle$、$\langle q_2\rangle$的自由循环群 G_2 ■

3.19　图像目标形状上的边界链

到目前为止，已经在单纯复合形中几何形成的定向连通边上定义了自由群生成元。接下来，我们过渡到空间填充定向的连通骨架（主要是空间填充单元复合形中的 2-单元（填充三角形）上的粗边）。回忆一下欧氏几何，线段仅有长度而宽度为零。粗线段（fat line segment，f.l.s.）是具有宽度的物理边。f.l.s.的范式是用铅笔绘制的线段。**粗线**是连通的粗线段的集族。

重心是二角形中线相交处的顶点。回想一下三角形中线是从三角形顶点到另一边中点的线。绘制在实心三角形重心处相交的中线的最终结果是对原始三角形进行**重心细分**并引入六个新三角形、三个中点顶点和三个新边。各个实心三角形等于重心面的总和（即重心细分中的三角形）。这给出了一个新的单元复合形，即

$$\blacktriangle\text{复合形} = \bigcup 2\text{-单元的重心细分}$$

例 3.67

实心三角形的重心细分样例如图 3.32 所示。中线的交点在 p（三角形的重心）处。

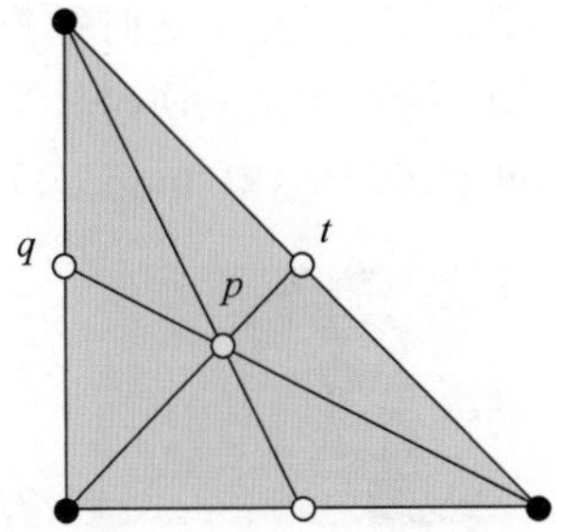

图 3.32　实心三角形的重心 p　■

在获得围绕图像形状内部孔边界的每个定向填充三角形的重心细分后，我们可以开始从覆盖每个孔边界的单纯复合形中导出生成元。我们有多种单元选择（在本例中为边），可用于推导形状中孔的边界。例如，我们可以选择沿着每个孔周围三角形边的定向边。或者我们可以选择一系列有向边，以便每个边界边都有一个重心作为其顶点之一。

平面定向 2-单元的**边界**（用$\partial\blacktriangle$表示）是其边的总和。设 p、q、r 是 2-单元$\blacktriangle$的顶点。那么边界$\partial\blacktriangle$定义为

$$\partial\blacktriangle = \overline{pq} + \overline{pr} + \overline{qr} \quad \text{(2-单元的边界)}$$

在对包含孔的有限有界平面区域进行三角剖分后，每个孔的边界是其定向边界的总和。通过添加作为孔定向边的加数 λ（由 $\lambda\partial\blacktriangle$ 表示），我们获得了**孔边界**的表达，即，

$$\lambda\partial\blacktriangle = \overbrace{\partial\blacktriangle + \cdots + \partial\blacktriangle}^{\lambda\text{项}} \quad \text{(孔的定向边界)}$$

大多数图像包含多个孔。每个孔的边界包含由一系列连接的 0-单元定义的路径，例如沿着每个孔的边界的三角形上相邻重心对上的一系列边。每个包含连通的、定向的重心边的边界定义了一条链。令$\partial\blacktriangle_i$为沿边界的第 i 条路径（连通边）。**边界链** c 是路径的总和，

定义为

$$c = \sum \partial \blacktriangle_i$$

出于这个原因，我们考虑在单纯复合形 K 的孔上所谓的边界链（用 $C_n = C_n(K)$表示），定义为

$$C_n = \{\partial_n : C_n(K) \to C_{n-1}(K)\} \quad \text{（边界链）}$$

其中

$$A = \{\partial \blacktriangle_1, \cdots, \partial \blacktriangle_i, \cdots, \partial \blacktriangle_n\}$$

$$\partial_n(A \in 2^K) = \overbrace{\lambda_1 \partial \blacktriangle_1 + \cdots + \lambda_i \partial \blacktriangle_i + \lambda_{i+1} \partial \blacktriangle_{i+1} + \cdots + \lambda_n \partial \blacktriangle_n}^{\boldsymbol{n}\text{链映射}}$$

每个系数λ_i是一个整数，表示孔边界$\blacktriangle_i$上的定向单元（例如，有向边）的数量。在定义基于 n-链的加法群时，对系数λ_i执行加法。

例 3.68　（边界链系数的相加）

考虑图 3.33 中 C_2-链上的以下各个整数系数，加法为 mod 2（除以 2 后的余数）：

$$\begin{aligned} C_2 &= \lambda_1 \partial \blacktriangle_1 + \lambda_2 \partial \blacktriangle_2, \text{ 其中} \\ \lambda_1 &= +5\text{孔上顺时针方向的边} \\ \lambda_2 &= +8\text{孔上连通顺时针方向的边} \\ -\lambda_1 &= -5\text{孔上逆时针方向的边} \\ -\lambda_2 &= -8\text{孔上逆时针方向的边} \\ (\lambda_1 + \lambda_2)\bmod 2 &= (5+8)\bmod 2 = (13)\bmod 2 = 1 \end{aligned}$$

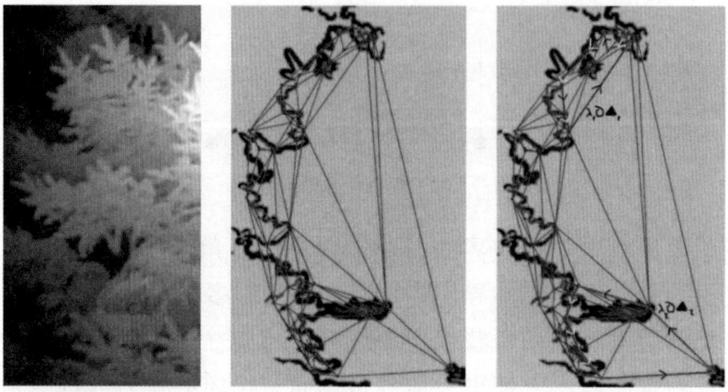

(a) 红外图像孔　　(b) 三角化图像　　(c) 孔边界

图 3.33　红外图像中一对形状孔的边界

为了给可加群提供基础，所有系数λ_i都映射到$\lambda_i \bmod k$，其中 k 是 n-链 C_n 中的项数。

■

加法模 k 表示为+[k]（+mod k 的简写）。例如，

$$(8+13)+[5] = (8+13)\bmod 5 = 21 \bmod 5 = 1$$

习题 3.69　🚲

令 C_5 为 5-边界链

$$C_5 = \lambda_1 \partial \blacktriangle_1 + \lambda_2 \partial \blacktriangle_2 + \lambda_3 \partial \blacktriangle_3 + \lambda_4 \partial \blacktriangle_4 + \lambda_5 \partial \blacktriangle_5$$

其中$\lambda_1 = 9$，$\lambda_2 = 11$，$\lambda_3 = 5$，$\lambda_4 = 8$，$\lambda_5 = 12$。

给出一个表，表示加法模 5 的$(C_5, +[5])$链群。■

习题 3.70

编写一个 Mathematica 程序来执行以下操作：

（1）从具有三幅数字图像的集族中选择一幅图像。

（2）在图像孔的质心位置，对所选图像进行三角剖分，显示三角化图像。

（3）使用边作为与每个孔接壤的单元，突出并显示每个孔边界上的一系列连通单元。

（4）计算 n-链的系数

$$C_n = \overbrace{\lambda_1\partial\blacktriangle_1 + \cdots + \lambda_i\partial\blacktriangle_i + \lambda_{i+1}\partial\blacktriangle_{i+1} + \cdots + \lambda_n\partial\blacktriangle_n}^{\boldsymbol{n}\text{孔边界}} \quad (n\text{-链})$$

即，为 C_n 中的每个λ_i 系数计算$\lambda_i \bmod n$。用计算出的系数显示 C_n。

（5）对于 C_n 中的每对孔边界。计算和

$$\overbrace{(\lambda_i + \lambda_j)}^{\boldsymbol{i,j}=\text{bdy尺寸}} \mod 2$$

显示计算的和。

（6）重复习题 3.70。对每幅选定的图像从步骤（1）开始执行。■

n-链与加法运算+一起构成了 n-链群（记为$(C_n,+)$或简化写为 C_n 或 $C_n(K)$），称为复合形 K 上的**链群**。

要验证$(C_n,+)$是一个群，请注意+与链群$(C_n,+)$相关联。恒等元为 0，因为

$$0 \bullet C_i + C_{i+1} = 0 + C_{i+1} = C_{i+1} \quad \text{（加性恒等式）}$$

由于有向边形成链中的孔边界，那么，通过反转方向，我们得到链 C_i 的逆，即，

$$-C_i + C_i = 0 \quad \text{（加性逆）}$$

例 3.71　（**边界链系数的相加**）

图 3.33(a)中显示的红外图像有两个孔，用覆盖孔的圆盘●表示。■

3.20　链、循环、边界和同源群

本节介绍两种类型的链，即称为环的 n-链（即有 n 个环的链，用 Z_n 表示）和 n-边界（即 n+1-链的边界），导致表示成 $B_n = B_n(K)$的 n-边界的群。

回想一下，一个 **n-连通的环链复合形** Z_n 是单元复合形 K 中连通的 n 个方向的环单元的总和。链 Z_n 被称为 n-环链，只要它的边界∂C_n 等于 0，即$\partial C_n = 0$。换句话说，一个 n-环是一个空边界的 n-链[2，IV.1 节，p.80]。

n-边界是 n-链 B_n，它是 n+1-链的边界，因此

$$\lambda_i\partial\blacktriangle_i \in C_{k+1}$$

$$B_n = \overbrace{\lambda_1\partial\blacktriangle_1 + \cdots + \lambda_i\partial\blacktriangle_i + \lambda_{i+1}\partial\blacktriangle_{i+1} + \cdots + \lambda_n\partial\blacktriangle_n}^{\boldsymbol{n}\text{-边界}=\boldsymbol{n}\text{-链}}$$

这两种类型的链用于定义同源群。一个孔的各个边界$\lambda_i\blacktriangle_i$ 都是一个循环，它是一个循环群的生成元。对于单纯复合形 K 上的 n 个边界的集族，单元复合形 K 中连通边界的集族定义了一个称为**边界群**的自由循环群（由$(B_n,+)$表示或简记为 $B_n(K)$或 B_n）。边界$\lambda_i\partial\blacktriangle_i$ 是边

界群 $B_n(K)$的生成元。注意$\lambda_i\partial\blacktriangle_i+\lambda_{i+1}\partial\blacktriangle_{i+1}$对加法有交换性，即，

$$\overbrace{\lambda_i\partial\blacktriangle_i+\lambda_{i+1}\partial\blacktriangle_{i+1}}^{\text{交换}}=\lambda_{i+1}\partial\blacktriangle_{i+1}+\lambda_i\partial\blacktriangle_i \quad \text{（阿贝尔性质）}$$

因此，$B_k(X)$是自由阿贝尔群。

例 3.72

图 3.33 显示了红外图像上的三个 2-D 链，还包括一对孔。每个孔都以圆形绿色区域为界（参见图 3.34），孔的质心用红色•表示。在图 3.33 中，$\partial C_2 = 0$，即 C_2 有一个空边界。2-链 Z_2 位于 B_2 和 C_2 之间。B_2 是 2-链边界，因为 B_2 仅包含 2 个孔边界（如图 3.35 所示）。

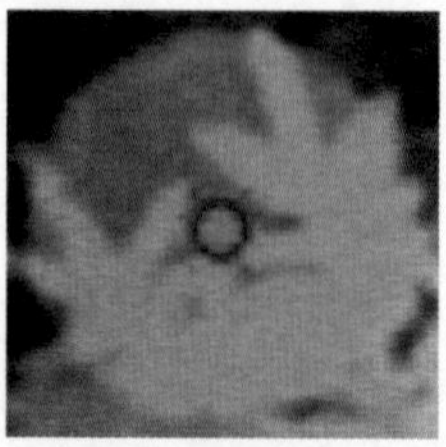

图 3.34　红外图像孔示例

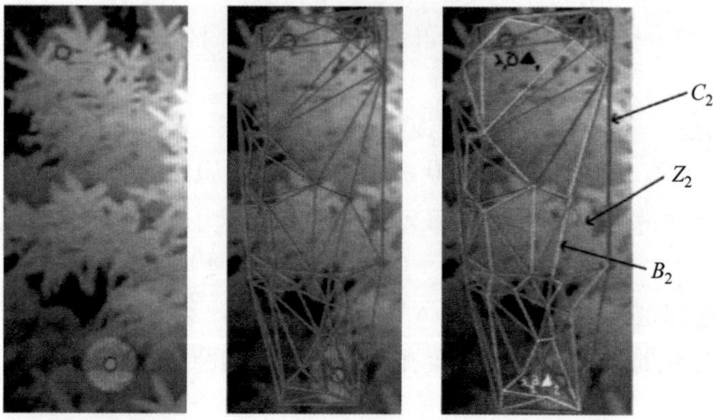

(a) 红外图像孔　　(b) 三角化图像　　(c) 链C_2、Z_2、B_2

图 3.35　一对红外图像形状孔边界上的链　■

每个边界$\lambda_i\partial\blacktriangle_i$导致一个循环群。

3.21　细丝骨架循环群

每一个定向的细丝骨架都是一个形状的边界。回想一下，**定向细丝骨架** sk$A$ 是具有特定顺序的顶点的细丝骨架。细丝骨架中顶点的顺序表示沿着细丝的运动，从某个起点到 sk$A$ 中的顶点 a。并且从顶点 a 返回到我们开始运动位置的反向运动也是可能的。

例 3.73

回想 2.10 节中，三角化曲面上的骨架涡旋是具有共同顶点或共同边的细丝骨架的集族。图 3.36 中的骨架涡旋 skVA、skVB 中的每个定向细丝骨架 skA_1、skB_1 都是内部非空形状的边界。对于这两个细丝骨架，未标记的顶点由•点表示，未指定的非空内部由灰色表示。

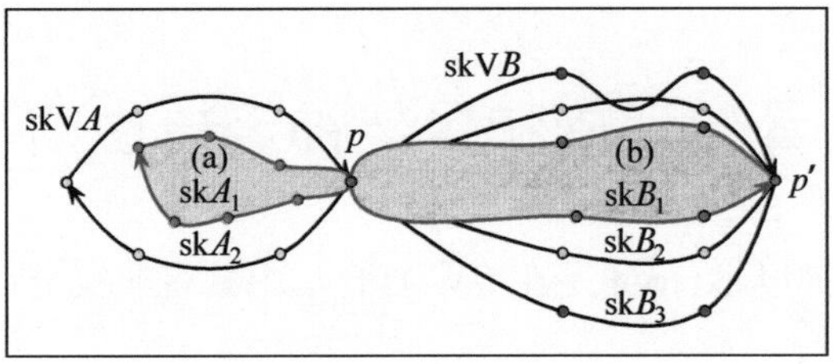

图 3.36　骨架神经中碰撞的骨架涡旋

每个细丝骨架都有一个生成元。在骨架涡旋的情况下，涡旋中的细丝骨架具有共同的顶点。细丝骨架 skA_1、skB_1 都有自己的单个生成元，由循环群 $G_{skA_1}(\circ)$和 $G_{skB_1}(\circ')$表示，其中$\circ$和$\circ'$是对群成员的二元运算。在每种情况下，群成员都由图 3.36 中未标记的点●表示。例如，从 $G_{skA_1}(\circ)$中的顶点 a 开始正向旋转（沿顺时针方向），围绕骨架移动并到达 a，从而产生循环群。■

对于定向的细丝骨架，从顶点 a 反向旋转（逆时针方向）也是可能的（用$-a$ 表示），即从 a 开始并逆时针绕骨架移动回到开始的位置。因此，对于到达顶点 a 的每次旋转，都会有一个反向旋转$-a$，将我们带回到开始旋转时定向细丝骨架中的顶点 a 的位置。这些循环中的每一个恒等元素将元素 **0** 归为**无运动**。对于 $G_{skA_1}(\circ)$中的每个成员 a，都有一个$-a$，导致

$a \circ -a = 0$ 顺时针旋转到 a
$\circ$（添加到）
从 a 逆时针旋转以获得$-a$
和为 **0**，无运动

换句话说，代表每个细丝骨架的群有一个恒等元 **0**，对于到达顶点 x 的每次旋转，都有从 x 反向旋转回到开始旋转的位置，给出反向元$-x$。为了获得完整的细丝骨架循环群的图片，我们需要验证群操作$\circ$是关联的。

命题 3.74

细丝骨架循环群操作$\circ$是关联的。

证明：设 x、y、z 是定向细丝骨架中的顶点。将 x 解释为表示**沿顺时针方向旋转到** x。令$\circ$是一个二元运算，解释为**与…结合**。则

$$
\begin{aligned}
(x \circ y) \circ z &= y \circ z \\
&= z \\
&= x \circ (y \circ z) \\
&= x \circ z \\
&= z
\end{aligned}
$$

换句话说，对于细丝骨架循环群的每个成员，$(x \circ y) \circ z = x \circ (y \circ z)$。实际上，我们执行二元运算$\circ$的顺序无关紧要。这意味着我们可以去除括号以获得相同的结果，即 $x \circ y \circ z = x \circ y \circ z$。■

3.22 骨架涡旋和骨架神经自由阿贝尔群

回想 2.6 节，**骨架神经** skNrv$A$ 是在 CW 复合形中具有非空交点的骨架涡旋 skVA 的集族。即，

$$\text{skNrv}A = \left\{\text{skV}A : \bigcap \text{skV}A \neq \varnothing\right\} \quad \text{（骨架神经）}$$

我们对骨架神经感兴趣，这些神经是骨架涡旋中定向细丝骨架的集族。回想 2.10 节，**骨架涡旋**是具有共同顶点或边的定向细丝骨架的集族。根据定义，骨架涡旋是一种骨架神经。根据 3.21 节，我们知道从双向定向的细丝骨架可以推导出循环群。因此，骨架涡旋是由一族循环群表示的神经。到达这一点后，我们可以期待导出每个骨架涡旋和每个骨架神经的自由阿贝尔群表示。

回想 3.18 节，**自由阿贝尔群**是循环群集族的直接和。由于每条骨架神经都是具有公共顶点的骨架涡旋的集族，因此我们还可以推导出每条骨架神经上的自由阿贝尔群表示。

引理 3.75

每个骨架涡旋都有自己的贝蒂数。

证明： 令 skVA 是一个骨架涡旋，它是 k 个方向的细丝骨架的集族，每个骨架都有它的生成元。设$\langle a_1\rangle$, ···, $\langle a_k\rangle$是 skVA 中细丝骨架的循环群表示的生成元。因此，skVA 具有自由阿贝尔群表示 skVA(+2)，因为 skVA 中的每个元素都可以表示为其生成元的线性组合。也就是说，让 x 是 skVA 中细丝骨架中的一个顶点。由于 skVA 中的细丝骨架有一个共同的顶点，那么我们可以写成

$$x = m_1a_1 + \cdots + m_ka_k \quad \overbrace{\longmapsto}^{\text{映射到对系数求和模2}} \quad m_1 +_2 \cdots +_2 m_k$$

因此，skVA 的贝蒂数是 k。 ■

定理 3.76

骨架神经的贝蒂数等于其骨架涡旋的贝蒂数之和。

证明： 令 skVA 是一个骨架涡旋，它是相交的骨架涡旋 skVA_1，···，skVA_i，···，skVA_n 的集族，具有公共元素。根据引理 3.75，skVA_i 中的每个骨架涡旋都有一个贝蒂数 B_i，它是涡旋的自由阿贝尔群表达中生成元的计数。根据定义，骨架神经 skNrv$A$ 的自由阿贝尔群 G_{skNrv}|(+2)表示的每个成员是其骨架涡旋中细丝骨架生成元的线性组合。因此，贝蒂数 B_{skNrv} 是

$$B_{\text{skNrv}} = B_1 + \cdots + B_i + \cdots + B_n$$

这就是需要的结果。 ■

例 3.77 （**贝蒂数为 3 的骨架涡旋神经**）

骨架涡旋神经 skNrv$E$ 由一对嵌套的非同心涡旋 skVA、skVB 表示，在图 3.37 中，在 skVA 上的 **3a** = **0e** 和 skVB 上的 **4b** = **2e** 之间有尖端细丝 E 连接。skNrv$E$ 由群表示

$$G\left(+, \{\langle a\rangle, \langle e\rangle, \langle b\rangle\}\right)$$

其中有三个生成元，即$\langle a\rangle$、$\langle e\rangle$、$\langle b\rangle$。在这个涡旋神经群中，skVA 的贝蒂数 =1，因为 skVA

有一个生成元，即$\langle a\rangle$。类似地，skVE = skVB = 1，因为这些涡旋中的每一个都有一个生成元，即$\langle e\rangle$用于细丝 E，$\langle b\rangle$用于 skVB。因此，根据定理 3.76，skNrv$E$ 的贝蒂数等于 3。

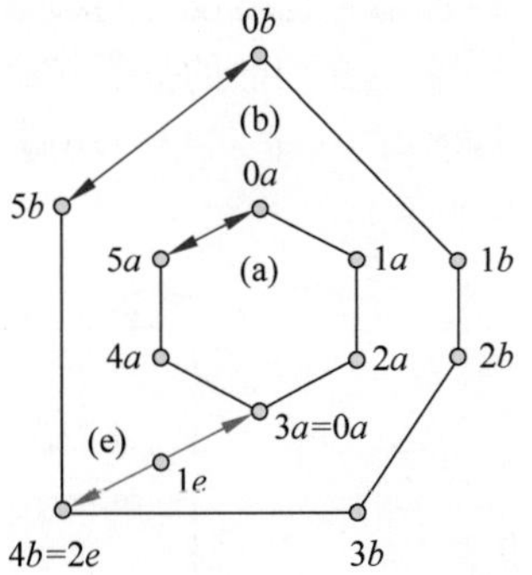

图 3.37　涡旋神经 skNrv$E$ = G(+. {$\langle a\rangle$, $\langle e\rangle$. $\langle b\rangle$})包含一对嵌套的非同心涡旋和连接在 3a=0e 和 4b=2e 之间的尖端细丝　■

我们接下来要做的是一种通过将骨架涡旋中的每个细丝骨架循环群映射到一个加性循环群的技巧，其中群运算是对原始循环群元素的系数的加法模 2（用$+_2$表示）。例如，我们定义了以下映射。

$$G_{\mathrm{sk}A_1}(\circ)\ \overbrace{\mapsto}^{\text{映射到}}\ G_{\mathrm{sk}A_1}(+_2)$$

$$G_{\mathrm{sk}B_1}(\circ)\ \overbrace{\mapsto}^{\text{映射到}}\ G_{\mathrm{sk}B_1}(+_2)$$

回想一下，自由阿贝尔群 G(+2)是其循环群的直接和。实际上，skVA 是一个自由阿贝尔群 G(+2)，它是其循环群的直接和。为简单起见，我们将 G 中的二元运算定义为 G 的成员系数的加法模 2（用$+_2$表示）。例如，让 G 在图 3.36 中的一对骨架 skVA_1、skVB_1 上使用生成元{$\langle a\rangle$, $\langle b\rangle$}，这意味着对于元素 $x\in G$，x 可以写为

$$x = na + mb\ \overbrace{\mapsto}^{\text{映射到}}\ n +_2 m,\quad \text{一个和，是整数0或1}$$

接下来要考虑的是将我们所了解的关于骨架涡旋或骨架神经上的自由阿贝尔群的知识实际应用。

3.23　Betti-Nye 光学涡旋神经和持久贝蒂数

回想一下 2.10 节，每个骨架涡旋神经（相交定向细丝骨架的集族）都包含一个或多个循环。每一个定向的细丝骨架都可以用一个**加性循环群**来表示。在最简单的形式中，加法模 2 作用在一对群元素之和的系数上。由定向形状边界和形状内部孔中导出的循环的组合，可以导出自由阿贝尔群。这些群提供了表面形状随时间变化的度量。通常，表面形状由涡旋复合形表示。每个自由阿贝尔群的**贝蒂数**告诉我们与涡旋复合形相关的群的生成元的数量，这些群的生成元可能会或不会随着时间的推移而持续存在，这取决于相应表面形状的演变。

这是贝蒂数的直观视图，它基于涡旋神经和曲面反射光之间的类比，类似于 Nye [33]

引入的所谓的咖啡杯光焦散。简而言之，**光焦散**是由曲面反射或折射的光线包络以及该光线包络在另一个表面上的投影（由 Lynch 和 Livingston [34]观察到）。**咖啡杯焦散**是由从装满咖啡杯的内曲面反射的太阳光线包络和包络投射到咖啡表面上的结果[33，2.1 节，pp.9-12]（参见图 3.38）。在我们的例子中，来自光焦散的投影包络的尖端由连接在涡旋之间的尖端细丝表示。出于这个原因，一对嵌套的、非同心的涡旋与连接在它们之间的细丝被称为 **Betti-Nye 光涡旋神经**（如图 3.39 所示）。

图 3.38 Nye 咖啡杯焦散样例

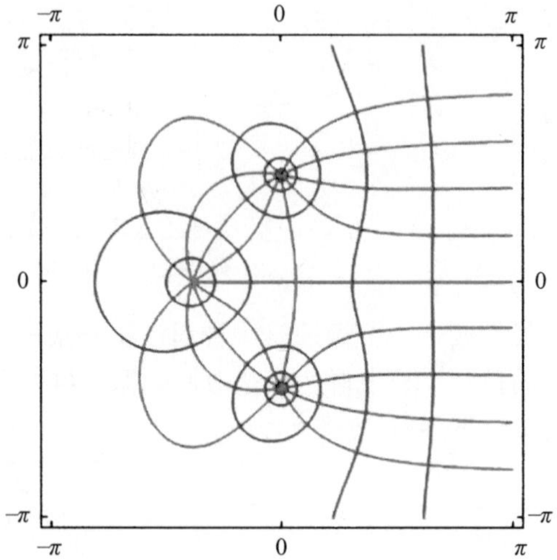

图 3.39 Betti-Nye 骨架神经的等势线表示

综上所述，通过边相互连通的顶点的路径连通性会具有咖啡杯焦散中尖端的外观。这些路径连通的顶点类似于 Worsley [35]中光子结构的量子链视图。有关光学涡旋神经的更多信息，请参阅 4.11 节。

令$+_k$表示加法模 k。在最简单的形式中，涡旋神经的路径连通性可以由一个自由阿贝尔群 $G_{sp}(+_k, \{\langle a\rangle\})$表示，该群包含一族生成元$\{\langle a\rangle\}$（每个涡旋一个生成元，每个尖端细丝一个生成元，在内部和外部神经涡旋之间连接），并在光学涡旋神经上总共 k 个路径连通的顶点上求和 mod k。

光学涡旋神经中的每个涡旋都可以建模为一个具有自己的生成元的循环群。一对这样的循环群的直接和会产生一个自由阿贝尔群，其中群的每个成员都等于生成元的线性组合。

G_{sp}的贝蒂数包含一个尖端细丝（表示光涡旋神经 Nrv$E$ 的群），它等于 3（即 G 具有 3 个生成元），以及 G_{sp}的等级，这是一个自由阿贝尔群。回想一下自由阿贝尔群的秩。请注意，3 是代表光涡旋神经 Nrv$E$ 的自由阿贝尔群的最小秩，该涡旋神经 Nrv$E$ 包含一对嵌套的非同心涡旋和连接在涡旋之间的单个尖端细丝。即单个尖端细丝 filament$A \in$ Nrv 是一条边，其中 filament$A$ 上的一个顶点属于 Nrv$E$ 的内部涡旋，而 filament$A$ 上的一个相对顶点属于 Nrv$E$ 的外部涡旋。G_{sp}的每个元素都可以表示为它的动作生成元的线性组合。

涡旋神经生成元：直观视图

直观地，可以将产生涡旋神经的光线视为由具有公共顶点的骨架循环表示的集族光焦散。Betti-Nye 涡旋神经中的每个循环（细丝骨架）都可以表示为一个循环群，每个循环都有自己的生成元。并且 Betti-Nye 涡旋神经本身将被表示为一个有限的自由阿贝尔群 $G(\{+_n, \langle a\rangle\})$，它源自相交涡旋的集族，每个涡旋都有自己的生成元。整个涡旋神经将有 n 个顶点，从而可以对顶点序列进行加法模 n，并为涡旋神经群的每个成员得出生成元的线性组合。■

例 3.78

图 3.40 显示了三角化视频帧图像的最大神经复合形（MNC）三角形上的示例光学涡旋神经[1]。简而言之，请注意有一对嵌套的非同心涡旋，其内部和外部涡旋顶点之间有 9 根细丝连通，每个涡旋都有自己的生成元。因此，根据定理 3.76，该样例神经的贝蒂数等于 2 + 9 = 11。

图 3.40　三角化视频帧图像中的 MNC 重心上的光涡旋神经　■

3.24　视为相交等势线的光涡旋神经

$G_§$中的每个生成元在涡旋神经中的骨架涡旋中定义了一个循环螺旋，它表示从物理表面反射和折射的光，并在视频帧图像序列中记录为骨架涡旋。这种骨架涡旋中的螺旋是由变形表面反射的光子流相互作用产生的，这些光子流会轰击数码相机中的光学传感器。孪生事件（反射光和记录的光子流）由涡旋神经中的一对相交骨架涡旋表示，类似于图 3.38 中的一族相交等势线。

在这种前后文中，将反射光子流和光学传感器的相互作用（交集）称为**视频帧光镊**（vfOT），它近似于形状诱导的光流，在相邻的视频帧图像对中显示为形状。这里的假设是，在视频帧图像序列中的视觉场景形状发生变化的情况下，随着时间的推移持续存在的视觉场景形状部分将被 vfOT 捕获。

由光镊构建的形状。

由 vfOT 构建的形状是来自一对视频帧图像的骨架涡旋相交的结果。请注意，每个

1　非常感谢 Arjuna P. H. Don 提供此三角化视频帧图像样例。

骨架涡流都是骨架细丝的集族。每个骨架细丝都有一个循环群表示，且都有自己的生成元。实际上，有一个与 vfOT 构建的形状相关的骨架神经。因此，由 vfOT 构造的形状可以表示为具有相应贝蒂数的自由阿贝尔群。该贝蒂数是对定义 vfOT 骨架神经的骨架循环涡旋数量加上相交尖端细丝骨架（每根细丝连接到一对相对应的顶点，每个涡旋上一个）的数量的计数。请注意，每个尖端细丝本身就是一个在自身上循环的涡旋。从某种意义上说，尖端细丝就像一根管道，粒子可以通过它朝一个方向或相反的方向流动。这意味着尖端细丝的贝蒂数等于 1。粒子可以从任何内部涡旋顶点通过尖端细丝移动到外部涡旋中的顶点。 ■

习题 3.79 🚲

给出 vfOT 执行的操作的图形表示。 ■

习题 3.80 🚲

给出由 vfOT 构建的涡旋神经的图形表示。 ■

习题 3.81 🚲

在三角化视频帧图像中给出围绕 MNC 的定向骨架细丝 sk$A$ 的循环群 $G(\langle a\rangle,+_6)$表示（以表格形式）。假设 G 的生成元是$\langle a\rangle$并且 sk$A$ 有 6 个顶点 $0a$、$1a$、$2a$、$3a$、$4a$、$5a$，$+_6$表示模 6（6 小时制的加法）。例如，参见图 3.41 中 $G(\langle a\rangle,+_6)$的表示。

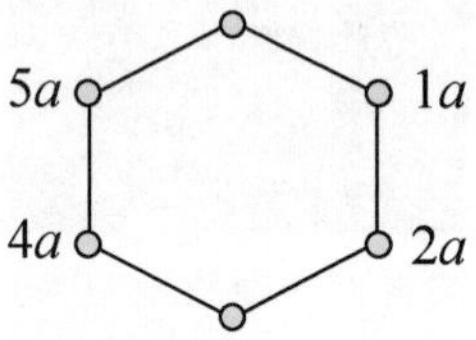

图 3.41 涡旋循环包含 6 个路径连通的顶点，代表在一个循环群$(\langle a\rangle,+_6)$中 $ka \bmod 6$，$0\leqslant k\leqslant 5$ ■

光镊形状捕获装置。 ☕

将视频中的帧图像看作一系列涡旋神经，则它们可以合成为一种**光镊**（光子捕获装置）的形式，从光学传感器的角度来看，这是视觉场景表面反射的光子流与光学传感器的相互作用。 ■

有关电动力学中的光镊的更多信息，请参见 Zangwill [36]。vfOT 被建模为**光涡旋神经** skNrv$K$，由在一个三角化视频帧图像中的最大核聚类（MNC）周围的细丝骨架（称为骨架涡旋 skVA）和收集捕获光点的第二个视频帧图像中最大核聚类（MNC）周围的细丝骨架（称为骨架涡旋 skVB）的交点定义，即，

$$\overbrace{\text{skNrv}K := \text{skV}A \bigcap \text{skV}B}^{\text{相交细丝骨架}}$$

参考如图 3.42 所示的光骨架神经。在实践中，从视频帧图像对中导出的光涡旋神经形状捕获的操作类似于 Curtis-Greer 光涡旋[37]。

为了理解其中的意思，请考虑在充满反光表面的典型环境中电场的等势线。这些线在 Baldomir 和 Hammond [38，5.1 节，pp.96-97]中被表示成非同心嵌套圆。这个电场阿贝尔群

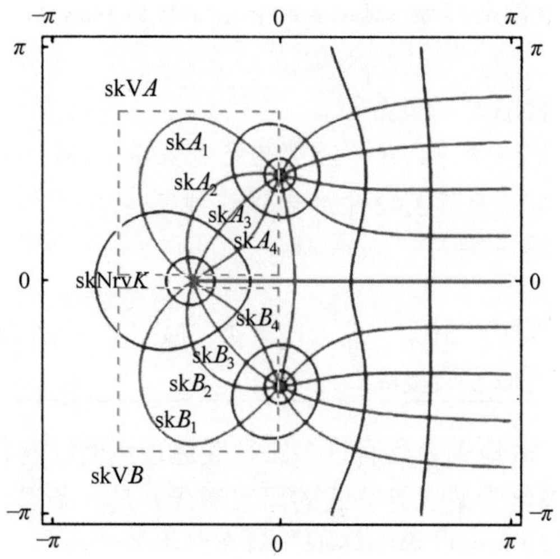

图 3.42　光骨架神经的表示

的贝蒂数会在时空中不断变化。通常，等势线被视为电场中不断变化的平滑曲线。等势线的光滑形式可以使用函数 f：$Z \to R^2$ 投影到平面上：

$$f(z) = e^z - \frac{z-1}{z+1}$$

例 3.82

图 3.42 表示了一种形式的光涡旋神经[1]skNrv*K*，它由一对骨架涡旋的交集定义，即，

$$\mathrm{skV}A = \overbrace{\{\mathrm{sk}A_1,\ \mathrm{sk}A_2,\ \mathrm{sk}A_3,\ \mathrm{sk}A_4\}}^{\text{骨架涡旋skV}A\text{中的细丝骨架}}$$

$$\mathrm{skV}B = \overbrace{\{\mathrm{sk}B_1,\ \mathrm{sk}B_2,\ \mathrm{sk}B_3,\ \mathrm{sk}B_4\}}^{\text{骨架涡旋skV}B\text{中的细丝骨架}}$$

$$\mathrm{skNrv}K = \mathrm{skV}A \cap \mathrm{skV}B$$

■

习题 3.83

图 3.42 中代表 skNrv*K* 的自由阿贝尔群的贝蒂数是多少？证明你的答案是正确的。■

习题 3.84

设计**视频帧光镊（vfOT）**，它从一对视频帧图像构建涡旋神经 skNrv*K*。设 frame*A* 和 frame*B* 为一对视频帧图像。该涡旋神经将由在视频帧图像 frame*A* 中最大核聚类（MNC）周围的大尺度骨架涡旋 skV*A* 里的细丝骨架中捕获的光点（细丝骨架顶点）与视频帧图像 frame*B* 中最大核聚类（MNC）细丝里围绕最大核聚类（MNC）骨架涡旋 skV*B* 中捕获的光点的相交点来构建。**大尺度骨架涡旋**是指在这样的骨架涡旋中，每个细丝骨架中都有大量的顶点。基本思想是从 frame*A* 中的 skV*A* 和 frame*B* 中的 skV*B* 覆盖的形状中导出一个新形状。在 Matlab 中实现这个 vfOT。该 vfOT 应执行以下操作：

（1）在选定的 MNC 上，在一对相邻的视频帧图像 frame*A* 和 frame*B* 上构建一对大型骨架涡旋 skV*A* 和 skV*B*。

1　非常感谢 Fatemeh Gorgannejad 对这个例子的修正。

（2）vfOT：构造一个骨架神经 skNrv$K$，它等于集族{skVA，skVB}，它们有非空的交集。

（3）给出骨架神经 skNrv$K$ 的贝蒂数。

（4）通过突出显示 skVA 和 skVB 中的那些光点来显示 skNrv$K$ 的形状。

提示：skNrv$K$ 应该类似于图 3.42 中的光涡旋神经。 ■

> **形状近似猜想。**
> 随着三角化或镶嵌视频帧图像上最大核聚类（MNC）周围的细丝骨架中的顶点数量的增加，帧目标形状的近似度会提高。 ■

每条等势线都可以离散地视为具有许多路径连通顶点的细丝骨架。从细丝骨架的角度来看，一族非同心嵌套细丝骨架（等势线的离散形式）是一条涡旋神经。例如，另请参见 Meijer [39]，了解在更大的物理世界中环形几何会发生的情况。

Betti-Nye 涡旋的直观视图延续到骨架神经，在大多数视觉场景中的时空结构里都可以找到。

例 3.85

对于自由阿贝尔群的图形表示

$$G_{\text{sp}}(+_2,\langle g\rangle,\langle g'\rangle) \quad \text{在观察3.23中}$$

将图 3.36 中的$\langle g\rangle$、$\langle g'\rangle$替换为$\langle a\rangle$、$\langle b\rangle$。即，从图 3.36 中的骨架神经导出自由阿贝尔群 $G_{\text{skNrv}}(+_2, \langle a\rangle,\langle b\rangle)$。$G_{\text{skNrv}}$ 的贝蒂数等于 2，因为该群组中有 2 个生成元。 ■

通常，在视频里一系列三角化帧图像上的涡旋神经中，涡旋神经里的细丝骨架的数量会有所不同。视频帧图像涡旋神经上自由阿贝尔群的贝蒂数为每个三角化帧的 Ghrist 条形码提供了一个方便的条。贝蒂数字条的出现和消失提供了骨架涡神经在时空中持续存在的程度的指示。

习题 3.86

令 skNrv$X$ 由相交的骨架涡旋 skVA 和 skVB 在图 3.36 中定义，其中

$$\text{skV}A = \{\text{sk}A_1, \text{sk}A_2\}$$
$$\text{skV}B = \{\text{sk}B_1, \text{sk}B_2, \text{sk}B_3\}$$

代表 skNrv$X$ 的自由阿贝尔群的贝蒂数是多少？证明你的答案。 ■

为简单起见，我们仅考虑具有细丝骨架的涡旋神经，这些细丝骨架是镶嵌在视频帧图像上或三角化视频帧图像上最大核聚类（MNC）的精细轮廓和粗糙轮廓。在 Peters [12，8.9 节，p.262]中介绍了 MNC 镶嵌曲面上的精细轮廓和粗糙轮廓。我们在涡旋神经研究中使用引理 2.18 的结果，即骨架涡旋是骨架神经。

例 3.87 （骨架涡旋神经的自由阿贝尔群的贝蒂数）

图 3.43 显示了镶嵌视频帧图像[1]的最大核聚类（MNC）上的样例骨架涡旋 skVA。请注意，skVA 是一族非同心的嵌套细丝骨架，在涡旋的右上部分有一个公共顶点。根据引理 2.18，skVA 是一个涡旋神经。每个细丝骨架都可以表示为具有单个生成元的循环组。出于

1 非常感谢 Enze Cui 提供在这个例子中的视频帧图像。

这个原因，skV*A* 可以表示为一个自由阿贝尔群，其中贝蒂数等于 2。

图 3.43　骨架涡旋神经中的非同心嵌套细丝骨架　■

回想一下，**骨架涡旋**是具有非空相交点的细丝骨架的集族。要拉伸一个点，单个细丝骨架与自身要有非空相交点。从这个推理思路，我们得到以下结果。

引理 3.88

单个细丝骨架是一个骨架涡旋。

证明： 令 skV*A* 为一个骨架涡旋。根据定义，skV*A* 是具有非空交点的细丝骨架的集族。该集族可以由单个骨架 sk*E* 组成，它与自身具有非空交集。因此，skV*A* 由其单个细丝骨架 sk*E* 定义。　■

我们使用引理 3.88 来获得一个类似于图 3.36 中的骨架神经的例子。

例 3.89　（用于碰撞骨架神经的自由阿贝尔群的贝蒂数）

图 3.44 中的镶嵌视频帧图像[1]显示了一对接近的 MNC 上碰撞的细丝骨架 sk*A* 和 sk*B*。在引理 3.88 中，sk*A* 和 sk*B* 是具有公共顶点的骨架涡旋的示例。如图 3.36 所示，这些碰撞的细丝定义了骨架神经 skNrv*E*。

图 3.44　骨架涡旋神经中的碰撞细丝骨架

1　这也是 Enze Cui 的视频帧图像。

我们之前在 3.22 节中观察到，根据 sk$A$、sk$B$ 的循环群生成元的倍数上的系数加法模 2 的定义，骨架涡旋神经 skNrv$E$ 可以表示为自由阿贝尔群 $G_{\text{skNrv}}E(+_2)$。skNrv$E$ 的贝蒂数等于 2，因为 $G_{\text{skNrv}}E(+_2)$由两个细丝骨架组成，每个骨架都有一个生成元。 ■

3.25 资料来源、参考文献和其他阅读材料

贝蒂数：

Tucker 和 Bailey [40，p.20]，关于贝蒂数的历史。

Edelsbrunner 和 Harer [2，IV.1 节，p.81]，贝蒂数作为第 p 个同源群的秩。

Cooke 和 Finney [41]。

单元复合形：

Cooke 和 Finney [41，第 I 章，p.1ff]，对单元复合形的简要但非常好的介绍。尤其是参见[41，1.2 节，p.1ff 和 1.2 节，p.2ff]关于复合形的定义和结构。回想一下，复合形 K 是豪斯道夫空间上的骨架序列。复合形 K 上的骨架集族是 K 的几何实现。复合形视觉场景表面研究的重点是包含有限数量的单元（顶点、边和细丝骨架）的有限复合形。在三角化视觉场景上的复合形研究中，复合形是 Whitehead [42]引入的 CW 复合形。这对于在视觉场景中的复合形的骨架上导航很重要，因为 CW 复合形中的顶点是路径连通的。回想一下，CW 复合形 K 中的顶点是路径连通的顶点，前提是我们总能找到顶点之间连通的一系列边。骨架的弱拓扑在[41，1.5 节，p.19ff 和 1.2 节，p.2ff]中介绍。

CW 复合形：

Switzer [43，p.65ff]，对 CW 复合形的高级研究。

循环群：

亚历山德罗夫[44，IV.3 节，pp.41-42]，对群论，尤其是循环群的优秀且易读的介绍。审稿人 F. Haimo[1]观察到，这本书是真正意义上的介绍性图书。通过一系列简短、简单且最重要的清晰的段落，引导初学者学习群论的基本概念。为了与本书的目的保持一致，读者永远不会超出基础知识。第 4 章（给定群的循环子群）强调其标题群的几何解释。一个群称为循环群，只要它是由它的一个元素生成的。

自由阿贝尔群：

Giblin [10，p.233ff]，有关秩、自由阿贝尔群和同源群的生成元[10，p.104ff]。

Rotman [32]，关于自由阿贝尔群。一个**自由阿贝尔群** G 是循环群 Z_k 的直接和，其中 $Z_k = \{x_k\}$，G 的一组生成元和第 k 个循环群有生成元$\langle x_k\rangle$。

图像理解：

Zaka [45]，关于对称群在**相机图像**研究中的应用，以及如何通过 R^2 到 R^3 的正交映射从 2-D 图像中获取 3-D 视觉场景的信息，包括如何找到一个分子的**对称群**[45，5 节，p.27ff]。

---

1 参见 F. Haimo 的评论 MR0067879，网址为 https://mathscinet.ams.org/mathscinet/。

形状：

Peters [46]，介绍了三角化平面形状和神经复合形之间的对应关系。**形状神经**是三角化形状空间上具有非空相交点的 2-单元的集族。**三角化平面形状**是形状神经复合形，它是具有非空相交点的形状神经的集族。

Peters 和 Ramanna [47]，介绍了在平面数字 2-D 图像目标形状检测中彼此具有描述性接近度的形状类别的概念。**有限平面形状**是具有边界（形状轮廓）和非空内部（形状表面）的平面区域。该文的重点是图像目标形状的三角剖分，产生最大的神经复合形（MNC），从中可以检测和描述形状轮廓和形状内部。MNC 是具有共同顶点的实心三角形（称为 2-单元）的集族。基本方法是将包含图像目标形状的平面区域分解为 2-单元，从而使填充三角形覆盖形状的一部分或全部。之后，通过比较覆盖已知和未知形状的 2-单元集族的可测量区域，可以将未知形状与已知形状进行比较。

形状类别。 ☕

每个已知的三角化形状都属于一类用于对未知三角化形状进行分类的形状。与传统的空间区域德劳内三角剖分不同，所提议的三角剖分产生的单元是填充三角形的单元格，源自半空间的交集，其中每个半空间的边包含连通在称为位置点（生成点）的顶点之间的线段。这种图像几何方法的一个直接结果是，通过对最大神经复合形或 MNC 的检测，可以对图像目标的平面形状进行丰富的简单描述。**形状类源自三角化形状的集族，由于其相似的描述而彼此有密切关系**。一个形状类很像是同一个艺术家的画作集族。这项工作的最终结果是一种检测形状类成员的近距离物理几何方法。■

参考文献

1. Zomorodian, A.: Topology for Computing. Cambridge University Press, Cambridge (2005), xiii+243 pp. ISBN:9780-0-521-13609-9
2. Edelsbrunner, H.,Harer, J.: ComputationalTopology.An Introduction. American Mathematical Society, Providence (2010), xii+241 pp. ISBN:978-0-8218-4925-5, MR2572029
3. Zomorodian,A.: Topological data analysis. In: Advances in Applied and Computational Topology. Proceedings of Symposia in Applied Mathematics, vol. 70, pp. 1–39. American MathematicalSociety, Providence (2012). MR2963600
4. Rote, G., Vegter, G.: Computational topology: an introduction. In: Boissonnat, J.D., Teillaud, M. (eds.) Effective Computational Geometry for Curves and Surfaces, pp. 277–312. Springer, Berlin (2007), Xii+343 pp. ISBN: 978-3-540-33258-9, MR2387755
5. Zomorodian, A.: Introduction to Computational Topology. Stanford University (2017). http://graphics.stanford.edu/courses/cs468-04-winter/
6. Alexandroff, P.: Elementary Concepts of Topology.Dover Publications, Inc., NewYork (1965), 63 pp., translation of Einfachste Grundbegriffe der Topologie [Springer, Berlin, 1932], translatedby Alan E. Farley, Preface by D. Hilbert, MR0149463

7. Jänich, K.: Topology. With a chapter by T. Bröcker. Translated from the German by Silvio Levy. Springer, New York (1984), ix+192 pp. ISBN: 0-387-90892-7 54-01, MR0734483
8. Hatcher, A.: Algebraic Topology. Cambridge University Press, Cambridge (2002), xii+544 pp. ISBN: 0-521-79160-X, MR1867354182 3 Shape Fingerprints, Geodesic Trails and Free Abelian Groups ...
9. Ghrist, R.: Elementary Applied Topology. University of Pennsylvania (2014), Vi+269 pp. ISBN: 978-1-5028-8085-7
10. Giblin, P.: Graphs, Surfaces and Homology, 3rd edn. Cambridge University Press, Cambridge (2016),Xx+251 pp. ISBN: 978-0-521-15405-5, MR2722281, first edition in 1981, MR0643363
11. Peters, J.: Computational proximity. Excursions in the topology of digital images. Intell. Syst. Ref. Libr. 102 (2016), Xxviii+433 pp. https://doi.org/10.1007/978-3-319-30262-1, MR3727129 and Zbl 1382.68008
12. Peters, J.: Foundations of Computer Vision. Computational Geometry, Visual Image Structures and Object Shape Detection. Intelligent Systems Reference Library, vol. 124. Springer InternationalPublishing, Switzerland (2017), i-xvii, 432 pp. https://doi.org/10.1007/978-3-319-52483-2, Zbl 06882588 and MR3768717
13. Herstein, I.: Topics in Algebra, 2nd edn. Xerox College Publishing, Lexington (1975), Xi+388pp. MR0356988; first edition in 1964, MR0171801 (detailed review)
14. Peters, J.: Computational Proximity. Excursions in the Topology of Digital Images. Intelligent Systems Reference Library, vol. 102. Springer, Berlin (2016), viii+445 pp. https://doi.org/10.1007/978-3-319-30262-1
15. Flegg, H.: From Geometry to Topology. Crane, Russak & Co., Inc., New York (1974), xii+186pp.; published byDover Publications, Inc., Mineola (2001), xiv+186 pp. ISBN: 0-486-41961-4,MR1854661
16. Alexandroff, P.: Simpliziale approximationen in der allgemeinen topologie. Math.Ann. 101(1),452–456 (1926). MR1512546
17. Boltyanskiĭ,V., Efremovich,V.: Intuitive Combinatorial Topology. Springer, NewYork (2001), Xii+141 pp. ISBN: 0-387-95114-8, trans. from the 1982 Russian original by A. Shenitzer, MR1822150
18. Gellert, W., Küstner, H., Hellwich, M., Kästner, H.: The VNR Concise Encyclopedia of Mathematics. Van Nostrand Reinhold Co., New York (1977), 760 pp. (56 plates). ISBN: 0-442-22646-2, MR0644488; see Mathematics at a glance, A compendium. Translated from the German under the editorship of K. A. Hirsch and with the collaboration of O. Pretzel, E. J. F. Primrose, G. E. H. Reuter, A. Stefan, A. M. Tropper and A. Walker, MR0371551
19. Hilbert, D., Cohn-Vossen, S.: Geometry and the Imagination. AMS Chelsea Publishing, New York (1952), Ix+357 pp. ISBN: 978-0-8218-1998, trans. by P. Nemény, MR0046650
20. Rowland, T., Weisstein, E.: Geodesic.Wolfram Mathworld (2017). http://mathworld.wolfram.com/Geodesic.html

21. Weyl, H.: Raum. Zeit. Materie. (German) [Space. Time. Matter], 7th edn. Springer, Berlin (1988), Xvi+349 pp. ISBN: 3-540-18290-X, MR0988402
22. Ahmad, M., Peters, J.: Geodesics of triangulated image object shapes. Approximating image shapes via rectilinear and curvilinear triangulations, pp. 1–28 (2017). arXiv:1708.07413v1
23. Faraway, J., Trotman, C.A.: Shape change along geodesies with application to cleft lip surgery. J. R. Stat. Soc. Ser. C 60(5), 743–755 (2011)
24. Yurkin, V.: Natural Dialectics. Local. Moscow, Russia (1940–1994). Unpublished monograph, translated by Alexander Yurkin
25. Adhikari, M.: Basic Algebraic Topology and Its Applications. Springer, Berlin (2016), Xxix+615 pp. ISBN: 978-81-322-2841-7, MR3561159
26. Pranav, P., Edelsbrunner, H., van deWeygaert, R., Vegter, G.: The topology of the cosmic web in terms of persistent Betti numbers. Mon. Not. R. Astron. Soc. 1–31 (2016). https://www.researchgate.net
27. Peltier, S., Ion, A., Haxhimusa, Y., Kropatsch,W., Damiandn, G.: Computing homology groupgenerators of images using irregular graph pyramids. In: Escolano, F., Vento,M. (eds.) Graph-Based Representations in Pattern Recognition, pp. 283–294. Springer, Berlin (2007). Zbl1182.68334
28. McAllister, B.: Cyclic elements in topology, a history. Am. Math. Mon. 73, 337–350 (1966). MR0200894
29. Leader, S.: On clusters in proximity spaces. Fundam. Math. 47, 205–213 (1959)30. Moschovakis,Y.: Notes on Set Theory.Undergraduate Texts inMathematics, 2nd edn. Springer, New York (2006), Xii+276 pp. ISBN: 978-0387-28722-5, MR2192215; first edition in 1994,MR1260432 (detailed review)
31. Alexandrov, P.: Combinatorial Topology.Graylock Press, Baltimore (1956), xvi+244 pp. ISBN:0-486-40179-0
32. Rotman, J.: The Theory of Groups. An introduction, 4th edn. Springer, New York (1965, 1995),xvi+513 pp. ISBN: 0-387-94285-8, MR1307623
33. Nye, J.: Natural Focusing and Fine Structure of Light. Caustics and Dislocations. Institute of Physics Publishing, Bristol (1999), xii+328 pp. MR1684422
34. Lynch, D., Livingston,W.: Color and Light in Nature. Cambridge University Press, Cambridge(2001). ISBN: 978-0-521-77504-5
35. Worsley, A.: The formulation of harmonic quintessence and a fundamental energy equivalence equation. Phys. Essays 23(2), 311–319 (2010). https://doi.org/10.4006/1.3392799. ISSN 0836-1398
36. Zangwill, A.: Modern Electrodynamics. Cambridge University Press, Cambridge (2013), xxi+977 pp. ISBN:978-0-521-89697-9/hbk, Zbl 1351.78001
37. Curtis, J., Grier, D.: Structure of optical vortices. Phys. Rev. Lett. 90, 133,901 (2003). http://physics.nyu.edu/grierlab/vortex5c/vortex5c.pdf
38. Baldomir, D., Hammond, P.: Geometry of Electromagnetic Systems. Clarendon Press,

Oxford(1996). xi+239 pp. Zbl 0919.76001

39. Meijer, D.: Processes of science and art modeled as a horoflux of information using toroidal geometry. Open J. Philos. 8, 365–400 (2018). https://doi.org/40.44236/ojpp.2018.84026
40. Tucker,W., Bailey, H.: Topology. Sci. Am. 182(1), 18–25 (1950). http://www.jstor.org/stable/24967355
41. Cooke, G., Finney, R.: Homology of Cell Complexes. Based on Lectures by Norman E. Steenrod.Princeton University Press and University of Tokyo Press, Princeton (1967), xv+256 pp.MR0219059
42. Whitehead, J.: Combinatorial homotopy. I. Bull. Am. Math. Soc. 55(3), 213–245 (1949). Part 1
43. Switzer, R.: Algebraic Topology – Homology and Homotopy. Springer, Berlin (2002), xii+526pp. Zbl 1003.55002
44. Alexandroff, P.:An Introduction to the Theory of Groups. Translated from the German by HazelPerfect. Blackie & Son Ltd, London-Glasow (1954, 1959, 1968), ix+112 pp. MR0277594
45. Zaka,O.: Image understanding and applications of symmetry groups. J.Algebra Comput. Appl.1(1), 20–30 (2011). MR2862509
46. Peters, J.: Proximal planar shapes. Correspondence between triangulated shapes and nerve complexes.Bull. Allahabad Math. Soc. 33 113–137 (2018). MR3793556, Zbl 06937935. Reviewby D, Leseberg (Berlin)
47. Peters, J., Ramanna, S.: Shape descriptions and classes of shapes.Aproximal physical geometryapproach. In: Sta´nczyk, U., Zielosko, B., Jain, L. (eds.) Advances in Feature Selection for Dataand Pattern Recognition, pp. 203–225. Springer, Berlin (2018). MR3895981

第 4 章　神经复合形给出的图像形状信息

本章探讨单元复合形中的神经结构在近似由曲面反射光所揭示的形状时所告诉我们的信息。回想一下，最简单形式的神经是重叠的非空集的集族。也就是说，神经的各部分具有非空交点。H. Edelsbrunner 和 J.L. Harer 在他们关于计算拓扑学的专著中介绍了这种最简单的神经形式[1，3.2 节，p.59]。这里关注的是**亚历山德罗夫**[2]引入的两种形式的神经复合形，即

亚历山德罗夫神经：三角形的集族，其顶点是各种形式的种子点，并且在三角化有界表面区域上的单元复合形中具有公共顶点。

亚历山德罗夫星神经：三角形的集族，其顶点是重心，并且在三角化有界表面上的单元复合形中有一个共同顶点。

4.1　引　　言

这里的重点是由具有共同顶点或共同边的骨架组成的神经复合形。

除了它们自身非常有趣的结构外，神经复合形还有助于揭示作为每个视觉场景一部分的表面形状的几何形状。例如，在图 4.1 中，神经显示为一族实心三角形（绿色阴影），覆盖表面形状，例如车辆、高架的十字路口路灯、建筑物和树木，这些都是三角化无人机视频帧图像的一部分[1]。

图 4.1　三角化无人机视频帧图像上的神经复合形

物理形状具有由表面形状内部的孔的分布和特征定义的标记。回想一下，物理表面上的**孔**是表面的一部分，可被其黑暗的内部识别并吸收轰击该孔的光子流。视觉场景中的孔

1　非常感谢 Enze Cui 提供包含此视频帧图像的无人机视频。

会显示为被反射光的表面区域所包围的黑色斑点。我们通常认为的具有可识别轮廓的表面形状，实际上是一个非常复杂的表面子区域，其内部非空且充满孔。形状内部的孔（暗区）可用作区分表面形状的精确手段。通过从物理形状内部孔的质心导出神经复合形，我们得出了一种区分表面形状的方法（表 4.1）。

表 4.1 神经复合形及它们的符号

符号	含义	符号	含义
$\text{Nrv}_{\text{Alex}}A$	4.2 节	$\text{tope}_{\text{Pham}}K$	范多胞形
$\text{Nrv}_{\text{Star}}\boldsymbol{A}$	4.2 节	$\text{sk}A$	4.4 节
bMNC $\boldsymbol{N}$	4.3 节应用	$\text{skNrv}\boldsymbol{E}$	4.5 节
$\text{Nrv}_{\text{sys}}A$	4.6 节	$\text{Nrv}_{\text{galaxy}}G$	4.7 节
$\text{skShape}E$	4.9 节	$\text{cl}\boldsymbol{A}$	4.9 节
$\text{sk}_{\text{cyclic}}\boldsymbol{E}$	4.10 节	$\text{sk}_{\text{cyclic}}\text{Nrv}\boldsymbol{E}$	4.11 节
Ɓ($\text{sk}_{\text{cyclic}}\text{Nrv}E$)	4.10 节 A	$\text{Nrv}_{\text{barycentric}}A$	4.8 节

4.2 亚历山德罗夫重心星神经

重心星神经是由亚历山德罗夫引入的[2，33 节，p.39]。设 K 是从有限有界平面区域上的一族种子点 S 的三角剖分得出的单元复合形。亚历山德罗夫神经 A（由 $\text{Nrv}_{\text{Alex}}A$ 表示）定义为

$$\text{Nrv}_{\text{Alex}}A = \overbrace{\{\Delta(p,q,r) \in \text{Nrv}_{\text{Alex}}A : \bigcap_{p,q,r \in S} \Delta(p,q,r) \neq \varnothing\}}^{\text{亚历山德罗夫神经}}$$

换句话说，**亚历山德罗夫神经**是三角形的集族，它们在三角化有界表面区域上的单元复合形中具有公共顶点。

根据定义，K 中的每个顶点 p 都是神经 $\text{Nrv}_{\text{Alex}}A$ 的核，由具有公共顶点 p 的三角形集合定义。回想一下，三角形$\triangle(p, q, r)$的**中线**是，例如，从三角形的顶点 p 到与 p 相对的边 $\overline{qr}$ 的中点绘制的线；三角形的**重心**是三角形中线的交点。**重心三角形**是三角形$\triangle(b, b', b'')$，其顶点 b, b', b''是三角形的重心。更进一步，设 $b_1, \ldots, b_i, b_j, b_k, \ldots, b_n$ 位于从 $\text{Nrv}_{\text{Alex}}A$ 中的三角形导出的一组重心 B 中。然后，例如，令$\triangle(b_i, b_j, b_k) \in \text{Nrv}_{\text{Alex}}A$ 是一个重心三角形，顶点 b_i, b_j, b_k 是 $\text{Nrv}_{\text{Alex}}A$ 中三角形的重心。由此，可以构建由下式定义的重心星神经（由 $\text{Nrv}_{\text{star}}B$ 表示）：

$$\text{Nrv}_{\text{star}}B = \overbrace{\{\Delta(b_i,b_j,b_k) \in \text{Nrv}_{\text{Alex}}A : \bigcap_{b_i,b_j,b_k \in S} \Delta(b_i,b_j,b_k) \neq \varnothing\}}^{\text{重心星神经}}$$

换句话说，**重心星神经** B（由 $\text{Nrv}_{\text{star}}B$ 表示）是具有公共顶点的重心三角形的集族。$\text{Nrv}_{\text{star}}B$ 的核是三角形有限有界平面区域上三角形集族中三角形的重心。

例 4.1 （重心星神经）

设 $B = \{b_1, b_2, b_3, b_4, b_5\}$是三角化无人机视频帧图像上普通亚历山德罗夫神经 $\text{Nrv}_{\text{Alex}}A$

中一个三角形的一组重心。这些重心在图 4.2(a)中显示为红色●。根据算法 10，可以构造一族重心三角形（见图 4.2(b)）。这导致了在图 4.3 中详细显示的重心星神经 $\mathrm{Nrv}_{\mathrm{star}}B$ 的引入。请注意，$\mathrm{Nrv}_{\mathrm{Alex}}A$ 的核 p 没有被包括在 $\mathrm{Nrv}_{\mathrm{star}}B$ 中作为顶点，因为 p 不是重心。$\mathrm{Nrv}_{\mathrm{star}}B$ 的核是顶点 b_5，因为该顶点与 $\mathrm{Nrv}_{\mathrm{star}}B$ 中的重心三角形相同。

算法 10：三角视频帧图像上的重心星神经

Input : K, a collection of filled triangles on a triangulated video frame
Output: $\mathrm{Nrv}_{\mathrm{star}}B \in 2^K$ (Barycentric Star Nerve in K)

Let $B = \{b_1, \ldots, b_i, b_j, b_k \ldots, b_n\}$ *be barycenters in* K;
Triangulate B *to form a barycentric cell complex* K';
Select barycenter $b \in K'$;
/* From Theorem 4.2, b is the nucleus of a barycentric star nerve $\mathrm{Nrv}_{\mathrm{star}}B$ on the barycentric cell complex K' on a video frame. */ ;

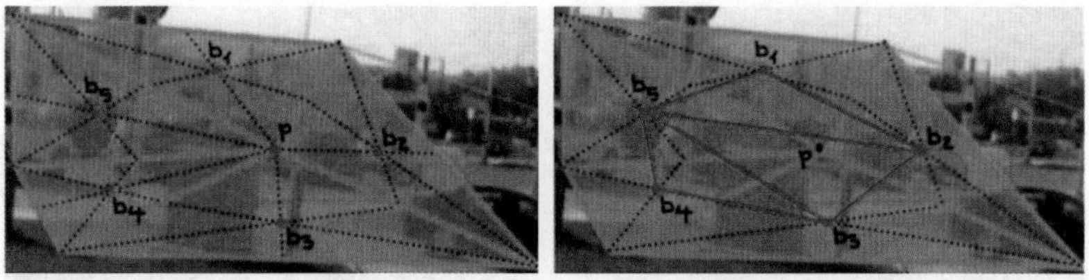

(a) 重心b_1, b_2, b_3, b_4, b_5　　(b)三角形$\Delta(b_i, b_j, b_k)$

图 4.2　在视频帧图像上构建重心星神经

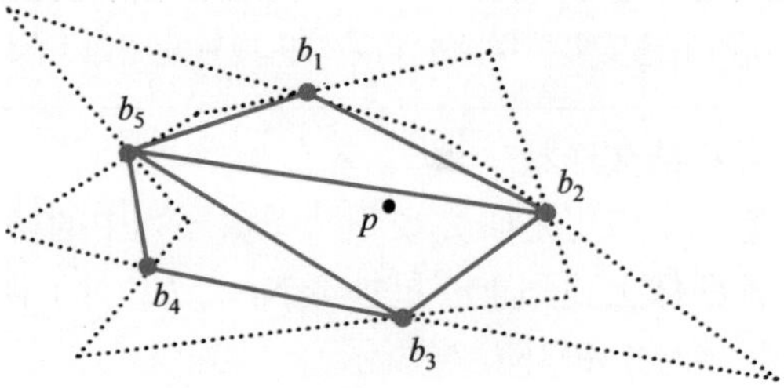

图 4.3　重心星神经复合形

■

图 4.3 中的重心星神经是以下定理的图片证明。

定理 4.2

三角有限有界平面区域中三角形的每个重心都是重心星神经的核。

证明：设 $b_1, \ldots, b_i, b_j, b_k, \ldots, b_n$ 是三角化有限有界平面区域 π 中三角形的重心。使用重心作为种子点对 π 进行三角剖分。重心的这种三角剖分为我们提供了平面区域 π 上的单元复合形 K。

根据定义，K 中的每个顶点 b 都是神经 $\mathrm{Nrv}_{\mathrm{Alex}}A$ 的核，由具有公共顶点 b 的 n 个三角形的集族定义。因此，重心 b 是重心星神经的核。 ■

4.3　视频帧图像上的范多胞形

本节介绍 Pham [3]提出的视频帧图像上所谓的范多胞形。**范多胞形** P（由 $\mathrm{tope}_{\mathrm{Pham}}P$ 表示）是三角化视频帧图像上亚历山德罗夫神经内部和边界上有限图像点集的凸包。回想一下，亚历山德罗夫神经是一个单元复合形 K 中具有公共顶点的实心三角形的集族。对单元复合形 K 中的实心三角形在视频帧图像 Img 的情况，每个△的内部是在△的边界内的一组像素点。设 $\mathrm{Nrv}_{\mathrm{Alex}}A$ 为亚历山德罗夫神经，$\mathrm{bdy}(\mathrm{Nrv}_{\mathrm{Alex}}A)$为神经边界，令 int(△)表示 $\mathrm{Nrv}_{\mathrm{Alex}}A$ 中三角形的内部。那么

$$\mathrm{tope}_{\mathrm{Pham}}P = \overbrace{\mathrm{bdy}(\mathrm{Nrv}_{\mathrm{Alex}}A \bigcup_{\Delta\in \mathrm{Nrv}_{\mathrm{Alex}}A} \mathrm{int}(\Delta)}^{\text{范多胞形}}$$

例 4.3 （亚历山德罗夫神经映射到范多胞形）

图 4.4 显示了三角化无人机视频帧图像上亚历山德罗夫神经 $\mathrm{Nrv}_{\mathrm{Alex}}A$ 到范多胞形 $\mathrm{tope}_{\mathrm{Pham}}P$ 的映射样例。图 4.4 中所示的亚历山德罗夫神经 $\mathrm{Nrv}_{\mathrm{Alex}}A$ 映射到图 4.4 所示的范多胞形 $\mathrm{tope}_{\mathrm{Pham}}P$。实际上，$\mathrm{tope}_{\mathrm{Pham}}P$ 提供了一个窗口，通过它可以看到一个视觉场景表面形状的集族。然后可以将这种窗口的特征与亚历山德罗夫神经 $\mathrm{Nrv}_{\mathrm{Alex}}A$ 的边界点和内部点的并集进行比较，如图 4.4 所示。

图 4.4　亚历山德罗夫神经映射到无人机视频帧图像上的范多胞形 ■

应用：借助重心星神经寻找持久形状 ☕

重心星神经的倒数第二个应用是研究视频帧图像序列中的持久形状。根据算法 10，可以在每个三角化视频帧图像上找到重心星神经 $\mathrm{Nrv}_{\mathrm{star}}B$。对于视频中的每个图像帧，突出显示最大的重心星神经 N（由 bMNC $\boldsymbol{N}$ 表示）。 ■

习题 4.4 ☕

应用例 4.3。给出两个包含具有相似区域的突出显示的范多胞形的示例视频。 ■

习题 4.5 🚲

证明从范多胞形边界导出的每个定向细丝骨架的贝蒂数都等于 1。 ■

4.4　源自相交多胞形的骨架神经

本节沿用范多胞形结构，在有限有界平面区域上的 CW 单元复合形 K 上构建骨架神经。请注意，单元复合形 K 是骨架的集族。令 $\mathrm{sk}(A_i)$，$1 < i \leqslant n$ 是 K 上的细丝骨架。根据 2.6 节，回想一下 CW 复合形中的骨架集族定义了一个骨架神经 A（由 skNrv$A$ 表示），定义为

$$\mathrm{skNrv}A = \left\{\mathrm{sk}(A_i) \in K : \bigcap_{1<i\leqslant n} \mathrm{sk}(A_i) \neq \varnothing\right\} \quad \text{（骨架神经）}$$

请注意，可以从范多胞形 $\mathrm{tope}_{\mathrm{Pham}}A$ 的边界提取细丝骨架 sk$A$。也就是说，我们通过以下方式从 $\mathrm{tope}_{\mathrm{Pham}}A$ 获得一个定向的细丝骨架 A（由 $\mathrm{s}\vec{\mathrm{k}}A$ 表示）

$$\mathrm{sk}A := \mathrm{bdy}(\mathrm{tope}_{\mathrm{Pham}} A)$$

$$\mathrm{sk}A \mapsto= \overbrace{\mathrm{s}\vec{\bar{\mathrm{k}}}A}^{\text{定向细丝骨架}}$$

也就是说，我们将范多胞形的边界映射到双向细丝骨架。这为范多胞形边界的循环群表达铺平了道路（有关定向细丝骨架的循环群表达的介绍，请参见 3.2 节和 3.21 节）。由此，我们可以推导出一个骨架神经 skNrv$A$，它是定向细丝骨架的集族，即，

$$\mathrm{skNrv}A = \overbrace{\left\{\mathrm{s}\vec{\bar{\mathrm{k}}}A_i \in K : \bigcap_{1<i\leqslant n} \mathrm{s}\vec{\bar{\mathrm{k}}}A_i \neq \varnothing\right\}}^{\text{定向细丝骨架上的骨架神经}}$$

为简单起见，我们写作 sk$A$ 而不是$\mathrm{s}\vec{\bar{\mathrm{k}}}A$，假设正在使用从范多胞形边界提取的定向细丝骨架。

例 4.6 **（亚历山德罗夫神经映射到范多胞形）**

图 4.5 显示了一个骨架神经 skNrv$A$，该骨架神经来自位于三角化无人机视频帧图像上范多胞形边界上的一族定向细丝骨架。单元复合形 K 来自视频帧图像的三角剖分。K 中的单元是 2-单元（实心三角形）。在这种情况下，

$$\mathrm{skNrv}A = \overbrace{\left\{\mathrm{s}\vec{\bar{\mathrm{k}}}A_i \in K : \bigcap_{1<i\leqslant 3} \mathrm{s}\vec{\bar{\mathrm{k}}}A_i = p\right\}}^{\mathbf{sk}A_1,\,\mathbf{sk}A_2,\,\mathbf{sk}A_3\text{上的骨架神经}\mathbf{skNrv}A}$$

也就是说，从图 4.5 的三角化视频帧图像中，我们获得了一个骨架神经，它是三个具有共同顶点 p 的定向细丝骨架$\mathrm{s}\vec{\bar{\mathrm{k}}}A_1$、$\mathrm{s}\vec{\bar{\mathrm{k}}}A_2$、$\mathrm{s}\vec{\bar{\mathrm{k}}}A_3$ 的集族。

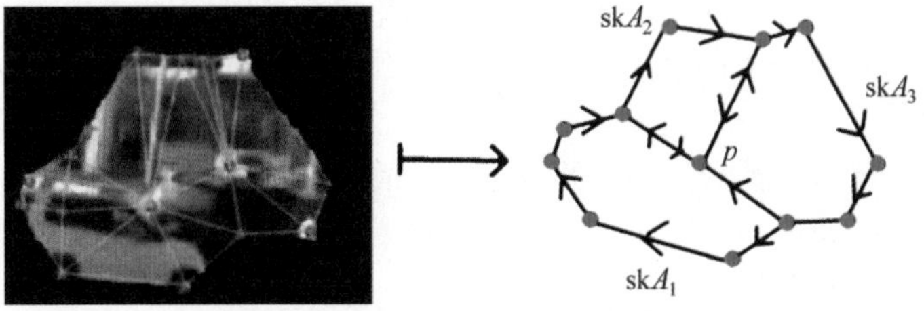

图 4.5　无人机视频帧图像上源自范多胞形边界的骨架神经　■

贝蒂数字告诉我们了什么

这是一个很长的旅程的开始，在跟踪三角化视频帧图像上的骨架神经结构所覆盖的形状（即贝蒂数）方面，我们可能会得出一个非常简单而且非常有用的结果。贝蒂数告诉我们骨架神经中相交的定向细丝骨架（即**循环群**）的数量，其从一帧到另一帧各不相同。简而言之，贝蒂数是对骨架神经的自由阿贝尔群表示的生成元（称为**细丝骨架**）数量的计数。为什么要使用贝蒂数呢？每个骨架神经都有一个自由阿贝尔群表达。每个骨架神经都定义了一个视频帧图像形状。因此，在知道帧形状何时出现然后消失的重要情况下，在一系列视频帧图像中去跟踪骨架神经中的数字定向细丝骨架是值得的。随着骨架神经中的骨架数量变化，骨架神经的贝蒂数也会变化。换句话说，骨架神经贝蒂数的变化预示着骨架神经形状的变化。■

4.5 视频帧图像骨架神经复合形的自由阿贝尔群表示

本节探讨出现在视频帧图像三角剖分中的骨架神经的自由阿贝尔群表示。具有二元运算$\circ$的群 $G(\circ)$是**阿贝尔群**，前提是$\circ$对每对群元素 g、g'具有交换性，即，

$$g \circ g' \overbrace{=}^{\text{阿贝尔性质}} g' \circ g$$

图 4.6 纪念 Niels Henrik Abel 的挪威 10 克朗邮票

换句话说，我们应用群操作的顺序没有区别。

Munkres [4，1.4 节，p.21]观察到**加性阿贝尔群** $G(+)$是**自由的**，只要 G 的每个元素 g 都可以写成其生成元$\langle a_1\rangle$, …, $\langle a_i\rangle$, …, $\langle a_k\rangle$的线性组合，即（图 4.6），

$$\begin{aligned} g &\in G \\ m_1,\cdots,m_k &\in \overbrace{\mathbb{Z}^{0,+}}^{\text{正整数或}\mathbf{0}} \\ g &= m_1a_1+\cdots+m_ia_i+\cdots+m_ka_k \end{aligned}$$

历史注释 1 阿贝尔群

阿贝尔群（也称为交换群）以挪威数学家 Niels Henrik Abel（1802—1829）的名字命名。关于他的传记和手稿，请参见[5]。 ■

回想 3.22 节的骨架神经具有自由阿贝尔群表示。到目前为止，我们已经在一族定向的细丝骨架上导出了一个骨架神经，这些骨架在三角化视频帧图像上具有非空交点。在其最简单的来源中，视频帧图像骨架神经是包含具有公共顶点的细丝骨架的单个骨架涡旋（例如，参见例 4.6）。

这里我们假设定向细丝骨架 sk$A$ 的每根细丝的长度是最短细丝 $a \in$ sk$A$ 长度的倍数。为简单起见，让 a 的长度用 a 表示。那么，如果 x 是骨架 sk$A$ 中的细丝，则 x 的长度定义为细丝 a 的长度的倍数，即，

$$\begin{aligned} x &= m \bullet a \\ &= \overbrace{a+a+\cdots+a}^{\text{生成元}\boldsymbol{a}\text{长度的}\boldsymbol{m}\text{次复制}} \end{aligned}$$

换句话说，细丝 a 是骨架 sk$A$ 其他成员的生成元，因为 sk$A$ 的每个细丝都是细丝 a 的倍数。这意味着骨架 sk$A$ 具有加性循环群表示。我们可以通过考虑定义在一组相交细丝骨架上的骨架神经来进一步推进这一想法。

例 4.7

考虑一下当我们的骨架神经 skNrv$E$ 包含一对细丝骨架 sk$A$、sk$B$ 和生成元$\langle a\rangle$、$\langle b\rangle$时会发生什么。也就是说，sk$A$ 的每个片段都是片段 a 的倍数，而 sk$B$ 的每个片段都是片段 b 的倍数。这两个细丝骨架有一个共同的边，即神经核 skNrv$E$。即

$$\text{skNrv}E = \overbrace{\{\text{sk}A, \text{sk}B : \text{sk}A \cap \text{sk}B = \text{segment}\,\widehat{b}\}}^{\text{骨架神经}}$$

设 g 是神经 skNrv$E$ 中骨架之一的细丝，则可知我们能写出

$$g = \overbrace{m_1 a + m_2 b}^{\text{生成元}\langle \boldsymbol{a}\rangle\text{和}\langle \boldsymbol{b}\rangle\text{的线性组合}}$$

例如，在图 4.7 里的 sk$A$ 中，骨架中每个片段的长度是标记为 a 的片段长度的倍数。类似地，图 4.7 里 sk$B$ 中每个片段的长度是标记为 b 的片段长度的倍数。然后，如果设 g 是图 4.7 中顶点 p 和 q 之间的路径长度，则

$$g = \overbrace{2a + 3b}^{\text{生成元}\langle \boldsymbol{a}\rangle\text{和}\langle \boldsymbol{b}\rangle\text{的线性组合}}$$

换句话说，神经中任意一对顶点之间的路径长度可以表示为一对生成元的线性组合。

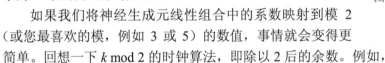

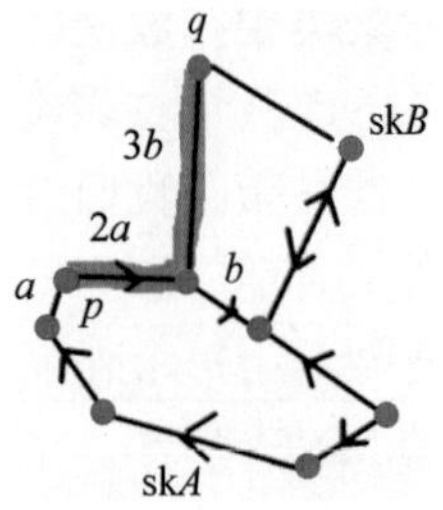

图 4.7　p 和 q 之间的骨架路径长度等于 $2a+3b$

如果我们将神经生成元线性组合中的系数映射到模 2（或您最喜欢的模，例如 3 或 5）的数值，事情就会变得更简单。回想一下 $k \bmod 2$ 的时钟算法，即除以 2 后的余数。例如，

$$2 \bmod 2 = 4 \bmod 2 = 8 \bmod 2 = 34 \bmod 2 = 144 \bmod 2 = 0$$
$$3 \bmod 2 = 5 \bmod 2 = 9 \bmod 2 = 35 \bmod 2 = 145 \bmod 2 = 1$$

在例 4.7 中，设 p 为细丝骨架 sk$A$ 中的一个顶点，q 为细丝骨架 sk$B$ 中的一个顶点。同样由例 4.7，令 sk$A$，sk$B$ 有一个共同的边，形成一个骨架神经。然后可以非常简单地如下表示顶点 p 和 q 之间的路径 g 的长度：

$$\begin{aligned} g &= 2a + 3b \\ & \quad \overbrace{\mapsto 0 \bmod 2 + 1 \bmod 2}^{\text{映射到系数}\mathbf{mod\,2}\text{的和}} \\ &= (0+1) \bmod 2 \\ &= 1 \end{aligned}$$

也就是说，现在每条路径的长度都是 0 或 1。在这种情况下，0 是恒等元素。此外，系数模 2 的每个线性组合都有一个加法逆，即它本身。为了看到这一点，设 x 是系数模 2 的线性组合，则有

$$(x + x) \bmod 2 = (2x) \bmod 2 = 0$$

实际上，每个骨架 sk$A$、sk$B$ 都可以表示为系数模 2 的线性组合上的循环群。这也意味着每个骨架神经 skNrv$A$ 都可以表示为一个自由阿贝尔群，因为 skNrv$A$ 的每个成员都可以写成其循环群生成元的线性组合。

那么，通过将三角化视频帧图像上的骨架神经视为自由阿贝尔群，我们会得到什么呢？

要回答这个问题，请注意三角化视频帧图像上的每个骨架神经都有一个形状，即边界加上由神经的定向细丝骨架集族定义的内部。换句话说，骨架神经的形状是由其相交的细丝骨架的形状决定的。神经中细丝骨架的形状和数量的变化通常会导致神经形状的变化。

从应用的角度来看，我们现在有一种简单的方法来跟踪视频帧图像中神经形状的变化，即与每个骨架神经相关的贝蒂数。骨架神经的每个贝蒂数告诉我们神经中连通的细丝骨架（称为**循环群生成元**）的数量。出现在一个视频帧图像内部并随后移动靠近另一个视频帧图

像边界的骨架神经，将丢失一个或多个被后一帧边界切除的细丝骨架。回想一下，每个基于质心的**最大核聚类**或 **MNC**（即具有公共顶点的三角形集族中的最大三角形数量）定义了覆盖视频帧图像主要部分的骨架神经。之所以如此，是因为质心 MNC 是由三角化视频帧图像中所有核聚类中数量最多的质心构建的。换句话说，质心 MNC 在视频帧图像中的所有核聚类中孔数最多。为了从 MNC 导出重心骨架神经，我们找到 MNC 中三角形的重心以及 MNC 周围核聚类的三角形。例如，通过将细丝连接到重心，我们在每对重心之间推导出细丝骨架。我们沿着 MNC 的边界在三角形的重心上重复相同的构造，以获得第二个细丝骨架。请注意，每个细丝骨架的内部都是非空的。这意味着（在 MNC 中）最里面的细丝骨架对于每个外部细丝骨架是共同的（相交）。因此，向外盘旋的细丝骨架的集族具有共同的 MNC 骨架，衍生出骨架神经。

具有相应细丝骨架表达的反射光结构

在物理上，骨架神经中螺旋状的细丝骨架提供了一种类似于曲面反射光的常见的光焦散线图案的结构。有关亮光焦散线以及反射光和自然光学的所谓**咖啡杯焦散**的更多信息，请参阅 Nye [6，2.1 节，p.9ff]。**光焦散**是平行光线（平行光子流）与曲面碰撞的结果。每个物理表面无论看起来多么平坦，实际上都是弯曲的。出于这个原因，我们可以期望发现反射光的焦散线会对我们在相机图像或视频帧图像中看到的内容产生影响。关于 Nye 编写的书的优秀且非常详细的评论，参阅 Giblin [7]。Peter Giblin 的评论很重要，因为它反映了他对光结构（其焦散线可以用细丝骨架表示）的思考方式以及他对单元复合形的终生兴趣[8]。

重要的是，另请参见 Giblin 和 Janeczko [9]关于与曲面碰撞的光的反射族以及 Bruce 和 Giblin [10]对有界曲面的投影（例如，参见[10，p.411 图 5 和 p.413 图 7]中的边界尖端）。从 J.F. Nye 和 P. Giblin 等人关于表面反射的这项工作中看出，反射光波和细丝骨架之间的天然亲和力不足为奇。螺旋细丝骨架还提供了由光子形成的电磁涡旋的相似物，这些光子沿纵轴具有一些净的角动量。这是 I.V. Dzedolik 的观察[11]。

例 4.8

在例 4.7 中，skNrv$E$ 的贝蒂数等于 2，因为该神经的自由阿贝尔群表达由一对循环群的直接和所定义，即这对循环群表示了 skNrv$E$ 中的 sk$A$ 和 sk$B$。 ■

例 4.9

在例 4.6 中，skNrv$A$ 的贝蒂数等于 3，因为该神经的自由阿贝尔群表示由一对循环群的直接和所定义，即这对循环群表示了 skNrv$A$ 中的 skA_1、skA_2、skA_3。 ■

4.6 神经复合形系统

本节介绍神经复合形的系统。回想一下，三角化有限有界平面区域上的亚历山德罗夫**神经复合形**是具有公共顶点的三角形的集族。让 $\mathrm{Nrv}_{\mathrm{Alex}}A_1, \ldots, \mathrm{Nrv}_{\mathrm{Alex}}A_k$ 是神经复合形的集族。最简单的**神经系统**是具有非空交点的亚历山德罗夫神经 A（由 $\mathrm{Nrv}_{\mathrm{sys}}A$ 表示）的集族，即，

$$\mathrm{Nrv}_{\mathrm{sys}}A=\overbrace{\left\{\mathrm{Nrv}_{\mathrm{sys}}A_i:\bigcap_{1\leqslant i\leqslant k}\mathrm{Nrv}_{\mathrm{sys}}A_i\neq\varnothing\right\}}^{\text{神经复合形系统}}$$

例 4.10　（**两个神经复合形系统**）

神经复合形的两个样例系统如图 4.8 所示，即

$$\mathrm{Nrv}_{\mathrm{sys}}A=\overbrace{\left\{\mathrm{Nrv}_{\mathrm{sys}}A_i:\bigcap_{1\leqslant i\leqslant 3}\mathrm{Nrv}_{\mathrm{sys}}A_i=p\right\}}^{\text{具有3个神经复合形的系统}}$$

$$\mathrm{Nrv}_{\mathrm{sys}}B=\overbrace{\left\{\mathrm{Nrv}_{\mathrm{sys}}B_i:\bigcap_{1\leqslant i\leqslant 3}\mathrm{Nrv}_{\mathrm{sys}}B_i=q\right\}}^{\text{具有3个神经复合形的系统}}$$

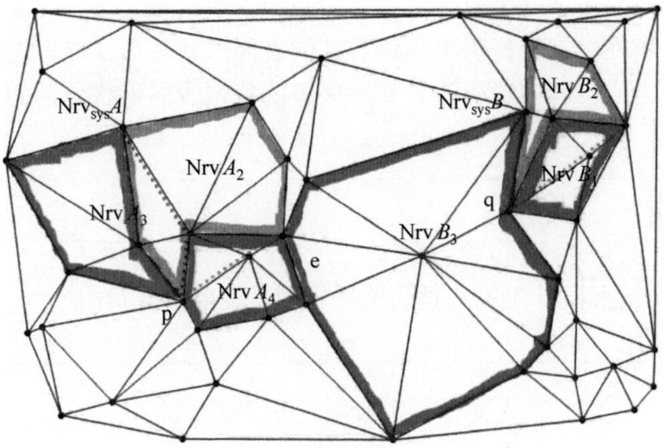

图 4.8　两个相交神经系统 $\mathrm{Nrv}_{\mathrm{sys}}A$、$\mathrm{Nrv}_{\mathrm{sys}}B$　■

4.7　神经复合形系统星系

神经复合形系统星系（简称**神经系统星系**）是具有非空交集的神经复合形系统的集族 G（由 $\mathrm{Nrv}_{\mathrm{galaxy}}G$ 表示）。设 $\mathrm{Nrv}_{\mathrm{sys}}A_1$，...，$\mathrm{Nrv}_{\mathrm{sys}}A_n$ 是三角化有限有界平面区域上的神经复合形系统。则 $\mathrm{Nrv}_{\mathrm{galaxy}}G$ 定义为

$$\mathrm{Nrv}_{\mathrm{galaxy}}G=\overbrace{\left\{\mathrm{Nrv}_{\mathrm{sys}}A_i:\bigcap_{1\leqslant i\leqslant n}\mathrm{Nrv}_{\mathrm{sys}}A_i\neq\varnothing\right\}}^{\text{神经复合形系统星系}}$$

例 4.11　（**神经系统星系**）

设 e 是图 4.8 中亚历山德罗夫神经复合形 $\mathrm{Nrv}_{\mathrm{Alex}}A_1$、$\mathrm{Nrv}_{\mathrm{Alex}}B$ 的共同边。神经复合形系统的样例星系如图 4.8 所示，即，

$$\mathrm{Nrv}_{\mathrm{galaxy}}G=\overbrace{\left\{\mathrm{Nrv}_{\mathrm{sys}}A,\mathrm{Nrv}_{\mathrm{sys}}B:\mathrm{Nrv}_{\mathrm{sys}}A\cap\mathrm{Nrv}_{\mathrm{sys}}B=e\right\}}^{\text{两个神经复合形系统星系}}$$　■

动机 2　（**表面形状覆盖条件**）

三角化有界平面上的神经系统星系（例如视觉场景中的那些）是令人感兴趣的，因为这些星系有可能覆盖表面形状。设 sh$E$ 为表面形状。让 $\mathrm{Nrv}_{\mathrm{sys}}A$ 也是一个神经系统，它包括一个跨越最大核聚类（MNC）的神经复合形。那么对于 sh$E$ 存在以下覆盖条件的可能性，即，

$$\overbrace{\mathrm{sh}E \subseteq \mathrm{Nrv}_{\mathrm{sys}}A}^{\text{表面形状覆盖条件}}$$

如果这个覆盖条件不满足，那么我们将 $\mathrm{Nrv}_{\mathrm{sys}}A$ 串接到相邻的神经系统 $\mathrm{Nrv}_{\mathrm{sys}}B$ 以推导出一个可能满足覆盖条件的神经系统 $\mathrm{Nrv}_{\mathrm{galaxy}}G$ 的星系，即，

$$\overbrace{\mathrm{sh}E \subseteq \mathrm{Nrv}_{\mathrm{galaxy}}G}^{\text{另一个表面形状覆盖条件}}$$

在从表面区域质心（表面孔的质心）导出的 MNC 的情况下，MNC 具有最高的质心密度作为其三角形顶点。出于这个原因，基于质心的 MNC 通常会与主要表面形状重叠。将相交的神经系统聚集在一起可提供更具包容性的表面形状覆盖。这里的目标是要满足这些表面形状覆盖条件之一，其中形状边界和感兴趣的特定表面形状外部的表面区域之间的重叠最小。 ■

患者与医生的对话

患者：医生，我最近记性差得惊人。

医生：在这些情况下，先生，我的不变规则是提前索要费用[1]。

——**Punch** [12]，1933。 ■

同样在本节中，我们必须先支付医生费用（可以这么说），然后才能以最小的方式解决在三角化曲面上覆盖形状的问题。在我们的案例中，费用与 Punch [12，p.41]在报告患者和医生之间的交流时异想天开地提到的费用类似。从形状内部孔的质心获得的此类三角形往往会跨越表面形状边界。换句话说，基于质心的三角形通常与形状边界和形状边界外部的区域重叠。这导致了所谓的形状边界重叠问题。当我们依靠亚历山德罗夫神经复合形来覆盖表面形状时，亚历山德罗夫神经复合形中三角形扩展的膨胀效应会产生重叠问题，因为神经复合形的这种扩展到表面形状边界的趋势会降低三角化形状的表示和分析的敏锐度。这就是**形状边界重叠问题**。我们需要尽量减少这种重叠，朝着解决重叠问题迈出一步。在这种情况下，费用是在我们尝试近似形状之前必须从三角形表面形状上的三角形中提取重心的集族。为什么？使用三角形重心而不是质心的种子点（和其他形式的种子点）导致覆盖表面形状的细丝骨架更小。

求解形状边界重叠问题的不变法则 ☕

顶点为重心的细丝骨架比源自其他种子点（例如表面孔的质心）的细丝骨架更小。如果我们在尝试近似表面形状之前先支付费用（找到三角形重心），则最终结果是对**感兴趣形状**的更精细、更接近的几何近似（由重心细丝骨架覆盖的表面区域，而不是源自高密度质心的三角形，导致给出最大核聚类或 MNC）。换句话说，与从种子点导出的三角

1 非常感谢 M.Z. Ahmad 指出这点。

形相比，具有重心顶点的细丝骨架在覆盖表面形状方面更有效。所以我们必须付出代价，首先找到三角形重心，这些三角形重心会产生覆盖形状的细丝骨架。这是**表面形状近似的不变规则**。■

4.8　重心骨架神经复合形系统

相交的亚历山德罗夫神经集族的系统扩散到三角化表面形状边界之外的趋势，通过相交重心星神经系统进行校正（也由亚历山德罗夫[2，32-33 节，pp.38-39]引入）。亚历山德罗夫神经复合形已在 3.7 节中介绍。回想一下，**亚历山德罗夫神经复合形**是三角形的集族，它们在一个三角化有界平面区域中有一个公共顶点。根据 4.2 节，**重心星神经**是具有公共顶点的重心三角形的集族。**重心三角形**是其顶点为底层三角形集族重心的三角形。换句话说，在三角化的有界平面区域中，一个重心三角形跨越（位于）三个较大的三角形之上。

在本节中，重心是细丝骨架（称为重心细丝骨架）中顶点的来源。**重心细丝骨架**是一种细丝骨架，其中顶点是三角化有界平面区域上的三角形的重心。

例 4.12

图 4.9 显示了一个重心细丝骨架（称为 sk*A*）样例，其源自最大核聚类（MNC，它是一种亚历山德罗夫神经）的三角形的重心。请注意，sk*A* 覆盖的视觉场景表面比其父 MNC 中的三角形要小。这是解决形状边界重叠问题的开始。

图 4.9　无人机视频帧图像上的重心细丝骨架示例　■

重心细丝骨架是构建骨架神经的基石。这些重心细丝骨架是处在 CW 复合形中的单元复合形。回想一下 2.6 节，**骨架神经**是具有非空交点的细丝骨架的集族。设 $\mathrm{sk}A_1, \ldots, \mathrm{sk}A_n$ 是重心细丝骨架的集族，则重心骨架神经 *A*（由 $\mathrm{Nrv}_{\mathrm{barycentric}}A$ 表示）定义为

$$\mathrm{Nrv}_{\mathrm{barycentric}}A = \overbrace{\left\{\mathrm{sk}A_i : \bigcap_{1\leqslant i\leqslant n} \mathrm{sk}A_i \neq \varnothing\right\}}^{\text{相交重心细丝骨架}}$$

为简单起见，重心神经复合形 $\mathrm{Nrv}_{\mathrm{barycentric}}A$ 通常表示为 skNrv*A*，如果已知神经复合形中的细丝骨架源自亚历山大罗夫神经上的三角形的重心（即，具有公共顶点的三角形的集

族）的话。

设 $\mathrm{sk}A_1, \ldots, \mathrm{sk}A_n$ 是三角化有界表面区域上重心骨架神经的集族。**重心骨架神经系统** A（由 $\mathrm{skNrvsys_{barycentric}}A$ 表示）是具有非空交点的重心骨架神经的集族，即，

$$\mathrm{skNrvsys_{barycentric}}A=\overbrace{\left\{\mathrm{skNrv}A_i:\bigcap_{1\leqslant i\leqslant n}\mathrm{skNrv}A_i\neq\varnothing\right\}}^{\text{重心骨架神经复合形系统}}$$

当从上下文中已明确骨架神经源自重心时，我们写作 $\mathrm{skNrv_{sys}}A$ 而不是更麻烦的 $\mathrm{skNrvsys_{barycentric}}A$。

例 4.13 （**相交骨架神经复合形系统**）

设 $\mathrm{sk}E=\{e_{A1},e_{A2}\}$，一个细丝骨架包含图 4.8 中重心骨架神经复合形 $\mathrm{skNrv}A$ 和 $\mathrm{skNrv}B$ 共有的边，即，

$$\mathrm{Nrv_{barycentric}}A=\overbrace{\left\{\mathrm{sk}A_i:\bigcap_{1\leqslant i\leqslant 3}\mathrm{sk}A_i\neq\varnothing\right\}}^{\text{相交重心细丝骨架}}$$

$$\mathrm{Nrv_{barycentric}}B=\overbrace{\left\{\mathrm{sk}B_i:\bigcap_{1\leqslant i\leqslant 3}\mathrm{sk}B_i\neq\varnothing\right\}}^{\text{相交重心细丝骨架}}$$

骨架神经复合形系统的样例星系如图 4.10 所示，即，

$$\mathrm{skNrv_{sys}}A=\overbrace{\left\{\mathrm{skNrv}A,\mathrm{skNrv}B:\mathrm{skNrv}A\cap\mathrm{skNrv}B=\{e_{A_1},e_{A_2}\}\right\}}^{\text{两个重心骨架神经复合形系统}}$$

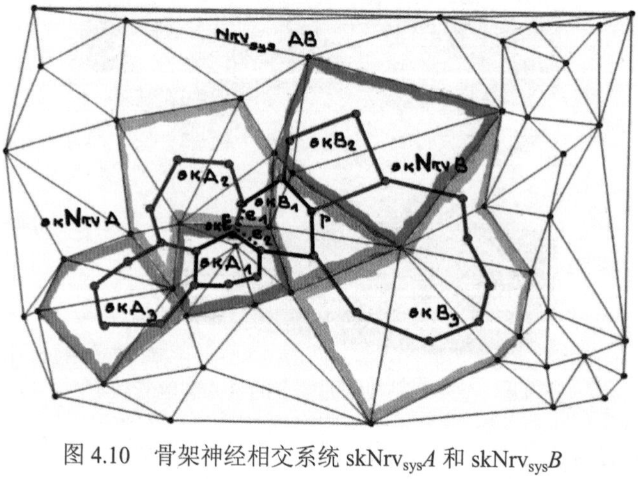

图 4.10 骨架神经相交系统 $\mathrm{skNrv_{sys}}A$ 和 $\mathrm{skNrv_{sys}}B$ ■

4.9 细丝辐条形状和闭包的重要性

本节回归到对寻找满足 4.7 节动机 2 中介绍的形状覆盖条件的方法问题的讨论。我们想要做的是通过考虑嵌套的、非同心的涡旋细丝骨架来梳理表面形状，这些骨架之间还有一个辐条连通（例如参见图 4.11）。

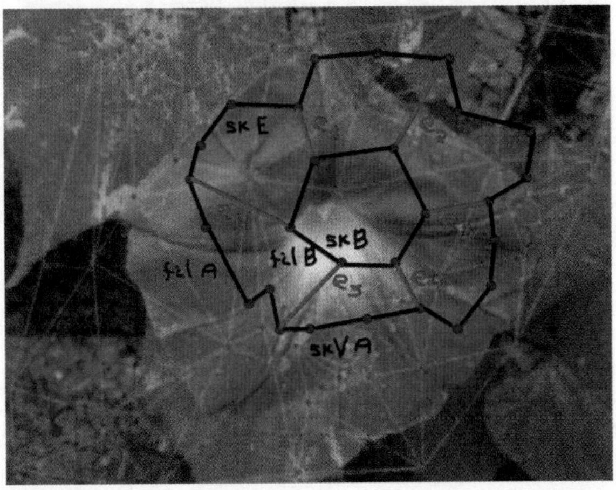

图 4.11　涡旋辐条神经 = skE ∪ skB ∪ $\{e_5, \mathrm{fil}A, \mathrm{fil}B, e_6\}$

依次添加连通在细丝骨架（彼此靠近）顶点之间的辐条对。每对相邻的辐条连通在细丝骨架之间，形状 E 就产生了。这个新形状 E 称为细丝辐条形状（由 skShape$E$ 表示）。**细丝辐条形状**具有源自一对细丝(连通到一对辐条)的边界和部分覆盖表面形状的非空内部。

设 sk$A$ 和 sk$B$ 分别为 MNC X 重心上和 MNC X 边界三角形重心上的重心细丝骨架。设 skE_1, ..., skE_i, skE_{i+1}, ..., skE_k 是重心细丝辐条的集族。辐条 skE_i 和 skE_{i+1} 彼此相邻。此外，设 b_{MNC} 和 b'_{MNC} 是 MNC X 的一对边界三角形上的一对相邻重心，并设 $\overline{b_{\mathrm{MNC}}b'_{\mathrm{MNC}}}$ 是重心细丝。此外，令 $\overline{b_{\mathrm{sk}B}b'_{\mathrm{sk}B}}$ 是 MNC X 边界三角形重心上的细丝。回想一下，集合的闭包包括集合的边界和内部，则 skShape$E$ 定义为

$$\mathrm{skShape}E = \overbrace{\mathrm{cl}\left\{\overline{b_{\mathrm{MNC}}b'_{\mathrm{MNC}}} \cup \mathrm{sk}E_i \cup \mathrm{sk}E_{i+1} \cup \overline{b_{\mathrm{sk}B}b'_{\mathrm{sk}B}}\right\}}^{\text{表面边界与表面内部的并集}}$$

细丝辐条形状的重要性

从 MNC 上三角形的重心开始，我们仔细观察从 MNC 重心导出的细丝骨架周围的边界区域。 请注意，**细丝辐条形状 skShape$E$ 在特定方向上最低程度地扩展了重心细丝骨架超出 MNC 上骨架覆盖的表面区域的范围**。这提供了一种近似沿 MNC 边界的微小表面区域形状的细粒度方法。

接下来，考虑细丝辐条形状闭包的示例。

例 4.14

图 4.9 显示了一个示例细丝辐条形状 skShape$E$。设细丝 A、细丝 B 分别为骨架 sk$E$ 和骨架 sk$B$ 中相对细丝的顶点之间连通的细丝辐条。这个细丝辐条形状 skShape$E$ 定义为

$$\mathrm{skShape}E = \mathrm{cl}\left(\left\{e_6 \cup \mathrm{filament}A \cup \mathrm{filament}B \cup e_5\right\}\right)$$

闭包$\{e_6 \cup \mathrm{filament}A \cup \mathrm{filament}B \cup e_5\}$给出了这个细丝辐条形状的边界和内部。■

每个新的细丝辐条形状都部分地覆盖了三角化表面上的一个区域。细丝辐条形状很像拼图。最初，我们仅使用两对重心作为连接到彼此相对的细丝骨架的 1-单元（线段）的顶点而将它们组合在一起。这样只做一次会产生两个重要的结构，即，

路径连通的重心集：通过引入与一对嵌套（通常非同心）接触的细丝骨架 sk$A$、sk$B$ 之

间的单个细丝辐条形状 skShape$E$，每对顶点都是路径连通的。

涡旋神经：细丝骨架 sk$A$、sk$B$ 有非空交点，即 skShape$E$（它附着在两个骨架上）。

引理 4.15

skShape$E$ 是一个平面形状。

证明：根据定义，skShape$E$ 的闭包包括表面区域的边界和内部。因此，根据定义，skShape$E$ 是平面形状。 ■

定理 4.16

细丝辐条形状 skShape$E$ 上的顶点：

（1）驻留在重心细丝骨架上。

（2）skShape$E$ 上的顶点是路径连通的。

证明：

（1）根据引理 4.15，细丝辐条形状 skShape$E$ 包括边界 bdy(skShape$E$)。根据细丝辐条形状的定义，边界是一个细丝序列 $\overline{bb'}$、$\overline{b'b''}$、$\overline{b''b'''}$、$\overline{b'''b}$，它们附着在$\{b、b'、b''、b'''\}$中相邻的重心对上。因此，bdy(skShape$E$)是一个细丝骨架。

（2）直接根据前面的讨论，因为在 skShape$E$ 边界上的重心细丝骨架中的任何一对顶点之间都有一系列细丝。 ■

为了更深入地了解涡旋神经的结构，我们仔细研究细丝辐条形状的闭包。回想 1.24 节和 1.25 节，单元复合形中相互连通的单元集合 A 的闭包（用 cl$A$ 表示）包括 A 的边界（用 bdy$A$ 表示）和 A 的内部（用 int$A$ 表示）。

相互连通单元集合闭包的重要性

相互连通的非空单元集合 A 的闭包（cl$A$）将 A 的边界（bdy$A$）和 A 内部（int$A$）的所有单元的内容聚集在一起。换句话说，

$$\mathrm{cl}A = \overbrace{\mathrm{bdy}A \cup \mathrm{int}\,A}^{\text{相互连通的单元集合的闭包}}$$

相互连通的单元集合的闭包的类似物是树叶 T 的闭包(用 cl$T$ 表示)。T 的边界(bdy$T$)是沿着叶边缘的叶单元集，而 T 的内部（int$T$）是附着在中央叶脉上的脉集合，叶脉之间的叶单元以及以叶边为界的那部分中的叶单元。 ■

同样，例如，让 filament$A$ 是附着在边上的单个细丝，顶点为$\circ,\circ = v, v'$，即，

$$\text{filement}A = \overline{vv'} = \overbrace{\circ\!\!-\!\!\!-\!\!\circ}^{\text{附在顶点上的1-单元（边）}}$$

那么

$$\mathrm{bdy}(\text{filement}A) = \overbrace{\{\circ v, \circ v'\}}^{\text{0-单元对}}$$

$$\mathrm{int}(\text{filement}A) = \overbrace{\text{—}}^{\text{1-单元（边）}}$$

$$\mathrm{cl}(\text{filement}A) = \overbrace{\{\circ v, \circ v'\} \cup \text{—}}^{\text{细丝的闭包}}$$

换言之，细丝 A 的闭包是包罗万象的，即，cl(filament$A$)包含 filament$A$ 的边界以及 filament$A$ 内部的全部边。

4.10　循环细丝骨架形状

在本节中，我们将仔细研究细丝骨架。重点是 1-循环的细丝骨架。回想 1.12 节，1-循环是一个有限的、由定向边（1-单元）连通顶点（0-单元）的集族，这些边定义了一个简单的、闭合的路径，以便在集族中的任何一对顶点之间都有一条路径。

令 $v_1, v_2, \ldots, v_{i-1}, v_i, \ldots, v_{n-1}, v_n$ 是 n 个路径连通的顶点（0-单元）。**循环细丝骨架** E（由 $\text{sk}_{\text{cyclic}}E$ 表示）是 n 个顶点上的 1-循环，定义为

$$\text{sk}_{\text{cyclic}}E = \overbrace{\left\{\overline{v_1v_2}, \ldots, \overline{v_{i-1}v_i}, \ldots, \overline{v_{n-1}v_n}\right\}}^{\text{路径连通顶点上的细丝集合}}$$

其中

$$v_i \overbrace{\mapsto v_{i+1} \mapsto \ldots v_{n-1} \mapsto v_n \mapsto v_i}^{\text{沿着细丝从}\boldsymbol{v_i}\text{移回}\boldsymbol{v_i}} \quad \text{对所有}i, 1 \leqslant i \leqslant n$$

重心循环细丝骨架 E（由 $\text{skCyc}_{\text{barycentric}}E$ 表示）是包含以三角形重心为顶点的循环细丝骨架。

例 4.17

图 4.12 显示了一个重心循环细丝骨架 $\text{skCyc}_{\text{barycentric}}E$。请注意，$\text{skCyc}_{\text{barycentric}}E$ 的顶点是视频帧图像中最大核聚类（MNC）上三角形的重心。要构建 $\text{skCyc}_{\text{barycentric}}E$，请执行以下操作：

（1）在视频帧图像中查找 MNC。

（2）细化 MNC 三角形的重心。

（3）将边附加给每对相邻的重心。

图 4.12　循环骨架 $\text{sk}_{\text{cyclic}}E$ 样例　■

在后文中，每个循环细丝骨架的顶点都是重心，所以我们通常写 $\text{sk}_{\text{cyclic}}E$，而不是 $\text{skCyc}_{\text{barycentric}}E$。

引理 4.18

循环细丝骨架具有循环群表示。

证明：令 $\text{sk}_{\text{cyclic}}E$ 为循环细丝骨架。设 a 为 $\text{sk}_{\text{cyclic}}E$ 中长度最短的细丝。假设每根细丝

的长度等于 ma，即 a 长度的倍数。对系数取模 2 求和，我们可以将 $ma + m'a$ 映射到 $(m + m') \bmod 2$。这为我们提供了 $\mathrm{sk}_{\mathrm{cyclic}}E$ 的加性循环群 $(\langle a\rangle, +_2)$ 表达。 ■

用单个数字表示光涡旋神经

当我们开始考虑带有光涡旋神经的表面形状的覆盖时，引理 4.18 变得很重要。这是因为此类神经的基本构建块是循环细丝骨架，并且每个**光涡旋神经** A（由 $\mathrm{sk}_{\mathrm{cyclic}}\mathrm{Nrv}A$ 表示）是三角形有界表面区域上此类循环骨架的集族。实际上，每个光涡旋神经都可以表示为一个自由阿贝尔群，它是一个循环群的集族（读作**循环细丝骨架群**），所以每条光涡旋神经都可以用一个数字来表示。哪个数字呢？在 $\mathrm{sk}_{\mathrm{cyclic}}\mathrm{Nrv}A$ 的顶点是三角形的重心的情况下，这个故事变得更有趣，因为这种形式的涡旋神经覆盖较少的空间并且不太容易与表面形状的边界重叠。 ■

现在有了循环细丝骨架为我们工作，我们可以开始考虑一类新的形状，以用于近似表面形状。设一个**循环细丝骨架形状** A（由 $\mathrm{sk}_{\mathrm{cyclic}}\mathrm{Shape}A$ 表示）在一个循环细丝骨架 $\mathrm{sk}_{\mathrm{cyclic}}E$ 上，定义为

$$\begin{aligned}\mathrm{sk}_{\mathrm{cyclic}}\mathrm{Shape}A &= \overbrace{\mathrm{cl}(\mathrm{sk}_{\mathrm{cyclic}}E)}^{\mathbf{sk}_{\mathbf{cyclic}}\boldsymbol{E}\text{的闭包}}\\ &= \overbrace{\mathrm{bdy}(\mathrm{sk}_{\mathrm{cyclic}}E)\cup\mathrm{int}(\mathrm{sk}_{\mathrm{cyclic}}E)}^{\mathbf{sk}_{\mathbf{cyclic}}\boldsymbol{E}\text{边界与}\mathbf{sk}_{\mathbf{cyclic}}\boldsymbol{E}\text{内部的并集}}\end{aligned}$$

例 4.19

本例是例 4.17 的延续。重心循环骨架形状 $\mathrm{sk}_{\mathrm{cyclic}}\mathrm{Shape}E$ 如图 4.13 所示。与表面形状的基本概念保持一致，$\mathrm{sk}_{\mathrm{cyclic}}\mathrm{Shape}E$ 包括重心循环细丝骨架的边界和内部。

图 4.13 循环骨架形状 $\mathrm{sk}_{\mathrm{cyclic}}\mathrm{Shape}E$ 样例 ■

4.11 光涡旋神经中的 Nye 咖啡杯焦散

寻找表面形状的良好近似值有助于模仿由光焦散从光亮表面反射所产生的包络。毕竟，我们想要在具有已知几何形状的数字图像中所显示的曲面上覆盖未知形状。几何形状覆盖物越接近表面形状，几何形状在近似表面形状方面越有效。

回忆 4.5 节，光焦散是由曲面反射的光产生的。为举例说明，Nye [6，2.1 节，p.9]介绍了**咖啡杯焦散**。从平行光线照射到装满咖啡的咖啡杯的内曲面开始，经过反射，在三个维

度上包围（覆盖）曲面，这就是焦散。在阳光明媚的日子里，可以在咖啡表面看到这种焦散（例如，参见图 4.14(a)中的示例咖啡杯焦散[1]）。咖啡杯焦散包括两个部分，即，

尖端：咖啡杯焦散的新月形的每个尖端，由光线在咖啡表面上构成较小的角度形成。

折叠焦散：咖啡杯焦散的尾部，由光线在咖啡表面构成更大的角度形成。

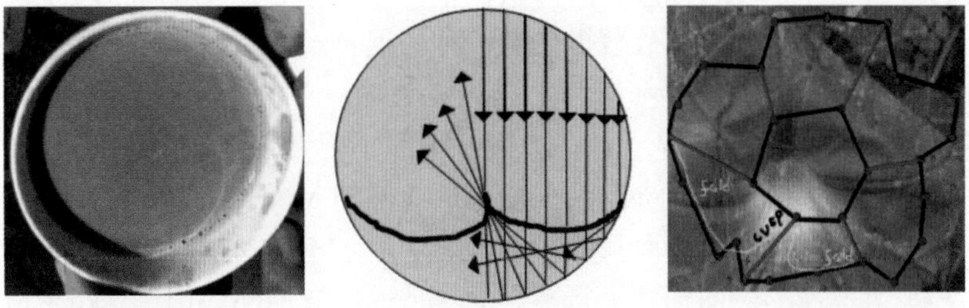

(a) 咖啡杯焦散样例　(b) 咖啡杯焦散　(c) 光神经焦散

图 4.14　光焦散样例

一般来说，Wright [13]观察到**焦散**是几何光线沿其合并的包络线。咖啡杯焦散是所谓的**光子灾难**的一个例子。光子灾难理论在研究反射光行为的突然和剧烈变化时发挥作用。有关光子灾难的最新研究，请参阅 Longhi [14]。

例 4.20

Nye 咖啡杯焦散如图 4.14(a)所示。这种焦散的**几何再现**如图 4.14(b)所示。图 4.14(b)中的每个箭头代表一束光线（光子流）与咖啡杯的内曲面碰撞并反射。平行光线轰击咖啡表面上方的杯内曲率并从曲面反射，它们的行为会突然改变，如最终光焦散的褶皱和尖端反射所示。换句话说，图 4.14(a)显示了一个光子灾难的例子。

在附着在连通到 1-单元（边或辐条）的嵌套的非同心循环细丝骨架（骨架涡旋）中发现了受这种焦散导致的细丝结构的重复，这部分由一个连接图 4.14(c)中各个辐条的相交黄线来表示。图 4.14(c)中每个辐条的上端模拟了位于牵牛花弯曲花瓣形状上的光焦散的**尖端**。这被称为**细丝尖端**。在图 4.14(c)中，光焦散的**折叠**由一对与细丝尖端底部相交的细丝骨架建模。这对细丝骨架被称为**细丝骨架折叠**。■

扩张光涡旋神经的保守方法

设计光涡旋神经的基本思想是达到极简几何形状，可用于近似视频帧图像中常见的未知表面形状。我们通常从在三角形表面形状上找到最大核聚类（MNC）中三角形的重心开始。我们从 MNC 开始，因为每个 MNC 在三角化表面上具有最高密度的种子点。光涡旋神经中**最内循环细丝骨架** $\text{sk}_{\text{cyclic}}E_0$ 的顶点位于 MNC 三角形重心上。最简单的光涡旋神经中**最外循环细丝骨架** $\text{sk}_{\text{cyclic}}E_1$ 位于沿 MNC 边界的三角形的重心上。咖啡杯焦散的尖端的类似物是通过从 $\text{sk}_{\text{cyclic}}E_0$ 上的重心连通到 $\text{sk}_{\text{cyclic}}E_1$ 上最近的重心细丝（1-单元，称为**尖端细丝**）而形成的。咖啡杯焦散的**焦散折叠**的类似物是一对从每个尖端向外辐射的 $\text{sk}_{\text{cyclic}}E_1$ 细丝。■

1　非常感谢 S. Ramanna 在曼尼托巴省一个阳光明媚的下午捕捉到这种焦散。

一直以来，请注意我们正在构建小隔室（称它们为 skShape$E$ 形状），以覆盖基础表面形状的某些部分。综上所述，我们获得了一个光涡旋神经 $\text{sk}_{\text{cyclic}}\text{Nrv}E$ 的实例，定义为

$$\text{sk}_{\text{cyclic}}\text{Nrv}E = \text{sk}_{\text{cyclic}}E_0 \bigcup \bigcup_{\text{skShape}E \cap \{\text{sk}_{\text{cyclic}}E_0 \cup \text{sk}_{\text{cyclic}}E_1\}} \bigcup \text{sk}_{\text{cyclic}}E_1$$

这使我们可以选择分段近似潜在的形状，而不是一次性使用完整的光神经 $\text{sk}_{\text{cyclic}}\text{Nrv}E$。光涡旋神经再现中嵌入的咖啡杯焦散提供了一种扩展神经范围的保守方法。

例 4.21

图 4.15 显示了一个光涡旋神经 $\text{sk}_{\text{cyclic}}\text{Nrv}E$ 覆盖了视频帧图像中表面形状的例子。在此示例框架中，神经 $\text{sk}_{\text{cyclic}}\text{Nrv}E$ 由货运火车发动机前部的 MNC 三角形的重心构成。MNC 的中心是在火车引擎前部发现的表面孔的质心。请注意，MNC 本身比 MNC 内部的细丝骨架（称为 $\text{sk}_{\text{cyclic}}E_0$）所覆盖的表面形状大得多。也就是说，与 MNC 相比，$\text{sk}_{\text{cyclic}}E_0$ 与发动机前端外表面的重叠要少得多。红色辐条∘—∘连接到 $\text{sk}_{\text{cyclic}}E_0$ 中的顶点和最外层细丝骨架 $\text{sk}_{\text{cyclic}}E_1$ 上的相邻顶点代表了咖啡杯焦散尖端的相似物。$\text{sk}_{\text{cyclic}}E_0$ 上的细丝从图 4.15 中的尖端向外辐射，类似于折叠焦散使得咖啡杯表面上的阳光光线的角度更大。

图 4.15　火车视频帧图像中的重心光涡旋神经样本

请注意，这种咖啡杯焦散的相似物被每个骨架形状所重复，这些骨架形状沿着 $\text{sk}_{\text{cyclic}}E_0$ 的边界向外延伸，这是光涡旋神经上最里面的细丝骨架。每个 skShape$E$ 形状都从 $\text{sk}_{\text{cyclic}}E_0$ 不同程度地向外凸出。每个 skShape$E$ 形状都隔离并覆盖了 $\text{sk}_{\text{cyclic}}E_0$ 周围的一部分区域。■

4.12　尖端细丝作为反射光的通路

本节简要考虑在每个三角形的顶点是视觉场景中孔的质心的情况下，在三角化表面上推导尖端细丝的一个重要现象。回想 1.22 节，表面场景的孔是吸收光的暗表面区域。出于这个原因，孔的质心在三角剖分视觉场景形状中提供了理想的种子点来源。

尖端细丝，反射光的通路 ☕

尖端细丝是表面形状上孔之间反射光的通路。■

在这项工作中，基本方法是找到基于质心的三角形的重心（三角形中线的交点）。通过

将这些重心与沿亚历山德罗夫神经边界的三角形之间的 1-循环连接起来，可以确定视觉场景中表面形状反射光的路径。算法 11 中给出了获得尖端细丝的步骤。

算法 11：获得尖端细丝的步骤

Input : Centroids S on holes on digital image img;
CW cell complex K on a triangulated S;
$\blacktriangle A \in \mathrm{Nrv}E$, $\blacktriangle B$ on img: $\blacktriangle A$, $\blacktriangle B$ have a common edge.
Output: Cusp filament$P$ on $\blacktriangle A$, $\blacktriangle B$ on K

Let $b \in \blacktriangle A$ *be a barycenter on nerve* $\mathrm{Nrv}E$ *on* K;
Let $b' \in \blacktriangle B$ *be a barycenter on triangle adjacent to nerve* $\mathrm{Nrv}E$ *on* K;
filament$P := \widehat{bb'}$;
/* filament$P$ is a pathway for light between holes on img*/ ;

有关尖端细丝的几何形状，请参见图 4.16(a)。在这个几何图形中要注意的主要事情是：一条边连通到相交三角形（即具有公共边的三角形）的重心。最终结果是一个 1-单元，它是一个尖端细丝，它指示了表面形状上孔之间反射光的路径。图 4.16(a)中的顶点 p、q、r、s 表示视觉场景表面形状上孔的质心。边 $\overline{qr}$ 是三角形▲(pqr)和▲(qrs)共有的。顶点 b、b'是三角形的重心。通过在重心 b、b'之间添加一条边，我们构建了一个尖端细丝。

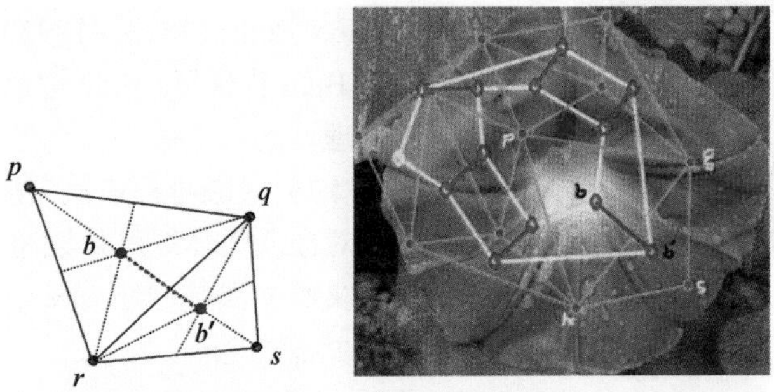

(a) 尖端细丝几何　　(b) 三角化牵牛花上的尖端灯丝

图 4.16　基于重心的尖端细丝

例 4.22　（牵牛花上的尖端灯丝）

图 4.16 中的顶点 p 是一个孔的质心，也是亚历山德罗夫神经中三角形之一的顶点。神经三角形之一是▲(pqr)，其几何表达如图 4.16(a)所示。4 个顶点 p、q、r、s 中的每一个都是图 4.16(b)中牵牛花表面上孔的质心。顶点 b 和 b'分别是三角形▲(pqr)和▲(qrs)的重心。尖端细丝 $\overline{bb'}$ 位于孔之间的牵牛花表面的那部分。因此，这个尖端细丝是反射光路径的一个例子。■

4.13　贝蒂数和光涡旋神经的咖啡杯焦散尖端定理

本节介绍使用 Nye 咖啡杯焦散范例的光涡旋神经的基本结果。在这项工作中，在最里面骨架和最外面骨架的顶点之间连通的每根细丝（或辐条）都模拟了咖啡杯焦散的尖端。将每根辐条视为尖端焦散的动机是采用极简主义方法来近似视觉场景形状，其反射光会生成数字图像。

回想 4.11 节中的观察，光涡旋神经 $sk_{cyclic}NrvE$ 包含一族咖啡杯焦散尖端细丝（简称为**尖端细丝**），这些细丝连接到一对嵌套的非同心循环细丝骨架。令 $sk_{cyclic}E_0$ 和 $sk_{cyclic}E_1$ 是 $sk_{cyclic}NrvE$ 中的循环细丝骨架。根据引理 4.18，$sk_{cyclic}E_0$ 和 $sk_{cyclic}E_1$ 具有循环群表示。

引理 4.23

光涡旋神经中的尖端细丝具有循环群表示。 ■

习题 4.24

证明引理 4.23。 ■

定理 4.25

光涡旋神经具有自由阿贝尔群表示。

证明：根据引理 4.18 和引理 4.23，光涡旋神经 $sk_{cyclic}NrvE$ 可以由一族循环群表示，每个循环群都有自己的生成元。因此，$sk_{cyclic}NrvE$ 有一个自由阿贝尔群表示。 ■

图 4.17 Enrico Betti (1823—1892)，来自苏格兰圣安德鲁斯大学数学和统计学院的档案

另外，让 filament$A_1,\cdots$, filamentA_k 是附着在骨架 $sk_{cyclic}E_0$、$sk_{cyclic}E_1$ 上的光涡旋神经 $sk_{cyclic}NrvE$ 中的尖端细丝。根据定理 4.25 和神经 $sk_{cyclic}NrvE$ 的结构，我们有一种方法可以推导出这种神经的贝蒂数。这些数用 Enrico Betti（1823～1892）的名字命名（见图 4.17 中的 Betti 肖像[1]）。因此，我们得出了光涡旋神经的基本定理。

定理 4.26 （咖啡杯焦散尖端细丝定理）

由一对嵌套循环细丝骨架通过 k 个尖端细丝相互连通所定义的光涡旋神经 $sk_{cyclic}NrvE$ 的自由阿贝尔群表达的贝蒂数是 $k+2$。

证明：令 $\mathcal{B}(sk_{cyclic}NrvE)$ 为 $sk_{cyclic}NrvE$ 的贝蒂数。根据定理 4.25，$sk_{cyclic}NrvE$ 的自由阿贝尔群表达包括 k 个尖端细丝循环群的生成元以及代表嵌套的非同心神经循环细丝骨架的一对循环群的两个生成元。因此，$\mathcal{B}(sk_{cyclic}NrvE)=k+2$。 ■

这导致以下结果[2]。

定理 4.27 （艾哈迈德-贝蒂数字度量）

设最里面的循环细丝骨架是亚历山德罗夫神经 Nrv$A$，并设|Nrv$A$|是神经中 2-单元的数量。光涡旋神经 $sk_{cyclic}NrvE$ 的自由阿贝尔群表示的贝蒂数由一对嵌套的、通过|Nrv$A$|尖端细丝相互连接的循环细丝骨架所定义，其值为|Nrv$A$| + 2。

证明：直接根据定理 4.26 以及每个尖端细丝都连接到 Nrv$A$ 中三角形的重心这一事实。 ■

例 4.28 （光视涡神经贝蒂数）

图 4.18 显示了火车视频帧图像上几种不同的光涡旋神经，即图 4.18(a)中的 $sk_{cyclic}NrvE_1$、图 4.18(b)中的 $sk_{cyclic}NrvE_2$ 和图 4.18(c)中的 $sk_{cyclic}NrvE_3$。每个光涡旋神经都有一个最里面

---

1 来自 http://www-groups.dcs.st-and.ac.uk/history/Biographies/Betti.html。

2 由 M.Z. Ahmad 观察到。

的循环细丝骨架 $sk_{cyclic}E_1$，其源自三角化视频帧图像里最大核聚类（MNC）中三角形的重心。并且这些涡旋神经中的每一个都具有沿 MNC 边界的三角形的重心导出的第二个循环细丝骨架 $sk_{cyclic}E_2$。在 $sk_{cyclic}E_1$ 和 $sk_{cyclic}E_2$ 上顶点之间有一族连通的尖端细丝。

(a) $B(sk_{cyclic}NrvE_1)$=8+2=10　(b) $B(sk_{cyclic}NrvE_2)$=9+2=11　(c) $B(sk_{cyclic}NrvE_3)$=10+2=12

图 4.18　更多光涡神经贝蒂数示例

（1）图 4.18(a)中的光涡旋神经 $sk_{cyclic}NrvE_1$ 包含一对连通到 8 个尖端细丝的循环细丝骨架。根据定理 4.26 有

$$B\left(sk_{cyclic}NrvE_1\right)=\overbrace{8+2=10}^{\mathbf{sk_{cyclic}Nrv\boldsymbol{E}_1}\text{的贝蒂数}}$$

（2）图 4.18(b)中的光涡旋神经 $sk_{cyclic}NrvE_2$ 包含一对连通到 9 个尖端细丝的循环细丝骨架。根据定理 4.26 有

$$B\left(sk_{cyclic}NrvE_2\right)=\overbrace{9+2=11}^{\mathbf{sk_{cyclic}Nrv\boldsymbol{E}_1}\text{的贝蒂数}}$$

（3）图 4.18(c)中的光涡旋神经 $sk_{cyclic}NrvE_3$ 包含一对连通到 10 个尖端细丝的循环细丝骨架。根据定理 4.26 有

$$B\left(sk_{cyclic}NrvE_3\right)=\overbrace{10+2=12}^{\mathbf{sk_{cyclic}Nrv\boldsymbol{E}_1}\text{的贝蒂数}}$$

■

应用：主导视频帧图像形状

借助定理 4.26，我们现在有了一种跟踪主导视频帧图像形状变化的方法。视频帧图像里视觉场景中孔数量的每一次变化都会导致孔质心的数量发生变化。实际上，包含形状孔的帧形状也会发生变化。因此，视频帧图像里质心数量的变化会导致 MNC 三角形数量的变化。**主导形状**由 MNC 表示，因为 MNC 在视频帧图像中包含最高密度的孔。可以从每个 MNC 上三角形的重心导出光涡旋神经。反过来，MNC 中三角形数量的变化会导致 MNC 上光涡旋神经的自由阿贝尔群表示的贝蒂数发生变化。回想一下，每个涡旋神经都包含一族附着在内部和外部神经骨架之间的尖端细丝。■

定理 4.26 告诉我们，通过计算视频帧图像中光涡旋神经中尖端细丝的数量，我们可以快速确定视频中记录的视觉场景何时发生了变化。换句话说，每个视频帧图像都有一个形状特征，由帧上 MNC 光涡旋神经的贝蒂数表示。

令 $sk_{cyclic}NrvE$ 为特定视频帧图像贝蒂数 $B(sk_{cyclic}NrvE)$的光学涡旋神经。通过跟踪感兴趣的贝蒂数的持久性可以跟踪 $sk_{cyclic}NrvE$（神经形状在一系列视频帧图像上的出现和消失）的持久性。

习题 4.29

请执行下列操作：

（1）使用种子点的质心对视频中的帧图像进行三角剖分。

（2）找出帧图像三角形的重心。

（3）找到每个视频帧图像的重心最大核聚类（MNC）。MNC 在某些帧图像中会重复。为避免此问题，请选择具有显著特征的 MNC。例如，选择面积最大的 MNC。如果出现平局（面积最大的 MNC 超过一个），则进行一次随机选择。

（4）在每帧图像的 MNC 上推导一个光涡旋神经 $sk_{cyclic}NrvE$。

（5）为具有贝蒂数 $\mathcal{B}(sk_{cyclic}NrvE)$的特定视频帧图像的光涡旋神经选择 $sk_{cyclic}NrvE$。

（6）构建一个图表，显示 $\mathcal{B}(sk_{cyclic}NrvE)$的持久性（连续帧数）。这可以通过直方图或树状图来完成。每个尖峰的高度代表具有相同贝蒂数的帧图像数。水平轴上的每个点代表一个特定的贝蒂数（感兴趣的贝蒂数加上其他帧图像的贝蒂数）。

（7）突出展示如图 4.18 那样高亮显示的光学涡旋神经的三角化视频，并给出构建的图表。

（8）对两个不同的视频重复步骤（1）。 ■

4.14　资料来源和进一步阅读

本节确定了一些关于神经复合形的进一步阅读的来源和指针。

质心涡旋

有关三角化数字图像上的最大质心涡旋的介绍，请参阅 Ahmad 和 Peters [15]。例如，在图 4.19(a)～图 4.19(c)中，我们有

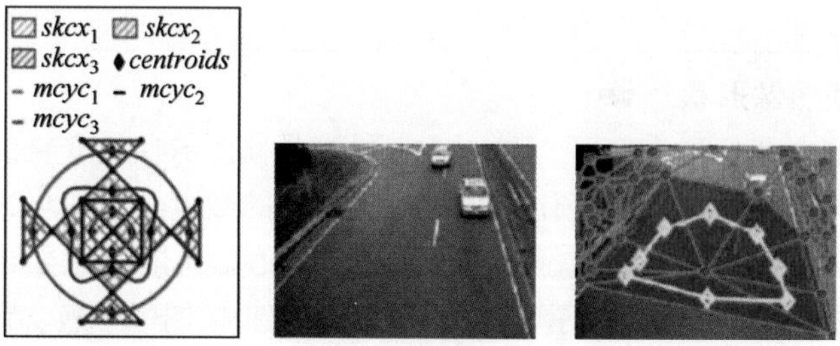

(a) 涡旋符号　(b) 交通视频帧图像　(c) 交通视频帧图像涡旋

图 4.19　视频帧图像质心涡旋示例

♦：辐条复合形 $skcx_3$

— $mcyc_1$：最大质心循环

辐条复合形：

▨ $skcx_3$

需要三角剖分的交通视频帧图像：

交通视频帧图像涡旋：

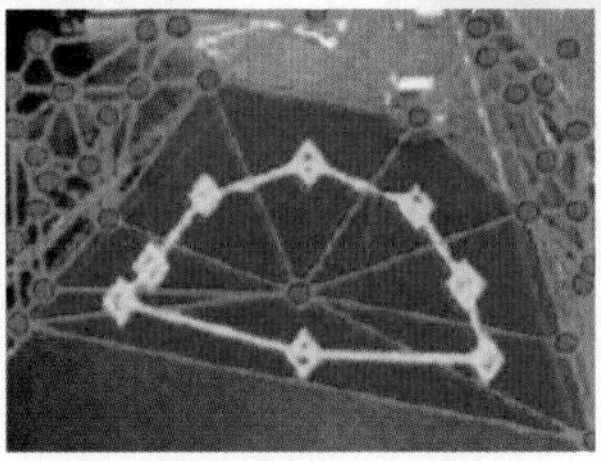

集合的闭包

集合内部-边界闭包。有关非空集合 A 的基于内部-边界的闭包（由 $\mathrm{cl}A$ 表示）的介绍，请参见 Krantz [16，1.2 节，pp7-8，尤其是 p.8]。简而言之，令 $\mathrm{bdy}A$ 是集合 A 的边界，$\mathrm{int}A$ 是 A 的内部。那么 $\mathrm{cl}A$ 定义为

$$\mathrm{cl}A=\overbrace{\mathrm{bdy}A\cup\mathrm{int}\,A}^{\text{非空集}\boldsymbol{A}\text{的闭包}}$$

我们在本章中使用的正是这个版本的非空集合的闭包。

基于接近度的闭包。有关对根据点集与非空集 A 的接近度所定义的集合 A（由 $\mathrm{cl}_\delta A$ 表示）的**基于接近度闭包**的介绍，请参见 Peters [17，1.4 节，p.15]。简而言之，设 $X\ \delta\ A$ 称为集合 X 接近非空集合 A。$\boldsymbol{X}$ **接近** $\boldsymbol{A}$（由 $X\ \delta\ A$ 表示）的意思是 X 中的点集要么属于 A 的边界，要么位于 A 的内部，或同时（重叠）在 A 的边界和内部。如此，我们说 X 和 A 是**接近的**。这样，基于接近度的闭包定义为

$$\begin{aligned}\mathrm{cl}_\delta A &= \overbrace{\left\{X\subseteq A:\bigcap\mathrm{cl}X\neq\varnothing\right\}}^{\boldsymbol{X}\text{和}\boldsymbol{A}\text{的基于集合的接近度}}\\ &= \overbrace{\left\{X\subseteq A:X\delta A\right\}}^{\text{非空集}\boldsymbol{A}\text{的基于接近度的闭包}}\end{aligned}$$

当根据上下文对 $\mathrm{cl}_\delta A$ 的含义清楚时，我们写为 $\mathrm{cl}A$。

闭包神经

有关闭包神经结构的介绍，请参阅 Peters [17，1.10 节，P.31]。简而言之，设 $\mathcal{F}$ 表示非空集合的集族，设 $\mathrm{cl}X$ 是 $\mathcal{F}$ 中子集 X 的闭包，那么**闭包神经** A（由 $\mathrm{Nrv}_{\mathrm{cl}}\mathcal{F}$ 表示）定义为

$$\mathrm{Nrv}_{\mathrm{cl}}\mathcal{F}=\overbrace{\left\{X\in\mathcal{F}:\bigcap X\neq\varnothing\right\}}^{\text{闭包神经}}$$

自由阿贝尔群

自由阿贝尔群的初级介绍。Giblin [8，A.11 节，p.219]给出了一个非常容易理解的自由阿贝尔群的介绍。

自由阿贝尔群的中级介绍。对于那些有兴趣进一步探索自由阿贝尔群表示 CW 复合形上相交细丝骨架集族想法的人，对此类群的中级介绍是 Munkres [4，1.4 节，p.21ff]。

自由阿贝尔群的高级介绍。Rotman [18，pp.312-317]对自由阿贝尔群进行了高级介绍。

神经复合形

最早对神经复合形的介绍出现在亚历山德罗夫[2，33 节，p.39]。

神经的早期见解。来自亚历山德罗夫和霍夫[19，4.11 节，p.161]。

[译文：]有限集合系统神经的实现

对我们来说最重要的情况是，集合系统 $K=\{M_1, ..., M_s\}$[三角化有界区域中的三角形集合]是由有限多个[三角形的]非空子集组成的给定拓扑空间 R 的一组点。因此，这种系统的神经是有限复合形 $N(K)$。设 $a_1, a_2, ..., a_s$ 作为 $N(K)$的顶点区域分配给集合 $M_1, ..., M_s$，如果 $N(K)$的顶点和 2-单元（实心三角形）属于固定顶点区域 E，则称神经在 K 中实现。

[德语]Realisation der Nerven eines endlichen Mengen Systems

Der für uns wichtigste Fall is der, in dem das Mengen Systems $K = \{M_1, ..., M_s\}$aus endlich-vielen nicht leeren Teilmengen einer gegebenen Punktmenge eines topoologischen Raumes R behsteht. Der nerv eines solchen Menge Systems ist also ein endlicher Komplex $N(K)$. Es seien $a_1, a_2, ...,$ die den Mengen $M_1, ..., M_s$ zugeordneten Eckpunktbereich von $N(K)$. Wenn die Eckpunkte and Simplexe von $N(K)$ zu einem festen Eckpunktbereich E gehoren, so sagt man, das der Nerv in K realisiertist.

作为神经复合形的凸联合可表示性。除了具有共同顶点的三角形的简单集族（我们所谓的亚历山德罗夫神经）和顶点为重心且有共同顶点的三角形的集族（我们所谓的亚历山德罗夫重心神经）之外，我们考虑过的光涡旋神经中的复合形通常不是凸的。例如，考虑一个光涡旋神经 $\text{sk}_{\text{cyclic}}\text{Nrv}E$，它是一个具有非空相交点的细丝骨架集族。$\text{sk}_{\text{cyclic}}\text{Nrv}E$ 的边界通常不是凸的，尽管这种神经中的单个细丝骨架通常是凸的。换句话说，一般来说，$\text{sk}_{\text{cyclic}}\text{Nrv}E$ 中凸集的并集不是凸集。Jeffs 和 Novik [20]探索了神经作为凸集的有限集族、其并集也是凸集的问题。这被称为神经复合形凸性问题。

也就是说，让 $\text{Nrv}E$ 是一条神经，它是一组实心三角形▲的集族，在三角化有界平面区域上有一个公共顶点，该区域定义了一个单元复合形 K（即，限制在平面上，并且在更一般的设置中 R^d，$d \geqslant 2$，如[20]）。即

$$\text{Nrv}E=\left\{\blacktriangle\in K:\bigcup\blacktriangle\neq\varnothing\right\}$$

那么 $\text{Nrv}E$ 是**凸可表示的**，只要：

（1）$\text{Nrv}E$ 是一族凸集；

（2）$\bigcup\limits_{\blacktriangle\in\text{Nrv}E}\blacktriangle$ 是凸的。

开放问题 1

在光涡旋神经 $\text{sk}_{\text{cyclic}}\text{Nrv}E$ 中的细丝骨架集族是一组凸集的集族的情况下，$\text{sk}_{\text{cyclic}}\text{Nrv}E$ 在什么条件下是凸可表示的？即在什么条件下光涡旋神经中凸细丝骨架的并集是凸的？ ■

对光、旋涡神经和尖端细丝的研究

咖啡杯焦散是**光锥**的一个例子，它是平行光子流与曲面碰撞并从曲面反射的弯曲，导

致光子沿着曲线路径流动，最终在尖端处达到顶点。Kirkby 等人[21，p.1]观察到了这一点。光锥本质上与在船尾、切伦科夫辐射和彩虹中发现的现象相同。我们在光涡旋神经的研究中看到的是光锥的折叠尖端结构在使用各种形式的光学神经来近似表面形状中的效用。

W. Kirkby、J. Mumford 和 D.H.J. O’Dell 的文章很好地概述了当前关于光锥的工作，尤其是在量子多粒子系统的研究中。他们还观察到（时空中）涡旋在光锥内扩散。对于目前考虑的光涡旋神经，已经观察到涡旋神经中的涡旋数量在三角化视频帧图像序列中波动。我们想要做的是减少光涡旋神经中尖端细丝的伸长，使每条神经更紧密地靠近神经所覆盖的表面形状的边界。

Peters 和 Tozzi [22]最近的工作已经证明了光涡旋神经在检测、分析和分类计算取证图像中的形状和孔方面的效用。一般而言，**法医取证**是研究在犯罪检测中评估文物有用的测试和方法。**法医学**需要收集、保存和分析在犯罪活动调查过程中收集的科学证据。光涡旋神经结构由被基于尖端细丝的隔室包围的核组成，这些隔室代表从相机记录的取证图像中捕获的表面反射光的路径，如图 4.20(a)所示。拓扑分析表明，样本取证图像中的皮肤断裂可以细分为三个聚类，对应于三个系列的时间分离镜头，如图 4.20(b)所示。

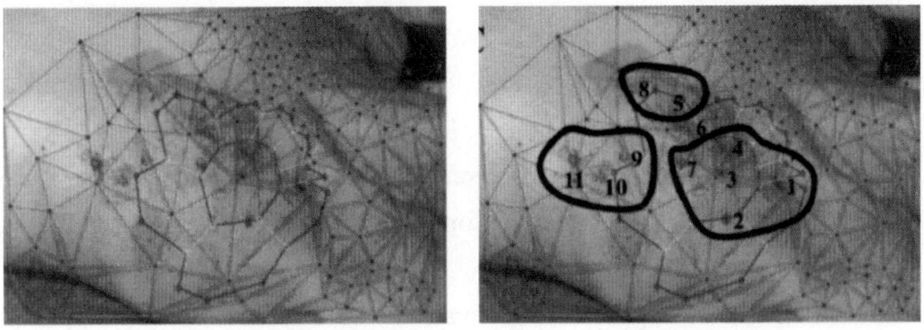

(a) 三角化的取证图像　　(b) 取证图像聚类

图 4.20　三角化取证图像中的形状和孔

> **应用：法医学中形状理论里的光涡旋神经**
>
> 此处介绍的分析方法提供了一种寻找占主导地位的光反射表面形状的方法，其中包含最高密度的法医信息标识。我们建议这种拓扑技术也可以用于解决有法医图片可用的类似情况。 ■

习题 4.30

示例取证图像可从 https://www.rti.org/impact/获得。另请参阅 Galton [23，图 14~18，螺纹]，了解指纹形状的详细介绍。在样本指纹的三角剖分上构建光涡旋神经 $sk_{cyclic}NrvE$。检测、分析和分类由此产生的神经结构覆盖的螺旋指纹。

提示：回想一下，光神经骨架上的顶点是三角形的重心，三角形的顶点是图像孔的质心（吸收光而不是反射光的表面区域）。最靠近尖端细丝顶点的螺纹部分是光反射面。识别螺纹聚类的一种方法是比较每个神经 $sk_{cyclic}NrvE$ 的最内骨架上的尖端细丝顶点的方向角。更多有关的信息，请参见习题 7.31。 ■

开放问题 2

光涡旋神经尖端细丝是一种细丝（1-单元），用于模拟咖啡杯焦散中的尖端。

如果给定重心光涡旋神经 $sk_{cyclic}NrvE$ 中的一族尖端细丝，在什么条件下每个尖端细丝的长度最短？

提示：到目前为止，我们已经从最大核聚类（MNC）三角形上的一组三角形重心和沿 MNC 边界的三角形重心导出了每个 $sk_{cyclic}NrvE$。每个**尖端细丝** filament$A$ 是一个 1-单元(端点为重心的边)，其中 filament$A$ 中的一个顶点是 MNC 重心 b，filament$A$ 中的一个顶点是沿 MNC 边界和 MNC 外部三角形中的重心 $b_{outsideMNC}$。设 bdyMNC 为 **MNC 的边界**。尝试选择 $b_{outsideMNC}$ 以使

$$b_{outsideMNC}=\text{bdyMNC外的最近边顶点}$$

换句话说，让 $b_{outsideMNC}$ 是 MNC 外部且最靠近 MNC 边界的边顶点。 ■

参考文献

1. Edelsbrunner, H., Harer, J.: Computational Topology. An Introduction. American Mathematical Society, Providence, RI (2010). xii+241 pp. ISBN: 978-0-8218-4925-5, MR2572029
2. Alexandroff, P.: Elementary concepts of topology. Dover Publications, Inc., New York (1965). 63 pp., translation of Einfachste Grundbegriffe der Topologie [Springer, Berlin, 1932], translated by Alan E. Farley , Preface by D. Hilbert, MR0149463
3. Pham, H.: Computer vision: image shape geometry and classification. Master's thesis, University of Manitoba, Department of Electrical & Computer Engineering (2018). ix+114pp, supervisor: J.F. Peters
4. Munkres, J.: Elements of Algebraic Topology, 2nd edn. Perseus Publishing, Cambridge, MA (1984). ix + 484 pp., ISBN: 0-201-04586-9, MR0755006
5. Astad, A.M.: The Abel Prize. The Norwegian Academy of Science and Letters (2018). http://www.abelprize.no/c53672/seksjon/vis.html?tid=53910
6. Nye, J.: Natural Focusing and Fine Structure of Light. Caustics and Dislocations. Institute of Physics Publishing, Bristol (1999). xii+328 pp., MR1684422
7. Giblin, P.: Review of natural focusing and fine structure of light by j.f. nye. AMS Math. Sci. Net. Math. Rev. (2018). MR1684422. https://mathscinet.ams.org/
8. Giblin, P.: Graphs, surfaces and homology, 3rd edn. Cambridge University Press, Cambridge, GB (2016). Xx+251 pp. ISBN: 978-0-521-15405-5, MR2722281, first edition in 1981, MR0643363
9. Giblin, P., Janeczko, S.: Bifurcation sets of families of reflections on surfaces in R3. Proc.Roy. Soc. Edinburgh Sect. A 147(2), 337–352 (2017). MR3627953, reviewed by A. Honda
10. Bruce, J., Giblin, P.: Projections of surfaces with boundary. Proc. Lond. Math. Soc. (series 3) 60(2), 392–416 (1990). MR1031459, reviewed by J.-J. Gervais
11. Dzedolik, I.: Vortex properties of a photon flux in a dielectric waveguide. Tech. Phys. 50(5), 137–140 (2005)
12. Punch, M.:Mr. Punch Among the Doctors, 2nd edn. Methuen & Co. Ltd., London, UK

(1933). Compendium of humourous situations, Issues of Punch, 1840–1930s

13. Wright, F.: Wavefield singularities: a caustic tale of dislocation and catastrophe. Ph.D. thesis, University of Bristol, H.H.Wills Physics Laboratory, Bristol, England (1977). https://researchinformation.bristol.ac.uk/files/34507461/569229.pdf
14. Longhi, S.: Exceptional points and photonic catastrophe. ArXiv 1805(09178v1), 1–5 (2018)
15. Ahmad, M., Peters, J.: Maximal centroidal vortices in triangulations. a descriptive proximity framework in analyzing object shapes. Theory and Appl. Math. Comput. Sci. 8(1), 38–59 (2018). ISSN 2067-6202
16. Krantz, S.: A Guide to Topology. The Mathematical Association of America, Washington, D.C. (2009). ix + 107pp, The Dolciani Mathematical Expositions, 40. MAA Guides, 4, ISBN: 978-0-88385-346-7, MR2526439
17. Peters, J.: Computational proximity. Excursions in the topology of digital images. Intell. Syst. Ref. Libr. 102 (2016). Xxviii + 433pp, https://doi.org/10.1007/978-3-319-30262-1, MR3727129 and Zbl 1382.68008
18. Rotman, J.: The Theory ofGroups.An Introduction, 4th edn. Springer, NewYork (1965, 1995). xvi+513 pp. ISBN: 0-387-94285-8, MR1307623
19. Alexandroff, P., Hopf, H.: Topologie. Springer, Berlin (1935). Xiii+636pp
20. Jeffs, R., Novik, I.: Convex union representability and convex codes. ArXiv 1808(03992v1), 1–19 (2018)
21. Kirkby, W.J.M., O'Dell, D.: Light-cones and quantum caustics in quenched spin chains. ArXiv 1701(01289v1), 1–6 (2017)
22. Peters, J., Tozzi, A.: Computational topology techniques help to solve a long-lasting forensic dilemma: Aldo Moro's death. Preprints 201811(0310), 1–10 (2018). https://doi.org/10.20944/preprints201811.0310.v1
23. Galton, F.: Finger Prints. Macmillan and Co., London, UK (1892). xvi+216 pp., https://web.archive.org/web/20061012152917/

第 5 章　表面形状及其接近性

本章介绍研究单元复合形中子复合形之间关系的两种基本类型的接近性，即空间接近性和描述接近性。这些接近性可用于聚类和分离三角化有限有界表面区域（例如在视觉场景中发现的区域）中的子复合形。本章介绍了许多可用于探测、分析、比较和分类三角化表面区域上的单元复合形的连通接近性内容。

5.1　引　　言

简而言之，一对非空复合形 A 和 B 具有空间接近性（由 $A\ \delta\ B$ 表示），前提是复合形共享点。在复合形重叠的情况下，即复合形相互延伸（一个复合形的内部是另一个复合形的内部的一部分）的情况下，复合形 A 和 B 具有强接近性（用 $A \overset{\wedge\!\!\wedge}{\delta} B$ 表示），见表 5.1。

表 5.1　接近性及它们的符号

符号	含义	符号	含义
$A\ \delta\ B$	5.4 节，切赫接近	$\delta(A, B)$	5.4 节，斯米尔诺夫测度
$A \overset{\text{con}}{\delta} B$	5.5 节	$\text{Nrv}A$	例 5.9
$\text{sk}_{\text{cyclic}}\text{Nrv}E$	5.5 节	$\text{skNrv}E$	5.6 节
$\overset{\overset{\wedge\!\!\wedge}{\text{conn}}}{\delta}$	5.7 节	$\overset{\overset{\wedge\!\!\wedge}{\text{conn}}}{\delta_{\Phi}}$	5.12 节
$\boldsymbol{A} \underset{\Phi}{\cap} \boldsymbol{B}$	5.12 节	$\text{cl}_{\Phi}A$	5.12 节
$(K, \mathscr{R})$	5.14 节 A	$\blacktriangle A \cap \blacktriangle A'$	6.8 节

例 5.1　（骨架与三角形骨架区域重叠）

图 5.1 显示了一族收获的辣椒的三角化视觉场景上的细丝骨架 sk$E$。回想一下，细丝骨架是一种具有非空边界和非空内部的形状。在这个三角剖分中，请注意：

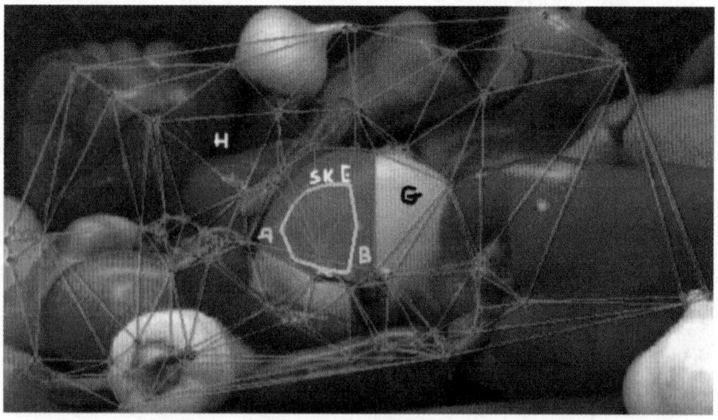

图 5.1　sk$E$ 覆盖三角形 A 和三角形 B

■

（1）skE 与填充三角形 A 重叠，即 $\mathrm{sk}E\overset{\wedge\!\!\wedge}{\delta}A$。

（2）skE 与填充三角形 B 重叠，即 $\mathrm{sk}E\overset{\wedge\!\!\wedge}{\delta}B$。

在 skE 和图 5.1 中的区域之间还有许多其他的强接近实例。它们是什么？

一对非空的复合形 G 和 H 彼此远离并且没有空间接近性（由 $G\delta H$ 表示），前提是复合形不相交。在此情况下，我们说复合形 G 和 H 彼此远离。即复合形没有共同的点或边，并且它们不重叠。

例 5.2 （**远离三角形区域的细丝骨架**）

骨架形状 skE 远离填充三角形区域的两个实例显示在图 5.1 中的三角化视觉场景中。即

（1）skE 与填充三角形 G 远离，即 $\mathrm{sk}E\ \delta G$。

（2）skE 与填充三角形 H 远离，即 $\mathrm{sk}E\ \delta H$。

在 skE 和图 5.1 中的区域之间还有许多其他的远离实例。它们是什么？ ■

复合形 A 和 B 之间的描述接近性发生在复合形 A 的描述与复合形 B 的描述（由 $A\ \delta_\Phi B$ 表示）相匹配的情况下。借助**描述**，我们指的是一种或多种区域特征，例如形状、面积、颜色。例如，复合形 A 的描述用 $\Phi(A)$表示，代表对于复合形 A 的特征的特定选择。当一对复合形 A 和 U 不具有描述上的接近性（用 $A\ \delta_\Phi\ U$ 表示）时，复合形 A 的描述与复合形 U 的描述不匹配。

例 5.3 （**三角形区域之间的描述接近性**）

图 5.1 中显示了在收获辣椒集族的三角化视觉场景中标记的实心三角形 A、B、G、H 和骨架形状 skE。令描述 Φ 根据每个三角形的形状给出，例如，$\Phi(A) = A$ 的形状。在这个三角剖分中，有许多描述接近性以及区域对之间缺乏描述接近性的实例，即：

（1）对于$\{A, B, G, H\}$中的每个 X，A 描述性地接近 X（A 和 X 具有相同的形状），即 $A\ \delta_\Phi X$。

（2）skE 在描述上远离$\{A, B, G, H\}$中的每个 X（skE 和 X 的形状不同），即 $\mathrm{sk}E\ \delta_\Phi X$。

还有许多其他实例说明 skE 和图 5.1 中的区域之间缺乏描述接近性。它们是什么？ ■

例 5.4 （**相机图像的描述接近性**）

设 X 是图 5.2 中数字图像中的一组点，具有描述性的 Lodato 接近性 δ_Φ。也就是说，对于 X 中的子集 A、B，我们可以写 $A\ \delta_\Phi B$，只要 A 的描述与 B 的描述匹配。

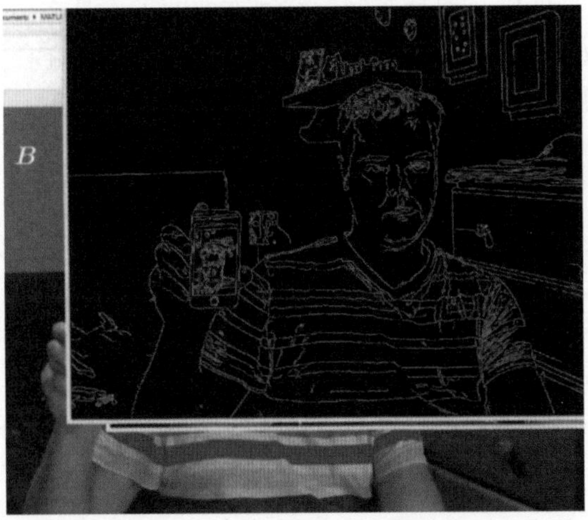

图 5.2　$A\ \delta_\Phi B$（描述接近性集合）

例如，设 A 是图 5.2 中显示手和躯干的部分，设 B 是显示所检测到的图像边缘部分[1]。让描述$\Phi(A)$使用在 A 中由边缘像素的形状描述符的梯度方向定义。显然，$A\ \delta_{\Phi}\ B$，因为 A 中沿手顶部边缘的边缘像素的梯度方向与 B 中沿手顶部边缘的边缘像素的梯度方向完全相同。

5.2 接近景观

Som Naimpally（图 5.3）的生活和工作概述了接近景观[1]。这是一个数学家在完成博士学位后开始研究接近空间理论的非凡故事。由于 Som Naimpally 和剑桥大学出版社的访问者在密歇根大学偶然会面，后者邀请他写一本关于接近性的专著。他和他的研究生 B.D. Warrack 给出了对 1970 年之前的接近空间理论的完整概述[2]。

图 5.3 Som Naimpally

接近性的起源

从 F. Riesz 于 1908 年在罗马举行的国际数学家大会上的讲话开始，对集合的接近性的研究至今已跨越了 100 多年[3]，最近 Naimpally [4, 5]和 Di Concilio [6-8]还发表了评论。切赫（Čech）在 1936—1939 年的布尔诺研讨会期间对接近关系进行了最早之一的介绍，该介绍于 1966 年出版[9，25.A.1 节]。切赫使用符号 p 来表示定义在非空集合 X 上的接近关系，还将其公理化。切赫在接近空间方面的工作是在 V.A. Efremovič 的工作（1933 年）两年后开始的，他引入了广泛考虑的接近公理化，直到 1951 年才发表[10]。有关 Efremovič 的接近公理的详细介绍，请参见文献[8，11]，对于应用，请参见文献[12-16]。 ■

5.3 什么是接近空间

在我们开始考虑各种形式的接近空间的公理之前，退一步问一个有帮助的问题，什么是接近空间？回想一下，任何具有其特征的非空集合就是我们所说的空间。所以我们可能

1 非常感谢 Braden Cross 提供的图 5.2 中的网络摄像头图像，为获取该图像使用了 MATLAB 计算机视觉系统工具箱和 Canny 边缘检测算法的 MATLAB 实现。

想知道什么时候非空集值得命名为接近空间。

什么是接近空间？空间中任意两个集合的可检测接近性

一个有限非空集 P 是一个**接近空间**，前提是可以确定 P 中任意两个子集的接近或远离（遥远，即不相交）。斯米尔诺夫[17]有时将接近空间 P 称为 δ **空间**。■

5.4　切赫接近性和斯米尔诺夫接近性度量

本节介绍最简单的接近空间，称为切赫接近空间。接近空间 P 有时称为 δ **空间**[17]，前提是 P 具有满足以下关系的 δ，例如，下面是对于集合 A、B、$C \in 2^P$ 的切赫公理[9，2.5 节，p.439]。

δ 切赫接近性

切赫公理

P1：P 中的所有子集都远离空集。

P2：$A\,\delta\,B \Rightarrow B\,\delta\,A$，即 A 接近 B 意味着 B 接近 A。

P3：$A\,\delta\,(B \cup C) \Leftrightarrow A\,\delta\,B$ 或 $A\,\delta\,C$。

P4：$A \cap B \neq \varnothing \Rightarrow A\,\delta\,B$（接近公理）。

具有切赫接近性（用(P, δ)表示）的空间 P 称为**切赫接近空间**。

习题 5.5

在三角化视频帧图像中，切赫接近性的示例有哪些？也就是说，让 K 是由三角化视频帧图像中的填充三角形集族所定义的单元复合形。假设 K 具有切赫 δ。什么时候认为 K 中的一对子复合形 A 和 B 彼此接近？换句话说，什么时候可以说 $A\ \delta\ B$，即根据切赫接近公理，A 接近 B？■

习题 5.6

视频帧图像序列中的远离集的示例有哪些？■

令 2^P 表示非空集 P 的所有子集的集族。我们采用斯米尔诺夫[17，1 节，p.8]介绍接近测度的惯例。我们认为 $\delta(A, B) = 0$，只要子集 A、$B \in 2^P$ 是接近的；认为 $\delta(A, B) = 1$，只要子集 A、$B \in 2^P$ 不接近，即在 E 和 H 之间存在着非零距离。令 A、B、$C \in 2^P$，那么接近空间满足以下性质。

斯米尔诺夫接近空间性质

Q1：如果 $A \subseteq B$，则对于任何 C，$\delta(A, C) \geqslant \delta(B, C)$。

Q2：任何相交的集合都是接近的。

Q3：没有集合接近空集。

在切赫接近空间中，斯米尔诺夫接近空间性质 Q3 由公理 P1 满足，性质 Q2 由公理 P2 ~ P4 满足，即 P 的任何子集都是接近的，前提是这些子集具有非空交集。也就是说，A 接近 B 意味着 B 接近 A（公理 P2）。类似地，A 接近 $B \cup C$ 意味着 A 接近 B 或 A 接近 C（公理 P3）或 A 接近 $B \cap C$（公理 P4）。设 $A \cap C = \varnothing$，则 $\delta(A, C) = 1$，因为 A 与 C 没有共同点。类似地，假设 $B \cap C = \varnothing$，则 $\delta(B, C) = 1$，因为 B 和 C 没有共同点。因此，满足性质

Q1，因为

$$\delta(A,C)=\delta(B,C)=1\Rightarrow\delta(A,C)\geqslant\delta(B,C)$$

对于 $A\subset B$ 和 $C\subset B$，我们有 $\delta(A, C) = 0$，因为 A 和 C 有共同点。类似地，$\delta(B, C) = 0$。因此，$\delta(A, C) = \delta(B, C) = 0 \Rightarrow \delta(A, C)\geqslant\delta(B, C)$。

例 5.7 （三角化有界区域上的斯米尔诺夫接近测度）

在这个例子中，我们回顾例 5.1，其中在图 5.1 所示的收获辣椒集族的三角化视觉场景上有填充三角形 A、B、G、H 和细丝骨架 sk$E$。在这种情况下，我们可以写出：

（1）$\delta(\text{sk}E, \blacktriangle A) = 0$，因为▲$A$ 的一部分是在 sk$E$ 的内部。

（2）$\delta(\text{sk}E, \blacktriangle B) = 0$，因为▲$B$ 的一部分是在 sk$E$ 的内部。

（3）$\delta(\text{sk}E, \blacktriangle G) = 1$，因为▲$G$ 的任何部分都没有与 sk$E$ 相交。

（4）$\delta(\text{sk}E, \blacktriangle H) = 1$，因为▲$H$ 的任何部分都没有与 sk$E$ 相交。

图 5.1 中还有许多其他三角形区域 X，其中 $\delta(\text{sk}E, \blacktriangle X) = 0$。也就是说，骨架形状 sk$E$ 和区域 X 有共同点。类似地，图 5.1 中还有许多其他三角形区域 Y，其中 $\delta(\text{sk}E, \blacktriangle Y) = 1$。换句话说，骨架形状 sk$E$ 和▲Y 没有共同点。这两种情况的例子是什么？ ■

5.5 连通接近性空间

令 K 为平面单元复合形中的骨架集族，并令 A、B、C 为包含 K 中具有关系 $\overset{\text{conn}}{\delta}$ 的骨架的子集。这对子集 A 和 B 是连通的，条件是 $A\cap B\neq\varnothing$，即 A 中有一个骨架，它至少有一个与 B 中的骨架共有的顶点。否则，A 和 B 是不连通的。有关这方面的更多信息，请参阅本节下文。

设 X 是一个非空集，设 A、$B\in 2^X$ 是子集集族 2^X 中的非空子集。A 和 B 是相互分离的，只要 $A\cap B=\varnothing$，即 A 和 B 没有共同点[18，26.4 节，p.192]。回想一个非空集合 A 是**开的**，只要 A 有一个非空的内部并且不包括它的边界。例如，装满咖啡的杯子 A 是开的，前提是 A 仅包含杯子内的咖啡，但不包括杯子的壁和底部。

一对非空集 A 和 B 是不相交的，前提是 A 和 B 没有公共点。例如，设 A、B 是意大利萨勒诺市和马尼托巴省温尼伯市的表面，它们没有共同的表面点，因此是不相交的。一个空间 X 是不连通的，只要我们能找到不相交的开的子集 A、$B\subset X$ 使得 $X=A\cup B$。从分离集的概念，我们得到以下连通空间的结果。

定理 5.8 （[18]）

如果 $X=\bigcup\limits_{n-1}^{\infty}X_n$，其中每个 $X_n\in 2^X$ 是连通的，并且对于每个 $n\geqslant 2$ 有 $X_{n-1}\cap X_n\neq\varnothing$，那么空间 X 是连通的。

证明：Willard [18，26.4 节，p.193]给出了证明。这是一种新的连通性，在这种连通性中，非空相交被强接近性取代，参见 Guadagni [19，p.72]和 Peters [20，1.16 节]。 ■

例 5.9 （连通的神经空间）

令 Nrv$A$ 是三角化平面表面区域上的亚历山德罗夫神经复合形。神经 Nrv$A$ 中的每个子集集族都是连通的，因为 Nrv$A$ 中没有不相交的开集 E、B，使得 $E\cup B=\text{Nrv}A$。回想一下，

Nrv$A$ 是一个实心三角形的集族▲，包括一个具有以下属性的公共顶点：

联合性质：令 X_n 是 Nrv$A$ 中的一组三角形▲。那么

$$\mathrm{Nrv}A = \bigcup_{n-1}^{\infty} X_n : \bigcap_{n-1}^{\infty} X_n \neq \varnothing$$

相交性质：令 X_{n-1}, X_n 是三角形▲的集合。令 p 为 Nrv$A$ 的核，即神经中三角形△的共同顶点。那么

$$X_{n-1} \cap X_n = \overbrace{p}^{p\text{对}\mathbf{Nrv}\boldsymbol{A}\text{的所有子集是公共的}}$$

$$\overbrace{\neq \varnothing}^{\mathbf{Nrv}\boldsymbol{A}\text{ 中}\boldsymbol{s}\text{的非空交集}}$$

因此，根据定理 5.8，Nrv$A$ 是连通的空间。■

定理 5.10

光涡旋神经是一个连通的空间。■

习题 5.11

证明定理 5.10。

提示：令 $\mathrm{sk}_{\mathrm{cyclic}}N$ 是光涡旋神经 $\mathrm{sk}_{\mathrm{cyclic}}\mathrm{Nrv}E$ 中最里面的循环骨架，设 $\mathrm{sk}_{\mathrm{cyclic}}A$ 是一个与 $\mathrm{sk}_{\mathrm{cyclic}}N$ 相同的边缘细丝的循环骨架。定义涡旋神经辐条 spoke$N\,A$ 为

$$\mathrm{spoke}N\ A = \overbrace{\mathrm{sk}_{\mathrm{cyclic}}N \cup \mathrm{sk}_{\mathrm{cyclic}}A}^{\text{在光涡旋神经}\mathbf{sk}_{\mathbf{cyclic}}\mathbf{Nrv}\boldsymbol{E}\text{上的辐条}}$$

$$\mathrm{sk}_{\mathrm{cyclic}}\mathrm{Nrv}\ A = \overbrace{\bigcup_{i=1}^{k} \mathrm{spoke}N\ A_i}^{\text{光涡旋神经等于其辐条的并集}}$$

使用 $\mathrm{sk}_{\mathrm{cyclic}}\mathrm{Nrv}E$ 中的每对辐条都具有非空交集以及 $\mathrm{sk}_{\mathrm{cyclic}}\mathrm{Nrv}A$ 是一个连通空间并且满足并集和交集属性的事实。■

定理 5.12

光涡旋神经中的每一对顶点都是路径连通的。■

习题 5.13

证明定理 5.12。也就是说，对于每一个光涡旋神经 $\mathrm{sk}_{\mathrm{cyclic}}\mathrm{Nrv}A$，证明我们总能找到 $\mathrm{sk}_{\mathrm{cyclic}}\mathrm{Nrv}A$ 中每对顶点 p 和 q 之间的路径（细丝序列）。■

习题 5.14

对于每个光学涡旋神经 $\mathrm{sk}_{\mathrm{cyclic}}\mathrm{Nrv}A$，为 $\mathrm{sk}_{\mathrm{cyclic}}\mathrm{Nrv}A$ 中的顶点对 p 和 q 编造一个顶点接近性度量 $\delta(p, q)$，类似于斯米尔诺夫接近性度量。也就是说，定义 $\delta(p, q)$以便该顶点接近性度量返回一个值，该值是 $\mathrm{sk}_{\mathrm{cyclic}}\mathrm{Nrv}A$ 中顶点的接近或远离的度量。$\delta(p, q)$的改进版本将计算 $\mathrm{sk}_{\mathrm{cyclic}}\mathrm{Nrv}A$ 中 p 和 q 之间的细丝长度，而不仅仅是计算 $\mathrm{sk}_{\mathrm{cyclic}}\mathrm{Nrv}A$ 中 p 和 q 之间的细丝数量。■

在这项工作中，连通性是根据连通接近性 $\overset{\text{conn}}{\delta}$ 和重叠连通性 $\overset{\overset{\curlywedge}{\text{conn}}}{\delta}$ 来定义的。在这两种情况下，在由连通骨架填充的连通单元复合形空间的研究中，非空相交点被连通接近性取代。对于连通集 A、$B \subset K$，我们写成 $A \overset{\text{conn}}{\delta} B$。实际上，对于 K 中的每对骨架 A 和 B，有

$A\overset{\text{conn}}{\delta}B$，前提是在 A 中的至少一个顶点和 B 中的一个或多个顶点之间存在路径。路径是一对顶点之间的边序列。等价地，$A\cap B\neq\varnothing$蕴涵 $A\overset{\text{conn}}{\delta}B$。如果骨架集合 A、$B\subset K$ 是分离的（即 A 和 B 没有共同的顶点），我们写 $A\overset{\text{conn}}{\delta}B$。从连通性方面看，切赫公理 P4 是皇帝的新装，即：

$\overset{\text{conn}}{\delta}$ 替换切赫公理 P4 中的 δ

P4conn：$A\cap B\neq\varnothing\Rightarrow A\overset{\text{conn}}{\delta}B$。

通过在余下的切赫公理中用 $\overset{\text{conn}}{\delta}$ 替换 δ，我们获得了切赫连通接近性的完整图片。

$\overset{\text{conn}}{\delta}$ 切赫连通接近性

连通接近性公理。

P1conn：$A\cap B=\varnothing\Leftrightarrow A\overset{\text{conn}}{\not\delta}B$，即非重叠骨架不连通。

P2conn：$A\overset{\text{conn}}{\delta}B\Rightarrow B\overset{\text{conn}}{\delta}A$，即 A 接近 B 意味着 B 接近 A。

P3conn：$A\overset{\text{conn}}{\delta}(B\cup C)\Rightarrow A\overset{\text{conn}}{\delta}B$ 或 $A\overset{\text{conn}}{\delta}C$。

P4conn：$A\cap B\neq\varnothing\Rightarrow A\overset{\text{conn}}{\delta}B$（接近连通公理）。

连通接近性空间由$(K,\overset{\text{conn}}{\delta})$表示。对于 A、$B\in K$，斯米尔诺夫度量 $\overset{\text{conn}}{\delta}(A,B)=0$ 表示 $A\cup B$ 中的任意两个顶点之间存在路径，$\overset{\text{conn}}{\delta}(A,B)=1$ 表示 $A\cup B$ 中的任意两个顶点之间没有路径。

引理 5.15

设 K 是平面单元复合形中的骨架集族，该复合形具有连通接近性 δ。那么 $A\overset{\text{conn}}{\delta}B$ 意味着 $A\cap B\neq\varnothing$。

证明：$A\overset{\text{conn}}{\delta}B$，假设骨架 A 和 B 中的任意一对顶点之间存在路径，即 A、B 是连通的，前提是 A 和 B 有一个公共顶点。也就是说，如果骨架 A、B 有一个公共顶点，那么 $A\overset{\text{conn}}{\delta}B$（来自公理 P4conn）。因此，$A\cap B\neq\varnothing$。 ■

引理 5.16

设 K 是一个连通性空间，它包含一个平面单元复合形中的骨架集族，具有关系 $\overset{\text{conn}}{\delta}$。空间 K 是接近空间。

证明：设 A、B、$C\in K$。斯米尔诺夫接近空间属性 Q3 由公理 P1conn 满足，属性 Q2 由公理 P2conn～P4conn 满足，即任何一组接近的骨架都是相连通的。设 $C\subset A\cup B$（C 是骨架 $A\cup B\in K$ 的一部分）。对于 A 或 B 中的任何顶点 p，在 p 和任何顶点 $q\in C$ 之间存在一条路径。那么 $A\overset{\text{conn}}{\delta}C$ 和 $B\overset{\text{conn}}{\delta}C$。因此，$\delta(A,C)=0=\delta(B,C)$。因此，$\delta(A,C)\geqslant\delta(B,C)$。如果$(A\cup B)\cap C=\varnothing$（$A$ 和 B 中的骨架与 C 没有相同的顶点），则 $\delta(A,C)=1=\delta(B,C)$和 $\delta(A,C)\geqslant\delta(B,C)$。从公理 P4conn，我们有

$$(A\cup B)\overset{\text{conn}}{\not\delta}\Leftrightarrow(A\cup B)\cap C=\varnothing\Leftrightarrow\delta(A,C)=1=\delta(B,C)\Rightarrow\delta(A,C)\geqslant\delta(B,C)$$

斯米尔诺夫属性 Q1 得到满足。因此，$(K,\overset{\text{conn}}{\delta})$是接近空间。 ■

例 5.17 （连通接近性空间）

设 K 是图 5.4 中表示的骨架集族，具有接近性 $\overset{\mathrm{conn}}{\delta}$ 。K 中的一对骨架是接近的，前提是这些骨架至少有一个共同的顶点。例如，涡旋循环 vcyc$A$ 和骨架 skel$E$ 有共同的顶点 v_6。因此，从公理 P4conn，我们有

$$v_6 \in \cap \mathrm{skel}E \neq \varnothing \Leftrightarrow \mathrm{vcyc}A \ \overset{\mathrm{conn}}{\delta}\ \mathrm{skel}E$$

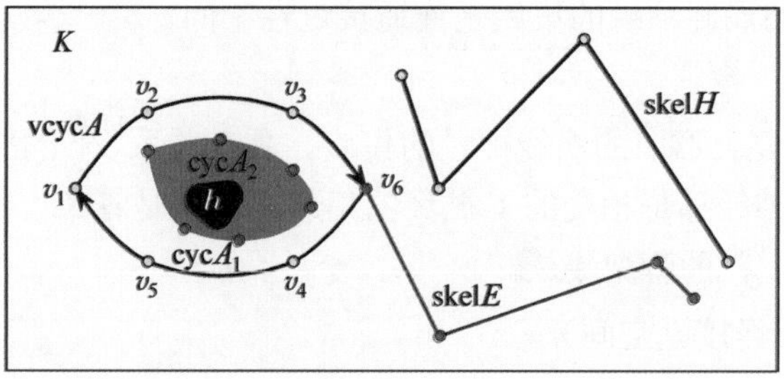

图 5.4　骨架集族，包括一个带孔的涡旋循环

不接近的骨架没有共同的顶点。例如，在图 5.4 中，有

$$\mathrm{skel}E \ \overset{\mathrm{conn}}{\not\delta}\ \mathrm{skel}H$$

这源于这对骨架 skel$E$ 和 skel$H$ 没有共同的顶点。 ■

例 5.18　（连通接近性空间上的路径连通细丝顶点）

设 K 是图 5.5 中表示的三角化视觉场景上的单元复合形，具有接近性 $\overset{\mathrm{conn}}{\delta}$ 。让骨架 sk$A$，sk$B$ 如图所示。观察到 sk$A \cap$ sk$B = r$。因此，根据公理 P4conn，我们有

$$\mathrm{sk}A \cap \mathrm{sk}B \neq \varnothing \Leftrightarrow \mathrm{sk}A \ \overset{\mathrm{conn}}{\delta}\ \mathrm{sk}B$$

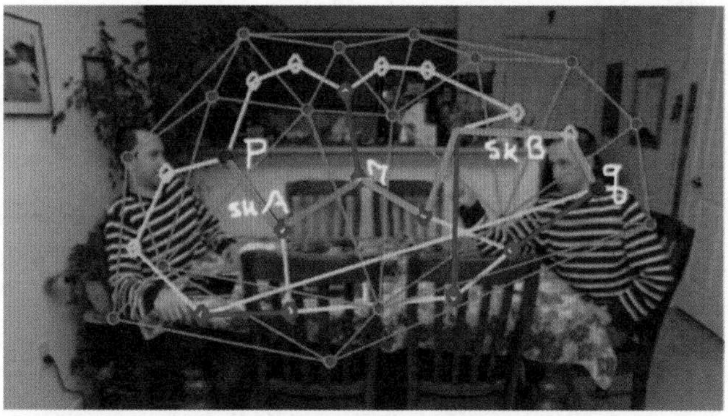

图 5.5　连通接近性空间上的骨架 sk$A$、sk$B$

sk$A$ 上的顶点 p 由路径连通到 sk$B$ 上的顶点 q，因为有一系列骨架细丝提供了一对顶点之间的路径。事实上，这些骨架上的每一对顶点都是路径连通的。 ■

定理 5.19

设 K 是平面单元复合形中涡旋循环的集族。具有关系 $\overset{\mathrm{conn}}{\delta}$ 的空间 K 是接近空间。

证明：涡旋循环是同心 1-循环的集族。每个 1-循环是一个骨架。那么涡旋循环是骨架的集族，每个涡旋循环的集族也是骨架的集族。因此，根据引理 5.16，K 是连通接近性空间。 ■

5.6 涡旋神经接近性空间

包含具有公共顶点的1-循环的涡旋循环 vcyc$A$ 是涡旋神经（由 vNrv$A$ 表示）的一个示例。具有 $\overset{\text{conn}}{\delta}$ 接近性的涡旋神经的集族是连通接近性空间。

定理 5.20

设 K 是平面单元复合形中的涡旋神经的集族。具有关系 $\overset{\text{conn}}{\delta}$ 的空间 K 是接近空间。

证明： 每条涡旋神经都是相交的1-循环的集族，它们是骨架。结果来自引理5.16，因为 K 也是具有接近性 $\overset{\text{conn}}{\delta}$ 的骨架集族。■

例 5.21 （涡旋神经接近空间）

三个涡旋神经 vNrv$A$、vNrv$B$、vNrv$E$ 连通到位于单元复合形 K 中的 vNrv$B$ 内部的 vNrv$A$、vNrv$B$、vNrv$H$，如图5.6所示（还可参见图5.7）。图5.6中出现的涡旋中的1-循环的填充内部用阴影内部表示。

$$\text{cyc}A_2 \overbrace{\in \text{vNrv}A_1 \in \text{vNrv}A}^{\text{在图}\mathbf{5.6}\text{中}}$$

$$\text{cyc}E_2 \overbrace{\in \text{vNrv}E_1 \in \text{vNrv}E}^{\text{在图}\mathbf{5.6}\text{中}}$$

$$\text{cyc}H_2 \overbrace{\in \text{vNrv}H \in \text{vNrv}B}^{\text{在图}\mathbf{5.7}\text{中}}$$

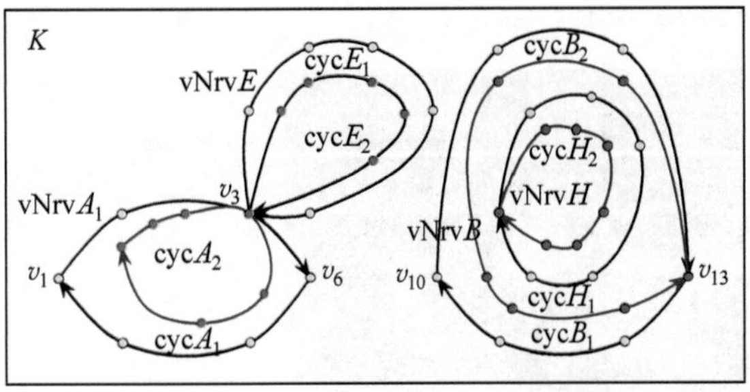

图5.6 接近涡旋神经的集族

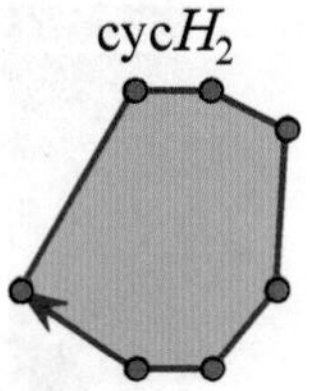

图5.7 图5.6中的 cyc$H_2 \in$ vNrv$H \in$ vNrv$B$

为简单起见，图5.6中的1-循环的填充内部通常是隐藏的（未着色）。令涡旋神经 K 的集族具有接近性 $\overset{\text{conn}}{\delta}$。涡旋神经接近的前提是神经有非空交点。例如，vNrv$A$ $\overset{\text{conn}}{\delta}$ vNrv$E$，即 δ(vNrv$A$, vNrv$E$) = 0。因此，斯米尔诺夫属性Q2由(K, $\overset{\text{conn}}{\delta}$)满足。涡旋神经远离（不接近）的前提是涡旋神经的相交点为空。例如，vNrv$A$ $\overset{\text{conn}}{\delta}$ vNrv$E$，即 δ(vNrv$A$, vNrv$E$) = 1（斯米尔诺夫属性Q3）。例如，我们也有：

$$\delta(vNrvA,\ vNrvH)=1=\delta(vNrvB,\ vNrvH) \quad \text{不相交神经}$$

$$\delta(vNrvH,\ vNrvE)=1\text{且}\delta(vNrvA,\ vNrvE)=0 \Leftrightarrow \delta(vNrvH,\ vNrvE)\geq\delta(vNrvA,\ vNrvE)$$

实际上，斯米尔诺夫属性Q1得到满足。因此，(K, $\overset{\text{conn}}{\delta}$)是一个连通接近空间。■

例 5.22 （涡旋神经连通接近性）

设 K 是骨架涡旋神经 skNrv$E$ 中的1-循环 cyc$A$、cyc$B$ 的集族，该神经 skNrv$E$ 具有接

近性 $\overset{\text{conn}}{\delta}$ ，如图 5.8 中的视频帧图像所示。观察 $\text{sk}A \cap \text{sk}B = p$。因此，根据公理 P4conn，我们有

$$\text{sk}A \cap \text{sk}B \neq \varnothing \Leftrightarrow \text{sk}A \overset{\text{conn}}{\delta} \text{sk}B$$

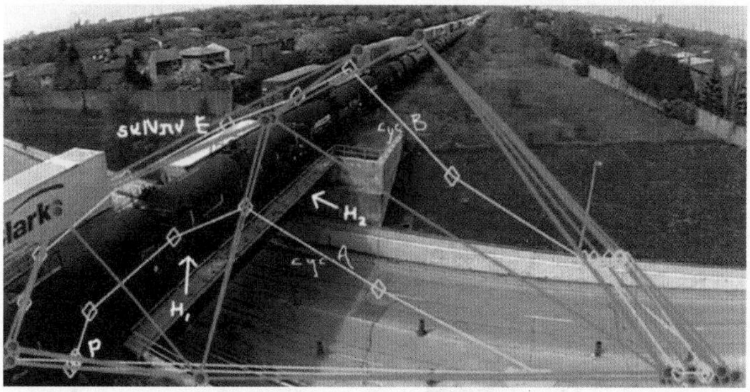

图 5.8　cyc$A$ 在骨架涡旋神经 skNrv$E$ 中与循环 cyc$\boldsymbol{B}$ 重叠

无须太多工作，我们就可以证明连通接近空间(K, $\overset{\text{conn}}{\delta}$)的每个公理都能得到满足。■

习题 5.23 ☕

证明在例 5.22 中，对于具有 $\overset{\text{conn}}{\delta}$ 的 K，连通接近空间的每一个公理都得到了满足。■

例 5.24　(连通接近空间上的路径连通咖啡杯焦散顶点)

设 K 是具有接近性 $\overset{\text{conn}}{\delta}$ 的咖啡杯焦散上的尖端细丝 filament$A$、filament$B$、filament$E$（如图 5.9 所示）的集族。观察 $\text{filament}E \in \text{filament}A \cap \text{filament}B$，即细丝 filament$A$ 和 filament$B$ 有非空交点。因此，根据公理 P4conn，我们有

$$\text{filament}A \cap \text{filament}B \neq \varnothing \Leftrightarrow \text{filament}A \overset{\text{conn}}{\delta} \text{filament}B$$

filament$A$ 上的顶点 p 通过路径连通到 filament$B$ 上的顶点 q，因为有一系列细丝提供了一对顶点之间的路径。事实上，这些细丝上的每一对顶点都是路径连通的。■

例 5.25　(时空涡旋神经接近空间)

Murphy 和 MacManus [21]最近对地面涡旋空气动力学的研究以及 Barata、Bernardo、Santos 和 Silva [22]以及 Silva、Durão、Barata、Santos、Ribeiro [23]在近地重叠喷射流的涡旋中观察到了时空涡旋神经（重叠涡旋循环）。物理涡旋神经可以在重叠湍流速度涡旋的轮廓表达中观察到，例如，文献[23]中的图 6.8 和 Spalart、Strelets、Travin 和 Slur 的涡旋系统[24，图 7]。■

在具有接近性 $\overset{\text{conn}}{\delta}$ 的单元复合形中，涡旋神经内部存在孔洞，我们得出以下结果。

推论 5.26

设 K 是平面单元复合形中内部包含孔的涡旋神经的集族。具有关系 $\overset{\text{conn}}{\delta}$ 的空间 K 是接近空间。

证明：直接来自定理 5.20，因为 K 中涡旋神经之间的关系不受神经内部存在孔洞的影响。■

例 5.27

一对不相交的涡旋神经 skNrv$E$、skNrv$G$ 包含内部有孔的骨架循环，如图 5.10 所示。设 skNrv$E$、skNrv$G$ 都具有接近性 $\overset{\text{conn}}{\delta}$ 。根据推论 5.26，这两条神经的连通接近性不受神经循环内部存在孔洞的影响。因此，

$$\overbrace{\left(\text{skNrv}E,\ \overset{\text{conn}}{\delta}\right),\left(\text{skNrv}G,\ \overset{\text{conn}}{\delta}\right)}^{\text{在图5.10中配备了}\overset{\text{conn}}{\delta}\text{的涡旋神经}}$$

是一对连通接近空间。

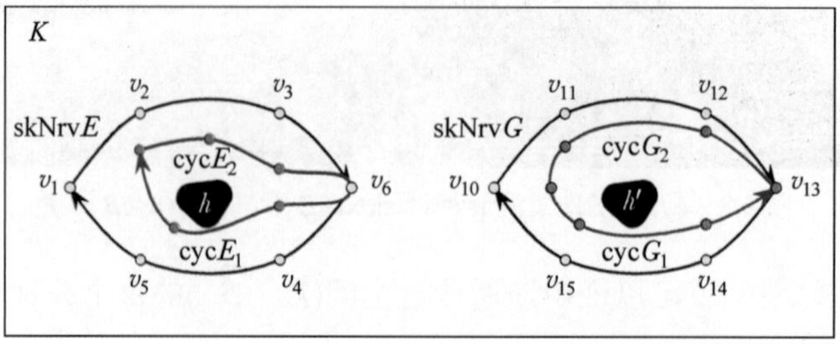

图 5.10 一对不相交的带孔涡旋神经 ■

例 5.28 （具有连通接近性的涡旋神经中的循环孔）

这是例 5.22 的延续。设 K 是 1-循环 cyc$A$、cyc$B$ 的集族，骨架涡旋神经 skNrv$E$ 中带有孔 H_1、H_2，具有连通接近性 δ，如图 5.8 中的视频帧图像所示。循环 cyc$A$ 和 cyc$B$ 都填充了内部。在这种情况下，int(cyc$A$) $\subset$ int(cyc$B$)（即 cyc$A$ 的内部完全在 cyc$B$ 的内部）。为此，sk$A \cap$ sk$B \neq \varnothing$。根据公理 P4conn，我们有

$$\text{sk}A \cap \text{sk}B \neq \varnothing \Leftrightarrow \text{sk}A\ \overset{\text{conn}}{\delta}\ \text{sk}B$$

上述结果不受两个循环内部是否存在孔洞的影响。因此，根据推论 5.26，(skNrv$E$, $\overset{\text{conn}}{\delta}$ 是连通接近空间。 ■

习题 5.29

令 K 为涡旋神经的集族，使得每个孔的边界具有多个顶点，这些顶点位于平面单元复合形中每条神经的 1-循环相交点中。有关与孔边界上的顶点重叠的涡旋循环的示例，请参见图 5.11。试证明涡旋神经被一个孔破坏，该孔的边界与多个顶点的神经循环重叠。

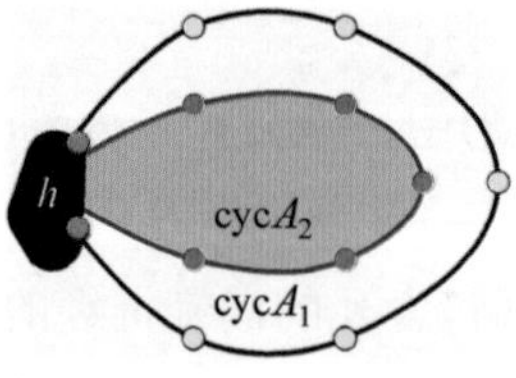

图 5.11 $(\text{cyc}A_1 \cup \text{cyc}A_2) \cap h$ ■

习题 5.30

令 K 为涡旋神经的集族，使得每个孔的边界都有一个顶点，该顶点位于平面单元复合形中每个神经的 1-循环的交集处。还让 K 具有接近性 $\overset{\text{conn}}{\delta}$ 。试证明 K 是连通接近空间。 ■

5.7　强[重叠]连通接近性空间

在本节中，当我们考虑具有重叠内部的涡旋循环对或具有公共边的循环骨架对时，就会出现骨架的弱连通接近性和强连通接近性。对于一对骨架之间的强连通性，需要理解骨架内部的概念。有两种情况需要考虑，即 1-循环的内部（连通到一对顶点的边）和循环骨架的内部（循环骨架的边界内的表面区域）。**循环骨架**（$\mathrm{sk_{cyclic}}E$）**的边界**（由 $\mathrm{bdy}(\mathrm{sk_{cyclic}}E)$ 表示）由包围有界表面区域的边序列定义。

1-循环的内部：令 $\overline{pq}$ 是一个 1-循环（用 $p\bullet\!\!-\!\!\!-\!\!\bullet q$ 表示），由一对顶点 p、q 和边—连接在 p 和 q 之间定义。$\overline{pq}$ **的内部**表示为$\int\overline{pq}$，是 p 和 q 之间的边。

循环骨架的内部：令 $\mathrm{sk_{cyclic}}E$ 为循环骨架。当 $\mathrm{sk}E$ 被理解为循环骨架时，我们也写成 $\mathrm{sk}E$。$\mathrm{sk_{cyclic}}E$ **的内部**用 $\mathrm{int}(\mathrm{sk_{cyclic}}E)$表示，它是 $\mathrm{bdy}(\mathrm{sk_{cyclic}}E)$的有界表面区域（循环骨架 $\mathrm{sk_{cyclic}}E$ 的边界）。

我们可以从考虑三角化有界表面区域 K 上循环骨架的强连通性开始，方法是使得到的单元复合形 K 具有强连通接近性 $\overset{\overset{\wedge\!\wedge}{\text{conn}}}{\delta}$，在下面的例子中非正式地考虑。

例 5.31　（循环骨架之间的强连通性）

图 5.12 显示了三角化表面区域上的一对循环骨架 $\mathrm{sk}A$、$\mathrm{sk}B$。这对骨架有一个共同的边 $\overline{pq}$。因此，可以认为

$$\mathrm{int}(\mathrm{sk}A)\cap\mathrm{int}(\mathrm{sk}B)=\overbrace{\overline{pq}}^{\mathbf{sk}A\text{和}\mathbf{sk}B\text{的共同边}}$$

$$\Rightarrow\quad\overbrace{\mathrm{sk}A\ \overset{\overset{\wedge\!\wedge}{\text{conn}}}{\delta}\ \mathrm{sk}B}^{\mathbf{sk}A\text{和}\mathbf{sk}B\text{强连通}}$$

图 5.12　强连通接近空间上的骨架 $\mathrm{sk}A$、$\mathrm{sk}B$　■

换句话说，由于图 5.12 中的一对循环骨架 skA、skB 具有共同的边，所以这对循环骨架是强连通的，即 1-循环的内部对两个骨架来说是共同的。如果这对循环骨架只有一个共同的顶点，那么我们认为 sk$A\ \overset{\text{conn}}{\delta}$ sk$B$。请注意，这对骨架也有一对共同的顶点。所以 sk$A\ \overset{\text{conn}}{\delta}$ sk$B$ 也是这种情况。

接近性 $\overset{\overset{\wedge\!\!\!\wedge}{\text{conn}}}{\delta}$ 导致对骨架内部的新公理

设 K 是一组具有接近性 $\overset{\overset{\wedge\!\!\!\wedge}{\text{conn}}}{\delta}$ 的骨架集族，它是强接近性 $\overset{\wedge\!\!\!\wedge}{\delta}$ 的一种形式[20，1.9 节，pp.28-30]。令 sk$A$、sk$B$ 为 K 中的一对骨架。$\overset{\overset{\wedge\!\!\!\wedge}{\text{conn}}}{\delta}$ 的弱形式和强形式分别满足以下公理。

P4intConn [弱重叠公理]：$\text{int}(\text{sk}A) \cap \text{int}(\text{sk}B) \neq \varnothing \Rightarrow \text{sk}A\ \overset{\overset{\wedge\!\!\!\wedge}{\text{conn}}}{\delta}\ \text{sk}B$。

P5intConn [强重叠公理]：$\text{sk}A\ \overset{\overset{\wedge\!\!\!\wedge}{\text{conn}}}{\delta}\ \text{sk}B \Rightarrow \text{sk}A \cap \text{sk}B \neq \varnothing$。

公理 P4intConn 是对切赫公理 P4 的重写，公理 P5intConn 是对通常的切赫公理的补充。很容易看出，在用 $\overset{\wedge\!\!\!\wedge}{\delta}$ 替换 δ 后，$\overset{\wedge\!\!\!\wedge}{\delta}$ 满足其余的切赫公理。接下来，考虑强连通接近空间的一组完整公理。这里的假设是一个强连通空间是一个 CW 复合形 K，它具有强连通接近性 $\overset{\overset{\wedge\!\!\!\wedge}{\text{conn}}}{\delta}$。回想 2.3 节，**CW 复合形**是一个豪斯道夫空间的骨架集族（每个单元都住在自己或邻居的房子中），它具有闭包有限性（一组单元的闭包仅与有限数量的其他单元相交）和弱拓扑属性（单元集的非空交集是闭合的）。**闭合单元集**是一组单元，包括该集合的边界和内部。请注意，每个三角化有限有界平面区域中的单元集（0-单元[顶点]、1-单元[边]和 2-单元[实心三角形]）是 CW 复合形。

设 A、B、$E \in K$ 是 CW 复合形空间 K 中的骨架集，其具有接近性 $\overset{\overset{\wedge\!\!\!\wedge}{\text{conn}}}{\delta}$，它满足以下公理。

$\overset{\overset{\wedge\!\!\!\wedge}{\text{conn}}}{\delta}$ 切赫强连通接近公理

重叠连通接近公理

P0intConn [空集公理]：$\varnothing\ \overset{\overset{\wedge\!\!\!\wedge}{\text{conn}}}{\delta}\ A$，即空集没有连通到 K 中的任何骨架 A。

P1intConn [不连通公理]：$A \cap B = \varnothing \Leftrightarrow A\ \overset{\overset{\wedge\!\!\!\wedge}{\text{conn}}}{\delta}\ B$，即骨架 A 和 B 不接近（A 和 B 相距很远）。

P2intConn [交换性公理]：$A\ \overset{\overset{\wedge\!\!\!\wedge}{\text{conn}}}{\delta}\ B \Rightarrow B\ \overset{\overset{\wedge\!\!\!\wedge}{\text{conn}}}{\delta}\ A$，即 A 重叠（接近）B 意味着 B 重叠（接近）A。

P3intConn [并集公理]：$A\ \overset{\overset{\wedge\!\!\!\wedge}{\text{conn}}}{\delta}\ (B \cup C) \Rightarrow A\ \overset{\overset{\wedge\!\!\!\wedge}{\text{conn}}}{\delta}\ B$ 或 $A\ \overset{\overset{\wedge\!\!\!\wedge}{\text{conn}}}{\delta}\ C$。

P4intConn [弱重叠公理]：$\text{int}A \cap \text{int}B \neq \varnothing \Rightarrow A\ \overset{\overset{\wedge\!\!\!\wedge}{\text{conn}}}{\delta}\ B$。

P5intConn [强重叠公理]：$A\ \overset{\overset{\wedge\!\!\!\wedge}{\text{conn}}}{\delta}\ B \Rightarrow A \cap B \neq \varnothing$。　■

重叠连通空间由$(K, \overset{\overset{\wedge\wedge}{\text{conn}}}{\delta})$表示。如果内部 int$A$ 与内部 int$B$ 具有非空交集，则 K 中的骨架 A 与 B 是接近的。

> **$\overset{\overset{\wedge\wedge}{\text{conn}}}{\delta}$ 形状边界内的内部接近性**
>
> 接近性 $\overset{\overset{\wedge\wedge}{\text{conn}}}{\delta}$ 促使我们仔细观察形状内部的接近性。这与通常的切赫对形状的接近性以及有时隐藏或忽略在形状本身的边界内的东西的看法截然不同。 ■

定理 5.32

设 K 是平面单元复合形中的涡旋神经的集族。具有关系 $\overset{\overset{\wedge\wedge}{\text{conn}}}{\delta}$ 的空间 K 是接近性空间。

证明：结果来自引理 5.16，因为 K 也是具有接近性 $\overset{\text{conn}}{\delta}$ 的骨架集族。 ■

例 5.33 （**重叠涡旋神经**）

两对重叠的涡旋神经如图 5.13 所示，即 $\text{vNrv}A \overset{\overset{\wedge\wedge}{\text{conn}}}{\delta} \text{vNrv}E$ 和 $\text{vNrv}B \overset{\overset{\wedge\wedge}{\text{conn}}}{\delta} \text{Nrv}H$。在一对涡旋神经 vNrv$A$、vNrv$E$ 的情况下，图 5.13 中这些神经的灰色区域表示 1-循环 $\text{intcyc}A_2 \in \text{vNrv}A$ 的内部与 1-循环 $\text{intcyc}E_2 \in \text{vNrv}E$ 的内部的非空交集。根据公理 P4intConn，我们有

$$\begin{aligned}\text{intcyc}A_2 \cap \text{int}\,\text{cyc}E_2 \neq \varnothing &\Rightarrow \text{cyc}A_2 \overset{\overset{\wedge\wedge}{\text{conn}}}{\delta} \text{cyc}E_2 \\ &\Rightarrow \text{vNrv}A \overset{\overset{\wedge\wedge}{\text{conn}}}{\delta} \text{vNrv}E \quad \text{（公理P5intConn）}\end{aligned}$$

$$\text{vNrv}A \overset{\overset{\wedge\wedge}{\text{conn}}}{\delta} \text{vNrv}E \Rightarrow \text{intcyc}A_2 \cap \text{int}\,\text{cyc}E_2 \neq \varnothing$$

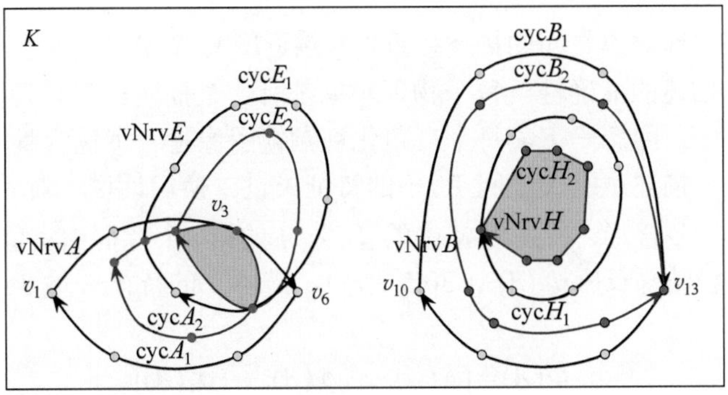

图 5.13 内部重叠的涡旋神经

同心涡旋神经 vNrv$B$、vNrv$H$ 也显示在图 5.13 中，内部 IntcycH_2 显示在图 5.7 的涡旋神经 vNrv$H$ 中，它位于涡旋神经 vNrv$B$ 的内部。同样，根据公理 P4intConn，我们有（表 5.2）

$$\text{int}\,\text{vNrv}B \cap \text{int}\,\text{vNrv}H \neq \varnothing \Rightarrow \text{vNrv}B \overset{\overset{\wedge\wedge}{\text{conn}}}{\delta} \text{vNrv}H$$

根据公理 P5intConn，我们有

$$\text{vNrv}B \overset{\overset{\wedge\wedge}{\text{conn}}}{\delta} \text{vNrv}H \Rightarrow \text{int}\,\text{vNrv}B \cap \text{int}\,\text{vNrv}H \neq \varnothing$$

表 5.2　4 种不同类型的骨架之间的描述接近性

		一般和强接近性	
		无限制	有限制
描述性	不可鉴别	$A\ \delta_{\Phi}\ B$	$A\ \overset{\Cap}{\delta_{\Phi}}\ B$
	可鉴别	$A\ \overset{\text{conn}}{\delta_{\Phi}}\ B$	$A\ \overset{\overset{\Cap}{\text{conn}}}{\delta_{\Phi}}\ B$

由此，我们初步了解了重叠涡旋神经的连通性。■

时空涡旋循环：重叠电磁涡旋

I.V. Dzedolik 观察到由光子形成的电磁涡流，这些光子围绕介质波导的纵轴具有一定的净角动量[25，p.135]。光子是几乎无质量的物体，可将能量从发射器传送到接收器[26]。将螺旋涡旋建模为具有 $\overset{\overset{\Cap}{\text{conn}}}{\delta_{\Phi}}$ 接近性的涡旋循环，这表明在涡旋光学中可能获得更大范围的测量值。N.M. Litchinitser 观察到，涡旋预成形飞秒激光脉冲表明在光丝化中使用超材料实现可重复和可预测的空间和时间分布的可能性[27，p.1055]。通过考虑 M. Hance 最近在隔离和比较不同形式的光子（及光子垂直通量）方面的工作[28，4 节，pp.8-11]，重叠连通接近空间方法正在表征、分析和建模相邻光子方面获得优势。■

5.8　描述接近性

本节简要介绍物理对象之间的描述接近性（接近度）。对象描述的接近程度，例如形状轮廓，取决于对象描述的准确性。每个物理对象都有一个描述。感兴趣的物理对象出现在三角化视频帧图像中。回想一下，每个三角化视频帧图像是一个包含骨架的单元复合形。

在这项工作中，**描述**是欧氏空间 R^n 中的特征矢量。换句话说，对象的描述是 R^n 中的一个点。设 K 为单元复合形，设 A 为 K 中的骨架。A 的第 i 个特征由实值探测函数 Φ_i：$A \to \mathrm{R}$ 表示（例如，形状轮廓长度 $\Phi_i(A)$ = 30.5 mm）。描述 A 的特征矢量（由 $\Phi(A)$ 表示）定义为

$$\Phi(A) = [\phi_1(A), \cdots, \phi_i(A), \cdots, \phi_n(A)]$$

令 A、$B \in 2^K$，单元复合形 K 中所有骨架的集族。那么 $\Phi(K)$ 是 K 中所有骨架的特征矢量集合，即，

$$\Phi(K) = \{\Phi(A) : A \in K\}$$

表达式 $A\ \delta_{\Phi} B$ 读作 A 在描述性上接近 B。A 和 B 的描述接近性定义为

$$A \delta_{\Phi} B \Leftrightarrow \Phi(A) \cap \Phi(B) \neq \varnothing$$

一个接近空间 K 具有关系 δ_{Φ} 是一个描述接近空间，只要以下描述形式的切赫公理满足集合 A、B、$C \in 2^K$。

δ_Φ 切赫描述接近性

切赫公理

$K_{\delta_\Phi}1$：$\Phi(K)$中的所有子集都远离$\Phi(\varnothing)$，即空集的描述。

$K_{\delta_\Phi}2$：$A\ \delta_\Phi\ B \Rightarrow B\ \delta_\Phi\ A$，即 A 在描述上接近 B 意味着 B 在描述上接近 A。

$K_{\delta_\Phi}3$：$A\ \delta_\Phi\ (B \cup C) \Leftrightarrow A\ \delta_\Phi\ B$ 或 $A\ \delta_\Phi\ C$。

$K_{\delta_\Phi}4$：$A \bigcap_{\Phi} B \neq \varnothing \Rightarrow A\ \delta_\Phi\ B$（描述接近公理）。

具有切赫描述接近性（由(P, δ_Φ)表示）的空间 K 称为切赫描述接近性空间。

5.9　艾哈迈德描述性并集

请注意，公理 $K_{\delta_\Phi}3$ 是根据普通集合的并集$\cup$写成的。这个公理可以使用以下 4 种不同形式的描述性并集中的一种来重写，这由艾哈迈德（Ahmad）在文献[29]的定义 5（p.9）中介绍。表 5.3 给出了**艾哈迈德描述性并集**的符号形式，简要说明如下。

- **限制性描述并集**：考虑 $A \cup B$ 中的所有元素。
- **非限制性描述并集**：仅考虑 $A \cap B$ 中的元素。
- **描述性非鉴别并集**：考虑任何描述值的元素。
- **描述性鉴别并集**：考虑特定描述值的元素。

表 5.3　4 种不同类型的描述性并集

		空间上	
		限制	非限制
描述性	鉴别	$A \tilde{\bigcup}_{\Phi=\{i,j\}} B$	$A \bigcup_{\Phi=\{i,j\}} B$
	非鉴别	$A \tilde{\bigcup}_{\Phi} B$	$A \bigcup_{\Phi} B$

■

设 A、B、C 是单元复合形 K 中的非空子复合形，并令ϕ: $2^K \to \mathrm{R}^n$ 映射到描述单元复合形 K 中的单元集的 n-D 实值特征矢量。那么，可以按以下方式重写公理（例如）$K_{\delta_\Phi}3$：

$$K_{\delta_\Phi}3_{\text{union}} : A\delta_\Phi\left(B \bigcup_{\Phi} C\right) \Leftrightarrow A\delta_\Phi B \text{ or } A\delta_\Phi C$$

有关更多信息，请参见附录 A.1 节。

习题 5.34

证明公理 $K_{\delta_\Phi}3_{\text{union}}$ 与原公理 $K_{\delta_\Phi}3$ 等价。

提示：见附录 A.1 节。　■

5.10　子复合形聚类

在实践中，我们通过检查下式是否满足来构造复合形 K 的子复合形聚类：

$$\overbrace{\Phi(A) \overset{?}{=} \Phi(B) \text{ for each } B \in 2^K}^{\text{将}\boldsymbol{\Phi(A)}\text{与每个}\boldsymbol{\Phi(2^K)}\text{中的}\boldsymbol{\Phi(B)}\text{比较}}$$

实际上，这是公理 $K_{\delta_\Phi}4$ 在与子复合形 A 的描述相匹配的复合形 K 上搜索子复合形 B 的描述中的重复应用。换句话说，对于特定的骨架 A，比较 A 的描述 $A(\Phi(A))$与骨架 B 的描述 $B(\Phi(B))$在复合形 K 上 2^K 的骨架集族中的每个骨架 B 的描述。对于我们将哪些骨架 B 与骨架 A 进行比较没有限制。

仔细观察 $K_{\delta_\Phi}3_{\text{union}}$ 的含义，可以得出 4 种不同形式的描述性并集。

- **描述性限制的**：利用骨架 A、B 在 K 上的 $\overset{\text{conn}}{\delta_\Phi}$ 接近性，描述 $\Phi(A)$仅限于考虑描述 $\Phi(\text{int}(B))$的接近或远离。

$$\overbrace{\text{int}(B)}^{\text{比较各个}\boldsymbol{\Phi(A)}\text{与}\boldsymbol{\Phi(\text{int}(B))}}$$

- **描述性连通非鉴别的**：令 conn(A)和 conn(B)分别表示骨架 K 和 K'中的路径连通顶点集。根据骨架 A 在 K 上和 B 在 K'上的 $\overset{\text{conn}}{\delta_\Phi}$ 接近性，我们检查骨架上路径连通顶点的描述。

$$\overbrace{\Phi(\text{conn}(A)) \overset{?}{=} \Phi(\text{conn}(B)) \text{ for each conn}(B) \in K'}^{\text{比较}\boldsymbol{\Phi(\overset{\text{conn}}{\delta}(A))}\text{与}\boldsymbol{\Phi(\text{conn}(B))}}$$

这是一种构建路径连通顶点聚类的先导方法，所以我们的任务是在复合形 K'上找到每组路径的连通顶点 conn(B)，其具有与在复合形 K 上的一组特定的路径连通顶点 conn(A)上描述Φ(conn(A))相匹配的描述Φ(conn(B))。换句话说，

$$\overbrace{\Phi(\text{conn}(A)) = \Phi(\text{conn}(B))\text{，那么写成} A \overset{\text{conn}}{\delta_\Phi} B}^{\text{描述}\boldsymbol{\Phi(\text{conn}(A))}\text{与}\boldsymbol{\Phi(\text{conn}(B))}\text{匹配}}$$

例 5.35

一对连通的顶点 conn(A) ∈ K，conn(B) ∈ K'如图 5.14 所示。令

$$\overbrace{\Phi(\text{conn}(A)) = \text{conn}(A)\text{中的顶点数}}^{\textbf{conn}(\boldsymbol{A})\text{的描述}}$$

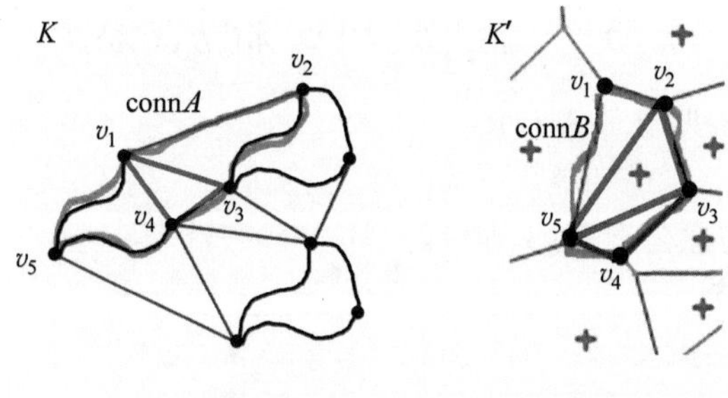

(a) 复合形K中conn(A)上的路径连通顶点　　(b) 复合形K'中conn(b)上的路径连通顶点

图 5.14　描述性连通的骨架

在这个例子中，我们有Φ(conn(A)) = Φ(conn(B)) = 5。因此，可以写出

$$\overbrace{\text{conn}(A)\ \overset{\text{conn}}{\delta_{\Phi}}\ \text{conn}(B)}^{\textbf{conn}(A)\text{与}\textbf{conn}(B)\text{描述上接近}}$$

也就是说，对跨越不相交复合形 K 和 K'的一对路径连通顶点集的匹配描述意味着该对顶点集的描述接近性。 ■

- **描述性连通鉴别的**：在 $\underset{\delta_{\Phi}}{\overset{\curlywedge}{\text{conn}}}$接近性下，仅将复合形 K'中连通的填充骨架 conn(B)中所有内部填充骨架 skE'的描述与复合形 K 中选定的一组路径连通顶点 $\overset{\text{conn}}{\delta}A$ 的描述进行比较，即

$$\text{sk}E \in \text{int}(\overset{\text{conn}}{\delta}\ A)\text{和}\quad \overbrace{\text{sk}E' \in \text{int}(\overset{\text{conn}}{\delta}\ B)}^{\textbf{sk}\boldsymbol{E}'\text{在形状}\overset{\textbf{conn}}{\boldsymbol{\delta}}\ \boldsymbol{E}'\text{的内部}}$$

使得

$$\Phi(\text{sk}E) = \Phi(\text{sk}E')$$

那么

$$\text{sk}E\ \underset{\delta_{\Phi}}{\overset{\curlywedge}{\text{conn}}}\ \text{sk}E'$$

请注意，复合形 K 和 K'可以是不同的、空间分离的复合形，也可以是 $K = K'$。

例 5.36

sk$E$ ∈ int(conn(A)) ∈ K, skE' ∈ int(conn(B)) ∈ K'中的一对连通顶点如图 5.15 所示。为简单起见，我们写为 sk$E$、skE'而不是 conn(sk$E$)、conn(skE')来分别指代内部骨架 sk$E$、skE'上的路径连通顶点。令

$$\overbrace{\Phi(\text{sk}E) = \text{sk}E\text{中的顶点数}}^{\textbf{sk}\boldsymbol{E}\text{的描述}}$$

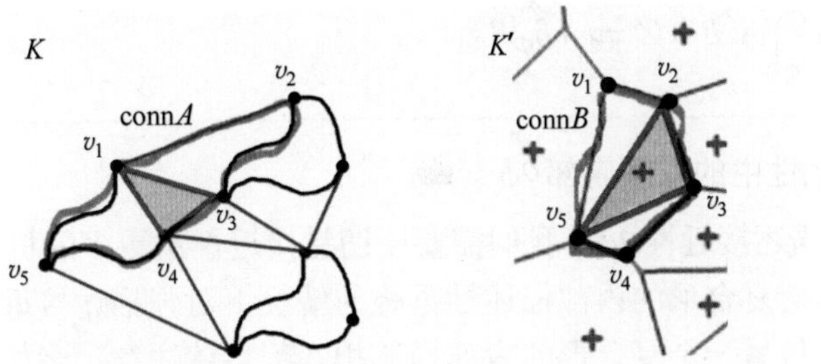

(a) 复合形K中sk$E$ ∈ int($\overset{\text{conn}}{\delta}A$)上的路径连通顶点　(b) 复合形$K'$中sk$E'$ ∈ int($\overset{\text{conn}}{\delta}B$)上的路径连通顶点

图 5.15　描述性连通内部骨架 sk$E$ 和 skE'

在这个例子中，我们有Φ(sk$E$) = Φ(skE') = 3。因此，可以写出

$$\overbrace{\text{sk}E\ \overset{\text{conn}}{\delta_{\Phi}}\ \text{sk}E'}^{\textbf{sk}\boldsymbol{E}\text{与}\textbf{sk}\boldsymbol{E}'\text{描述上接近}}$$

也就是说，在不相交的复合形 K 和 K'上匹配一对路径连通顶点集的描述 sk$E$ 和 skE'暗示了路径连通顶点集对的描述接近性。 ■

令 sk$A$ 是单元复合形 K 上的骨架。表 5.2 中出现了两种形式的基本（原始）、非限制性描述接近性，即$\{\delta_{\Phi},\ \overset{\text{conn}}{\delta}\}$。这些描述接近性被认为是基本的，因为这些接近性几乎没有限制条件。基本上，如果公理δ_{Φ}接近性在检测骨架匹配描述时很有用，那么δ_{Φ}将用于检测所有骨架 sk$B$，使得

$$\overbrace{\mathrm{sk}A\ \delta_{\Phi}\ \mathrm{sk}B\quad \text{for } \mathrm{sk}B \in 2^{K}}^{\textbf{sk}\boldsymbol{A}\text{与}\textbf{sk}\boldsymbol{B}\text{具有匹配描述}}$$

相比之下，$\overset{\text{conn}}{\delta_{\Phi}}$ 描述接近性是限制性的，因为 sk$A\ \overset{\text{conn}}{\delta_{\Phi}}$ sk$B$ 仅适用于复合形 K 上某些形状 sh$E$ 内部的骨架。换句话说，

$$\overbrace{\mathrm{sk}A\ \overset{\wedge\wedge}{\delta}_{\Phi}\ \mathrm{sk}B\quad \text{只要 } \mathrm{sk}B \subset \mathrm{int}(\mathrm{sh}E)}^{\text{描述}\textbf{sk}\boldsymbol{A}\text{与描述}\textbf{sk}\boldsymbol{B}\subset\textbf{int(sh}\boldsymbol{E}\textbf{)}\text{匹配}}$$

出于这个原因，$\overset{\wedge\wedge}{\delta}_{\Phi}$描述接近性被认为是强接近性。这里是$\overset{\wedge\wedge}{\delta}_{\Phi}$的公理。

例 5.37　[20，1.9 节，pp.28-29]

设 K 是一个单元复合形，A、B、$C \subset K$ 和 $x \in K$。复合形集族 2^{K} 上的关系$\overset{\wedge\wedge}{\delta}_{\Phi}$是 Lodato 强描述接近性，只要它满足以下公理：

$\overset{\wedge\wedge}{\delta}_{\Phi}$ **Lodato 强描述接近性**

(dsnN0)：$\varnothing\ \overset{\not\wedge}{\mathrm{W}}_{\Phi}\ A$，$\forall A \subset X$，和 $X\overset{\wedge\wedge}{\delta}_{\Phi}A$，$\forall A \subset X$。

(dsnN1)：$A\overset{\wedge\wedge}{\delta}_{\Phi}B \Leftrightarrow B\overset{\wedge\wedge}{\delta}_{\Phi}A$。

(dsnN2)：$A\overset{\wedge\wedge}{\delta}_{\Phi}B \Rightarrow\ A\underset{\Phi}{\cap}B \neq \varnothing$。

(dsnN3)：如果$\{B_i\}_{i\in I}$是 X 和 $A\overset{\wedge\wedge}{\delta}_{\Phi}B_{i^*}$对于某些 $i^* \in I$ 的任意子集族，使得 $\mathrm{int}(B_{i^*}) \neq \varnothing$，则 $A\overset{\wedge\wedge}{\delta}_{\Phi}(\mathrm{U}_{i\in I}B_i)$。

(dsnN4)：$\mathrm{int}\,A\underset{\Phi}{\bigcap}\mathrm{int}\,B \neq \varnothing \Rightarrow A\overset{\wedge\wedge}{\delta}_{\Phi}B$。■

Lodato 强描述接近性中的重叠内部$\overset{\wedge\wedge}{\delta}_{\Phi}$

对于强[重叠]描述接近性$\overset{\wedge\wedge}{\delta}_{\Phi}$，我们需要比切赫接近性$\delta_{\Phi}$更多的机制。对于$\overset{\wedge\wedge}{\delta}_{\Phi}$，我们考虑了在一对不相交复合形的内部描述性重叠的情况下对强描述接近性的要求，即一个复合形的内部描述与另一个复合形的内部描述相匹配。请注意，诸如视频帧图像中记录的视觉场景之类的复合形可以在时空中分离。■

当我们写 $A\overset{\wedge\wedge}{\delta}_{\Phi}B$ 时，我们读为 A 在描述性上强接近 B。符号 $\overset{\not\wedge}{\mathrm{W}}_{\Phi}$ 读作 A 在描述性上非强接近 B。对于每个描述强接近性，我们假设以下关系：

(dsnN5)：$\Phi(x) \in \Phi(\mathrm{int}(A)) \Rightarrow x\overset{\wedge\wedge}{\delta}_{\Phi}A$

(dsnN6)：$\{x\}\overset{\wedge\wedge}{\delta}_{\Phi}\{y\} \Leftrightarrow \Phi(x) = \Phi(y)$。■

例 5.38　（描述性接近形状）

图 5.16 中所示的这对形状在描述上是接近的，如果这对形状具有匹配的描述。

(a) 形状sh$A$　　(b) 形状sh$B$

图 5.16　sk$A$ δ_Φ sk$B$ ■

例 5.39 （分离形状的强描述接近性）

图 5.17 中所示的这对形状在描述上是接近的，只要这对形状具有匹配的描述。

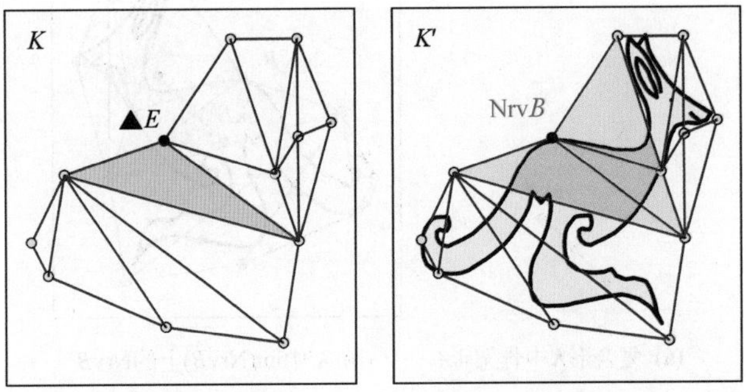

(a) 复合形K上的▲E　　(b) ▲$E \in K \overset{\wedge\!\wedge}{\delta}_\Phi$ int(Nrv$B$) $\in K'$

图 5.17　▲$E \in K \overset{\wedge\!\wedge}{\delta}_\Phi$ int(NrvB) $\in$ K′ ■

例 5.40 （分离单元复合形的描述连通接近性）

图 5.18 中显示了单元复合形 K 中骨架 sk$A$ 上的顶点和单元复合形 K'中骨架 sk$B$ 上的顶点。令Φ(sk$A$) = sk$A$ 上一对顶点（矢量）之间的角度，这提供了对骨架 sk$A$ 的简单描述。设 p 和 q 是 sk$A$ 上 1-单元（线段）上的一对顶点，设 p'和 q'是 sk$B$ 上 1-单元上的一对顶点。在这种情况下，

$$\mathrm{sk}A\ \delta_\Phi\ \mathrm{sk}B\text{，因为}\quad \overbrace{\angle(p,q)=\angle(p',q')}^{\text{描述}\mathbf{sk}\boldsymbol{A}\text{与描述}\mathbf{sk}\boldsymbol{B}\text{具有匹配的描述}}$$

即

$$\arccos\left[\frac{p\cdot q}{\|p\|\times\|q\|}\right]=\arccos\left[\frac{p'\cdot q'}{\|p'\|\times\|q'\|}\right]\quad \text{对所有}\ \begin{matrix}p、q\in \mathrm{sk}A\\ p'、q'\in \mathrm{sk}B\end{matrix}$$

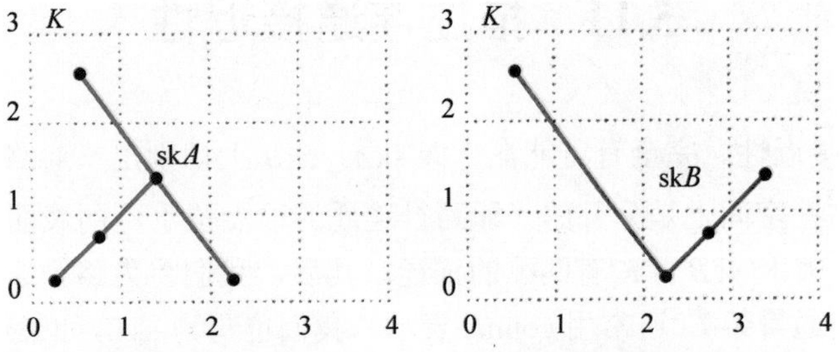

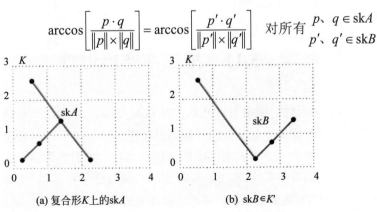

(a) 复合形K上的sk$A$　　(b) sk$B \in K'$

图 5.18　sk$A$ δ_Φ sk$B$

换句话说，即使这些骨架中的每一个都在不同的单元复合形上，但它们在描述上是接近的，即 sk$A$ 上每对顶点 p、q 之间的角度等于 sk$B$ 上每对顶点 p'、q'之间的角度。 ■

强描述接近性的情况与 δ_Φ 接近的情况有很大不同。也就是说，$\overset{\wedge\!\!\wedge}{\delta_\Phi}$ 用于检测复合形 K 上的骨架 sk$A$ 与位于复合形 K'上形状 sh$E$ 内部的另一个骨架 sk$B$ 的接近性（即 sk$B \in$ int(sh$E$)）。复合形 K、K'可以相同也可以不同。

例 5.41 （**分离单元复合形的描述接近性骨架**）

图 5.19 中显示了单元复合形 K 上的骨架 sk$A$ 和单元复合形 K'上的骨架 sk$B$。在这个例子中，sk$B$ 位于亚历山德罗夫神经复合形 Nrv$B$ 的内部，即 sk$B \in$ int(Nrv$B$)。

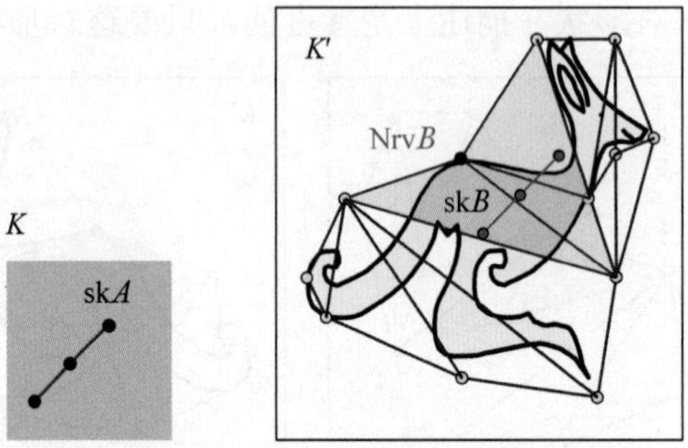

(a) 复合形K中骨架sk$A$ (b) K'中int(Nrv$B$)上的Nrv$B$

图 5.19 K'中复合形 sk$A$ 上的强描述性连通骨架，K'中 int(Nrv$B$)上的 sk$B$

设Φ(sk$A$) = sk$A$ 上一对顶点（矢量）之间的角度提供了对骨架 sk$A$ 的简单描述。设 p 和 q 是 sk$A$ 上的一对顶点，设 p'和 q'是 sk$B \in$ int(Nrv$B$)上的一对顶点。在这种情况下，

$$\text{sk}A \overset{\wedge\!\!\wedge}{\delta_\Phi} \text{sk}B，\text{因为} \overbrace{\angle(p,q)=\angle(p',q')}^{\text{描述}\textbf{sk}\boldsymbol{A}\text{与描述}\textbf{sk}\boldsymbol{B}\text{具有匹配的描述}}$$

即

$$\arccos\left[\frac{p\cdot q}{\|p\|\times\|q\|}\right]=\arccos\left[\frac{p'\cdot q'}{\|p'\|\times\|q'\|}\right] \quad \text{对所有} \begin{matrix} p、q\in \text{sk}A \\ p'、q'\in \text{sk}B \end{matrix}$$

换句话说，这对骨架具有很强的描述接近性，即使这些骨架中的一个位于单元复合形 K'中的一个形状的内部，因为 sk$A$ 上每对顶点 p 和 q 之间的角度等于每个 sk$B$ 中的一对顶点 p'和 q'。 ■

5.11 描述连通接近性

本节介绍 $\overset{\text{conn}}{\delta_\Phi}$ 接近性。完全有可能在骨架 sk$A$、sk$B$ 上识别出一对路径连通的顶点集合 A 和 B，它们通常在空间上是分开的（即路径连通的顶点位于不同表面上的单元复合形 K 和 K'中）但 sk$A \in K$ 和 sk$B \in K'$有匹配的描述。其后，我们将为路径连通的顶点集族提供路径的骨架称为**连通骨架** E(通常用 conn$E$ 表示)。我们也写为 sk$E$，如果理解到 sk$E$ = conn$E$ 是路径连通的。而且，sk$A$ 和 sk$B$ 的描述接近性允许我们写出 sk$A \overset{\text{conn}}{\delta_\Phi}$ sk$B$，即这对骨架具有描述连通接近性。

例如，通过重写切赫 δ_Φ 公理，可以获得描述连通的接近空间的公理。根据连通骨架 sk$A$、sk$B$ 在 K 上的 $\overset{\text{conn}}{\delta_\Phi}$ 接近性，并让$\Phi(\text{sk}A)$、$\Phi(\text{sk}B)$分别是 sk$A$、sk$B$ 的描述。一个接近空间 P 具有关系 $\overset{\text{conn}}{\delta_\Phi}$ 是一个**描述连通接近性空间**，只要满足集合 sk$A$, sk$B$, sk$C \in 2^P$ 的切赫公理的下列描述连通形式。

$\overset{\text{conn}}{\delta_\Phi}$ **描述连通接近性**

切赫公理

P$\overset{\text{conn}}{\delta_\Phi}$ 1：$\Phi(P)$中骨架的所有描述都远离$\Phi(\varnothing)$，即空集的描述。

P$\overset{\text{conn}}{\delta_\Phi}$ 2：$\text{sk}A \overset{\text{conn}}{\delta_\Phi} \text{sk}B \Rightarrow \text{sk}B \overset{\text{conn}}{\delta_\Phi} \text{sk}A$，即 A 与 B 具有描述连通接近性意味着 B 与 A 具有描述连通接近性。

P$\overset{\text{conn}}{\delta_\Phi}$ 3：$\text{sk}A \overset{\text{conn}}{\delta_\Phi} (\text{sk}B \cup \text{sk}C) \Leftrightarrow \text{sk}A \overset{\text{conn}}{\delta_\Phi} \text{sk}B$ 或 $\text{sk}A \overset{\text{conn}}{\delta_\Phi} \text{sk}C$。

P$\overset{\text{conn}}{\delta_\Phi}$ 4：$\text{sk}A \underset{\Phi}{\bigcap} \text{sk}B \neq \varnothing \Rightarrow \text{sk}A \overset{\text{conn}}{\delta_\Phi} \text{sk}B$（**描述连通接近性公理**）。

具有切赫描述连通接近性（记为$(P, \overset{\text{conn}}{\delta_\Phi})$）的空间 P 称为**切赫描述连通接近性空间**。

在实践中，我们通过检查下式判断是否构造了复合形 K 的子复合形聚类：

$$\overbrace{\Phi(\text{conn}(\text{sk}A)) \overset{?}{=} \Phi(\text{conn}(\text{sk}B)) \quad \text{对每个}\,\Phi(\text{conn}(\text{sk}B)) \in \Phi(2^K)}^{\text{对每个}\,\boldsymbol{\Phi}(\textbf{conn}(\textbf{sk}\boldsymbol{B}))\in\boldsymbol{\Phi}(\mathbf{2}^{\boldsymbol{K}})\text{比较}\,\boldsymbol{\Phi}(\textbf{conn}(\textbf{sk}\boldsymbol{A}))\text{与}\,\boldsymbol{\Phi}(\textbf{conn}(\textbf{sk}\boldsymbol{B}))}$$

实际上，这是公理 **P**$\overset{\text{conn}}{\delta_\Phi}$ 4 的重复应用，用于在复合形 K 上搜索路径连通子复合形 sk$B$，其描述与所选连通子复合形 sk$A$ 的描述相匹配。换句话说，对于特定的路径连通骨架 sk$A$，将 sk$A$ 的描述（$\Phi(\text{sk}A)$）与骨架 sk$B$ 的描述（即$\Phi(\text{sk}B)$）进行比较，这个比较要对在复合形 K 上的 2^K 中的连通骨架集族中的各个骨架 sk$B$ 进行。我们对哪些骨架 sk$B$ 与骨架 sk$A$ 进行比较没有限制。对描述连通性的考虑具有明显的实际应用，如在比较流体旋转和光学涡旋中的嵌套、非同心涡旋矢量集族时。

最近 Cottet 和 Koumoutsakos [30]以及 Tian、Gao、Dong 和 Liu [31]对表面涡旋结构的研究以及 Nye [32]和 Dudley、Dias、Erkintalo 和 Gentry [33]对光学涡旋的研究，刻画了涡旋结构。例如，在文献[30]（1.3 节，pp.7ff）和文献[32]（p.2 和 pp.10-11，附录）中介绍了涡旋波场的几何形状。在涡旋波场中，存在与涡旋场矢量相切的路径连通涡旋线。**涡旋面**（也称为**涡旋管**）是涡旋线的集族。例如，设μ为流体的动力黏度，密度ρ为流体的运动黏度，$\nu = \mu/\rho$。那么，流体粒子加速度的拉格朗日描述定义为

$$\underbrace{\rho\frac{Du}{Dt}}_{\text{流体粒子的加速度}} = \underbrace{-\nabla P}_{\text{静压力}} + \underbrace{\mu\Delta u}_{\text{静黏性力}}$$

请注意，每个涡旋场都可以用涡旋神经 $\text{sk}_{\text{cyclic}}\text{Nrv}E$ 表示，它是具有公共中心涡旋矢量的涡旋线的集族。这条推理路线导致了描述连通接近性 $\overset{\text{conn}}{\delta_\Phi}$ 在寻找描述性接近特定涡旋的涡旋聚类中的直接应用。

应用：嵌套非同心涡旋特征矢量集族的比较

设 $\text{sk}_{\text{cyclic}}\text{Nrv}E$ 和 $\text{sk}_{\text{cyclic}}\text{Nrv}E'$是表示一对涡旋的神经复合形，并设描述$\Phi(\text{sk}_{\text{cyclic}}\text{Nrv}E)$定义为

$$\overbrace{\Phi(\text{sk}_{\text{cyclic}}\text{Nrv}E)=\rho\frac{Du}{Dt}}^{\text{关于边界流体粒子加速的涡旋}}$$

涡旋场的边界是涡线，表示沿涡旋边界的路径连通的涡旋矢量的集族。假设包含 $\text{sk}_{\text{cyclic}}\text{Nrv}E$、$\text{sk}_{\text{cyclic}}\text{Nrv}E'$的涡旋集族具有$\overset{\text{conn}}{\delta_\Phi}$，考虑具有描述连通接近性 δ_Φ 的空间 V，则我们在这种情况下应用公理 $\mathbf{P}_{\overset{\text{conn}}{\delta_\Phi}}1$：

$$\Phi(\text{sk}_{\text{cyclic}}\text{Nrv}E)=\Phi(\text{sk}_{\text{cyclic}}\text{Nrv}E')$$

告诉我们有

$$\underbrace{\text{sk}_{\text{cyclic}}\text{Nrv}E\underset{\Phi}{\cap}\text{sk}_{\text{cyclic}}\text{Nrv}E'\neq\varnothing}_{\text{相交的描述}}\Rightarrow\underbrace{\text{sk}_{\text{cyclic}}\text{Nrv}E\overset{\text{conn}}{\delta_\Phi}\text{sk}_{\text{cyclic}}\text{Nrv}E'}_{\text{描述性接近涡旋}}$$ ■

对于在实施这种比较涡旋描述的方法时有用的度量，已在前面介绍过。描述涡旋时更精细的特征矢量将减小描述性闭合涡旋的数量。根据考虑的特征数量（最多 21 个在计算上是合理的），描述特定闭合涡旋的涡旋数量会有所不同。

习题 5.42

描述尖端细丝的涡旋动力学

此问题的基本方法是将光涡旋神经中尖端细丝尾端的顶点矢量 $\boldsymbol{q}$ 视为在一系列三角化视频帧图像中运动的光子。涡旋矢量 $\boldsymbol{q}$ 位于光涡旋神经 $\text{sk}_{\text{cyclic}}\text{Nrv}E$（由 $\text{bdy}(\text{sk}_{\text{cyclic}}\text{Nrv}E)$表示）的边界上。边界 $\text{bdy}(\text{sk}_{\text{cyclic}}\text{Nrv}E)$是连通涡旋的一个例子，即 $\text{bdy}(\text{sk}_{\text{cyclic}}\text{Nrv}E)$上的一组顶点矢量是路径连通的。这意味着在 $\text{bdy}(\text{sk}_{\text{cyclic}}\text{Nrv}E)$上的任何一对涡旋矢量之间都有一条路径。请注意，使用流体涡旋中流体粒子加速度的拉格朗日描述，如 Cottet 和 Koumoutsakos [30，1.2 节，pp.5-7]，执行以下操作：

（1）选择视频中的帧图像序列 V。

（2）对 V 中的每个视频帧图像进行三角剖分。

（3）识别出 V 中每个视频帧图像里的光涡旋神经。

（4）让每个尖端细丝 filament$E$ 代表光焦散线尖端处反射光的路径，这表示在 V 中视频帧图像里的每个 $\text{sk}_{\text{cyclic}}\text{Nrv}E$ 上。设 p 和 q 是 filament$E$ 中的末端顶点。令ρ为细丝 E 上色调的平均波长。引入涡旋矢量 $\boldsymbol{q}$（尖端细丝的尾部）的加速度$\rho(Dq/Dt)$的平均变化率的数学表示，即最大尖端细丝长度 filament$E$ 在一系列视频帧图像中的膨胀（或收缩）变化率。

（5）为尖端细丝描述之间的差异选择一个阈值 th > 0。给出 V 中一对视频帧图像的例子，其中描述$\|\Phi(\text{sk}_{\text{cyclic}}\text{Nrv}E)-\Phi(\text{sk}_{\text{cyclic}}\text{Nrv}E')\|<\text{th}$。

（6）对两个视频重复以上步骤。 ■

习题 5.43

描述光涡旋神经的光涡旋

三角化有界平面区域上 CW 复合形上的光涡旋神经是一个非常简单的光涡旋的表示。

使用 Nye [32，1 节，p.2-3]和 Dudley、Dias、Erkintalo 和 Gentry [33]中的光涡旋特征，执行以下操作：

（1）选择视频中的视频帧图像序列 V。

（2）识别出 V 中每个视频帧图像里的光涡旋神经。

（3）让每个尖端细丝 filament$E$ 代表光焦散线尖端处反射光的路径，这表示在 V 中视频帧图像里的每个 $sk_{cyclic}NrvE$ 上。设 p 和 q 是 filament$E$ 中的末端顶点。令ρ为细丝 E 上色调的平均波长。引入 V 中视频帧图像里由 $sk_{cyclic}NrvE$ 的边界 $bdy(sk_{cyclic}NrvE)$表示的光波场平均变化率的数学表示。回想一下，在表面孔质心的三角化集合中，光涡旋神经跨越了最大重心亚历山德罗夫神经复合形（MNC）。也就是说，$sk_{cyclic}NrvE$ 中的每个顶点都是 MNC 上或 MNC 边界上的三角形里的三角形重心。这意味着 $bdy(sk_{cyclic}NrvE)$表示反射光的路径（在表面孔之间）（图 5.20 和图 5.21）。这里的重点是表达连续视频帧图像中 $bdy(sk_{cyclic}NrvE)$的变化率。

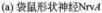

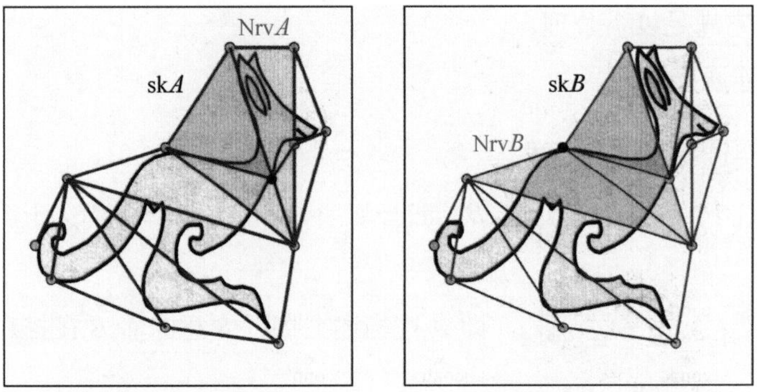

(a) 袋鼠形状神经Nrv$A$　　(b) 袋鼠形状神经Nrv$B$

图 5.20　强描述性连通的神经复合形 Nrv$A$、Nrv$B$

（4）为尖端细丝描述之间的差异选择一个阈值 th > 0。给出 V 中一对视频帧图像的例子，其中描述$\|bdy(sk_{cyclic}NrvE) - bdy(sk_{cyclic}NrvE')\| < th$。

（5）对两个视频重复步骤（1）。**提示：**尝试将 Nye [32，1 节，p.2]中单色光波场的表达用于平面波 ψ，而不是考虑在 Nye 的波场表示中给出的多个平面波。 ■

5.12　强描述连通接近性

在本节中，当我们考虑具有匹配描述的涡旋循环对时，会出现骨架的弱和强描述连通接近性。涡旋循环描述是一个特征矢量，其中包含使用所谓的探测函数从涡旋中提取的特征值。令 K 是具有描述接近性 $\overset{\mathrm{conn}}{\hat{\hat{\delta}}_{\Phi}}$ 的涡旋循环的集族，它是描述接近性$\hat{\hat{\delta}}_{\Phi}$的扩展[34，3-4 节，pp.95-98]。映射 $\Phi : K \rightarrow \mathbb{R}^n$ 在欧氏空间 $\mathbb{R}^n$ 中产生一个 n-D 特征矢量，或是涡旋 cyc$A \in K$（由 $\Phi(\mathrm{cyc}A)$表示），或是 K 中的涡旋循环 vcyc$E$（由 $\Phi(\mathrm{vcyc}E)$表示），或是 K 中的涡旋神经 vNrv$H$（由 $\Phi(\mathrm{vNrv}H)$表示）。对于描述接近性公理，通常的集合交集被描述性交集替换[35，3 节]（由$\underset{\Phi}{\cap}$表示），其定义为

$$A \underset{\Phi}{\bigcap} B = \{x \in A \cup B : \Phi(x) \in \Phi(A) \text{ and } \Phi(x) \in \Phi(B)\}$$

A 的描述性闭包（用 $\mathrm{cl}_{\Phi}A$ 表示）[20，1.4 节，p.16]定义为

$$\mathrm{cl}_{\Phi} A = \left\{ x \in K : x \overset{\overset{\wedge\!\wedge}{\mathrm{conn}}}{\delta_{\Phi}} A \right\} \overset{\overset{\wedge\!\wedge}{\mathrm{conn}}}{\delta_{\Phi}}$$

$\overset{\overset{\wedge\!\wedge}{\mathrm{conn}}}{\delta_{\Phi}}$ 的弱形式和强形式分别满足以下公理。

P_{Φ}4 [弱选项] $\mathrm{int}\, A \underset{\Phi}{\bigcap} \mathrm{int}\, B \neq \varnothing \Rightarrow A \overset{\overset{\wedge\!\wedge}{\mathrm{conn}}}{\delta_{\Phi}} B$。

P_{Φ}5 [选项] $A \overset{\overset{\wedge\!\wedge}{\mathrm{conn}}}{\delta_{\Phi}} B \Rightarrow A \underset{\Phi}{\bigcap} B \neq \varnothing$。

公理 **P_{Φ}4** 是对切赫公理 **P4** 的重写，公理 **P_{Φ}5** 是对通常的切赫公理的补充。很容易看出，用 $\overset{\overset{\wedge\!\wedge}{\mathrm{conn}}}{\delta_{\Phi}}$ 替换 δ 后，$\overset{\overset{\wedge\!\wedge}{\mathrm{conn}}}{\delta_{\Phi}}$ 满足其余的切公理。设 A、B、$C \in K$，一个具有接近性 $\overset{\overset{\wedge\!\wedge}{\mathrm{conn}}}{\delta_{\Phi}}$ 的单元复合形空间，它满足以下公理。

$\overset{\overset{\wedge\!\wedge}{\mathrm{conn}}}{\delta_{\Phi}}$ 强描述连通接近性

描述重叠连通接近性公理

P_{Φ}1dConn：$A \underset{\Phi}{\cap} B \neq \varnothing \Leftrightarrow A \overset{\overset{\wedge\!\wedge}{\mathrm{conn}}}{\not\delta} B$，即骨架 A 和 B 的集合在描述上并不接近（A 和 B 彼此远离）。

P_{Φ}2dConn：$A \overset{\overset{\wedge\!\wedge}{\mathrm{conn}}}{\delta_{\Phi}} B \Rightarrow B \overset{\overset{\wedge\!\wedge}{\mathrm{conn}}}{\delta_{\Phi}} A$，即 A 在描述上接近 B 意味着 B 在描述上接近 A。

P_{Φ}3dConn：$A \overset{\overset{\wedge\!\wedge}{\mathrm{conn}}}{\delta_{\Phi}} (B \cup C) \Rightarrow$。$A \overset{\overset{\wedge\!\wedge}{\mathrm{conn}}}{\delta_{\Phi}} B$ or $A \overset{\overset{\wedge\!\wedge}{\mathrm{conn}}}{\delta_{\Phi}} C$。

P_{Φ}4dConn：$\mathrm{int}\, A \underset{\Phi}{\bigcap} \mathrm{int}\, B \neq \varnothing \Rightarrow A \overset{\overset{\wedge\!\wedge}{\mathrm{conn}}}{\delta_{\Phi}} B$（弱描述连通公理）。

P_{Φ}5dConn：$A \overset{\overset{\wedge\!\wedge}{\mathrm{conn}}}{\delta_{\Phi}} B \Rightarrow A \underset{\Phi}{\bigcap} B \neq \varnothing$（强描述连通公理）。■

描述重叠连通性空间表示为$(K, \overset{\overset{\wedge\!\wedge}{\mathrm{conn}}}{\delta_{\Phi}})$。如果内部 int$A$ 与内部 int$B$ 具有非空描述性交集，则 K 中的骨架 A 与 B 在描述上是接近的。这种接近形式有很多应用，因为我们经常想要比较对象，例如 1-循环本身或涡旋循环或更复杂的涡旋复合形神经，它们在空间上或时间上不重叠。

例 5.44 （时空不相交涡旋循环的描述连通性重叠）

设 vcyc$A$ 和 vcyc$B$ 是一族涡旋循环中的一对涡旋循环，这些涡旋循环具有接近性 $\overset{\overset{\wedge\!\wedge}{\mathrm{conn}}}{\delta}$ 和 $\overset{\overset{\wedge\!\wedge}{\mathrm{conn}}}{\delta_{\Phi}}$。假设这些涡旋代表在时空中具有匹配描述的非重叠电磁涡旋，例如，Φ(vcyc$A$) = Φ(vcyc$B$) = (持续时间)。换句话说，vcyc$A$ 持续的时间长度等于 vcyc$B$ 持续的时间长度。在这种情况下，有 vcyc$A$ $\overset{\overset{\wedge\!\wedge}{\mathrm{conn}}}{\delta_{\Phi}}$ vcyc$B$。■

例 5.45 （单元复合形的描述连通性重叠）

图 5.22 中的条形图[1]比较了一对单元复合形的特征值，即顶点数、孔数、最大涡旋循环面积、神经循环数和神经数。根据条形图，$K_1 \overset{\overset{\wedge\!\!\!\wedge}{\text{conn}}}{\delta_{\Phi}} K_2$，由于

$$\Phi(K_1\text{涡旋计数}) = \Phi(K_2\text{涡旋计数}) = 35$$

$$\Phi(K_1\text{神经计数}) = \Phi(K_2\text{神经计数}) = 21$$

即使孔数和神经循环数差距较大，还是具有接近性。

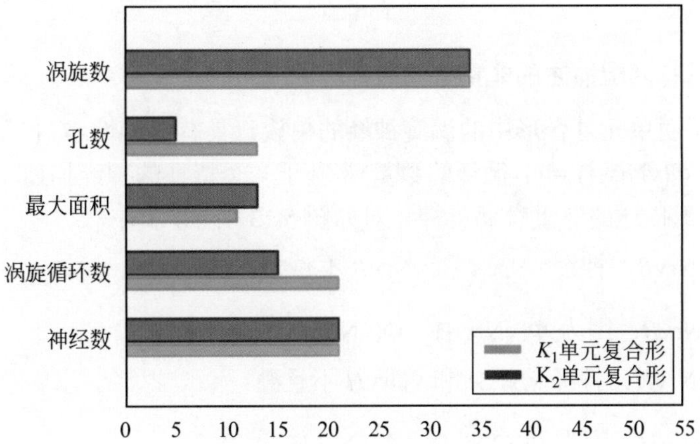

图 5.22　单元复合形特征值对比　■

例 5.46　（**涡旋循环描述连通性的缺失样本**）

图 5.23 中的条形图比较了一对涡旋循环样本 vcyc$A$ 和 vcyc$B$ 的归一化特征值，即顶点数、涡旋循环面积、重叠（即涡旋循环中重叠 1-循环的数量）、孔数、循环数、周长（即涡旋循环界的长度）、直径（即涡旋循环边界上一对顶点之间的最大距离）。从条形图中，很明显 vcyc$A \overset{\overset{\wedge\!\!\!\wedge}{\text{conn}}}{\not\delta}$ vcyc$B$，因为涡旋循环的样本对之间没有匹配的特征值。

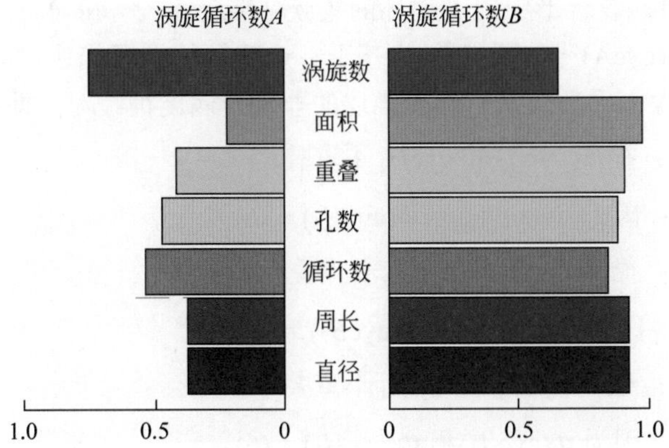

图 5.23　涡旋单元特征值对比　■

定理 5.47

设 K 是平面单元复合形中涡旋循环的集族。具有关系 $\overset{\overset{\wedge\!\!\!\wedge}{\text{conn}}}{\delta_{\Phi}}$ 的空间 K 是接近空间。

1　非常感谢 M.Z. Ahmad 用于显示此条形图的 LATEX 脚本，它不依赖于外部文件。

证明：结果来自引理 5.16，因为 K 中的每个涡旋循环也是具有接近性 $\overset{\overset{\wedge\wedge}{\text{conn}}}{\delta_{\Phi}}$ 的骨架集族。 ■

推论 5.48

设 K 是平面单元复合形中的涡旋神经的集族。具有关系 $\overset{\overset{\wedge\wedge}{\text{conn}}}{\delta_{\Phi}}$ 的空间 K 是接近空间。

证明：结果由定理 5.47 得出，因为 K 中的每个涡旋循环也是具有接近性 $\overset{\overset{\wedge\wedge}{\text{conn}}}{\delta_{\Phi}}$ 的相交涡旋循环的集族。 ■

例 5.49 （具有匹配描述的非重叠涡旋神经）

令 K_{vNrv} 是平面单元复合形中的涡旋神经的集族，具有接近性 $\overset{\text{conn}}{\delta}$ 和 $\overset{\overset{\wedge\wedge}{\text{conn}}}{\delta_{\Phi}}$。令 vNrv$A$ 为涡旋神经，并令 Φ(vNrv$A$) = (1-循环的数量)是基于一个特征的神经描述，即神经中 1-循环的数量。具有匹配描述的非重叠涡旋神经对如图 5.13 所示，即：

vNrv$A$ $\overset{\text{conn}}{\not\delta}$ vNrv$B$：神经 vNrv$A$ 和 vNrv$B$ 不重叠。

vNrv$A$ $\overset{\overset{\wedge\wedge}{\text{conn}}}{\delta_{\Phi}}$ vNrv$B$：因为 Φ(vNrv$A$) = Φ(vNrv$A$) = (2)。

vNrv$A$ $\overset{\text{conn}}{\not\delta}$ vNrv$H$：神经 vNrv$A$ 和 vNrv$H$ 不重叠。

vNrv$A$ $\overset{\overset{\wedge\wedge}{\text{conn}}}{\delta_{\Phi}}$ vNrv$H$：因为 Φ(vNrv$A$) = Φ(vNrv$H$) = (2)。

vNrv$E$ $\overset{\text{conn}}{\not\delta}$ vNrv$B$：神经 vNrv$E$ 和 vNrv$B$ 不重叠。

vNrv$E$ $\overset{\overset{\wedge\wedge}{\text{conn}}}{\delta_{\Phi}}$ vNrv$B$：因为 Φ(vNrv$E$) = Φ(vNrvH_1) = (2)。

vNrv$E$ $\overset{\text{conn}}{\not\delta}$ vNrv$H$：神经 vNrv$E$ 和 vNrv$H$ 不重叠。

vNrv$E$ $\overset{\overset{\wedge\wedge}{\text{conn}}}{\delta_{\Phi}}$ vNrv$H$：因为 Φ(vNrv$E$) = Φ(vNrv$H$) = (2)。 ■

例 5.50 （具有匹配描述的非重叠涡旋神经循环）

令 K_{cyc} 是平面单元复合形中的 1-循环的集族，接近性 $\overset{\text{conn}}{\delta}$ 和 $\overset{\overset{\wedge\wedge}{\text{conn}}}{\delta_{\Phi}}$。设 cyc$A$ 为涡旋循环中的 1-循环，令 Φ(cycA) = (顶点数)为基于一个特征的循环描述，即循环中的顶点数。图 5.13 中表示了包含 1-循环且具有匹配描述的非重叠涡旋神经对，即：

cycA_2 $\overset{\text{conn}}{\not\delta}$ cycH_1：循环 cycA_2 和 cycH_1 不重叠。

cycA_2 $\overset{\overset{\wedge\wedge}{\text{conn}}}{\delta_{\Phi}}$ cycH_1：因为 Φ(cycA_2)和 Φ(cycH_1) = (6)。

cycA_2 $\overset{\text{conn}}{\not\delta}$ cycB_2：循环 cycA_2 和 cycB_2 不重叠。

cycA_2 $\overset{\overset{\wedge\wedge}{\text{conn}}}{\delta_{\Phi}}$ cycB_2：因为 Φ(cycA_2)和 Φ(cycB_2) = (6)。

cycA_1 $\overset{\text{conn}}{\not\delta}$ cycH_1：循环 cycA_1 和 cycH_1 不重叠。

cycA_1 $\overset{\overset{\wedge\wedge}{\text{conn}}}{\delta_{\Phi}}$ cycH_1：因为 Φ(cycA_1)和 Φ(cycH_1) = (6)。

cycA_1 $\overset{\text{conn}}{\not\delta}$ cycB_2：循环 cycA_1 和 cycB_2 不重叠。

cycA_1 $\overset{\overset{\wedge\wedge}{\text{conn}}}{\delta_{\Phi}}$ cycB_2：因为 Φ(cycA_1)和 Φ(cycB_2) = (6)。 ■

5.13　零样本分类

基于 $\overset{\wedge\!\!\wedge}{\overset{\text{conn}}{\delta_{\Phi}}}$ 的零样本识别

各种形式的描述连通性为 Lu、Li、Yan 和 Zhang [36]探索的零样本识别形式提供了基础。**零样本识别**要去识别每个新图像所属的一个看不见的类。设 K 是三角化图像的有限有界区域上的单元复合形，光涡旋神经 $\text{sk}_{\text{cyclic}}\text{Nrv}E \subset K$，具有**强描述连通接近性** $\overset{\wedge\!\!\wedge}{\overset{\text{conn}}{\delta_{\Phi}}}$。并且令 $\Phi(\text{sk}_{\text{cyclic}}A_i)$, $1 \leqslant i \leqslant k$ 是 $\text{sk}_{\text{cyclic}}A_i$（$\text{sk}_{\text{cyclic}}\text{Nrv}E$ 中的一个骨架循环）的描述。使用 $\Phi(\text{sk}_{\text{cyclic}}A_i)$，我们可以根据每个神经中涡旋循环内部的描述，将三角化图像集族的每个成员中的光涡旋神经区域分成几类。

应用：基于强描述连通性的零样本识别

没有训练数据的图像零样本分类非常有吸引力，因为它不像依赖于训练数据的传统分类技术那么严格，因此在学习过程中内置了训练数据中隐含的不需要的先验假设。有关这方面的更多信息，请参阅 Molina 和 Sánchez [37]，以及 Hariharan 和 Girshick [38]对低/少样本视觉识别的介绍。与零样本识别不同，**低/少样本视觉识别**根据每个类的几个样本来调整学习过程。然后对每个新的视觉场景 A 进行分类，其中利用了 A 与类示例中的一个样本最接近的相似性。在我们的案例中，这将需要使用适合我们关心的一类神经的光涡旋神经样本（源自三角化的视觉场景）来开始对视觉场景的识别过程。■

5.14　具有近端相关器的涡旋循环空间

本节介绍一个连通性近端相关器[39]（用 R 表示），它是 Száz 相关器[40]的扩展，是一个非空单元复合形 K 上的连通接近性关系的非空集族。具有近端相关器 R 的空间称为近端相关器空间（由(K, R)表示）。

例 5.51　（近端相关器空间）

例 5.49 介绍了一个近端相关器空间$\left(K_{\text{vNrv}}, \left\{\overset{\text{conn}}{\delta}, \overset{\wedge\!\!\wedge}{\overset{\text{conn}}{\delta_{\Phi}}}\right\}\right)$，可用于测量、比较和分类具有或不具有匹配描述的涡旋神经集族。类似地，例 5.50 介绍了一个近端相关器$\left(K_{\text{cyc}}, \left\{\overset{\text{conn}}{\delta}, \overset{\wedge\!\!\wedge}{\overset{\text{conn}}{\delta_{\Phi}}}\right\}\right)$，在研究具有或不具有匹配描述的 1-循环的集族时很有用。■

$\overset{\wedge\!\!\wedge}{\delta_{\Phi}}$和 δ 之间的联系总结在引理 5.52 中。

引理 5.52

令$\left(K, \left\{\overset{\wedge\!\!\wedge}{\overset{\text{conn}}{\delta_{\Phi}}}, \overset{\wedge\!\!\wedge}{\overset{\text{conn}}{\delta}}, \overset{\text{conn}}{\delta}\right\}\right)$是一个近端相关器空间，$A, B \subset K$，那么

（1）$A \overset{\overset{\wedge}{\text{conn}}}{\delta} B \Rightarrow A \overset{\text{conn}}{\delta} B$

（2）$A \overset{\overset{\wedge}{\text{conn}}}{\delta} B \Rightarrow A \overset{\overset{\wedge}{\text{conn}}}{\delta_{\Phi}} B$

证明：（1）根据公理 P5conn，$A \overset{\overset{\wedge}{\text{conn}}}{\delta_{\Phi}} B$ 表明 $A \cap B \neq \varnothing$，而 $A \cap B \neq \varnothing$表明 $A \overset{\text{conn}}{\delta} B$。根据引理 5.15，$A \overset{\text{conn}}{\delta} B$ 表明 $A \cap B \neq \varnothing$，而 $A \cap B \neq \varnothing$表明 $A\,\delta\,B$（来自切赫公理 P4）。

（2）由(1)可知，A 和 B 共有 $\text{cyc}\ x \in A$，$\text{cyc}\ y \in B$。因此，$\Phi(\text{cyc}\ x) = \Phi(\text{cyc}\ y)$，即 $A \bigcap\limits_{\Phi} B \neq \varnothing$。然后，根据描述连通性公理 P_{Φ}4conn，$A \bigcap\limits_{\Phi} B \neq \varnothing \Rightarrow A \overset{\overset{\wedge}{\text{conn}}}{\delta_{\Phi}} B$。这给出了期望的结果。 ■

例 5.53 （近端相关器空间）

设 K 是一个有限有界区域的三角剖分，由图 5.24 所示的安大略枫树[1]上的质心三角剖分表示。

图 5.24 sk$A$ 重叠骨架 sk$B$ 及 sk$A \overset{\overset{\wedge}{\text{conn}}}{\delta_{\Phi}}$ sk$B$

进一步，设 K 具有三个接近性$\left\{ \overset{\text{conn}}{\delta}, \overset{\overset{\wedge}{\text{conn}}}{\delta}, \overset{\overset{\wedge}{\text{conn}}}{\delta_{\Phi}} \right\}$。图 5.24 还显示了重叠的质心最大核聚类（MNC）MNC A、MNC B 和一对重叠重心骨架循环（MNC A 上的 sk$A$ 和 MNC B 上的 sk$B$）。边 $\overline{pq}$ 对 sk$A$、sk$B$ 是公共的。所以，可以在此三角剖分中找到以下接近值：

$$\text{int}(\text{MNC}A) \cap \text{int}(\text{MNC}B) \neq \varnothing \overbrace{\Rightarrow \text{MNC}A \overset{\text{conn}}{\delta} \text{MNC}B}^{\text{根据} \overset{\text{conn}}{\delta} \text{公理P4conn, 5.5节}}$$

1 非常感谢 Ron Enns 在 2018 年 10 月感恩节假期期间用手机拍摄的这张加拿大安大略省枫树的照片。

$$\mathrm{int}(\mathrm{MNC}A)\cap\mathrm{int}(\mathrm{MNC}B)\neq\varnothing\quad\overbrace{\Leftrightarrow\mathrm{MNC}A\ \overset{\overset{\wedge\!\!\wedge}{\text{conn}}}{\delta}\ \mathrm{MNC}B}^{\text{根据 }\overset{\overset{\wedge\!\!\wedge}{\text{conn}}}{\delta}\text{ 公理P4overlap, 5.7节}}$$

令 $\Phi(\mathrm{sk}A)=\Phi(\mathrm{sk}B)=$ 边（1-单元）细丝的数量。然后我们有

$$\Phi(\mathrm{sk}A)=\Phi(\mathrm{sk}B)\overbrace{\Rightarrow\mathrm{sk}A\underset{\Phi}{\cap}\mathrm{sk}B\neq\varnothing}^{\text{根据引理5.5.2}}$$

$$\mathrm{sk}A\cap\mathrm{sk}B=\overline{pq}\qquad\overbrace{\Rightarrow\mathrm{sk}A\ \overset{\text{conn}}{\delta}\ \mathrm{sk}B}^{\text{根据 }\overset{\text{conn}}{\delta}\text{ 公理P4conn, 5.5节}}$$

$$\mathrm{sk}A\underset{\Phi}{\cap}\mathrm{sk}B\neq\varnothing\qquad\overbrace{\Rightarrow\mathrm{sk}A\ \overset{\text{conn}}{\delta}\ \mathrm{sk}B}^{\text{根据 }\overset{\overset{\wedge\!\!\wedge}{\text{conn}}}{\delta}\text{ 公理P1dConn, 5.12节}}$$

■

令 vNrv$A$ 是涡旋神经。根据定义，vNrv$A$ 是具有非空交集的 1-循环的集族。vNrv$A$ 的边界（由 bdyvNrv$A$ 表示）是一系列连通的顶点。也就是说，对于每对顶点 $v, v'\in$ bdyvNrv$A$，都有一个边序列，从顶点 v 开始到顶点 v'结束。bdyvNrv$A$ 中没有循环。因此，bdyvNrv$A$ 定义了一条简单的闭合多边形曲线。bdyvNrv$A$ 的内部是非空的，因为 Nrv$A$ 是填充多胞形的集族。因此，根据定义，vNrv$A$ 也是一种神经形状。

定理 5.54

令 $\left(K,\left\{\overset{\overset{\wedge\!\!\wedge}{\text{conn}}}{\delta_{\Phi}},\overset{\overset{\wedge\!\!\wedge}{\text{conn}}}{\delta}\right\}\right)$ 是具有神经涡旋 vNrv$A$, vNrv$B\in K$ 的近端相关器空间。那么

（1）vNrv$A\ \overset{\overset{\wedge\!\!\wedge}{\text{conn}}}{\delta}$ vNrv$B\Rightarrow$ vNrv$A\ \overset{\overset{\wedge\!\!\wedge}{\text{conn}}}{\delta_{\Phi}}$ vNrv$B$

（2）1-循环 cyc$E\in$ vNrv$A\cap$ vNrv$B\Rightarrow$ cyc$E\in$ vNrv$A\underset{\Phi}{\cap}$ vNrv$B$

（3）1-循环 cyc$E\in$ vNrv$A\cap$ vNrv$B\Rightarrow$ cyc$E\in$ vNrv$A\ \overset{\overset{\wedge\!\!\wedge}{\text{conn}}}{\delta_{\Phi}}$ vNrv$B$

证明：

（1）直接来自引理 5.52 的第（2）部分。

（2）根据定义，vNrv$A$、vNrv$B$ 是神经形状。根据公理 P4conn 和公理 P5conn，cyc$E\in$ vNrv$A\cap$ vNrv$B$，当且仅当 vNrv$A\ \overset{\overset{\wedge\!\!\wedge}{\text{conn}}}{\delta_{\Phi}}$ vNrv$B$。因此，cyc$E$ 对 vNrv$A$、vNrv$B$ 是通用的。然后有一个循环 cyc$E\in$ Nrv$A$，其描述与循环 cyc$E\in$ vNrv$B$ 相同。令 Φ(cyc$E$)是 cyc$E$ 的描述。那么，因为 cyc$E\in$ vNrv$A\cap$ vNrv$B$，所以 Φ(cycE) $\in\Phi$(vNrv$A$) & Φ(cyc$E$) $\in\Phi$(vNrv$B$)。因此，cyc$E\in$ vNrvA $\underset{\Phi}{\cap}$ vNrv$B$。

（3）直接来自引理 5.52 的第(2)部分。 ■

5.15　资料来源和进一步阅读

接近性，1970 年以前：

Naimpally 和 Warrack [2]，很好地概述了 1970 年之前的接近空间理论。

Beer、Di Concilio、DiMaio、Naimpally、Pareek 和 Peters [1]关于 Som Naimpally 的生活和工作。

接近性，1970 年以来：

Di Concilio [8]对接近性及其在可拓理论、函数空间、超空间、布尔代数和无点几何中的实用性进行了出色的概述。

局部接近性空间：

Guadagni [19]，关于局部接近空间的最新研究。

Leader [41]，关于局部接近性的开创性工作。

描述接近性：

Di Concilio、Guadagni、Peters 和 Ramanna [34]，对描述接近性的理论和应用的相当全面的看法。

近端相关器：

Peters [42]，介绍了作为接近集族的相关器。

计算接近性：

Peters [43]，介绍了计算接近性，它结合了各种接近性和用于实现接近性的算法。

形状、光涡旋神经结构及其接近性：

Peters [44]介绍了近端涡旋循环和涡旋神经结构，包括引入了非同心、嵌套、可能重叠的同源单元复合形。这篇论文的灵感来自 Worsley 和 Peters [45]最近使用几何原理对由电子电荷导致的电子磁矩异常方面的工作。

光涡旋结以及重要的相关工作

关于光涡旋神经结构的工作与 Dennis、King、Jack、Holleran 和 Padgett [46]在孤立光涡旋结上的工作，Pike、Mackenroth、Hill 和 Rose [47]在真空空腔中的光子-光子对撞机上的工作，Worsley [48]关于谐波精华的形成和基本能量等价的方程，Worsley [49]关于谐波精华以及电子、质子和夸克质量的电荷和质量的推导有关。

单个光子代表基本量子链

设 E 是系统的总能量，h 是普朗克常数，并设 n 是单位时间内存在于量子系统中的普朗克量子（称为调和精髓量子）的数量。在此情况下，Worsly [50，p.312]介绍了以下定义的**基本能量当量**：

$$E = h\overbrace{n}^{\text{单位时间普朗克精华量子}}$$

■

关于光的精细结构的基础性重要工作

在引入光涡旋神经的基础知识中，最重要的是 Nye [32]关于光涡旋领域事件的工作：环和重新连通以及 Nye [51]关于光的自然聚焦和精细结构、焦散和错位的工作。基本上，光涡旋神经来源于光的结构、光焦散和光学突变理论。

参考文献

1. Beer, G., Di Concilio, A., Di Maio, G., Naimpally, S., Pareek, C., Peters, J.: Somashekhar Naimpally, 1931–2014. Topol. Its Appl. 188, 97–109 (2015). https://doi.org/10.1016/j.topol.2015.03.010, MR3339114
2. Naimpally, S.,Warrack, B.: Proximity Spaces. Cambridge Tract in Mathematics, vol. 59. Cambridge University Press, Cambridge (1970). X+128 pp. Paperback (2008), MR0278261
3. Riesz, F.: Stetigkeitsbegriff und abstrakte mengenlehre. Atti del IV Congresso Internazionale dei Matematici II, 182–109 (1908)
4. Naimpally, S.: Near and far. A centennial tribute to Frigyes Riesz. Sib. Electron. Math. Rep. 2, 144–153 (2009)
5. Naimpally, S.: Proximity Approach to Problems in Topology andAnalysis. OldenbourgVerlag, Munich, Germany (2009). 73 pp. ISBN 978-3-486-58917-7, MR2526304
6. Concilio, A.D.: Proximal set-open topologies on partial maps. Acta Math. Hungar. 88(3), 227–237 (2000). MR1767801
7. Concilio, A.D.: Topologizing homeomorphism groups of rim-compact spaces. Topol. Its Appl. 153(11), 1867–1885 (2006)
8. Concilio, A.D.: Proximity: A powerful tool in extension theory, functions spaces, hyperspaces, Boolean algebras and point-free geometry. In: Mynard, F. Pearl, E. (eds.) Beyond Topology. AMS Contemporary Mathematics 486, pp. 89–114. American Mathematical Society (2009)
9. Cˇ ech, E.: Topological Spaces. Wiley Ltd., London (1966); Fr seminar, Brno, 1936–1939; rev. ed. Z. Frolik, M. Katˇetov
10. Efremoviˇc, V.: The geometry of proximity I (in Russian). Mat. Sb. (N.S.) 31(73)(1), 189–200 (1952)
11. Naimpally, S.: Proximity Spaces. Cambridge University Press, Cambridge (1970). X+128 pp. ISBN 978-0-521-09183-1
12. Peters, J., Ramanna, S.: Pattern discovery with local near sets. In: R. Alarcón, P. Barceló (eds.) Proceedings of Jornadas Chilenas de Computación 2012 workshop on pattern recognition, pp.1–4. The Chilean Computing Society, Valparaiso (2012)
13. Peters, J., Naimpally, S.: Applications of near sets. Notices of the Am. Math. Soc. 59(4), 536–542 (2012). https://doi.org/10.1090/noti817, MR2951956
14. Naimpally, S., Peters, J.: Topology with Applications. Topological Spaces via Near and Far. World Scientific, Singapore (2013). Xv+277 pp. Am. Math. Soc. MR3075111
15. Di Maio, G., S.A. Naimpally, E.: Theory and Applications of Proximity, Nearness and Uniformity. Seconda Università di Napoli, Napoli, Italy (2009). 264 pp. MR1269778
16. Naimpally, S., Peters, J.,Wolski,M.: Foreword [near set theory and applications]. Math. Comput. Sci. 7(1), 1–2 (2013)

17. Smirnov, J.M.: On proximity spaces. Math. Sb. (N.S.) 31(73), 543–574 (1952). English translation: Am. Math. Soc. Trans. Ser. 2, 38, 1964, 5-35
18. Willard, S.: General Topology. Dover Publications, Inc., Mineola (1970). Xii+369 pp. ISBN: 0-486-43479-6 54-02, MR0264581
19. Guadagni, C.: Bornological convergences on local proximity spaces and ωμ-metric spaces. Ph. D. thesis, Università degli Studi di Salerno, Salerno, Italy (2015). Supervisor: A. DiConcilio, 79pp
20. Peters, J.: Computational Proximity. Excursions in the Topology of Digital Images. Intelligent Systems Reference Library, vol. 102 (2016). Xxviii+433 pp. https://doi.org/10.1007/978-3-319-30262-1, MR3727129 and Zbl 1382.68008
21. Murphy, J., MacManus, D.: Ground vortex aerodynamics under crosswind conditions. Exper. Fluids 50(1), 109–124 (2011)
22. Barata, J., N. Bernardo, P.S., Silva, A.: Experimental study of a ground vortex: the effect of the crossflow velocity. In: 49th AIAA Aerospace Sciences Meeting, pp. 1–9. AIAA (2011)
23. Silva, A., ao, D.D., Barata, J., Santos, P., Ribeiro, S.: Laser-doppler analysis of the separation zone of a ground vortex flow. In: 14th Symposium on Applications of Laser Techniques to Fluid Mechanics, Lisbon, Portugal, pp. 7–10. Universidade Beira Interior (2008)
24. P.R. Spalart M. Kh. Strelets, A.T., Slur, M.: Modeling the interaction of a vortex pair with the ground. Fluid Dyn. 36(6), 899–908 (1999)
25. Dzedolik, I.: Vortex properties of a photon flux in a dielectic waveguide. Tech. Phys. 75(1), 137–140 (2005)
26. van Leunen, H.: The hilbert book model project. Technical report, Deparment of Applied Physics, Technische Universiteit Eindhoven (2018). https://www.researchgate.net/project/The-Hilbert-Book-Model-Project
27. Litchinitser, N.: Structured light meets structured matter. Sci. New Ser. 337(6098), 1054–1055 (2012)
28. Hance, M.: Algebraic structures on nearness approximation spaces. Ph.D. thesis, University of Pennsylvania, Department of Physics and Astronomy (2015). Supervisor: H.H. Williams, vii+113 pp
29. Ahmad, M., Peters, J.: Descriptive unions. A fibre bundle characterization of the union of descriptively near sets. 1–19 (2018). arXiv:1811.11129v1
30. Cottet, G.H., Koumoutsakos, P.: Vortex methods. Theory and Practice. Cambridge University Press, Cambridge (2000). xiv+313 pp. ISBN:0-521-62186-0, MR1755095
31. Tian, S., Gao, Y., Dong, X., Liu, C.: A definition of vortex vector and vortex. 1–26 (2017). arXiv:1712.03887
32. Nye, J.: Events in fields of optical vortices: rings and reconnection. J. Opt. 18, 1–11 (2016). https://doi.org/10.1088/2040-8978/18/10/105602
33. Dudley, J., Dias, F., Erkintalo, M.,Gentry, G.: Instabilities, breathers and rogue waves in

optics. Nat. Photon. 8, 755–764 (2014). www.nature.com/naturephotonics

34. Concilio, A.D., Guadagni, C., Peters, J., Ramanna, S.: Descriptive proximities. properties and interplay between classical proximities and overlap.Math. Comput. Sci. 12(1), 91–106 (2018). MR3767897, Zbl 06972895
35. Peters, J.: Local near sets: pattern discovery in proximity spaces. Math. Comput. Sci. 7(1), 87–106 (2013). https://doi.org/10.1007/s11786-013-0143-z, MR3043920, ZBL06156991
36. Lu, J., Li, J., Yan, Z., Zhang, C.: Zero-shot learning by generating pseudo feature representations. 1–18 (2017). arXiv:1703.06389v1
37. Molina, M., Sánchez, J.: Zero-shot learning with partial attributes. In: Brito-Loeza, C., Espinosa-Romero, A. (eds.) Intelligent Computing Systems. ISICS 2018. Communications in Computer and Information Science, vol. 820, pp. 147–158. Springer Nature, Switzerland AG (2018). https://doi-org.uml.idm.oclc.org/10.1007/978-3-319-76261-6_12
38. Hariharan, B., Girshick, R.: Low-shot visual recognition by shrinking and hallucinating features. 1–10 (2016). arXiv:1606.02819v4
39. Peters, J.: Proximal relator spaces. Filomat 30(2), 469–472 (2016). https://doi.org/10.2298/FIL1602469P
40. Száz, A.: Basic tools and mild continuities in relator spaces. Acta Math. Hungar. 50(3–4), 177–201 (1987). MR0918156
41. Leader, S.: Local proximity spaces. Math. Ann. 169, 275–281 (1967)
42. Peters, J.: Proximal relator spaces. Filomat 30(2), 469–472 (2016). MR3497927
43. Peters, J.: Computational Proximity. Excursions in the Topology of Digital Images. Intelligent Systems Reference Library, vol. 102. Springer, Berlin (2016). viii+445 pp. https://doi.org/10.1007/978-3-319-30262-1
44. Peters, J.: Proximal vortex cycles and vortex nerve structures. non-concentric, nesting, possibly overlapping homology cell complexes. J. Math. Sci. Model. 1(2), 56–72 (2018). ISSN 2636-8692, www.dergipark.gov.tr/jmsm, See, also, https://arxiv.org/abs/1805.03998
45. Worsley, A., Peters, J.: Enhanced derivation of the electron magnetic moment anomaly from the electron charge using geometric principles. Appl. Phys. Res. 10(6), 1–14 (2018). http://apr.ccsenet.org
46. Dennis, M., King, R., Jack, B., Holleran, K., Padgett, M.: Isolated optical vortex knots. Nat. Phys. 6(2), 118–121 (2010). https://doi.org/10.1103/PhysRevD.81.066004
47. Pike, O., Mackenroth, F., Hill, E., Rose, S.: A photon-photon collider in a vacuum hohlraum. Nat. Photon. 8(6), 434–436 (2014). https://doi.org/10.1038/nphoton.2014.95
48. Worsley, A.: The formulation of harmonic quintessence and a fundamental energy equivalence equation. Phys. Essays 23(2), 311–319 (2010). https://doi.org/10.4006/1.3392799
49. Worsley, A.: Harmonic quintessence and the derivation of the charge and mass of the electron and the proton and quark masses. Phys. Essays 24(2), 240–253 (2011). https://doi.org/10.4006/1.3567418

50. Worsley, A.: The formulation of harmonic quintessence and a fundamental energy equivalence equation. Phys. Essays 23(2), 311–319 (2010). https://doi.org/10.4006/1.3392799, ISSN 0836-1398
51. Nye, J.: Natural Focusing and Fine Structure of Light. Caustics and Dislocations. Institute of Physics Publishing, Bristol (1999). xii+328 pp. MR1684422

第 6 章　Leader 聚类和形状类别

本章介绍 CW 复合形中常见的一些基本类型的形状类。这些形状类可用于聚类和分离三角化有限有界表面区域（例如在视觉场景中发现的区域）中的子复合形。从空间接近度 δ、$\overset{\wedge\wedge}{\delta}$、$\overset{\text{conn}}{\delta}$、$\overset{\text{conn}}{\overset{\wedge\wedge}{\delta}}$派生的空间形状类是 Leader [1]称为聚类的例子。Leader **聚类**是接近集的集族，通过查找 X 中接近 A 的所有子集 E，可从邻近空间 X 的给定成员 A 派生出来。每个**空间形状类**都是 Leader 聚类。本章考虑了 4 种类型的空间形状类。

6.1　引　　言

空间形状类是空间上接近特定形状 A 的形状 E 的集族。例如，考虑给定形状 A 在具有$\overset{\wedge\wedge}{\delta}$的接近空间 X 中的强空间接近度 $E\overset{\wedge\wedge}{\delta}A$ 由 $\mathrm{cls}_{\mathrm{shape}}^{\overset{\wedge\wedge}{\delta}}(A)$表示，定义为

$$\mathrm{cls}_{\mathrm{shape}}^{\overset{\wedge\wedge}{\delta}}(A)=\overbrace{\left\{E\subset X:E\overset{\wedge\wedge}{\delta}A\right\}}^{\text{强接近形状类}\mathrm{cls}_{\mathrm{shape}}^{\overset{\wedge\wedge}{\delta}}}$$

$\mathrm{cls}_{\mathrm{shape}}^{\overset{\wedge\wedge}{\delta}}$（$\mathrm{sk}_{\mathrm{cyclic}}\mathrm{Nrv}A$）的实例可以在诸如包含光涡旋神经 $\mathrm{sk}_{\mathrm{cyclic}}\mathrm{Nrv}A$ 的三角视频帧图像里具有接近度$\left\{\delta,\overset{\wedge\wedge}{\delta},\overset{\text{conn}}{\delta},\overset{\text{conn}}{\overset{\wedge\wedge}{\delta}}\right\}$的单元复合形 K 中找到。本章还介绍了许多形状类的描述形式，可用于探测、分析、比较和分类在分离的三角化表面区域上的单元复合形。**描述性形状类**是描述接近特定形状 A 的形状 E 的集族。例如，通过考虑给定形状 A 在具有 δ_{Φ} 的描述接近性空间 X（记为 $\mathrm{cls}_{\mathrm{shape}}^{\overset{\wedge\wedge}{\delta}}(A)$)，定义为

$$\mathrm{cls}_{\mathrm{shape}}^{\delta_{\Phi}}(A)=\overbrace{\left\{E\subset X:E\,\delta_{\Phi}A\right\}}^{\text{描述接近形状类}\mathrm{cls}_{\mathrm{shape}}^{\delta_{\Phi}}}$$

$\mathrm{cls}_{\mathrm{shape}}^{\delta_{\Phi}}(A)$的实例可以在诸如包含具有匹配描述和接近度$\left\{\delta_{\Phi},\overset{\wedge\wedge}{\delta_{\Phi}},\overset{\text{conn}}{\delta_{\Phi}},\overset{\text{conn}}{\overset{\wedge\wedge}{\delta_{\Phi}}}\right\}$的光涡旋神经的三角化视频帧图像中找到，如图 6.1 和表 6.1 所示。

表 6.1　基于接近性的形状类及它们的符号

符号	形状类	位置	应用
$\mathrm{cls}_{\mathrm{shape}}^{\delta_{\Phi}}$	δ_{Φ} 接近形状	6.5 节	应用 6.5

续表

符号	形状类	位置	应用
$\text{cls}^{\overset{\wedge\wedge}{\delta}_{\Phi}}_{\text{shape}}$	$\overset{\wedge\wedge}{\delta}_{\Phi}$接近形状	6.6 节	应用 6.11
$\text{cls}^{\overset{\wedge\wedge}{\delta}_{\Phi}}_{\text{Nrv shape}}$	$\overset{\wedge\wedge}{\delta}_{\Phi}$接近 $\text{sk}_{\text{cyclic}}\text{Nrv}$ 形状	6.7 节	应用 6.12
$\text{cls}^{\overset{\overset{\wedge\wedge}{\text{conn}}}{\delta_{\Phi}}}_{\text{shape}}$	$\overset{\overset{\wedge\wedge}{\text{conn}}}{\delta_{\Phi}}$ 接近 $\text{sk}_{\text{cyclic}}$ 涡旋形状	6.8 节	应用 6.16

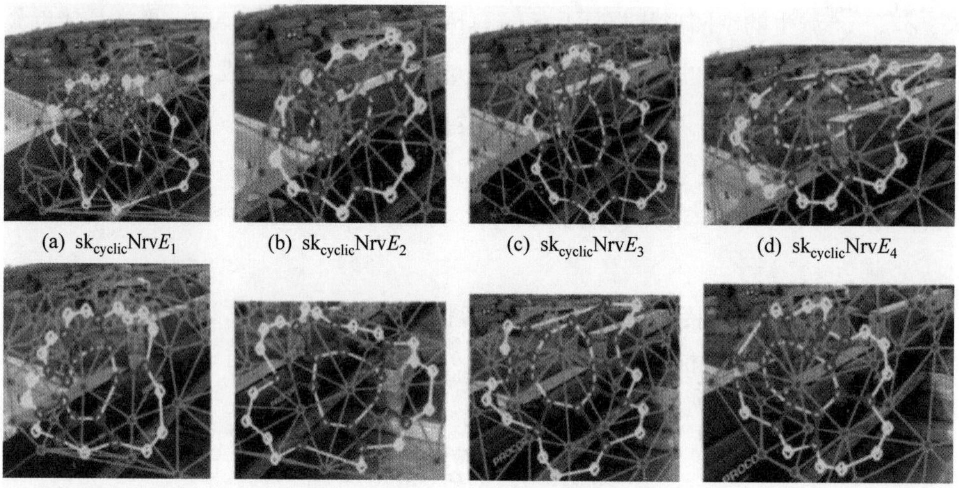

(a) $\text{sk}_{\text{cyclic}}\text{Nrv}E_1$　(b) $\text{sk}_{\text{cyclic}}\text{Nrv}E_2$　(c) $\text{sk}_{\text{cyclic}}\text{Nrv}E_3$　(d) $\text{sk}_{\text{cyclic}}\text{Nrv}E_4$

(e) $\text{sk}_{\text{cyclic}}\text{Nrv}E_1$　(f) $\text{sk}_{\text{cyclic}}\text{Nrv}E_2$　(g) $\text{sk}_{\text{cyclic}}\text{Nrv}E_3$　(h) $\text{sk}_{\text{cyclic}}\text{Nrv}E_4$

图 6.1　两个光涡旋神经形状类 $\text{cls}^{\delta_{\Phi}}_{\text{shape}}(\text{sk}_{\text{cyclic}}\text{Nrv}E_1)$和 $\text{cls}^{\delta_{\Phi}}_{\text{shape}}(\text{sk}_{\text{cyclic}}\text{Nrv}E_2)$

6.2　描述接近性

本节简要回顾一下一个集合在描述上接近另一个集合的含义。设 X 是一个非空集，令 2^X 表示集合 X 中子集的集族。在 E 是空间 X 中的非空集的情况下，我们也可以用 2^E 来表示集合 E 的非空子集的集族。描述接近性是根据实值矢量的 n-D 空间（由 R^n 表示）中的特征矢量定义的。设 $x_1,\cdots,x_i,\cdots,x_n$ 是 n 个实数。R^n 中的每个点 p 的形式为

$$\boldsymbol{p} = \overbrace{(x_1,\ \cdots,x_{i,}\ \cdots,x_n)}^{\mathbb{R}^n\text{中的矢量}} \in \mathbb{R}^n$$

在描述接近性的过程中，我们引入了所谓的探测函数 Φ: $X \to \mathrm{R}$。也就是说，让 $\Phi(E) \in \mathrm{R}^n$ 表示在接近空间 X 中非空集 E 的描述（特征矢量），令 $\Phi(A_i) \in \mathrm{R}$，$A_i \in 2^E$ 由探测函数 Φ: $2^E \to \mathrm{R}$ 定义，即 $\Phi(A_i)$是实数，是在子集 2^E 集族中的子集 A 的特征值。描述 $\Phi(A)$是一个特征矢量，定义为

$$A = \overbrace{\{A_1,\cdots,A_i,\cdots,A_n)}^{\text{子集}\boldsymbol{A}\text{的成员}}$$

$$\Phi(A) = \overbrace{(\Phi(A_1),\cdots,\Phi(A_i),\cdots,\Phi(A_n)) \in \mathbb{R}^n}^{\text{描述子集}\boldsymbol{A}\text{的特征矢量}}$$

$$\Phi(X) = \overbrace{\{A \in 2X : \Phi(A) \in \mathbb{R}^n\}}^{\text{描述空间}\boldsymbol{X}\text{的特征矢量}}$$

因此，我们现在可以定义所谓的描述性交集。设 A 和 E 是具有接近性 δ_Φ 的空间 X 中的非空子集。A 和 E 的描述性交集（由 $A \underset{\Phi}{\cap} E$ 表示）定义为

$$A \underset{\Phi}{\cap} E = \overbrace{\{p \in A \cup E : \Phi(p) \in \Phi(A) \text{ and } \Phi(p) \in \Phi(E)\}}^{\boldsymbol{A}\text{和}\boldsymbol{E}\text{的描述交集}}$$

换句话说，$A \underset{\Phi}{\cap} E$ 是 A 和 E 中具有相同描述的所有成员的集族。描述接近性关系由 δ_Φ 表示。

表达式 $A \underset{\Phi}{\cap} E$ 读作 A 在描述上接近 E，即 $\Phi(A)$（A 的描述）匹配 $\Phi(E)$（E 的描述）。在实践中，使用了描述接近性的弱化形式。让 $\text{th} > 0$ 是描述接近性的阈值。然后我们有

$$\Phi(A)，\Phi(E)\text{是描述}\boldsymbol{A},\boldsymbol{E}\text{的特征矢量}$$

$$A \underset{\Phi}{\cap} E,\text{只要} \overbrace{\|(\Phi(A) - \Phi(E)\| < \text{th}}^{\Phi(A)\text{接近}\Phi(E)}$$

$$\overbrace{\Rightarrow A\delta_\Phi E}^{\Phi(A)\text{对}\Phi(E)\text{有描述接近性}}$$

包含接近 A 的子集 E（由 $\text{cls}_{\text{shape}}^{\delta_\Phi}(A)$表示）的基于描述接近性 δ_Φ 的类定义为

$$\text{cls}_{\text{shape}}^{\delta_\Phi}(A) = \overbrace{\{E \in 2^K : A\delta_\Phi E\}}^{\text{描述性闭集类}}$$

例 6.1　（描述接近性屋顶形状）

设 X 是图 6.2(a)中表示的屋顶形状的集族，并设 x_1、x_2、x_3、x_4、x_5 是集族 X 中的屋顶形状样本。假设 X 具有描述接近性 δ_Φ。此外，请考虑以下探测函数。

屋顶颜色：$\Phi_{\text{color}}(x) \in \text{R} = X$ 中屋顶 x 的颜色强度。

屋顶边数：$\Phi_{\text{sides}}(x) \in \text{R} = X$ 中屋顶 x 的边数。

屋顶颜色和边数（对于 X 中屋顶 x）：

$$\Phi_{\text{color, sidesCount}}(x) \in \mathbb{R} \times \mathbb{R} = \overbrace{(\text{color, sidesCount})}^{\text{特征矢量}}$$

因此我们有

$$\begin{aligned}
\Phi_{\text{color}}(x_1) &= \Phi_{\text{color}}(x_2) \Rightarrow x_1\ \delta_\Phi\ x_2 \\
\Phi_{\text{color}}(x_3) &= \Phi_{\text{color}}(x_4) = \Phi_{\text{color}}(x_5) \Rightarrow \{x_1, x_2\}\ \delta_\Phi\ x_5 \\
\Phi_{\text{color}}(x_1) &= \Phi_{\text{color}}(x_2) = \Phi_{\text{color}}(x_6) = \Phi_{\text{color}}(x_7) = \Phi_{\text{color}}(x_8) \Rightarrow \{x_1, x_2, x_6, x_7\}\ \delta_\Phi\ x_8 \\
\Phi_{\text{sidesCount}}(x_1) &= \Phi_{\text{sidesCount}}(x_2) = \Phi_{\text{sidesCount}}(x_5) \Rightarrow \{x_1, x_2\}\ \delta_\Phi\ x_5 \\
\Phi_{\text{color,sidesCount}}(x_1) &= \Phi_{\text{color,sidesCount}}(x_5) = \Phi_{\text{color,sidesCount}}(x_9) \Rightarrow \{x_3, x_5\}\ \delta_\Phi\ x_9
\end{aligned}$$

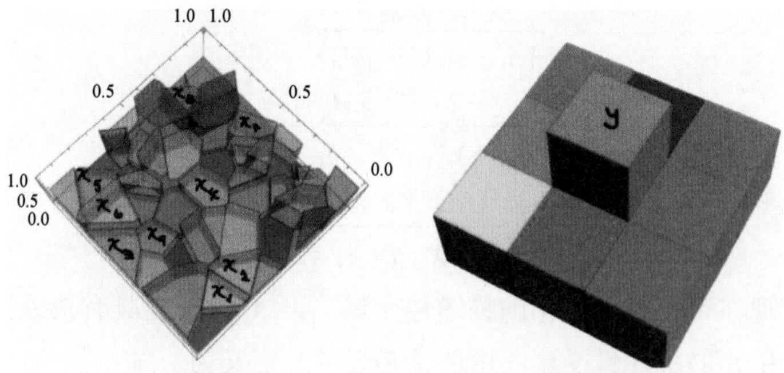

(a) 屋顶形状I (b) 屋顶形状II

图 6.2 城市屋顶形状样本

对于第一个示例，屋顶 x_1 和 x_2 具有相同的颜色，即咖啡色。对于最后一个示例，屋顶 x_3、x_5 与屋顶 x_9 具有相同的颜色和相同的边数。■

例 6.2 （空间分离，描述接近性的屋顶形状）

设 X 是图 6.2(a)中的屋顶形状的集族，如例 6.1 中所示。设具有描述接近性 δ_Φ 的屋顶的第二个集族 Y 如图 6.2(b)所示，并让 $y \in Y$ 是一个城市屋顶样本。设 rt 为 $X \cup Y$（图 6.2(a)和图 6.2(b)中屋顶的完整集族）中的一个屋顶。考虑探测函数：

$$\Phi_{\text{color, sidesCount}}(\text{rt}) \in \mathbb{R} \times \mathbb{R} = \overbrace{(\text{color, sidesCount})}^{\text{特征矢量}}$$

然后我们有

$$\begin{aligned}\Phi_{\text{color, sidesCount}}(x_3) &= \overbrace{\Phi_{\text{color, sidesCount}}(x_5) = \Phi_{\text{color, sidesCount}}(x_9)}^{\text{图}\mathbf{6.2(a)}\text{中的近端屋顶}} \\ &= \overbrace{\Phi_{\text{color, sidesCount}}(y) = \Phi_{\text{color, sidesCount}}(x_3)}^{\text{图}\mathbf{6.2(a)}\text{和图}\mathbf{6.2(b)}\text{中的近端屋顶}} \Rightarrow \overbrace{\{x_3, x_5, x_9\}\,\delta_\Phi\, y}^{\text{屋顶间的描述接近性}}\end{aligned}$$

换句话说，尽管图 6.2(a)中的屋顶 x_3、x_5、x_9 与图 6.2(b)中的屋顶 y 在空间上是分开的，但它们在描述上彼此接近。也就是说，屋顶 x_3、x_5、x_9 与屋顶 y 具有相同的颜色，并且这些屋顶的轮廓具有相同的边数。■

描述性 CW 复合形的推导

设例 6.2 中的 $X \cup Y$ 是一个单元复合形（顶点和边的集族），并令 $\Phi_{\text{colour, sidesCount}}(X \cup Y)$ 是屋顶集族的描述。由于例 6.2 中的 $\Phi_{\text{colour, sidesCount}}(x_1)$ 包括屋顶 x_1 的轮廓（其边数）和屋顶 x_1 的内部（屋顶的颜色）的描述，我们可以合理地写出

$$\begin{aligned}\Phi_{\text{color, sidesCount}}(x_1) &= \overbrace{\Phi_{\text{color, sidesCount}}(\text{cl}(x_1)) = \Phi_{\text{color, sidesCount}}(x_9)}^{\boldsymbol{x_1}\textbf{的边界和内部描述}} \\ &= \overbrace{\text{cl}_{\Phi_{\text{color, sidesCount}}}(x_1)}^{\boldsymbol{x_1}\textbf{的描述闭包}} \Rightarrow \text{cl}_{\Phi_{\text{color, sidesCount}}}(x_1) \in \Phi_{\text{color, sidesCount}}(X \cup Y)\end{aligned}$$

■

换句话说，屋顶的这种描述就是闭合单元的描述。类似地，对于图 6.2(b)中的屋顶 y，我们有

$$\Phi_{\text{color, sidesCount}}(y) = \overbrace{\Phi_{\text{color, sidesCount}}(\text{cl}(y))}^{x_1\text{的边界和内部描述}}$$

$$= \overbrace{\text{cl}_{\Phi_{\text{color, sidesCount}}}(y)}^{x_1\text{的描述闭包}} \Rightarrow \text{cl}_{\Phi_{\text{color, sidesCount}}}(y) \in \Phi_{\text{color, sidesCount}}(X \cup Y)$$

这给出了以下结果。为简单起见，设 $\Phi := \Phi_{\text{colour, sidesCount}}$。那么我们有

$$x_1 \underset{\Phi}{\cap} y \in \Phi(X \cup Y) = \{\Phi(x) : x \in X \cup Y\}$$

回想 1.24 节中对复合形的观察 1.27，对 CW 复合形的两个亚历山德罗夫-霍夫要求，即有：

TK(1)：亚历山德罗夫-霍夫单元复合形包含条件。复合形 K 中任何单元上的每个单元也在 K 中。

TK(2)：亚历山德罗夫-霍夫单元复合形交集条件。复合形 K 中两个闭合单元的交集是它们两个闭合单元上的一个闭合单元。

我们在观察 6.2 中看到，样本描述接近性满足 CW 复合形的两个亚历山德罗夫-霍夫要求。验证每个描述接近值是否也满足 CW 复合形的两个亚历山德罗夫-霍夫要求是一项简单的任务。出于这个原因，我们得出结论，例 6.2 中的 $\Phi_{\text{colour, sidesCount}}(X \cup Y)$是 CW 复合形的一种形式。因此，$\Phi_{\text{colour, sidesCount}}(X \cup Y)$是所谓的描述性 CW 复合形（由 $\Phi_{\text{colour, sidesCount}}(X \cup Y)$复合形表示）的一个示例。给定一个单元复合形 K 和描述 $\Phi(K)$，我们总能构造一个描述性的 CW 复合形（用 $\text{CW}_\Phi(\text{K})$复合形表示）。换句话说，$\text{CW}_\Phi(\text{K})$复合形是 0-单元的集族，每个顶点（0-单元）$p \in K$ 都有一个由特征矢量 $\Phi(p)$提供的描述。

习题 6.3

给出描述性 CW 复合形的包含和相交条件。■

习题 6.4

给出一个描述性 CW 复合形的例子。对于这个示例，请说明描述性 CW 复合形的包含和相交条件得到满足。■

习题 6.5

在三角化视频帧图像序列上推导出 CW 复合形和描述性 CW 复合形。换句话说，请执行以下操作：

（1）给出可用于描述三角化视频帧图像中形状的特征矢量的探测函数。例如，根据 $\Phi_1(\text{sk}_{\text{cyclic}}\text{Nrv}E) =$ 面积和 $\Phi_2(\text{sk}_{\text{cyclic}}\text{Nrv}E) = \text{sk}_{\text{cyclic}}\text{Nrv}E$ 中最里面的循环骨架的边数来描述每个视频帧图像中最大核聚类（MNC）三角形重心上的光涡旋神经 $\text{sk}_{\text{cyclic}}\text{Nrv}E$，给出一个特征矢量

$$\Phi(\text{sk}_{\text{cyclic}}\text{Nrv}E) = \overbrace{[\Phi_1(\text{sk}_{\text{cyclic}}\text{Nrv}E), \Phi_2(\text{sk}_{\text{cyclic}}\text{Nrv}E)]}^{\text{视频帧}\mathbf{sk_{cyclic}Nrv}\boldsymbol{E}\text{特征矢量}}$$

（2）对于这个示例，说明满足描述性 CW 复合形的包含和相交条件。■

6.3　尖端细丝矢量之间的夹角

本节简要介绍代表尖端细丝顶点的矢量之间的角度。回想一下，**矢量空间**是可以相加或乘以数字的对象的集族。一个强烈推荐、详细介绍矢量空间的介绍可参见 Gellert、Küstner、Hellwich 和 Kästner [2，17.3 节，从 p.362 开始]。这里的对象是二元组，它们是欧氏平面中点的坐标。例如，在欧氏平面中，**尖端顶点**就是矢量 $\boldsymbol{p}$ 的一个例子，用(x, y)表示，即 $\boldsymbol{p}$ 的水平和垂直坐标。对尖端细丝矢量之间角度的兴趣源于视觉场景表面反射光的路径中的尖端细丝的视图。有关尖端细丝作为单元复合形（源自对表面孔质心的种子点的三角剖分中发现的三角形的重心）上表面形状的孔之间反射光通路的更多信息，请参阅 4.12 节。

设 $\boldsymbol{p}(x, y)$和 $\boldsymbol{q}(x, y)$是一对矢量。矢量之间的角度是根据矢量之间的点积与每个矢量的范数的乘积之比来定义的。$\boldsymbol{p}$ 和 $\boldsymbol{q}$ 之间的**内积**（用 $\boldsymbol{p}\bullet\boldsymbol{q}$ 表示，也称为**点积**）定义为

$$\boldsymbol{p}\bullet\boldsymbol{q}=\overbrace{(x,y)\bullet(x',y')=(xx'+yy')}^{\text{点积}}$$

矢量 $\boldsymbol{p}$ 的**范数**（由$\|\boldsymbol{p}\|$表示），特别是 L_2 范数，定义为

$$\|\boldsymbol{p}\|=\|\boldsymbol{p}\|_2=\overbrace{\sqrt{x^2+y^2}}^{\text{矢量}\boldsymbol{p}\text{的范数}}$$

$$\|\boldsymbol{q}\|=\|\boldsymbol{q}\|_2=\overbrace{\sqrt{x'^2+y'^2}}^{\text{矢量}\boldsymbol{q}\text{的范数}}$$

矢量对 $\boldsymbol{p}$ 和 $\boldsymbol{q}$ 之间的角度θ定义为

$$\theta=\overbrace{\arccos\left[\frac{\boldsymbol{p}\bullet\boldsymbol{q}}{\|\boldsymbol{p}\|\times\|\boldsymbol{q}\|}\right]}^{\text{矢量}\boldsymbol{p}\text{和}\boldsymbol{q}\text{之间的角度}\boldsymbol{\theta}}$$

例 6.6　（尖端细丝矢量之间的采样角度）

尖端细丝矢量 $\boldsymbol{p}$ 和 $\boldsymbol{q}$ 之间的角度θ表示在图 6.3 中。在这种情况下，我们有

$$\boldsymbol{p}\bullet\boldsymbol{q}=3\times5+5\times3=30$$

$$\|\boldsymbol{p}\|\times\|\boldsymbol{q}\|=5.83095\times5.83095=34$$

$$\theta=\overbrace{\arccos\left[\frac{\boldsymbol{p}\bullet\boldsymbol{q}}{\|\boldsymbol{p}\|\times\|\boldsymbol{q}\|}\right]}^{\text{尖端细丝矢量}\boldsymbol{p}\text{和}\boldsymbol{q}\text{之间的角度}\boldsymbol{\theta}}=\arccos\left[\frac{30}{34}\right]=0.489957(\text{弧度})=28.0725°(\text{角度})$$

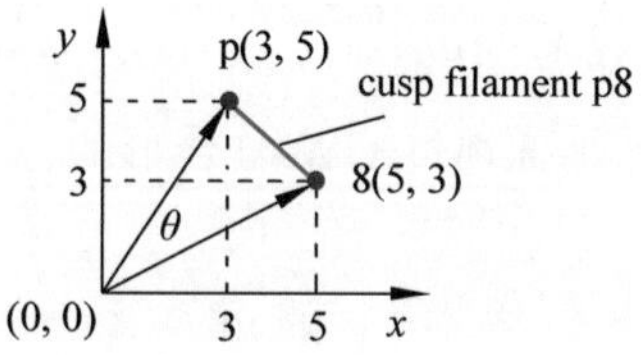

图 6.3　尖端细丝之间的夹角

■

习题 6.7

使用 MATLAB 执行下列步骤：

（1）选择需要离线处理的视频 V。

（2）对视频 V 中的每一帧进行三角剖分。这将在视频 V 的每一帧上产生一个单元复合形。

（3）在每一帧上找到一个 MNC。如果一帧中有多个 MNC，则随机选择其中一个 MNC。

（4）在每个视频帧图像中三角形的 MNC 重心上找到一个光涡旋神经 $\mathrm{sk_{cyclic}Nrv}E$。

（5）在每个视频帧图像上显示 $\mathrm{sk_{cyclic}Nrv}E$。

（6）在 $\mathrm{sk_{cyclic}Nrv}E$ 中找到每个尖端细丝的端点之间的角度。

（7）求 $\mathrm{sk_{cyclic}Nrv}E$ 中尖端细丝端点之间的平均角度。

（8）用直方图显示 $\mathrm{sk_{cyclic}Nrv}E$ 中每对尖端细丝之间的角度。

（9）对两个不同的视频重复步骤（1）。 ■

6.4　尖端细丝的重要性

回忆 4.11 节中的观察，**尖端细丝**是 1-单元，它是连通在循环骨架 $\mathrm{sk_{cyclic}}E_0$ 上的重心和循环骨架 $\mathrm{sk_{cyclic}}E_1$ 上最近的重心之间的边缘，沿着最大亚历山德罗夫神经复合形 $\mathrm{Nrv}E$ 的边界而发现。换句话说，我们在 $\mathrm{Nrv}E$ 上的三角形▲A 的重心 b 和与三角形 A 相邻的三角形▲A'的重心 b'之间附加一条边，以获得一个 1-单元，表示为

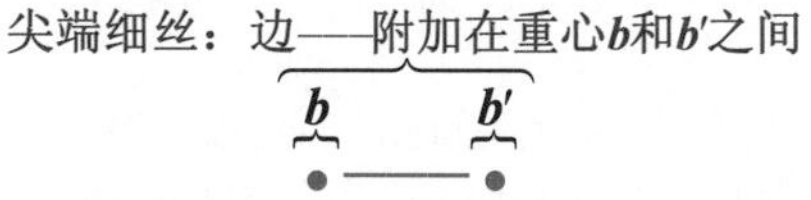
尖端细丝：边——附加在重心b和b'之间
b
b'

尖端细丝很重要，不仅因为它们类似于相机捕获的视觉场景中的光尖端，还因为尖端细丝是表征复杂结构（如光涡旋神经）的最简单结构之一。在本节中，我们关注尖端细丝顶点之间的角度。

6.5　基于描述接近性的形状类

本节简要介绍一个基于 δ_Φ 的形状类示例（由 $\mathrm{cls}_{\mathrm{shape}}^{\delta_\Phi}$ 表示）。

例如，设 A 和 E 为一对骰子，$\Phi(A)$为骰子 A 的颜色。同理，设 $\Phi(E)$为骰子 E 的颜色。则 $A \underset{\Phi}{\cap} E$ 为骰子 E 和骰子 A 的颜色相同的集族。

例 6.8　（三个基于 δ_Φ 的骰子类别）

设 K 是一组骰子，如图 6.4 所示，具有接近性 δ_Φ，而设 $\Phi(d)$是骰子 d 的颜色。令 2^K 是 K 中的子集族，其中 d、$E \in 2^K$ 用于单元素集 d 和 2^K 中的子集 E。在这种情况下，$\mathrm{cls}_{\mathrm{shape}}^{\delta_\Phi}(d)$ 是与骰子 d 颜色相同的骰子的集合，由描述性交集 $d \underset{\Phi}{\cap} E$ 定义。请注意，骰子 d 包含在彩色骰子类 $\mathrm{cls}_{\mathrm{shape}}^{\delta_\Phi}(d)$中。设 w、g、o 分别为白色、绿色、橙色的骰子。然后可以从 2^K 导出以下基于 δ_Φ 的类。

白色骰子类：设 w 为 2^K 中的白色骰子。那么有

白色骰子类的成员

$\mathrm{cls}^{\delta_\varphi}_{\mathrm{shape}}(w)=$ 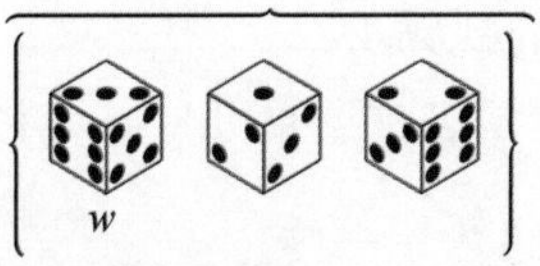

绿色骰子类：设 g 为 2^K 中的绿色骰子。那么有

绿色骰子类的成员

$\mathrm{cls}^{\delta_\varphi}_{\mathrm{shape}}(g)=$ 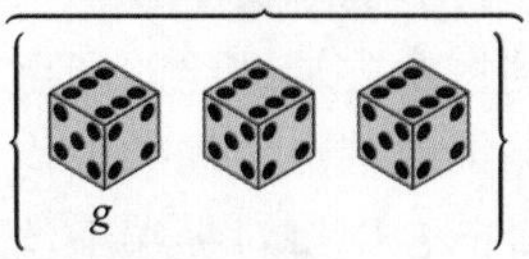

橙色骰子类：设 o 为 2^K 中的橙色骰子。那么有

橙色骰子类的成员

$\mathrm{cls}^{\delta_\varphi}_{\mathrm{shape}}(o)=$ 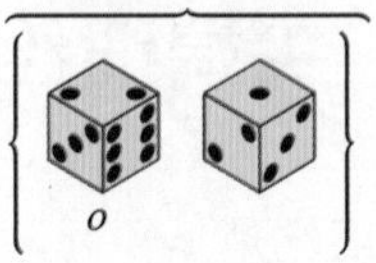

图 6.4　掷出骰子的集族 ■

两个非空集在描述上接近当且仅当它们的描述交集是非空的，或者等价地，当且仅当它们的描述性相交。描述性相交的引入导致了新的接近形式（参阅[3，3 节，p.90]，[4，3 节]）。设 X 是一个非空集，A 和 B 是 X 的非空子集，并设 Φ：$X \to \mathrm{R}^n$ 是一个探测器。那么

$$\overbrace{A\delta_\Phi B \Leftrightarrow \Phi(A)\cap\Phi(B)\neq\varnothing}^{\textbf{A和B的描述性交集}}$$

例 6.9 （**视频帧图像上两个基于 δ_Φ 的光神经类**）

在这个例子中，我们假设每个光涡旋神经由一对嵌套的环状细丝骨架组成，这些骨架通过尖端细丝相互连通，因此每个尖端细丝都类似于咖啡杯焦散中的尖端（有关咖啡杯焦散的详细信息，见 4.11 节）。回忆定理 4.26，由 k 个尖端细丝相互连通的一对嵌套循环细丝骨架定义的光涡旋神经的贝蒂数是 $k+2$。

令 $\Phi(\mathrm{sk}_{\mathrm{cyclic}}\mathrm{Nrv}A)$等于光涡旋神经 $\mathrm{sk}_{\mathrm{cyclic}}\mathrm{Nrv}A$ 的自由阿贝尔群 G 表示的贝蒂数。设 $B(G)$表示自由阿贝尔群 G 的贝蒂数。回想 4.11 节的观察，**尖端细丝**是光涡旋神经中一对嵌套循环骨架之间的（1-循环）连接边。此外，回想光涡旋神经的自由阿贝尔群表示的贝蒂数是神经中尖端细丝的计数再加 2。图 6.1 显示了视频帧图像中两个基于 δ_Φ 的视神经类别，即：

基于 δ_Φ 的类别，贝蒂数 $=9+2$

贝蒂数 = 11 的光涡旋神经

$$\mathrm{cls}^{\delta_\Phi}_{\mathrm{shape}}(\mathrm{sk}_{\mathrm{cyclic}}\mathrm{Nrv}E_1)=\overbrace{\mathrm{sk}_{\mathrm{cyclic}}\mathrm{Nrv}E_1,\ \mathrm{sk}_{\mathrm{cyclic}}\mathrm{Nrv}E_8}^{\text{贝蒂数}B(\mathbf{sk}_{\mathbf{cyclic}}\mathbf{Nrv}E_1)=9+2}$$

$$=\Bigg\{$$ 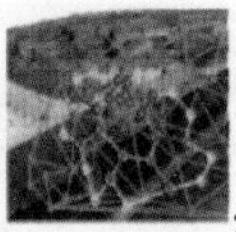, 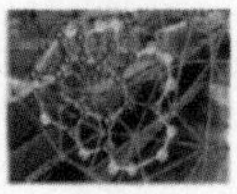 $$\Bigg\}.$$

也就是说，该类中的每个光涡旋神经都有 9 根尖端细丝（用•—•表示），从而得到一个贝蒂数等于 9 + 2 的阿贝尔自由群表示。

基于 δ_Φ 的类别，贝蒂数 $=8+2$

贝蒂数 = 10 的光涡旋神经

$$\mathrm{cls}^{\delta_\Phi}_{\mathrm{shape}}(\mathrm{sk}_{\mathrm{cyclic}}\mathrm{Nrv}E_2)=\overbrace{\mathrm{Nrv}E_2,\mathrm{Nrv}E_3,\mathrm{Nrv}E_4,\mathrm{Nrv}E_5}^{\text{类的4个成员}}\cup\overbrace{\mathrm{Nrv}E_6,\mathrm{Nrv}E_7}^{\text{该类的另2个成员}}$$

换句话说，我们有

$$\mathrm{cls}^{\delta_\varphi}_{\mathrm{shape}}(\mathrm{sk}_{\mathrm{cyclic}}\mathrm{Nrv}E_2)=\Bigg\{$$ , 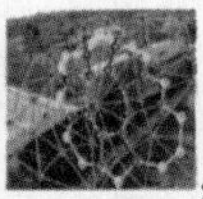, 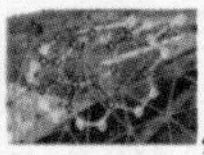, 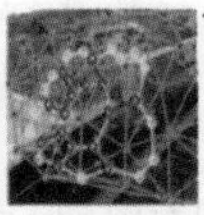 $$\Bigg\}$$

$$=\cup\Bigg\{$$ , 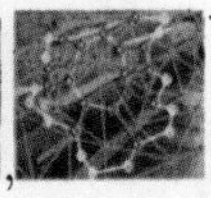 $$\Bigg\}.$$

也就是说，这个描述接近性类中的每个光涡旋神经都有 8 个尖端细丝（再次用 •—• 表示），得到一个贝蒂数等于 8 + 2 的阿贝尔自由群表示。■

使用接近性导出其他形式的描述性形状类 $\hat{\hat{\delta}}_\Phi$、$\overset{\mathrm{conn}}{\delta_\Phi}$ 和 $\overset{\mathrm{conn}}{\hat{\hat{\delta}}_\Phi}$。

应用：对物理对象形状进行分类的描述接近性 ☕

描述性方法已被证明在使用所谓的斐波那契链根据衍射图案对诸如准晶体之类的物理对象的形状进行分类时很有用（参见 Dareau、Levy、Aguilera、Bouganne、Akkermans、Gerbier 和 Beugnon [5]）。这让人想起此处介绍的贝蒂数在将光涡旋神经归档放入基于 δ_Φ 的类别中的应用，贝蒂数已被发现在费米[6]的归档单元循环和知识提取中很有用。另参见费米[7]。在这两种情况下（我们的和费米的），这样的类为关于近端涡旋循环和神经的知识提取提供了基础。■

构建基于 δ_Φ 的类的一个强大的有益副作用是可以轻松地计算类对象形状的持久性。例如，每当类 $\mathrm{cls}^{\delta_\Phi}_{\mathrm{shape}}(\mathrm{sk}_{\mathrm{cyclic}}\mathrm{Nrv}E)$ 中的光涡旋神经 A 的贝蒂数发生变化时，该神经形状无法持续存在并失去其在类中的成员资格。实际上，焦点从神经形状转移到了它们的贝蒂数，后者更易于跟踪。另参见 Baikov、Gilmanov、Taimanov 和 Yakovlev [8]。更重要的是，拓扑类的构建会导致尺寸减小的问题（例如，参见 Pellikka、Suuriniemi 和 Kettunen [9，3.1 节，p.5]）。

6.6 用强描述性形状类别精确确定形状内部的重要性

在本节中，我们考虑一种构建基于 $\overset{\wedge\wedge}{\delta}_{\Phi}$ 的类的方法，该方法基于形状内部的亲和力将形状归档为类。 一般来说，**基于 $\overset{\wedge\wedge}{\delta}_{\Phi}$ 的形状类**（由 $\text{cls}_{\text{shape}}^{\overset{\wedge\wedge}{\delta}}$ 表示）是具有匹配特征的内部形状的集族。这项工作的重点是强描述接近性 $\overset{\wedge\wedge}{\delta}_{\Phi}$ 形状类的构造，这简化为检查特定对象形状的内部特征是否与已知形状类的代表的内部特征相匹配。形状内部的重要性由 $\overset{\wedge\wedge}{\delta}_{\Phi}$ 接近度确定。

6.6.1 构造强描述接近性类别的步骤

在本节中，算法 12 给出了构建在三角化视频帧图像形状中发现的一类最大亚历山德罗夫神经形状的步骤。这类形状很重要，因为它隔离了那些具有内部结构的最大核聚类（MNC）形状匹配的描述。这种形式的亚历山德罗夫神经形状是多种神经形式的基础，例如光涡旋神经形状和光尖端神经形状。

算法 12：构建强描述接近性亚历山德罗夫神经形状类

Input : Visual Scene video scv

Output: Shape class $\text{cls}_{shape}^{\overset{\wedge\wedge}{\delta}_{\Phi}} E$

/* Make a copy of the video scv.*/ ;

$scv' := scv$;

Frame Selection Step: *Select frame $img \in scv'$ Let S be a set of centroids on the holes on frame $img \in scv'$*;

Triangulation Step: *Triangulate centroids in $S \in img$ to produce cell complex K'*;

MNC Step: *Find maximal nucleus cluster MNC $NrvH$ on K'*;

Class representative Step: $shE := NrvH$;

Shape Features Selection Step: *Select* $\Phi(shE)$;

/* Equip scv, scv' with proximity $\overset{\wedge\wedge}{\delta}_{\Phi}$ defined on feature vector $\Phi(\text{sh}E)$,*/ ;

Class initialization Step: $cls_{shape}^{\overset{\wedge\wedge}{\delta}_{\Phi}} E := cls_{shape}^{\overset{\wedge\wedge}{\delta}_{\Phi}} E \cup shE$;

/* Delete frame img from scv' (copy of scv), i.e.,*/ ;

$scv' := scv' \setminus img$;

$continue := True$;

while *($scv' \neq \emptyset$ and continue)* **do**

  Select new frame $img' \in scv'$;

  New Triangulation Step *triangulate on centroids in $S' \in img'$ to produce cell complex K*;

  New MNC Step: *Find maximal nucleus cluster MNC $NrvH'$ on K*;

  Shape Assignment Step: $shE' := NrvH'$;

  /* Check if the description of the interior of the new shape shE' matches the description of the interior of the representative shape sh$E$*/ ;

if $(shE\ \overset{\wedge\wedge}{\delta}_{\Phi}\ shE')$ **then**

  Class Construction Step: $cls_{shape}^{\overset{\wedge\wedge}{\delta}_{\Phi}}E := cls_{shape}^{\overset{\wedge\wedge}{\delta}_{\Phi}}E \cup shE'$;

if $(scv' \neq \varnothing)$ **then**

  ; /* Delete frame img' from scv', i.e.,*/ ;

  $scv' := scv' \setminus img'$;

else

  $continue := False$;

/* This completes the construction of a nerve shape class $\text{cls}_{shape}^{\overset{\wedge\wedge}{\delta}_{\Phi}}E$.*/ ;

6.6.2 重新讨论强描述接近性公理

设 K 是由有限有界平面区域的三角剖分产生的 CW 复合形。K 中的子复合形的集族用 2^K 表示。假设 2^K 具有接近性 δ_{Φ}。令 E 为 2^K 中的一个子复合形。那么包含形状 E 的基于 $\overset{\wedge\wedge}{\delta}_{\Phi}$ 的类由 $\text{cls}_{\text{shape}}^{\overset{\wedge\wedge}{\delta}}E$ 表示。

在强描述性形状类的准备阶段，回想一下 Peters [10，4.3.4 节，pp.122-123]关于一对非空集彼此具有很强的描述接近性意味着什么的观点。

定义 6.10

设 X 是一个非空集，子集 A、B、$C \in 2^X$，$x \in X$。另外，让 snd 是强描述接近性的缩写。2^X 上的关系 $\overset{\wedge\wedge}{\delta}_{\Phi}$ 指示一个**强描述接近性**，只要它满足以下公理。

(sndN0)：$\varnothing\ \overset{\wedge\wedge}{\not\delta}_{\Phi}\ A$，$\forall A \in 2^X$，$A\ \overset{\wedge\wedge}{\delta}_{\Phi}\ X$。

(sndN1)：$A\ \overset{\wedge\wedge}{\delta}_{\Phi}\ B \Leftrightarrow B\ \overset{\wedge\wedge}{\delta}_{\Phi}\ A$。

(sndN2)：$A\ \overset{\wedge\wedge}{\delta}_{\Phi}\ B \Rightarrow A \underset{\Phi}{\cap} B$。

(sndN3)：如果$\{B_i\}_{i\in I}$是 X 的任意子集族，且对于某些 $i^* \in I$，$A\ \overset{\wedge\wedge}{\delta}_{\Phi}\ B_{i^*}$，使得 $\text{int}(B_{i^*}) = \varnothing$。

(sndN4)：$\text{int}A \underset{\Phi}{\cap} \text{int}B \neq \varnothing \Rightarrow A\ \overset{\wedge\wedge}{\delta}_{\Phi}\ B$。 ■

当我们写 $A\ \overset{\wedge\wedge}{\delta}_{\Phi}\ B$ 时，我们读作 A 是 snd B，即 A 和 B 具有强描述接近性。记号 $A\ \overset{\wedge\wedge}{\not\delta}_{\Phi}\ B$ 读作 A 并不强描述性地接近 B。对于每个强描述接近性，我们做出两个额外的假设。

(sndN5)：$\Phi(x) \in \Phi(\text{int}(A)) \Rightarrow x\ \overset{\wedge\wedge}{\delta}_{\Phi}\ A$。

(sndN6)：$\{x\}\ \overset{\wedge\wedge}{\delta}_{\Phi}\{y\} \Leftrightarrow \Phi(x) = \Phi(y)$。 ■

对于一个子集 2^K 的集族，我们需要检查的是公理（sndN4），在考虑 2^K 中的子集 A 是否是类 $\text{cls}_{\text{shape}}^{\delta_{\Phi}}\ E$ 的成员时，我们需要检查是否有

$$\text{int}\,A \underset{\Phi}{\cap} \text{int}\,E \neq \varnothing \Rightarrow \overbrace{A\ \overset{\wedge\wedge}{\delta}_{\Phi}\ E}^{\textbf{A和E的内部有匹配的描述}}$$

例 6.11

一对三角剖分内部的循环骨架如图 6.5 所示。加拿大安大略秋季枫树的三角剖分如

图 6.5(a)所示（称为 T）。LG&TBQ 会议公告[1]的三角剖分如图 6.5(b)所示（称为 T'）。令 $\Phi(T)$ 等于在 T 上绘制的至少一个循环骨架中的顶点数。三角剖分 T 包含一对循环骨架，即 sk$A$ 和 sk$B$。类似地，令 $\Phi(T')$等于在 T'上绘制的至少一个循环骨架中的顶点数，这里包含一个循环骨架 sk$E$。然后我们有

$$\Phi(\operatorname{int} T) = \Phi(\operatorname{int} T') = \overbrace{6}^{\text{每个三角剖分骨架有6个顶点}}$$

那么我们可以写出

$$\operatorname{int} T \underset{\Phi}{\cap} = \operatorname{int} T' \neq \emptyset \Rightarrow \overbrace{T \, \hat{\hat{\hat{\delta}}}_{\Phi} \, T'}^{T\text{和}T'\text{内部的匹配描述}}$$

(a) 枫树三角剖分的内部　(b) LG&TBQ三角剖分的内部

图 6.5　三角剖分内部具有匹配描述的一对骨架

因此，这是一类基于 $\hat{\hat{\hat{\delta}}}_{\Phi}$ 的三角剖分内部类的开始，即：

■

$$\operatorname{cls} \underset{\text{shape}}{\hat{\hat{\hat{\delta}}}_{\Phi}} (T) = \{T, T'\}$$

6.7　光涡旋神经形状类别

本节介绍一对基于 $\hat{\hat{\hat{\delta}}}_{\Phi}$ 的光涡旋神经类（由 $\operatorname{cls}_{\text{Nrvshape}}^{\hat{\hat{\hat{\delta}}}_{\Phi}}$ 表示）。首先，我们需要选择想要考虑的光涡旋神经的特征。让 $\text{sk}_{\text{cyclic}}\text{Nrv}E$ 是一个光涡旋神经，让 filament$A$ 是 $\text{sk}_{\text{cyclic}}\text{Nrv}E$ 上的尖端细丝。为简单起见，我们只考虑两个特征，即

贝蒂数：$\Phi_1(\text{sk}_{\text{cyclic}}\text{Nrv}E) =$ 神经的贝蒂数。

神经尖端特征：

$$\Phi_2(\text{sk}_{\text{cyclic}}\text{Nrv}E) = \begin{cases} 1, & \text{有尖端细丝在绿色斑块上} \\ 0, & \text{其他} \end{cases}$$

令 $\boldsymbol{\Phi}(\text{sk}_{\text{cyclic}}\text{Nrv}E)$为特征矢量：

1　非常感谢 Talia Fernos [11]发布此 LG&TBQ（几何、拓扑和动力学会议）公告。

$$\boldsymbol{\Phi}\left(\mathrm{sk_{cyclic}Nrv}E\right)=\overbrace{\Phi_1\left(\mathrm{sk_{cyclic}Nrv}E\right),\Phi_2\left(\mathrm{sk_{cyclic}Nrv}E\right)}^{\text{描述神经}\mathrm{sk_{cyclic}Nrv}E\text{的特征矢量}}$$

描述光涡旋神经并为以下定义的强描述性接近神经类提供基础：

$$\mathrm{cls}\,\underset{\mathrm{Nrvshape}}{\overset{\wedge\!\!\wedge}{\delta}_{\Phi}}\left(\mathrm{sk_{cyclic}Nrv}E\right)=\overbrace{\mathrm{sk_{cyclic}Nrv}E':\mathrm{sk_{cyclic}Nrv}E\ \overset{\wedge\!\!\wedge}{\delta}_{\Phi}\ \mathrm{sk_{cyclic}Nrv}E'}^{\text{光涡旋神经的强描述接近性类别}}$$

例 6.12　（两种基于$\overset{\wedge\!\!\wedge}{\delta}_{\Phi}$的涡旋神经）

设 K 是一幅三角化的 Granata 绘画[1]，如图 6.6(a)所示，具有接近性$\overset{\wedge\!\!\wedge}{\delta}_{\Phi}$。设 $\mathrm{sk_{cyclic}Nrv}E$ 和 $\mathrm{sk_{cyclic}Nrv}E'$分别为图 6.6(b)和图 6.6(c)所示的光涡旋神经。

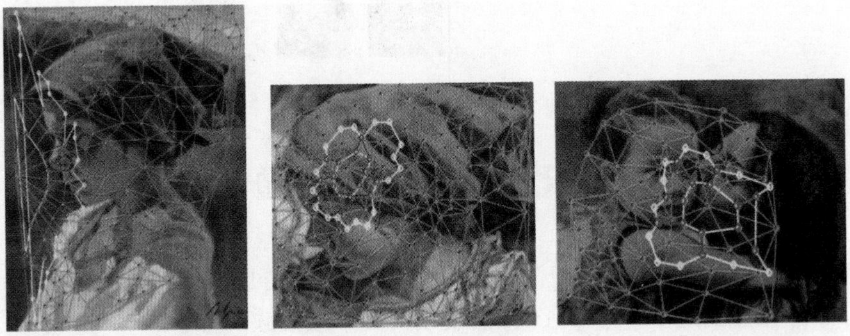

(a) 面部轮廓上的光涡旋神经　(b) 女孩额头上的光涡旋神经　(c) 一对脸上的光涡旋神经

图 6.6　强描述性接近类中的光涡旋神经

此外，对于光涡旋神经 E，令

$$\boldsymbol{\Phi}(E)=\overbrace{\Phi_1(E),\Phi_2(E)}^{\text{描述神经}E\text{的特征矢量}}$$

回想一下 4.13 节中的定理 4.26。光涡旋神经的贝蒂数等于神经尖端细丝数加 2。然后观察

$$\boldsymbol{\Phi}\left(\mathrm{sk_{cyclic}Nrv}E\right)=\overbrace{[\Phi_1(\mathrm{sk_{cyclic}Nrv}E),\Phi_2(\mathrm{sk_{cyclic}Nrv}E)]=(9,1)}^{\text{神经}\mathrm{sk_{cyclic}Nrv}E\text{的描述}}$$

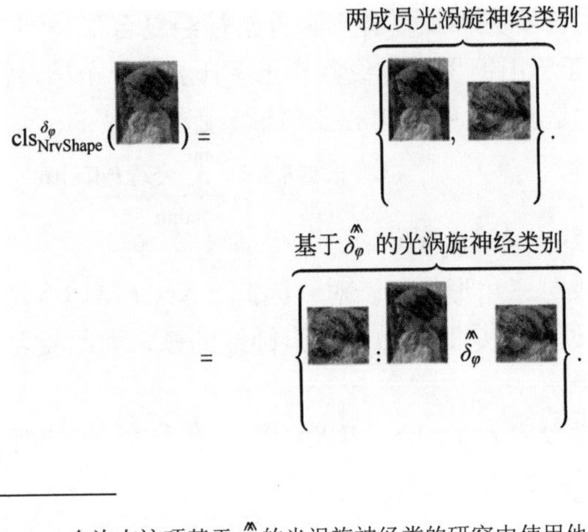
两成员光涡旋神经类别
cls
NrvShape
基于 的光涡旋神经类别

1　非常感谢 Alessandro Granata 允许在这项基于$\overset{\wedge\!\!\wedge}{\delta}_{\Phi}$的光涡旋神经类的研究中使用他的画作。此外，非常感谢 M.Z. Ahmad 提供用于在三角化数字图像上查找光涡旋神经的 MATLAB 脚本。

第二个基于$\hat{\hat{\delta}}_\Phi$的光涡旋神经类出现在图 6.6 中的 Granata 绘画集族中。要看到这一点，请观察

$$\Phi\left(\text{sk}_{\text{cyclic}}\text{Nrv}E'\right)=\overbrace{[\Phi_1(\text{sk}_{\text{cyclic}}\text{Nrv}E'),\Phi_2(\text{sk}_{\text{cyclic}}\text{Nrv}E')]=(8,0)}^{\text{神经sk}_{\text{cyclic}}\text{Nrv}E'\text{的描述}}$$

单成员光涡旋神经类别

$\text{cls}^{\delta\varphi}_{\text{NrvShape}}($  $)=$ $\{$  $\}$. ■

基于$\hat{\hat{\delta}}_\varphi$的光涡旋神经类别

$=\{$  :  $\hat{\hat{\delta}}_\varphi$  $\}$.

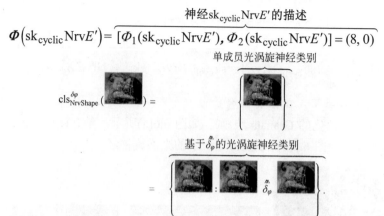

6.8 源自骨架和涡旋神经的连通性接近形状类

本节介绍涡旋循环形状和涡旋神经形状的 CW 拓扑（同源）形状类的构造。CW 复合形 K 上的 **CW 拓扑类**是复合形 $2^E \subset K$ 的集族，其中该集族的每个成员与特定复合形 A 的接近度为 $\overset{\text{conn}}{\delta}$ （由 $\text{cls}^{\overset{\text{conn}}{\delta}}_{\text{shape}}(A)$表示），定义为

$$\text{cls}^{\overset{\text{conn}}{\delta}}_{\text{shape}}(A)=\overbrace{\left\{E\in 2^K : A\ \overset{\text{conn}}{\delta}\ E\right\}}^{\text{连通复合形的类}}$$

可以使一个复合形具有一个以上的接近性，即一族接近性，称为**近端相关器**。

例 6.13 （**基于 $\overset{\text{conn}}{\delta}$ 的类**）

设 K 是具有接近性$\{\overset{\text{conn}}{\delta},\overset{\text{conn}}{\hat{\hat{\delta}}},\overset{\text{conn}}{\hat{\hat{\delta}}_\Phi}\}$的三角化有限有界区域上的复合形，设 Nrv$A$ 和 skNrv$B$ 是 K 上的亚历山德罗夫神经复合形和骨架神经复合形，那么 K 中会出现以下类。

亚历山德罗夫类：亚历山德罗夫神经复合形 Nrv$A$ 有一个核，它是 Nrv$A$ 中三角形共有的顶点 p。令▲A 和▲A'是 Nrv$A$ 中的实心三角形。那么

$$\blacktriangle A\cap\blacktriangle A'=p\quad \overbrace{\Rightarrow \blacktriangle A\ \overset{\text{conn}}{\delta}\ \blacktriangle A'}^{\text{根据5.5节，}\overset{\text{conn}}{\delta}\text{ 公理P4conn}}$$

这适用于 Nrv$A$ 中成对三角形的每一对。因此，Nrv$A$ 是包含近端三角形的亚历山德罗夫类。由于 K 中的每个顶点都是亚历山德罗夫神经的核，因此复合形 K 是亚历山德罗夫聚类的集族。

骨架神经类：骨架神经复合形 skNrv$B$ 是一族具有非空交点的骨架集合。令 sk$B$ 和 skB'是 skNrv$B$ 中的一对骨架。那么

$$\mathrm{sk}B \cap \mathrm{sk}B'=p \quad \overbrace{\Rightarrow \mathrm{sk}B \overset{\text{conn}}{\delta} \mathrm{sk}B'}^{\text{根据5.5节，}\overset{\text{conn}}{\delta}\text{公理P4conn}}$$
■

引理 6.14

设 K 是有限单元复合形 K 上的有限骨架的非空集族，K 是一个豪斯道夫空间，它具有接近性 $\overset{\text{conn}}{\delta}$ 。从$(K, \overset{\text{conn}}{\delta})$对可以构建怀特黑德（Whitehead）闭包有限弱（CW）拓扑。

证明：根据引理 5.16，$(K, \overset{\text{conn}}{\delta})$是连通性接近空间。令 sk$A$ 和 sk$B$ 是有限单元复合形 K 中的骨架。闭包 cl(sk$A$)是有限的，包括 sk$A$ 边界 bdy(sk$A$)和内部 bdy(sk$A$)上的连通顶点。由于 K 是有限的，cl(sk$A$)只与 K 中有限数量的其他骨架相交。交集 $\mathrm{sk}A \cap \mathrm{sk}B \neq \varnothing$本身就是一个有限骨架，它可以是单个顶点，也可以是 sk$A$ 和 sk$B$ 共有的一组边。在这种情况下，$\mathrm{sk}A \overset{\text{conn}}{\delta} \mathrm{sk}B$。根据定义，$\mathrm{sk}A \cap \mathrm{sk}B$ 是 K 中的骨架。因此，每当 $\mathrm{sk}A \overset{\text{conn}}{\delta} \mathrm{sk}B$，则 $\mathrm{sk}A \cap \mathrm{sk}B \in K$。因此，$(K, \overset{\text{conn}}{\delta})$定义了怀特黑德 CW 拓扑。 ■

定理 6.15

设 K 是有限单元复合形 K 上的有限骨架的非空集族，K 是具有接近性 $\overset{\text{conn}}{\delta}$ 的豪斯道夫空间。根据对$(K, \overset{\text{conn}}{\delta})$，可以构建怀特黑德闭包有限弱（CW）拓扑。

证明：直接来自引理 6.14。 ■

6.9　描述性 CW 复合形和强描述连通接近性形状类

本节介绍描述性 CW 拓扑（同源）类的构建，我们重新审视相对于涡旋循环和涡旋神经的描述性交集 $\underset{\Phi}{\cap}$ 和描述性闭包 clΦ 的 CW 复合形的两个亚历山德罗夫-霍夫条件。CW 复合形 K 上的**强描述连通性类** A（由 $\mathrm{cls}_{\text{shape}}^{\overset{\text{conn}}{\underset{\wedge\wedge}{\delta_\Phi}}}(A)$ 表示）是特征空间上的复合形集族，该集合源自 $2^E \subset K$ 的子集，其中集族 2^E 的每个成员具有到特定的单元复合形 A（由 $\mathcal{C}^{\overset{\wedge\wedge}{\text{conn}}}_{\delta_\Phi}(A)$表示）的接近性 $\overset{\text{conn}}{\delta}$ ，定义为

$$\mathrm{cls}_{\text{shape}}^{\overset{\wedge\wedge}{\text{conn}}\,\delta_\Phi}(A) = \overbrace{\left\{ E \in 2^K : A \overset{\overset{\wedge\wedge}{\text{conn}}}{\delta_\Phi} E \right\}}^{\text{强描述连通复合形类}}$$

为了到达 $\mathrm{cls}_{\text{shape}}^{\overset{\wedge\wedge}{\text{conn}}\,\delta_\Phi}(A)$类，我们重写切赫接近性$(\delta)$公理，为 $\overset{\overset{\wedge\wedge}{\text{conn}}}{\delta_\Phi}$空间建立一个框架。在 $\overset{\overset{\wedge\wedge}{\text{conn}}}{\delta_\Phi}$ 空间中检测类的准备阶段，我们首先考虑重新审视具有匹配描述的骨架的弱和强描述性连通接近性公理。涡旋循环描述是一个特征矢量，其中包含使用所谓的探测函数从涡旋中提取的特征值。令 K 是具有描述性接近度 $\overset{\overset{\wedge\wedge}{\text{conn}}}{\delta_\Phi}$ 的涡旋循环的集族，它是描述性接近度 $\overset{\text{conn}}{\delta}$ [4, 3-4 节，pp.95-98]。映射 Φ：$K \rightarrow \mathbb{R}^n$ 在欧氏空间 $\mathbb{R}^n$ 中产生一个 n-D 特征矢量，要么是涡旋 cyc$A \in K$（由 Φ(cyc$A$)表示），要么是 K 中的涡旋循环 vcyc$E$（由 Φ(vcyc$E$)表示）或要么是 K 中的涡旋神经 vNrv$H$（由 Φ(vNrv$H$)表示）。设 2^K 是空间 K 上的单元复合形的集族，它具有强描述接近性 $\overset{\overset{\wedge\wedge}{\text{conn}}}{\delta_\Phi}$ 。令 $\Phi(K)$是空间 K 的描述，定义为

$$
\begin{aligned}
A &\in 2^K \\
\Phi(A) \in \mathbb{R}^n &= \text{描述}A\text{的实数值特征矢量} \\
\Phi(K) &= \underbrace{\left\{[\Phi(A_1),\ldots,\Phi(A_i),\ldots,\Phi(A_n)] : \Phi(A_i) \in \mathbb{R}^n\right\}}_{\text{描述复合形}K\text{的特征矢量}}
\end{aligned}
$$

这个海量特征矢量 $\Phi(K)$的每一项（空间 K 的描述）本身就是一个特征矢量，它是对复合形集族 2^K 中的一个子复合形 A 的描述。对于空间 K 上的描述接近性公理，通常的集合交集被描述性交集（用 $\underset{\Phi}{\cap}$ 表示）所取代[4，3 节]，定义：

$$A \underset{\Phi}{\cap} B = \{x \in A \cup B \in 2^K : \Phi(x) \in \Phi(A) \text{ and } \Phi(x) \in \Phi(B)\}$$

A 的描述性闭包（用 $\mathrm{cl}_{\Phi}A$ 表示）[10，1.4 节，p.16]定义为：

$$\mathrm{cl}_{\Phi} A = \left\{x \in K : x \overset{\text{conn}}{\delta_{\Phi}} A\right\}$$

$\overset{\text{conn}}{\delta_{\Phi}}$ 的弱形式和强形式分别满足以下公理。

P $\overset{\text{conn}}{\delta_{\Phi}}$ 4Conn[弱选项]：$\mathrm{int}A \underset{\Phi}{\cap} \mathrm{int}B \neq \varnothing \Rightarrow A \overset{\text{conn}}{\delta_{\Phi}} B$

P $\overset{\text{conn}}{\delta_{\Phi}}$ 5Conn[强选项]：$A \overset{\text{conn}}{\delta_{\Phi}} B \Rightarrow A \underset{\Phi}{\cap} B \neq \varnothing$

公理 P $\overset{\text{conn}}{\delta_{\Phi}}$ 4Conn 是对切赫公理 P4 的重写，公理 P $\overset{\text{conn}}{\delta_{\Phi}}$ 5Conn 是对通常的切赫公理的补充。很容易看出，在用 $\overset{\text{conn}}{\delta_{\Phi}}$ 替换 δ 之后，$\overset{\text{conn}}{\delta_{\Phi}}$ 接近性满足其余的切赫公理。设 A、B、$C \in K$，单元复合形空间 K 中的骨架具有接近度 $\overset{\text{conn}}{\delta_{\Phi}}$，满足以下公理。

$\overset{\text{conn}}{\delta_{\Phi}}$，再看一眼。

重新审视描述性重叠连通接近性公理。

P $\overset{\text{conn}}{\delta_{\Phi}}$ 1Conn

$$A \underset{\Phi}{\cap} B = \varnothing \Leftrightarrow A \overset{\text{conn}}{\not\delta_{\Phi}} B$$

即没有匹配描述的骨架集合 A 和 B 在描述上并不接近（即 A 和 B 彼此远离）。

P $\overset{\text{conn}}{\delta_{\Phi}}$ 2Conn

$$\underbrace{A \overset{\text{conn}}{\delta_{\Phi}} B \Rightarrow B \overset{\text{conn}}{\delta_{\Phi}} A}_{\overset{\text{conn}}{\delta_{\Phi}}\text{是阿贝尔（可交换的）}}$$

即 A 和 B 的描述接近性意味着 B 在描述性上也接近 A。形状内部的比较顺序没有区别。因此，接近性 $\overset{\text{conn}}{\delta_{\Phi}}$ 值得名为**阿贝尔**。

P $\overset{\text{conn}}{\delta_{\Phi}}$ 3Conn

$$\underbrace{A \overset{\overset{\wedge\!\!\wedge}{\text{conn}}}{\delta}_{\Phi} (B \cup C) \Rightarrow A \overset{\overset{\wedge\!\!\wedge}{\text{conn}}}{\delta}_{\Phi} B \text{ or } A \overset{\overset{\wedge\!\!\wedge}{\text{conn}}}{\delta}_{\Phi} C}_{\overset{\overset{\wedge\!\!\wedge}{\text{conn}}}{\delta}_{\Phi}\text{检测并集中形状内部的接近性}}$$

P $\overset{\overset{\wedge\!\!\wedge}{\text{conn}}}{\delta}_{\Phi}$ 4Conn

$$\underbrace{\text{int } A \underset{\Phi}{\cap} \text{int } B \neq \varnothing \Rightarrow A \overset{\overset{\wedge\!\!\wedge}{\text{conn}}}{\delta}_{\Phi} B}_{\text{具有匹配描述的内部}}$$

这个公理被认为是弱的，因为我们要求连通骨架内部的描述性交集是非空的，然后才能得出结论，一对连通骨架具有 $\overset{\overset{\wedge\!\!\wedge}{\text{conn}}}{\delta}_{\Phi}$ 接近性。

P $\overset{\overset{\wedge\!\!\wedge}{\text{conn}}}{\delta}_{\Phi}$ 5Conn

$$\underbrace{A \overset{\overset{\wedge\!\!\wedge}{\text{conn}}}{\delta}_{\Phi} B \Rightarrow A \underset{\Phi}{\cap} B \neq \varnothing}_{\text{告知内部具有匹配描述}}$$

这被称为**强描述连通性公理**，因为我们不仅需要描述连通性（具有匹配描述的连通骨架），而且还需要连通骨架的内部具有匹配描述。换句话说，使用 $\overset{\overset{\wedge\!\!\wedge}{\text{conn}}}{\delta}_{\Phi}$，我们获得了另外一种比较表面形状的方法。

$\overset{\overset{\wedge\!\!\wedge}{\text{conn}}}{\delta}_{\Phi}$ 描述性连通的时空内部

描述性重叠连通空间表示为$(K, \overset{\overset{\wedge\!\!\wedge}{\text{conn}}}{\delta}_{\Phi})$。如果骨架内部 int(sk$A$)的描述与骨架内部 int(sk$B$)的描述相匹配，则单元复合形 K 中的骨架 sk$A$ 与 sk$B$ 在描述上强接近。这种接近形式有许多时空应用，因为我们经常想比较对象，例如，1-循环本身或涡旋循环或更复杂的涡旋神经，它们在空间上或时间上不重叠但具有描述性匹配的内部形状。

表面形状反射光跟踪的接近性

变化涡旋内部的可检测接近性

$\overset{\overset{\wedge\!\!\wedge}{\text{conn}}}{\delta}_{\Phi}$ 接近性的目标是在时空中分离地描述可比较形状的内部。$\overset{\overset{\wedge\!\!\wedge}{\text{conn}}}{\delta}_{\Phi}$ 接近性几乎最新的应用可以在同一视频或不同视频中的视频帧图像中找到。在任何情况下，所有视频帧图像都提供随着时空不断变化的视觉场景的快照。一系列视频帧图像可以被视为表面形状反射光跟踪器。■

例 6.16 （时空不相交涡旋循环的描述连通性重叠）

令{sk1, sk2}和{sk3, sk4}是具有接近度 $\overset{\overset{\wedge\!\!\wedge}{\text{conn}}}{\delta}$ 和 $\overset{\overset{\wedge\!\!\wedge}{\text{conn}}}{\delta}_{\Phi}$ 的涡旋循环集族中的两对涡旋循环。两对涡旋循环分别用图 6.7 和图 6.8 所示的视频帧图像表示。

(a) 帧嵌套涡旋1　　(b) 帧嵌套涡旋2

图 6.7　视频帧图像 I 中描述性连通的涡旋内部

(a) 帧嵌套涡旋3　　(b) 帧嵌套涡旋4

图 6.8　视频帧图像 II 中描述性连通的涡旋内部

令

$$\mathrm{sk}V := \overbrace{\{\mathrm{sk1}, \mathrm{sk2}\}}^{\mathbf{sk}V:=\text{图}\mathbf{6.7}\text{中视频帧上的涡旋}}$$

$$\mathrm{sk}V' := \overbrace{\{\mathrm{sk3}, \mathrm{sk4}\}}^{\mathbf{sk}V':=\text{图}\mathbf{6.8}\text{中视频帧上的涡旋}}$$

假设图 6.7(a)和图 6.8(b)中的神经代表在时空中具有匹配描述的嵌套、非重叠涡旋（每个涡旋都有自己最内部的核心骨架涡旋，沿其边界有一族光焦散骨架）。

测量光涡旋神经形状持久性的贝蒂数

拓扑数据随时间的持久性

回想 4.11 节，光涡旋神经的贝蒂数为 $k+2$，其中 k 是神经上的光焦散尖端细丝数量的计数，2 是嵌套、非同心（通常不重叠）神经中骨架涡旋的计数。光涡旋神经的贝蒂数提供了一种简单而有效的方法来检查神经形状随着时间的推移是否存在持久性。使用贝蒂数作为测量拓扑数据持久性的一种手段，并不是一个新想法。■

贝蒂数由 Ghrist [12，2.1-2.2 节，pp.65-69]，[13，5.13 节，pp.104-106]引入作为通往提供拓扑数据变化特征的图形表示——条形码的垫脚石。其目标是根据使用贝蒂数的描述来检测随着时间的推移在光涡旋神经之间发生 $\underset{\delta_{\Phi}}{\overset{\wedge\!\!\!\wedge}{\mathrm{conn}}}$ 接近性的实例。

例如，$\Phi(\mathrm{sk_{cyclic}Nrv1}) = \Phi(\mathrm{sk_{cyclic}Nrv4}) = 9$，对应的光学涡旋神经 $\mathrm{sk_{cyclic}Nrv1}$ 和 $\mathrm{sk_{cyclic}Nrv4}$ 的贝蒂数分别包含骨架涡旋 sk1 和 sk4。换句话说，这些光涡旋神经的结构在不同的视频帧图像中持续存在。也就是说，$\mathrm{sk_{cyclic}Nrv1}$ 光涡旋神经的贝蒂数等于 $\mathrm{sk_{cyclic}Nrv1}$ 的对应物，即 $\mathrm{sk_{cyclic}Nrv4}$ 的贝蒂数。换句话说，这些神经的结构对于图 6.7(a)和图 6.8(b)中所示的快照

仍然存在。在这种情况下，$sk_{cyclic}Nrv1 \underset{\delta_{\Phi}}{\overset{\curlywedge}{\text{conn}}} sk_{cyclic}Nrv4$。

同理，设 $sk_{cyclic}Nrv2$ 和 $sk_{cyclic}Nrv3$ 分别为图 6.7(b)和图 6.8(a)所示的一对光涡旋神经。在这种情况下，$\Phi(sk_{cyclic}Nrv2) = 8$ 和 $\Phi(sk_{cyclic}Nrv3) = 7$。也就是说，对应的光涡旋神经 $sk_{cyclic}Nrv2$ 和 $sk_{cyclic}Nrv3$ 的贝蒂数分别包含骨架涡旋 sk2 和 sk3，在不同的视频帧图像中没有持续存在。这些光涡旋神经的结构会随着时间而改变。在这种情况下，$sk_{cyclic}Nrv2 \underset{\delta_{\Phi}}{\overset{\curlywedge}{\text{conn}}} sk_{cyclic}Nrv3$，即神经 $sk_{cyclic}Nrv2$ 及其对应物的结构随时间变化，这种变化反映在视频帧图像序列中。考虑到图 6.7 和图 6.8 所示视频帧中记录的特快列车的运动和构成变化，这并不奇怪。 ■

6.10 样本强描述连通性形状类

从例 6.16 中，我们可以识别出三个 $\underset{\delta_{\Phi}}{\overset{\curlywedge}{\text{conn}}}$ 形状类的开始阶段，即，

$$\text{cls}_{\text{shape}}^{\underset{\delta_{\Phi}}{\overset{\curlywedge}{\text{conn}}}}(sk_{cyclic}Nrv1) = \{sk_{cyclic}Nrv1, sk_{cyclic}Nrv4, \cdots\}$$

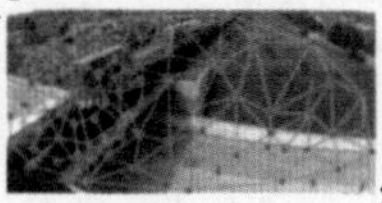
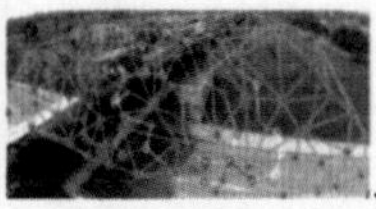

$\underset{\delta_{\Phi}}{\overset{\curlywedge}{\text{conn}}}$ 神经类贝蒂数 = 9

$$\text{cls}_{\text{shape}}^{\underset{\delta_{\Phi}}{\overset{\curlywedge}{\text{conn}}}}(sk_{cyclic}Nrv2) = \{sk_{cyclic}Nrv2, \cdots\}$$

$\underset{\delta_{\Phi}}{\overset{\curlywedge}{\text{conn}}}$ 神经类贝蒂数 = 8

$$\text{cls}_{\text{shape}}^{\underset{\delta_{\Phi}}{\overset{\curlywedge}{\text{conn}}}}(sk_{cyclic}Nrv2) = \{sk_{cyclic}Nrv2, \ldots\}$$

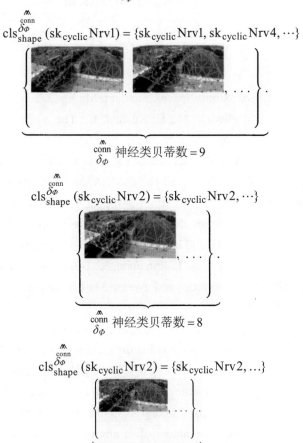

$\underset{\delta_{\Phi}}{\overset{\curlywedge}{\text{conn}}}$ 神经类贝蒂数 = 7

6.11 资料来源和进一步阅读

关于光学涡旋的最近工作：Nye [14，3 节，p.6]提供了关于光波涡旋的见解，引入了**准单色波函数**：

$$\begin{aligned} z &= \text{光波的垂直方向} \\ -\frac{1}{2} &< \overbrace{\text{环事件，用实常数}e\text{表示}}^{e} < \frac{1}{2} \\ 0 &\leqslant \overbrace{\text{当时间过}\mathbf{0}\text{时}}^{t}\text{发生环事件} \\ \psi &= \underbrace{\left[(1+i)z - t + \left(\frac{1}{2}-e\right)x^2 + \left(\frac{1}{2}+e\right)y^2\right] \times e^{i(z-t)}}_{\text{告知内部具有匹配描述}} \end{aligned}$$

参 考 文 献

1. Leader, S.: On clusters in proximity spaces. Fundam. Math. 47, 205–213 (1959)
2. Gellert, W., Küstner, H., Hellwich, M., H. Kästner, E.: The VNR Concise Encyclopedia of Mathematics, 760 p (56 plates). Van Nostrand Reinhold Co., New York, London (1977). ISBN:0-442-22646-2, MR0644488; see Mathematics at a glance, A compendium. Translated from the German under the editorship of Hirsch, K.A. and with the collaboration of Pretzel, O., Primrose, E.J.F., Reuter, G.E.H., Stefan, A., Tropper, A.M., Walker, A., MR0371551
3. Peters, J.: Local near sets: pattern discovery in proximity spaces.Math. Comp. Sci. 7(1), 87–106 (2013). https://doi.org/10.1007/s11786-013-0143-z, MR3043920, ZBL06156991
4. Concilio, A.D., Guadagni, C., Peters, J., Ramanna, S.: Descriptive proximities. properties and interplay between classical proximities and overlap.Math. Comput. Sci. 12(1), 91–106 (2018). MR3767897, Zbl 06972895
5. Dareau, A., Levy, E., Aguilera, M., Bouganne, R., Akkermans, E., Gerbier, F., Beugnon, J.: Revealing the topology of quasicrystals with a diffraction experiment. Phys. Rev. Lett., arXiv 1607(00901v2), 1–7 (2017). https://doi.org/10.1103/PhysRevLett.119.215304
6. Fermi, M.:Why topology formachine learning and knowledge extraction. Mach. Learn. Knowl. Extr. 1(6), 1–6 (2018). https://doi.org/10.3390/make1010006
7. Fermi, M.: Persistent topology for natural data analysis - a survey. arXiv 1706(00411v2), 1–18(2017)
8. Baikov, V., Gilmanov, R., Taimanov, I., Yakovlev, A.: Topological characteristics of oil and gass reservoirs and their applications. In: A.H. et. al. (ed.) Integrative Machine Learning,

LNAI 10344, 182–193 pp. Springer, Berlin (2017)

9. Pellikka,M., Suuriniemi, S., Kettunen, L.: Homology in electromagnetic boundary value problems. Bound. Value Probl. 2010 (381953), 1–18 (2010). https://doi.org/10.1155/2010/381953
10. Peters, J.: Computational proximity. Excursions in the topology of digital images. Intell. Syst. Ref. Libr. 102, Xxviii + 433 (2016). https://doi.org/10.1007/978-3-319-30262-1, MR3727129 and Zbl 1382.68008
11. Fernos,T.:LGTBQ:a conference in geometry, topology, and dynamics on thework of LGTBQ+mathematicians, 10–14 June 2019, at the University of Michigan. Technical report, Deparment of Mathematics, University of Wisconsin (2018). http://www.math.wisc.edu/~kent/LG&TBQ.html
12. Ghrist, R.: Barcodes: the persistent topology of data. Bull. Amer. Math. Soc. (N.S.) 45(1), 61–75 (2008). MR2358377
13. Ghrist, R.: Elementary Applied Topology, Vi+269pp. University of Pennsylvania, Philadelphia (2014). ISBN 978-1-5028-8085-7
14. Nye, J.: Events in fields of optical vortices: rings and reconnection. J. Opt. 18, 1–11 (2016). https://doi.org/10.1088/2040-8978/18/10/105602

第 7 章　形状及其近似描述接近性

本章介绍一种宽松形式的描述接近性，这是一种确定神经形状描述接近性的近似方法，具有高度的应用导向性。即使特定单元复合形除了复合形描述中的一个或多个特征值外都很接近，也很少有一对单元复合形具有匹配描述的情况。这种单元复合形之间的描述接近性的异常在时空的物理系统中很普遍，其中通常找不到具有匹配描述的单元复合形。例如，来自一个三角化表面形状 sh$A$ 的反射光的波长可能非常接近于来自三角化表面形状 sh$B$ 的反射光的波长。如果我们选择来自表面形状的反射光的波长作为要考虑的特征，那么描述 $\Phi(\text{sh}A)$通常不等于$\Phi(\text{sh}B)$。为了规避这个问题，本章引入了近似描述接近性。

7.1　引　　言

首先，设 K 为平面有界区域上的单元复合形。然后考虑以下方案，该方案导致两种形式的近似描述性连通的接近性。为此，我们为单元复合形定义了许多不同的近似描述接近性，这些接近性是对早期描述接近性的重写（见表 7.1）。令 th > 0 是 K 上一对形状 sh$A$ 与 sh$B$ 之间的描述接近性的阈值。

表 7.1　4 种不同类型的近似描述接近性

		一般和强接近	
		无限制	限制（形状内部）
近似	无区别	$A\,\delta_{\|\Phi\|}B$	$A\,\delta^{\Cap}_{\|\Phi\|}B$
	区别	$A\,\delta^{\text{conn}}_{\|\Phi\|}B$	$A\,\delta^{\overset{\Cap}{\text{conn}}}_{\|\Phi\|}B$

- **近似描述性无限制**：在$\|\delta_\Phi\|$接近性下，K 中的所有骨架都被认为是这样的：

$$\text{sh}A\ \delta_{\|\Phi\|}\ \text{sh}B \Leftrightarrow \overbrace{\|\Phi(\text{sh}A)-\Phi(\text{sh}B)\|<\text{th}}^{\text{具有接近描述的形状}}$$

- **描述性限制**：在 $\delta^{\Cap}_{\|\Phi\|}$ 接近性下，$\Phi(\text{int}(A))\cup\text{int}(B))$中的所有骨架都将被考虑。
- **描述性连通无区别**：在 $\delta^{\text{conn}}_{\|\Phi\|}$ 接近性下，$\Phi(A\overset{\text{conn}}{\delta}B)$中的所有骨架都被视为在某个阈值下近似描述性地连通，该阈值取决于一对骨架形状上的连通性特征矢量之间的差异。
- **描述性连通区别**：在 $\delta^{\overset{\Cap}{\text{conn}}}_{\|\Phi\|}$ 接近性下，只有某些形状 sh$H$ 中的内部骨架 sk$E$ 被视为在某个阈值下近似强描述性地连通，该阈值取决于一对骨架形状内部的连通性特征矢量之间的差异，即需要考虑

$$A\in K,\quad \overbrace{\text{sk}E\in\text{int}(\text{sh}H)}^{\textbf{sk}\boldsymbol{E}\text{在形状}\textbf{sh}\boldsymbol{H}\text{的内部}}$$

使得

$$\Phi(A)=\Phi(\mathrm{sk}E)\ \text{则}\ A\overset{\overset{\wedge\!\!\wedge}{\mathrm{conn}}}{\delta_{\|\Phi\|}}\mathrm{sk}E$$

对于单元复合形 A、$B\in 2^K$，表 7.1 中列出了来自该分类方案的四种不同类型的近似描述接近性。

7.2　近似描述性交集

本节介绍形状集族的近似描述性交集。这种形式的集族交集中，一对单元复合形 K 上的形状 sh$A$ 和单元复合形 K'上的形状 sh$B$ 属于具有非空近似描述性交集的形状集合，条件是特征矢量 $\Phi(\mathrm{sh}A)$和 $\Phi(\mathrm{sh}B)$之间差的范数小于某个选定的阈值 th > 0，即：

$$\text{近似阈值：th}>0$$

$$\mathrm{sh}A\in K,\mathrm{sh}B\in K',\mathrm{sh}A\,\delta_{\|\Phi\|}\,\mathrm{sh}B$$

$$\text{只要}\ \|\Phi(\mathrm{sh}A)-\Phi(\mathrm{sh}B)\|<\mathrm{th}:\quad \overbrace{\mathrm{sh}A,\mathrm{sh}B\in K\underset{\Phi}{\cap}K'}^{\text{单元复合形的描述性交集}}$$

换句话说，我们有

$$K\underset{\Phi}{\cap}K'=\overbrace{\{\mathrm{sh}A,\mathrm{sh}B\in K\cup K':\|\Phi(\mathrm{sh}A)-\Phi(\mathrm{sh}B)\|<\mathrm{th}\}}^{\delta_{\|\Phi\|}\text{闭合的形状集族}}$$

设 K 和 K'是一对单元复合形，分别覆盖相同的视频帧图像 X 或覆盖一对不同的三角化视频帧图像 X 和 X'。在这种情况下，$K\cap K'=\varnothing$（复合形 K 和 K'是不相交的），因为 X 和 X' 是不同的视频帧图像。此外，设 sh$E$ 和 shE'是 K 上的一对形状，让 shK''是 K'上的一个形状。因此，$\mathrm{sh}E\cap\mathrm{sh}E''=\varnothing$（形状 sh$E$ 与 shE''是不相交的），因为 K 和 K'在不同的视频帧图像上。再设 $\Phi(\mathrm{sh}E)$、$\Phi(\mathrm{sh}E')$、$\Phi(E'')$分别是描述形状 sh$E$、shE'、shK''的特征矢量。例如，让

$$m=\text{形状质量}$$

$$v=\text{形状速度}$$

$$\Phi(\mathrm{energy}(\mathrm{sh}E))=\overbrace{\frac{1}{2}m\times v^2}^{\text{形状动能}}$$

$$\Phi(\mathrm{holeCount}(\mathrm{sh}E))=\mathrm{sh}E\ \text{内部孔的数量}$$

$$\Phi(\mathrm{sh}E)=\overbrace{\{\Phi(\mathrm{energy}(\mathrm{sh}E)),\ \Phi(\mathrm{holeCount}(\mathrm{sh}E))\}}^{\text{形状}\mathbf{sh}\boldsymbol{E}\text{的描述}}$$

回想一下，物体的**动能**是该物体运动的结果。每个视频帧图像形状由于其在一系列视频帧图像上的运动而具有动能，即在时间 t 出现在 frame$f$ 中并于时间 t'在稍后的 framef'中重新出现为 sh$E$ 的形状，具有位移Δf 相对于由Δt 表示的时间间隔。也就是说，$\mathrm{sh}E\in\mathrm{frame}f$，$\mathrm{sh}E'\in\mathrm{frame}f'$。因此，形状 sh$E$ 有一个粒子速度 $\mathrm{v}_{\mathrm{sh}E}$，定义为

$$v_{\mathrm{sh}E}=\overbrace{\frac{\Delta\mathrm{sh}}{\Delta t}=\frac{|\mathrm{sh}E-\mathrm{sh}E'|}{|t-t'|}}^{\text{形状粒子速度}}$$

令 $m\mathrm{sh}E$ 是视频帧图像中由 sh$E$ 表示的表面形状的质量，那么形状 sh$E$ 的能量 $E_{\mathrm{sh}E}$ 定

义为

$$E_{\mathrm{sh}E}=\overbrace{\frac{1}{2}m_{\mathrm{sh}E}\times v_{\mathrm{sh}E}^{2}}^{\text{形状}\mathbf{sh}\boldsymbol{E}\text{的动能}}$$

有关粒子速度的更多详细信息，请参阅 8.11 节。

例 7.1 （单个视频帧图像上一对单元复合形的近似描述性交集）

图 7.1(a)显示了火星南极二氧化碳冰盖探索的视频帧图像。覆盖来自火星的三角化视频帧图像的单元复合形 K 如图 7.1(b)所示。单元复合形 K 包含一对不相交（分离）的光涡旋神经 $\mathrm{sk_{cyclic}Nrv}E$ 和 $\mathrm{sk_{cyclic}Nrv}E'$。图 7.2(a)中显示了光涡旋神经 $\mathrm{sk_{cyclic}Nrv}E$ 的特写，图 7.2(b)中显示了光涡旋神经 $\mathrm{sk_{cyclic}Nrv}E'$的特写。这些特写中的红点•标记了火星表面上孔的质心位置。设能量 E 和孔数 holeCount 是这些神经的特征。然后我们比较以下特征矢量：

$$\Phi(\mathrm{sk_{cyclic}Nrv}E)=\overbrace{\{E_{\mathrm{sk_{cyclic}Nrv}E},\ \mathrm{holeCount}_{\mathrm{sk_{cyclic}Nrv}E}\}}^{\text{神经}(\mathbf{sk_{cyclic}Nrv}\boldsymbol{E})\text{的特征矢量}}$$

$$\Phi(\mathrm{sk_{cyclic}Nrv}E')=\overbrace{\{E_{\mathrm{sk_{cyclic}Nrv}E'},\ \mathrm{holeCount}_{\mathrm{sk_{cyclic}Nrv}E'}\}}^{\text{神经}(\mathbf{sk_{cyclic}Nrv}\boldsymbol{E'})\text{的特征矢量}}$$

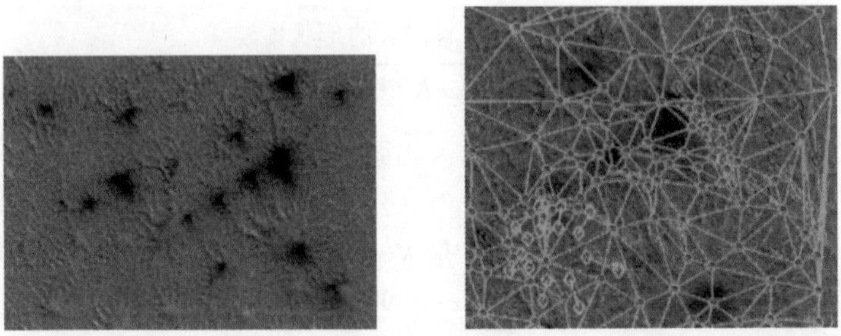

(a) 2018年5月13日，火星南极二氧化碳冰盖（美国国家航空航天局提供）

(b) 单元复合形K覆盖来自火星南极二氧化碳冰盖的三角化视频帧图像

图 7.1 NASA 火星图像三角剖分上的光涡旋神经

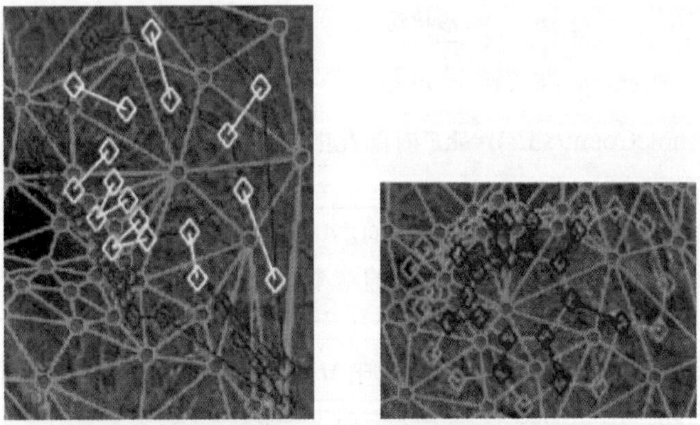

(a) 火星南极二氧化碳冰盖东北区域的光涡旋神经$\mathrm{sk_{cyclic}Nrv}E$

(b) 火星南极二氧化碳冰盖中心区域的光涡旋神经$\mathrm{sk_{cyclic}Nrv}E'$

图 7.2 NASA 火星图像三角剖分上的光涡旋神经

假设这些神经形状中的每一个都具有相同的能量和几乎相等的孔数，并假设特征矢量

之间的差异的范数小于阈值 th，即

$$\left\|\Phi(\mathrm{sk_{cyclic}Nrv}E)-\Phi(\mathrm{sk_{cyclic}Nrv}E')\right\|<\mathrm{th}\Rightarrow \mathrm{sk_{cyclic}Nrv}E\underset{\|\Phi\|}{\cap}\mathrm{sk_{cyclic}Nrv}E'\neq\varnothing$$

$$\Rightarrow\overbrace{\mathrm{sk_{cyclic}Nrv}E\ \delta_{\|\Phi\|}\ \mathrm{sk_{cyclic}Nrv}E'}^{\text{近似描述接近}}$$

换句话说，这个例子说明了将在 7.4 节中给出的公理 $P_{\delta_{\|\Phi\|}}4$。■

例 7.2　（**一对单元复合形形状的近似描述性交集**）

覆盖一对不同三角化视频帧图像的一对单元复合形 K 和 K'如图 7.3 所示。分离的三角化形状 sh$E$（圆柱体）、三角化单元复合形 K 上的 shE'（圆柱切片）和三角化单元复合形 K'上的 shE''（圆环切片）也显示在图 7.3 中。另外，假设 sh$E$ 和 shE'是 K 上仅有的形状，而 shE''是 K'上唯一的形状。假设这些形状中的每一个都具有相同的能量和几乎相同的直径和孔数，并且特征之间差异的范数小于阈值 th，即

$$\|\Phi(\mathrm{sh}E)-\Phi(\mathrm{sh}E')\|<\mathrm{th}\Rightarrow \mathrm{sh}E\ \delta_{\|\Phi\|}\ \mathrm{sh}E'$$

$$\|\Phi(\mathrm{sh}E)-\Phi(\mathrm{sh}E'')\|<\mathrm{th}\Rightarrow \mathrm{sh}E\ \delta_{\|\Phi\|}\ \mathrm{sh}E''$$

$$\Rightarrow\overbrace{K\underset{\|\Phi\|}{\cap}K'=\{\mathrm{sh}E,\mathrm{sh}E',\mathrm{sh}E''\}}^{\text{形状近似描述性交集}}$$

换句话说，近似描述性交集包含两个不同三角化视频帧图像中单元复合形的形状，即形状 sh$E$、shE'（在单元复合形 K 上）和形状 shE''（在单元复合形 K'上）。这告诉我们这三个形状具有大致相同的特征矢量。

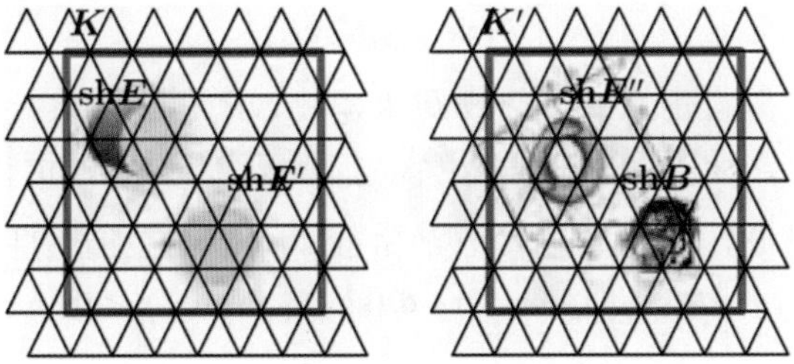

图 7.3　用三角形平铺图像　■

在表 7.1 的所有 4 种情况下，我们需要考虑形状 sh$E$ 与 shE'在 K 上的描述性交集的近似形式（用 sh$E\underset{\|\Phi\|}{\cap}shE'$表示）以及在 K 上的任何形状 sh$E$ 与 shE'在 K''上的描述性交集的近似形式（表示为 sh$E\underset{\|\Phi\|}{\cap}shE''$），定义为

$$\bigcap_{\delta_{\|\Phi\|}}K=\overbrace{\{\mathrm{sh}E,\mathrm{sh}E'\in K:\|\Phi(\mathrm{sh}E)-\Phi(\mathrm{sh}E')\|<\mathrm{th}\}}^{\Phi(\mathrm{sh}E)\text{和}\Phi(\mathrm{sh}E')\text{的描述接近性}}$$

$$\bigcap_{\delta_{\|\Phi\|}}(K\cup K')=\overbrace{\{\mathrm{sh}A,\mathrm{sh}B\in K\cup K':\|\Phi(\mathrm{sh}A)-\Phi(\mathrm{sh}B)\|<\mathrm{th}\}}^{\Phi(\mathrm{sh}A)\text{和}\Phi(\mathrm{sh}B)\text{的描述接近性}}$$

换句话说，我们可以对覆盖一对视频帧图像上的一对单元复合形 K 和 K'说明如下：

$$K\,\delta_{\|\Phi\|}K',\ \text{对于某些形状}\ \mathrm{sh}A\in K\ \text{和}\ \mathrm{sh}B\in K'$$

$$\|\Phi(\mathrm{sh}A)-\Phi(\mathrm{sh}B)\|<\mathrm{th}$$

这表示视频帧图像的一对单元复合形 K 和 K'具有近似的描述接近性，前提是我们可以在复合形 K 中找到至少一个形状 sh$A$ 与复合形 K'中的至少一个形状 sh$B$ 具有近似的描述性接近性。

观察 3　单元复合形的近似描述接近性

在图 7.3 中，单元复合形 K 中的形状 sh$E$ 和 shE'与单元复合形 K'中的形状 shE''具有近似的描述接近性。但是请注意，形状 sh$E$ 和 shE'与单元复合形 K'中的形状 sk$B$（虎头）没有近似的描述接近性。也就是说，$K\ \delta_{\|\Phi\|}\ K'$，即使老虎的头部（形状 sh$B$）的描述没有接近复合形 K 中任何形状的描述。换句话说，一对覆盖了一对视频帧图像的复合形可以具有近似的描述接近性，即使并不是这对复合形中的所有形状都具有近似的描述接近性。■

7.3　近似接近法中的步骤

本节介绍用于比较表面形状的三角化快照的近似接近法中的基本步骤。我们通过比较光涡旋神经的描述来说明这些步骤，这些光涡旋神经是三角化视频帧图像中出现的典型结构。接近性$\delta_{\|\Phi\|}$是最简单的近似接近性。令 $\mathrm{sk_{cyclic}Nrv}E$ 和 $\mathrm{sk_{cyclic}Nrv}E'$为一对光涡旋神经。还令描述

$$\Phi(\mathrm{sk_{cyclic}Nrv}E)$$

由包含 2 个分量的特征矢量定义（贝蒂数 $B(\mathrm{sk_{cyclic}Nrv}E)$和孔计数），即

$$\Phi(\mathrm{sk_{cyclic}Nrv}E)=\left[B(\mathrm{sk_{cyclic}Nrv}E),\ \mathrm{holeCount}\right]$$

选择一个近似阈值 th，那么 $\mathrm{sk_{cyclic}Nrv}E$ 和 $\mathrm{sk_{cyclic}Nrv}E'$在描述性上彼此接近，前提是

$$\left\|\Phi(\mathrm{sk_{cyclic}Nrv}E)-\Phi(\mathrm{sk_{cyclic}Nrv}E')\right\|<\mathrm{th}$$

在此情况下，我们写成

$$\left\|\Phi(\mathrm{sk_{cyclic}Nrv}E)-\Phi(\mathrm{sk_{cyclic}Nrv}E')\right\|<\mathrm{th}\Rightarrow\overbrace{\mathrm{sk_{cyclic}Nrv}E\ \delta_{\|\Phi\|}\ \mathrm{sk_{cyclic}Nrv}E'}^{\text{描述接近神经}}$$

算法 13：检查形状之间的近似接近性的步骤

Input : Pair of images img, img'

Output: Shape $\delta_{\|\Phi\|}$ proximity question $\|\mathrm{sk_{cyclic}Nrv}E-\mathrm{sk_{cyclic}Nrv}E'\|\overset{?}{<}th$

Threshold Selection Step: *Select th;*

Let S, S' be sets of centroids on the holes on img, img';

Triangulation Step: *Triangulate centroids in $S\in img$, $S'\in img'$ to produce cell complexes K, K';*

Let T, T' be sets of triangles on K, K';

MNC Step: *Find maximal nucleus clusters(MNCs) $NrvH$ on K, $NrvH'$ on K';*

Barycenters Step: *Find the barycenters B, B' on $T\subset K$, $T'\subset K'$;*

Optical Vortex Nerve Step: *Construct $sk_{cyclic}NrvE$, $sk_{cyclic}NrvE'$ on $NrvH, NrvH'$;*

/* Form vortex cycles by attaching edges to barycenters on MNCs Nrv$H$ on K, NrvH' on K'*/;

/* Form vortex cycles by attaching edges to barycenters on $\triangle$s along the border of MNCs

$\text{Nrv}H$ on K, $\text{Nrv}H'$ on K'*/;
/* In the next step, use Algorithm 11, install cusp filaments between the vortex cycles on img, img' to complete the construction of optical vortex nerves $\text{sk}_{\text{cyclic}}\text{Nrv}E$, $\text{sk}_{\text{cyclic}}\text{Nrv}E'$:*/ ;
Feature Vectors Selection Step: *Select* $\Phi(sk_{cyclic}NrvE), \Phi(sk_{cyclic}NrvE')$;
/* Equip K, K' with approximate proximity $\delta_{\|\Phi\|}$ defined on feature vectors $\Phi(\text{sk}_{\text{cyclic}}\text{Nrv}E), \Phi(\text{sk}_{\text{cyclic}}\text{Nrv}E')$,*/ ;
Comparison Step: $\left\|\Phi(sk_{cyclic}NrvE) - \Phi(sk_{cyclic}NrvE')\right\| \overset{?}{<} th$;
/* This completes the approximation approach to determining the closeness of optical vortex nerve shapes.*/ ;

例 7.3　（具有近似描述接近性的神经）

覆盖一对不同三角化视频帧图像的一对单元复合形 K 和 K'如图 7.3 所示。分离的三角化形状 sh$E$（圆柱体）、三角化单元复合形 K 上的 shE'（圆柱切片）和三角化单元复合形 K'上 shE''（圆环切片）也显示在图 7.3 中。另假设 sh$E$ 和 shE'是 K 上仅有的形状，而 shE''是 K'上唯一的形状。假设这些形状中的每一个都具有相同的能量和几乎相同的直径和孔数，并且特征之间差异的范数小于阈值 th，即

$$\left\|\Phi(\text{sh}E) - \Phi(\text{sh}E')\right\| < \text{th} \Rightarrow \text{sh}E \ \delta_{\|\Phi\|} \ \text{sh}E'$$

$$\left\|\Phi(\text{sh}E) - \Phi(\text{sh}E'')\right\| < \text{th} \Rightarrow \text{sh}E \ \delta_{\|\Phi\|} \ \text{sh}E''$$

$$\Rightarrow \overbrace{K \underset{\|\Phi\|}{\cap} K' = \{\text{sh}E, \text{sh}E', \text{sh}E''\}}^{\text{近似描述性交集} \underset{\|\Phi\|}{\cap}}$$

换句话说，近似描述性交集包含两个不同三角化视频帧图像上单元复合形的形状，即形状 sh$E$、shE'（在单元复合形 K 上）和形状 shE''（在单元复合形 K'上）。这告诉我们这三个形状具有大致相同的特征矢量。■

习题 7.4

执行下列步骤：

（1）使用手机或数码相机拍摄 30s～60s 的视频，而不是来自互联网的视频。

（2）使用形状能量和形状孔数作为光涡旋神经的特征。

（3）选择一个近似阈值 th。

（4）使用 MATLAB 实现算法 13。即，编写一个 MATLAB 脚本，在一对视频帧图像上搜索一对单元复合形 K 和 K'，以找到单元复合形 K 上形状 sh$E$ 的示例。

（5）给出一个复合形 K 上的形状 sh$E$ 的例子，它与复合形 K'上的形状 shE'具有近似描述接近性。

（6）给出一个复合形 K 上的形状 sh$E$ 的例子，它与复合形 K'上的形状 shE'没有近似描述接近性。

（7）对两个不同的视频重复步骤（1）～（6）。

（8）给出一个包含以下结果的列表：形状 sh$E$，$E_{\text{sh}E}$，孔计数 sh$E$，形状 shE'，$E_{\text{sh}E'}$，孔计数 shE'，th，能量，孔计数，$\Phi(\text{sk}_{\text{cyclic}}\text{Nrv}E)$。

$$\Phi(\text{sk}_{\text{cyclic}}\text{Nrv}E), \left\|\Phi(\text{sk}_{\text{cyclic}}\text{Nrv}E) - \Phi(\text{sk}_{\text{cyclic}}\text{Nrv}E')\right\| \overset{?}{<} \text{th}, \text{Y/N}$$

对于表格的形状列，插入一个显示光涡旋神经 E 和 E' 形状的小图像，例如形状 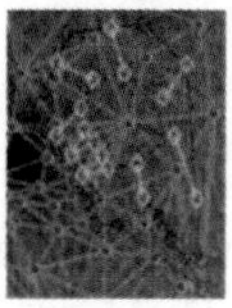（来自图 7.2(a)）和形状 （来自图 7.2(b)）。■

7.4　基于切赫接近性的近似接近性

本节简要介绍近似描述接近性，它是切赫接近公理的扩展。

$\delta_{\|\Phi\|}$ 的公理

具有接近性 $\delta_{\|\Phi\|}$ 的接近性空间 K 满足来自 5.4 节的切赫公理。对于形状 sh$A$、sh$B$、sh$C$ $\in 2^K$，用 $\delta_{\|\Phi\|}$ 重写而不是通常的接近性 δ。特别是，我们有一个新版本的公理 P4，称为公理 $\mathrm{P}\delta_{\|\Phi\|}4$。

$\mathrm{P}^{\delta_{\|\Phi\|}}4$：$\mathrm{sh}A \underset{\|\Phi\|}{\Cap} \mathrm{sh}B \neq \varnothing \Rightarrow \mathrm{sh}A \ \delta_{\|\Phi\|}\ \mathrm{sh}B$。

例 7.5　（切赫近似描述接近性空间中的形状）

设 sh$A$、sh$B$ 如图 7.4 所示。令 Φ(TEX) = TEX 的波长，并令 th > 0 是两个形状色调的平均波长之间差异足够大的阈值。**提示**：阈值 th > 0 的选择会有所不同，具体取决于特征矢量范数的数值分布。从图 7.4 中显示的内容，我们有

$$\|\Phi(\mathrm{sh}A)-\Phi(\mathrm{sh}B)\|<\mathrm{th} \quad 所以 \quad \|\Phi(\mathrm{sh}A)-\Phi(\mathrm{sh}B)\| \in \mathrm{sh}A \underset{\|\Phi\|}{\cap} \mathrm{sh}B$$

$$因此\ \ \mathrm{sh}A \underset{\|\Phi\|}{\cap} \mathrm{sh}B \Rightarrow \mathrm{sh}A\ \delta_{\|\Phi\|}\ \mathrm{sh}B \quad （根据公理\mathbf{P}_{\delta_{\|\Phi\|}}\mathbf{4}）$$

(a) 形状sh$A$　　(b) 形状sh$B$

图 7.4　sk$A$ $\delta_{\|\Phi\|}$ sk$B$

很容易验证具有色调波长描述的此类形状的集族能满足切赫近似描述接近性公理。特别地，图 7.4 中这对形状色调的平均波长之间差异的范数将这对形状归入空间(K, $\delta_{\|\Phi\|}$)。■

习题 7.6

执行下列步骤：

（1）给出切赫近似描述接近性空间里的 4 个公理。

（2）证明对于所有如同例 7.5 中的形状，步骤（1）中的每个公理都满足。■

习题 7.7

使用 MATLAB，执行下列步骤：

（1）在视频 K 的每个三角化帧中间找到一个亚历山德罗夫神经 Nrv$E$。假设视频 K 具有近似描述接近性 $\delta_{\|\Phi\|}$。

（2）令 $\Phi(\mathrm{Nrv}E)$ = 每个视频帧图像中神经 Nrv$E$ 的核顶点的波长。回想一下，亚历山德罗夫神经的核是神经中三角形的共同顶点。

（3）选择一个阈值 $\mathrm{th} > 0$。

（4）在步骤（1）的视频帧图像中显示一对神经 Nrv$E$、NrvE'，使得

$$\|\Phi(\mathrm{Nrv}E) - \Phi(\mathrm{Nrv}E')\| < \mathrm{th} \Rightarrow \mathrm{Nrv}E\ \delta_{\|\Phi\|}\ \mathrm{Nrv}E'$$

（5）再选一对视频重复步骤（1）。 ■

7.5　近似强描述接近性

$\overset{\wedge\wedge}{\delta}_{\|\Phi\|}$ 近似强描述接近性是限制性的，因为 $\mathrm{sk}A\ \overset{\wedge\wedge}{\delta}_{\Phi}\mathrm{sk}B$ 仅适用于复合形 K 上某些形状 sh$E$ 内部的骨架。换句话说，

$$\overbrace{\mathrm{sk}A\ \overset{\wedge\wedge}{\delta}_{\|\Phi\|}\ \mathrm{sk}B,\quad 只要\ \mathrm{sk}B \subset \mathrm{int}(\mathrm{sh}E)}^{\mathbf{sk}A\&\mathbf{sk}B\subset\mathbf{int}(\mathbf{sh}E)\text{的近似描述接近性}}$$

这是一个非常严格的要求，在对大型数据集中的形状（例如视频帧图像中的形状）进行比较时，通常会令人惊讶地满足这一要求。每当形状 sh$A$ 的描述近似于另一个形状 sh$E$ 内部的形状描述时，则 $\mathrm{sk}A\ \overset{\wedge\wedge}{\delta}_{\|\Phi\|}\ \mathrm{sk}B$ 被认为是近似强接近的。这里是 $\overset{\wedge\wedge}{\delta}_{\|\Phi\|}$ 的公理。

定义 7.8

设 K 是一个单元复合形，形状 A、B、$C \subset K$ 和子复合形 $x \in K$。在复合形 2^K 的集族上的关系 $\delta_{\|\Phi\|}$ 是一个强描述性的 Lodato 接近，只要它满足以下公理。

(xdsnN0)：$\varnothing\ \overset{\not\,}{\mathrm{W}}_{\|\Phi\|}\ A$，$\forall A \subset K$，和 $K\ \overset{\wedge\wedge}{\delta}_{\Phi}\ A$，$\forall A \subset K$。

(xdsnN1)：$A\ \overset{\wedge\wedge}{\delta}_{\|\Phi\|}\ B \Leftrightarrow B\ \overset{\wedge\wedge}{\delta}_{\|\Phi\|}\ A$。

(xdsnN2)：$A\ \overset{\wedge\wedge}{\delta}_{\|\Phi\|}\ B \Rightarrow A\ \cap_{\|\Phi\|}\ B \neq \varnothing$。

(xdsnN3)：如果 $\{B_i\}_{i\in I}$ 是 K 和 A 中的任意复合形集族 $A\ \overset{\wedge\wedge}{\delta}_{\|\Phi\|}\ B_{i^*}$，对某些 $i^* \in I$，使得 $\mathrm{int}(B_{i^*}) \neq \varnothing$，则 $A\ \overset{\wedge\wedge}{\delta}_{\|\Phi\|}\ (\cup_{i\in I} B_i)$。

(xdsnN4)：$\mathrm{int}A\ \cap_{\|\Phi\|}\ \mathrm{int}B \neq \varnothing \Rightarrow A\ \overset{\wedge\wedge}{\delta}_{\|\Phi\|}\ B$。 ■

当我们写 $A\ \overset{\wedge\wedge}{\delta}_{\|\Phi\|}\ B$ 时，我们读成形状 A 近似强描述性接近形状 B。符号 $A\ \overset{\not\,}{\mathrm{W}}_{\|\Phi\|}\ B$ 读成形状 A 不是近似强描述接近 B。对于每个近似强描述接近性，我们假设以下属性为真。

(xdsnN5)：$\|\Phi(x)\| \in \|\Phi(\mathrm{int}A)\| \Rightarrow x\ \ \overset{\wedge\wedge}{\delta}_{\|\Phi\|}\ \ A$。

(xdsnN6)：$\{x\}\ \overset{\wedge\wedge}{\delta}_{\|\Phi\|}\ \{y\}\| \Leftrightarrow \|\Phi(x) - \Phi(y)\| < \mathrm{th}$ 对某些阈值 $\mathrm{th} > 0$。 ■

这里的重点是检查一对形状是否具有近似强描述接近性的公理（xdsnN6）。下面是一个例子。

例 7.9　（Lodato 近似强描述接近性空间中的接近形状）

设▲E 和▲E'为如图 7.5 所示三角形。设 $\Phi(▲E)$ = ▲E 中色调的平均波长，并让 $\mathrm{th} > 0$

是两个形状$\blacktriangle E$和$\blacktriangle E'$的色调平均波长之间差异的足够大的阈值。

提示： 同样，阈值 th > 0 的选择会有所不同，具体取决于特征矢量范数的数值分布。

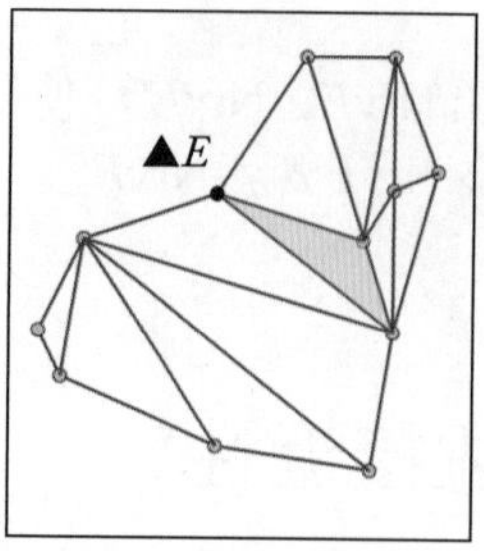

(a) 复合形K上的$\blacktriangle E$

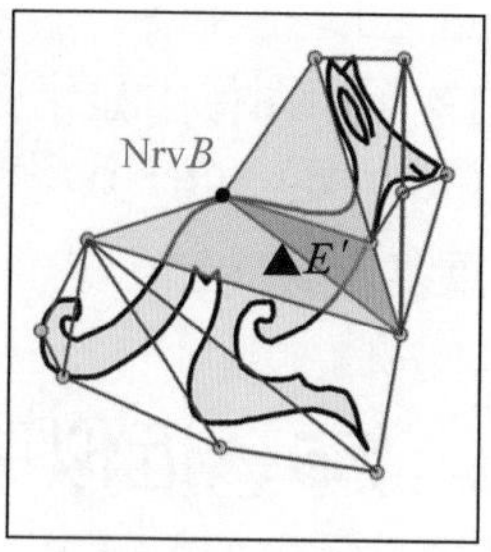

(b) 三角形之间的近似描述接近性的存在，即$\blacktriangle E \in K\, \delta_{\|\Phi\|}^{\Cap} \blacktriangle K' \in \mathrm{int}(\mathrm{Nrv}B) \in E'$

图 7.5 $\blacktriangle E \in K\, \delta_{\|\Phi\|}^{\Cap} \blacktriangle K' \in \mathrm{int}(\mathrm{Nrv}B) \in K'$

根据图 7.5 中显示的内容和适当的阈值 th > 0，我们有

$$\|\Phi(\blacktriangle E) - \Phi(\blacktriangle E')\| \quad < \quad \mathrm{th}$$

因此

$$\|\Phi(\blacktriangle E)\| \in \|\Phi(\mathrm{int}(\blacktriangle E'))\| \;\Rightarrow\; \blacktriangle E\, \delta_{\|\Phi\|}^{\Cap} \blacktriangle E' \quad \text{（公理(xdsnN5)）}$$

$$\blacktriangle E\, \delta_{\|\Phi\|}^{\Cap} \blacktriangle E' \;\Leftrightarrow\; \|\Phi(\blacktriangle E) - \Phi(\blacktriangle E')\| < \mathrm{th} \quad \text{（公理(xdsnN6)）}$$

验证具有平均色调波长描述的此类形状的集族满足Lodato近似强描述接近性公理是一项简单的任务。

■

7.6 对神经形状之间可能的近似强描述接近性进行检查的步骤

本节通过对算法 13 的扩展来推进关于神经形状之间的接近度的工作。该扩展在算法 14 中给出，这将使得可以检查在图像中的单元复合形 K 和 K'中一对神经形状（光涡旋神经 $\mathrm{sk_{cyclic}Nrv}E$ 和 $\mathrm{sk_{cyclic}Nrv}E'$）之间是否存在 $\delta_{\|\Phi\|}^{\Cap}$（近似强描述性接近度）覆盖了图像对 img 和 img′。

算法 14：检查形状之间的近似强描述性接近度的步骤

Input : Pair of images img, img'

Output: Shape $\delta_{\|\Phi\|}^{\Cap}$ proximity question $\|\mathrm{sk_{cyclic}Nrv}E - \mathrm{sk_{cyclic}Nrv}E'\| \overset{?}{<} th$

1 /* **Implement steps 1–9 in Algorithm** 13 to construct a pair of optical vortex nerves $\mathrm{sk_{cyclic}Nrv}E$, $\mathrm{sk_{cyclic}Nrv}E'$ on images cell complexes K, K' covering the pair of images img, img':*/ ;

2 **Feature Vectors Selection Step**: *Select* $\Phi(sk_{cyclic}NrvE)$, $\Phi(sk_{cyclic}NrvE')$;

3 /* Equip K, K' with approximate proximity $\delta_{\|\Phi\|}^{\Cap}$ defined on feature vectors $\Phi(\mathrm{sk_{cyclic}Nrv}E)$, $\Phi(\mathrm{sk_{cyclic}Nrv}E')$,*/ ;

4 **Comparison Step**: $\|\Phi(sk_{cyclic}NrvE) - \Phi(sk_{cyclic}NrvE')\| \overset{?}{<} th$;

/* This completes the approximation $\delta_{\|\Phi\|}^{\wedge\wedge}$ approach to determining the closeness of optical vortex nerve shapes.*/ ;

在算法 14 中，重点转移到一对光涡旋神经内部可能的近似强描述性接近度之间的比较。

习题 7.10 ☕

执行下列步骤：

（1）使用手机或数码相机拍摄 30 ~ 60s 的视频，而不是来自互联网的视频。

（2）使用形状能量和形状孔数作为光涡旋神经的特征。

（3）选择一个近似阈值 th。

（4）使用 Matlab 实现算法 14。即，编写一个 Matlab 脚本，在一对视频帧图像上搜索一对单元复合形 K 和 K'，以找到单元复合形 K 上形状 sh$E$ 的示例。

（5）给出一个复合形 K 上的形状 sh$E$ 的例子，它与复合形 K'上的形状 shE'具有**近似强描述接近性**。即，回答问题：

$$\mathrm{sh}E \underset{\delta_{\|\Phi\|}^{\wedge\wedge}}{?} \mathrm{sh}E'$$

（6）给出一个复合形 K 上的形状 sh$E$ 的例子，它与复合形 K'上的形状 shE'**没有近似强描述接近性**。

（7）对两个不同的视频重复步骤（1）～（6）。

（8）给出一个包含以下列的结果表：形状 sh$E$，$E_{\mathrm{sh}E}$，孔计数 sh$E$，形状 shE'，$E_{\mathrm{sh}E'}$，孔计数 shE'，th，能量，孔计数，$\Phi(\mathrm{sk_{cyclic}Nrv}E)$，

$$\Phi(\mathrm{sk_{cyclic}Nrv}E'), \left\|\Phi(\mathrm{sk_{cyclic}Nrv}E) - \Phi(\mathrm{sk_{cyclic}Nrv}E')\right\| \overset{?}{<} \mathrm{th}, \mathrm{Y/N}$$

对于表格的形状列，插入一个显示光涡旋神经 E 和 E'形状的小图像，例如形状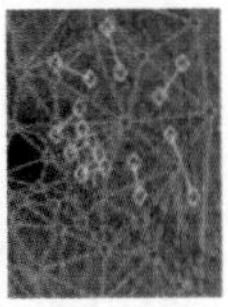（来自图 7.2(a)）和形状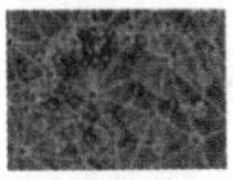（来自图 7.2(b)）。 ■

习题 7.11 🚲

执行下列步骤：

（1）在具有 $\delta_{\|\Phi\|}^{\wedge\wedge}$ 近似强描述接近性的单元复合形 K 中选择形状。

（2）证明对于步骤（1）中的所有形状，每个 $\delta_{\|\Phi\|}^{\wedge\wedge}$ 公理都满足。 ■

习题 7.12 ☕

使用 MATLAB，执行下列步骤：

（1）找出视频 K 中每个三角化帧中最大的亚历山德罗夫神经 Nrv$E$，即 Nrv$E$ 具有最多数量公共顶点的三角形（三角化视频帧图像的 MNC）。假设视频 K 具有近似的强描述接近性 $\delta_{\|\Phi\|}^{\wedge\wedge}$。在视频帧中有多个 MNC 的情况下，随机选取其中的 MNC。

（2）令 $\Phi(\mathrm{Nrv}E)$ = 每个视频帧图像中神经 Nrv$E$ 的最小面积。

（3）选择一个阈值 th > 0。

（4）在步骤（1）的视频帧图像中显示一对神经 Nrv$E$、NrvE'，使得

$$\|\Phi(\mathrm{Nrv}E)-\Phi(\mathrm{Nrv}E')\|<\mathrm{th}\Rightarrow \mathrm{Nrv}E\ \delta_{\|\Phi\|}\ \mathrm{Nrv}E'$$

（5）再选一对视频重复步骤（1）。 ■

7.7　形状及其近似描述接近类

本节继承了 7.1 节中关于近似描述接近性的工作，以识别从相对于选定阈值 $\mathrm{th}>0$ 的接近性 $\{\delta_{\|\Phi\|},\ \overset{\wedge\wedge}{\delta}_{\|\Phi\|},\ \overset{\text{conn}}{\delta}_{\|\Phi\|},\ \overset{\wedge\wedge}{\overset{\text{conn}}{\delta}}_{\|\Phi\|}\}$ 导出的 4 个不同类别的形状，该阈值是类别成员的接近性的上限。这些近似描述接近性总结在 7.1 节的表 7.1 中。设 sh$A$ 是空间 K 中的形状，它是由有限有界平面区域的三角剖分得出的。表 7.2 根据类的成员是否反映受限的描述接近性，或者类的成员是否反映具有区别性的描述接近性来区分近似描述接近性类别。

表 7.2　4 种不同类型的近似描述接近性形状类

		一般和强接近	
		无限制	限制
描述	无区别	$\mathrm{cls}^{\delta_{\|\Phi\|}}_{\text{shape}}(\mathrm{sh}A)$	$\mathrm{cls}^{\overset{\wedge\wedge}{\delta}_{\|\Phi\|}}_{\text{shape}}(\mathrm{sh}A)$
	区别	$\mathrm{cls}^{\overset{\wedge\wedge}{\overset{\text{conn}}{\delta}}_{\Phi}}_{\text{shape}}(\mathrm{sh}A)$	$\mathrm{cls}^{\overset{\wedge\wedge}{\overset{\text{conn}}{\delta}}_{\|\Phi\|}}_{\text{shape}}(\mathrm{sh}A)$

接下来，我们介绍这些形状的近似描述接近性类中的两个的构造，即：

近似描述性光涡旋神经类：

类 $\mathrm{cls}^{\delta_{\|\Phi\|}}_{\text{shape}}E$ 包含光涡旋神经形状，这些形状与类的代表性成员的形状具有近似描述接近性（参见 7.8 节）。

近似强描述性光涡旋神经类：

类 $\mathrm{cls}^{\overset{\wedge\wedge}{\delta}_{\|\Phi\|}}_{\text{shape}}$ 包含光涡旋神经形状，这些形状与类的代表性成员的形状具有近似强描述接近性（参见习题 7.19）。这意味着此类成员的形状的内部将具有与此类的代表性形状的描述（特征矢量）接近的描述（特征矢量）。

近似描述性光涡旋神经类：

类 $\mathrm{cls}^{\overset{\wedge\wedge}{\overset{\text{conn}}{\delta}}_{\|\Phi\|}}_{\text{shape}}$ 类包含光涡旋神经形状，这些形状与该类的代表性成员的形状具有近似描述接近性（参见 7.8 节）。

7.8　构建近似描述性光涡旋神经类的步骤

在本节中，我们根据构建彼此具有近似描述接近性的神经类别来重新审视光涡旋神经。这里沿着描述接近性应用的路径前进，而没有强烈要求一条神经的描述与特定类别的光涡旋神经中的代表性神经的描述完全匹配。使用近似描述接近性 $\overset{\wedge\wedge}{\delta}_{\|\Phi\|}$，我们设计了适当的特

征矢量，当感兴趣的神经出现和重新出现在视频帧图像序列中时，可以充分描述它们。这导致了 $\mathrm{cls}_{\mathrm{shape}}^{\delta_{\|\Phi\|}} E$ 类光涡旋神经的构建，该类光涡旋神经与该类的代表性成员具有近似的描述接近性。

例 7.13　（光涡旋神经轮廓样本）

火车交通视频帧图像上的光涡旋神经的轮廓如图 7.6 所示。**轮廓**是指定义光涡旋神经边界的循环骨架。计算这种神经的粒子速度是根据轮廓顶点（示例轮廓顶点如图 7.6 所示）得到的，见习题 7.14。光涡旋神经的能量是根据神经的粒子速度及其相对论质量计算的。光涡旋神经的相对论质量等于内部神经涡旋和外部（轮廓）神经涡旋所界定的神经区域的总和，见习题 7.16。

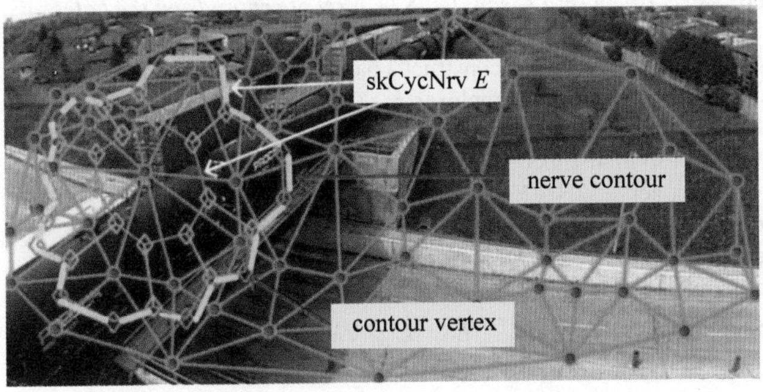

图 7.6　三角化视频帧图像上光涡旋神经的轮廓　■

习题 7.14

使用 $\delta_{\|\Phi\|}$ 接近度实现算法 15，使用 MATLAB 为视频中的帧图像构建光涡旋神经形状类。这将构造一个包含光涡旋神经形状的类 $\mathrm{cls}_{\mathrm{shape}}^{\delta_{\|\Phi\|}} E$，该形状与此类的代表性光涡旋神经形状具有近似描述接近性，定义为

$$\mathrm{cls}_{\mathrm{shape}}^{\delta_{\|\Phi\|}} E = \overbrace{\{\mathrm{sk}_{\mathrm{cyclic}}\mathrm{Nrv}G \in K : G\ \delta_{\|\Phi\|}\ \mathrm{sk}_{\mathrm{cyclic}}\mathrm{Nrv}E\}}^{\textbf{sys.}\boldsymbol{G}\ \boldsymbol{\delta_{\|\Phi\|}}\text{接近}\mathbf{sk_{cyclic}Nrv}\boldsymbol{E}}$$

算法 15：近似描述性光涡旋神经形状类的完整构建

Input : Visual Scene video scv

Output: Shape class $cls_{shape}^{\delta_{\|\Phi\|}} E$

1 /* Make a copy of the video scv.*/ ;
2 $scv' := scv$;
3 /* Use Algorithm 16 to initialize $cls_{shape}^{\delta_{\|\Phi\|}} E$ with first $\mathrm{sk_{cyclic}Nrv}E$ from frame $img \in scv'$.*/ ;
4 **Frame Selection Step**: *Select frame* $img \in scv'$;
5 /* Delete frame img from scv' (copy of scv), i.e.,*/ ;
6 $scv' := scv' \setminus img$;
7 $continue := True$;
8 **while** ($scv' \neq \emptyset$ *and continue*) **do**
9 　*Select new frame* $img' \in scv'$;
10 　**Test case** *repeat steps 3–10 in Algorithm 15 to obtain shape* $shE' := sk_{cyclic}NrvE' \in K' \in img \in scv'$;
11 　/* Check if the description of the new shape $\mathrm{sh}E'$ approximately matches the description of the representative shape $\mathrm{sh}E$*/ ;
12 　**if** ($shE\ \delta_{\|\Phi\|}\ shE'$) **then**
13 　　**Class Construction Step**: $cls_{shape}^{\delta_{\|\Phi\|}} E := cls_{shape}^{\delta_{\|\Phi\|}} E \cup shE'$;

if $(scv' \neq \emptyset)$ **then**
; /* Delete frame img' from scv', i.e.,*/ ;
$scv' := scv' \setminus img'$;
else
$continue := False$;

/* This completes the construction of a cusp nerve shape system class $\mathrm{cls}_{shape}^{\delta_{\|\Phi\|}} E$.*/ ;

算法 16：近似描述性光涡旋神经形状类的初步构建

Input : Visual Scene video scv
Output: Shape class $\mathrm{cls}_{shape}^{\delta_{\|\Phi\|}} E$
/* Make a copy of the video scv.*/ ;
$scv' := scv$;
Frame Selection Step: *Select frame* $img \in scv'$ *Let S be a set of centroids on the holes on frame* $img \in scv'$;
/* **Implement steps 1–9 in Algorithm** 13 to construct a pair of optical vortex nerves $\mathrm{sk_{cyclic}Nrv}E$, $\mathrm{sk_{cyclic}Nrv}E'$ on images cell complexes K, K' covering the pair of images img, img':*/ ;
/* Use Algorithm 4, install cusp filaments between the vortex cycles on img to complete the construction of optical vortex nerve $\mathrm{skNrv}\boldsymbol{E}$:*/ ;
Class representative Step: $sk_{cyclic}NrvH := skNrvE$;
Shape Features Selection Step: *Select feature vector* $\Phi(sk_{cyclic}NrvE)$;
/* Equip K' with approximate proximity $\delta_{\|\Phi\|}$ defined on feature vector $\Phi(\mathrm{sk_{cyclic}Nrv}E)$,*/ ;
Class initialization Step: $cls_{shape}^{\delta_{\|\Phi\|}} E := cls_{shape}^{\delta_{\|\Phi\|}} E \cup sk_{cyclic}NrvE$;
/* Delete frame img from scv' (copy of scv), i.e.,*/ ;
$scv' := scv' \setminus img$;
/* This completes the initial construction of an optical vortex nerve shape class $\mathrm{cls}_{shape}^{\delta_{\|\Phi\|}} E$.*/ ;

令 $\mathrm{bdy}(\mathrm{sk_{cyclic}Nrv}E)$为沿光涡旋神经 $\mathrm{sk_{cyclic}Nrv}E$ 边界（轮廓）的涡旋循环。请参见例 7.13 中的示例光涡旋神经轮廓，它是神经的边界。在构建尖端神经系统形状类时，使用粒子速度 $\mathrm{vbdy}(\mathrm{sk_{cyclic}Nrv}E)$作为尖端神经系统形状的特征。即计算包含 N 个顶点的涡旋神经边界上顶点的粒子速度。粒子速度 $v_{\mathrm{bdy}(\mathrm{sk_{cyclic}Nrv}E)}$等于在视频帧图像中出现的光涡旋神经与其随后在另一个视频帧图像中的出现之间的位移Δf_r除以Δt，即

$$v_{\mathrm{bdy}(\mathrm{sk_{cyclic}Nrv}E)} = \frac{\Delta f_r}{\Delta t}$$

使用相机或手机，而不是来自互联网的视频以获取用于构建光涡旋神经形状类的视频。给出在一个或多个选定视频的帧图像上找到的两个样本形状类 $\mathrm{cls}_{\mathrm{shape}}^{\delta_{\|\Phi\|}} E$。 ■

习题 7.15

证明光涡神经轮廓（边界）上单个顶点的粒子速度等于整个光涡旋神经的粒子速度。

■

习题 7.16

使用 $\delta_{\|\Phi\|}$ 接近度实现算法 15，使用 MATLAB 为视频中的帧图像构建光涡旋神经形状类。这将构造一个包含光涡旋神经形状类 $\mathrm{cls}_{\mathrm{shape}}^{\delta_{\|\Phi\|}} E$，该形状与此类的代表性光涡旋神经形状具有近似描述接近性，定义为

$$\mathrm{cls}_{\mathrm{shape}}^{\delta_{\|\Phi\|}} E = \overbrace{\{\mathrm{sk_{cyclic}Nrv}G \in K : G\ \delta_{\|\Phi\|}\ \mathrm{sk_{cyclic}Nrv}E\}}^{\mathbf{sys.}\boldsymbol{G}\ \boldsymbol{\delta_{\|\Phi\|}}\text{接近}\mathbf{sk_{cyclic}Nrv}\boldsymbol{E}}$$

在这个习题中，考虑光涡旋神经的粒子速度 $v_{particle}$ 和相对论质量，以得到所观察的光涡旋神经 $sk_{cyclic}NrvE$ 能量的精确视图。也就是说，视频帧图像序列上的光涡旋神经形状的能量 $E_{sk_{cyclic}Nrv}$ 定义为

$$E_{sk_{cyclic}Nrv} = \overbrace{m_{sk_{cyclic}Nrv} \times v_{particle}^2}^{\text{一个光涡旋神经的能量}}$$

使用能量 $\Phi(sk_{cyclic}NrvE) = E_{sk_{cyclic}Nrv}$ 来描述在构建尖端神经系统形状类时的尖端神经系统形状。即光涡旋神经类 $cls_{shape}^{\delta_{\|\Phi\|}} E$ 的每个成员 $sk_{cyclic}NrvG$ 具有与代表性光涡旋神经 $sk_{cyclic}NrvE$ 的能量大致相同的能量。设 th 是这个类的接近度的阈值，那么，$sk_{cyclic}NrvG$ 是类 $cls_{shape}^{\delta_{\|\Phi\|}} E$ 的成员，前提是

$$\left\| sk_{cyclic}NrvG - sk_{cyclic}NrvE \right\| < th$$

使用相机或手机，而不是来自互联网的视频以获取用于构建光涡旋神经形状类的视频。给出在一个或多个选定视频的帧图像上找到的两个样本 $cls_{shape}^{\delta_{\|\Phi\|}} E$ 形状类。■

习题 7.17

重做习题 7.16，构造一个光涡旋神经类，该类包含近似描述接近性类的代表性神经，使用具有 2 个特征（即粒子速度和能量）的特征矢量来描述该类的每个成员。■

在习题 7.18 中，我们使用光涡旋神经的能量 $E_{sk_{cyclic}Nrv}$ 对在视频帧图像序列中发现的此类神经进行分类。设 k+1 是三角化视频帧图像中最大神经复合形形状 $MNC_{shape}G$（即最大亚历山德罗夫神经）上的边界顶点数加上核顶点数。另外，设 h 是普朗克常数，即由普朗克计算出的在衡量光子携带的能量时的比例常数[1，p.563]，由下式给出：

$$h = 6.62607015 \times 10^{-35} \mathrm{erg/s}$$

$MNC_{shape}G$ 上的每个顶点都代表所谓的普朗克量子。作为最近对系统总能量的研究工作的结果：

$$E = hn$$

其中，n 是单位时间内系统中普朗克量子的数量。这个结果是由 Worsley [2，Eq.(1)，p.312] 得出的。对我们来说，MNC 形状的 $MNC_{shape}G$ 的总能量估计（以 J（焦耳）为单位）为

$$E_{MNC_{shape}G} = h \times (k+1)\, J/s$$

令 $sk_{cyclic}E$ 和 $sk_{cyclic}E'$ 是光涡旋神经 $sk_{cyclic}NrvG$ 上的内外循环骨架，令 $k_{sk_{cyclic}E}$ 和 $k_{sk_{cyclic}E'}$ 是 $sk_{cyclic}NrvG$ 上的顶点数。对于光涡旋神经 $sk_{cyclic}NrvG$，总神经能量 $E_{sk_{cyclic}NrvG}$ 可如下估计：

$$E_{sk_{cyclic}NrvG} = h \times (k_{sk_{cyclic}E} + k_{sk_{cyclic}E'})\, J/s$$

习题 7.18

使用 $\delta_{\|\Phi\|}$ 接近度实现算法 15，使用 Matlab 为视频中的帧图像构建光涡旋神经形状类。这种方法将构建一个类 $cls_{shape}^{\delta_{\|\Phi\|}} E$，包含光涡旋神经形状，该形状与此类的代表性光涡旋神经形状具有近似描述接近性，定义为

$$cls_{shape}^{\delta_{\|\Phi\|}} E = \overbrace{\{sk_{cyclic}NrvG \in K : G\ \delta_{\|\Phi\|}\ sk_{cyclic}NrvE\}}^{\mathbf{sys.}G\ \delta_{\|\Phi\|}\text{接近}\mathbf{sk_{cyclic}NrvE}}$$

该类包含 $\delta_{\|\Phi\|}$ 接近性的光涡旋神经，即在描述性上与代表性光涡旋神经相对于 5 个系统特征（即**系统粒子速度**、**系统能量**、**系统直径**、**系统孔数**和**平均系统轮廓顶点波长**）接近的尖端神经系统。这个类的成员可以近似描述地接近，前提是每个成员都有一个接近性类代表描述的特征矢量（描述）。类 $\text{cls}_{\text{shape}}^{\delta_{\|\Phi\|}} E$ 的每个成员的描述是一个特征矢量，包含

粒子速度：$v_{\text{sk}_{\text{cyclic}}\text{Nrv}}$ 用于从轮廓顶点（粒子）的粒子速度导出的光涡旋神经轮廓（其外边界）。

能量：$E_{\text{sk}_{\text{cyclic}}\text{Nrv}}$，它基于光涡旋神经的相对论质量。

直径：$\text{diam}_{\text{sk}_{\text{cyclic}}\text{Nrv}}$，即一对光涡旋神经轮廓顶点之间的最大距离。

孔数：$\text{hole}_{\text{sk}_{\text{cyclic}}\text{Nrv}}$，即光涡旋神经内部的孔数，通过对光涡旋神经内部的质心计数得到。

波长：$\lambda_{\text{sk}_{\text{cyclic}}\text{Nrv}}$，即光涡旋神经轮廓上顶点的平均波长。

光涡旋神经系统类的每个成员 G 的描述 $\Phi(\text{sk}_{\text{cyclic}}\text{Nrv})$将由以下特征矢量定义：

$$\Phi(G_{\text{sk}_{\text{cyclic}}\text{Nrv}}) = (v_{\text{sk}_{\text{cyclic}}\text{Nrv}}, E_{\text{sk}_{\text{cyclic}}\text{Nrv}}, \text{diam}_{\text{sk}_{\text{cyclic}}\text{Nrv}}, \text{hole}_{\text{sk}_{\text{cyclic}}\text{Nrv}}, \lambda_{\text{sk}_{\text{cyclic}}\text{Nrv}})$$

在这种构建 n 个光涡旋神经类的方法中，G'类的每个成员将相对于选定的阈值 th 而具有与类代表 G 的描述相接近的描述，即

$$\left\|\Phi(G_{\text{sk}_{\text{cyclic}}\text{Nrv}}) - \Phi(G'_{\text{sk}_{\text{cyclic}}\text{Nrv}})\right\| < \text{th}$$

使用相机或手机，而不是来自互联网的视频以获取用于构建光涡旋神经形状类的视频。给出在一个或多个选定视频的帧图像上找到的两个样本 $\text{cls}_{\text{shape}}^{\delta_{\|\Phi\|}} E$ 形状类。■

习题 7.19 ☕

通过执行如下步骤重做习题 7.15：

（1）修改算法 15，以便构造一类形状 $\text{cls}_{\text{shape}}^{\overset{\text{conn}}{\delta_{\|\Phi\|}}} E$（与该类的代表性形状具有近似强描述接近性的形状）。这里所做的假设是已找到三角视频帧图像的形状。

（2）在 MATLAB 中从步骤（1）开始实现算法。该 MATLAB 脚本将需要引入近似阈值 th > 0、在视频帧图像中找到的光学涡旋神经形状 sh$E$，以及在描述 sh$E$ 的特征矢量 $\Phi(\text{sh}E)$ 中使用的一组特征。这个神经形状 sh$E$ 将作为 $\text{cls}_{\text{shape}}^{\overset{\text{conn}}{\delta_{\|\Phi\|}}}$ 神经形状类的代表。根据对代表性形状 sh$E$ 的选择，该 MATLAB 脚本将找到并归类（添加到类 $\text{cls}_{\text{shape}}^{\overset{\text{conn}}{\delta_{\|\Phi\|}}} E$）所有与形状 sh$E$ 具有近似强描述接近性的视频帧图像形状 shE'，即

$$\overbrace{\left\|\Phi(\text{sh}E) - \Phi(\text{sh}E')\right\| < \text{th}}^{\text{sh}E\text{的描述接近}}$$

（3）使用具有 2 个特征的特征矢量来描述该类的每个成员，即能量和孔数（光涡旋神经内部的孔数）。

（4）在视频中给出两个使用 MATLAB 脚本构建的形状类示例。

使用手机或数码相机拍摄不超过 30～60s 的视频。不要使用来自互联网的视频。■

习题 7.20 ☕

使用习题 7.18 中的 5 个特征重做习题 7.19。即使用以下特征来描述形状类 $\text{cls}_{\text{shape}}^{\overset{\text{conn}}{\delta_{\|\Phi\|}}} E$

的成员。

粒子速度：$v_{\mathrm{sk_{cyclic}Nrv}}$ 用于从轮廓顶点（粒子）的粒子速度导出的光涡旋神经轮廓（其外边界）。

能量：$E_{\mathrm{sk_{cyclic}Nrv}}$，它基于光涡旋神经的相对论质量。

直径：$\mathrm{diam}_{\mathrm{sk_{cyclic}Nrv}}$，即一对光涡旋神经轮廓顶点之间的最大距离。

孔数：$\mathrm{hole}_{\mathrm{sk_{cyclic}Nrv}}$，即光涡旋神经内部的孔数，通过对光涡旋神经内部的质心计数得到。

波长：$\lambda_{\mathrm{sk_{cyclic}Nrv}}$，即光涡旋神经轮廓上顶点的平均波长。

光涡旋神经系统类的每个成员 G 的描述 $\Phi(\mathrm{sk_{cyclic}Nrv})$将由以下特征矢量定义：

$$\Phi(G_{\mathrm{sk_{cyclic}Nrv}}) = (v_{\mathrm{sk_{cyclic}Nrv}}, E_{\mathrm{sk_{cyclic}Nrv}}, \mathrm{diam}_{\mathrm{sk_{cyclic}Nrv}}, \mathrm{hole}_{\mathrm{sk_{cyclic}Nrv}}, \lambda_{\mathrm{sk_{cyclic}Nrv}})$$

该 MATLAB 脚本将确定以下不等式是否成立：

$$\overbrace{\left\|\Phi(G_{\mathrm{sk_{cyclic}Nrv}}) - \Phi(G'_{\mathrm{sk_{cyclic}Nrv}})\right\| \overset{?}{<} \mathrm{th}}^{\text{形状特征矢量的接近度检查}}$$

这导致构建了一类光涡旋神经形状 $\mathrm{cls}_{\mathrm{shape}}^{\overset{\wedge}{\overset{\mathrm{conn}}{\delta_{\|\Phi\|}}}} E$（与类的代表性形状具有近似强描述接近性的形状）。

这里所做的假设是已在三角化的视频帧图像上找到了形状。使用手机或数码相机拍摄不超过 30s~60s 的视频。不要使用来自互联网的视频。 ■

7.9　形状的近似强描述性连通类

随着在描述形状的特征矢量之间的差异上引入阈值 th > 0，我们可以期待看到分离的形状类别有时合并为单个形状类别。令 $\mathrm{sk_{cyclic}Nrv}E$ 为空间 K 中的光涡旋神经。包含该神经的 $\mathrm{cls}_{\mathrm{shape}}^{\overset{\wedge}{\overset{\mathrm{conn}}{\delta_{\|\Phi\|}}}}$ 形状类定义为

$$\mathrm{cls}_{\mathrm{shape}}^{\overset{\wedge}{\overset{\mathrm{conn}}{\delta_{\|\Phi\|}}}}(\mathrm{sk_{cyclic}Nrv}E) = \left\{\mathrm{sk_{cyclic}Nrv}E' \in 2^K : \mathrm{sk_{cyclic}Nrv}E \overset{\wedge}{\overset{\mathrm{conn}}{\delta_{\|\Phi\|}}} \mathrm{sk_{cyclic}Nrv}E'\right\}$$

例 7.21　（合并描述类）

回忆一下 6.9 节中的例 6.16，有以下描述接近性等级：

$$\mathrm{cls}_{\mathrm{shape}}^{\overset{\wedge}{\overset{\mathrm{conn}}{\delta_{\|\Phi\|}}}}(\mathrm{sk_{cyclic}Nrv2}) = (\mathrm{sk_{cyclic}Nrv2}, \cdots) = \left\{ \cdots, \cdots \right\}.$$

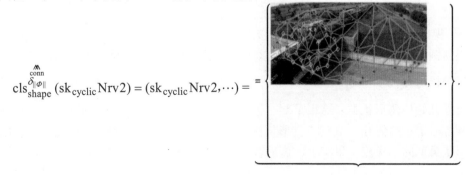

源自图 6.7(b)，$\overset{\wedge\!\wedge}{\delta}{}^{\text{conn}}_{\|\Phi\|}$ 类，神经贝蒂数 $=8$

$$\text{cls}_{\text{shape}}^{\overset{\wedge\!\wedge}{\delta}{}^{\text{conn}}_{\|\Phi\|}}(\text{sk}_{\text{cyclic}}\text{Nrv3}) = (\text{sk}_{\text{cyclic}}\text{Nrv3},\cdots) = \left\{\right.$$

$\left.,\cdots\right\}.$

源自图 6.8(a)，$\overset{\wedge\!\wedge}{\delta}{}^{\text{conn}}_{\|\Phi\|}$ 类，神经贝蒂数 $=7$

在这里，我们有兴趣推导出一类彼此具有近似描述接近性 $\overset{\wedge\!\wedge}{\underset{\delta_\Phi}{\text{conn}}}$ 的形状。接下来发生的事情取决于阈值 $\text{th}>0$ 的选择。让 $\text{th}=2$，然后我们得到

$$\left\|\Phi(\text{sk}_{\text{cyclic}}\text{Nrv2})-\Phi(\text{sk}_{\text{cyclic}}\text{Nrv3})\right\| = 8-7=1<2$$

因此

$$\text{cls}_{\text{shape}}^{\overset{\wedge\!\wedge}{\delta}{}^{\text{conn}}_{\|\Phi\|}}(\text{sk}_{\text{cyclic}}\text{Nrv2}) = \underbrace{(\text{sk}_{\text{cyclic}}\text{Nrv2},\text{sk}_{\text{cyclic}}\text{Nrv3},\cdots)}_{\text{从例}\mathbf{6.16}\text{合并的}\overset{\wedge\!\wedge}{\delta}{}^{\text{conn}}_{\|\Phi\|}\text{类}} = \left\{\right.$$

$\left.\right\}$

$\cup\left\{\right.$

$\left.,\cdots\right\}.$

此示例中的基本方法导致了对视频帧图像中的形状进行分类的许多应用。■

应用 1　视频帧图像中形状的近似描述接近性

根据例 7.21 中的基本方法，我们可以开始按视频帧图像序列推导近似的描述接近性。对于每个接近性 $\{\delta_{\|\Phi\|}, \overset{\wedge\!\wedge}{\delta}_{\|\Phi\|}, \delta^{\text{conn}}_{\|\Phi\|}, \overset{\wedge\!\wedge}{\delta}{}^{\text{conn}}_{\|\Phi\|}\}$，再加上选择的形状特征和适当的阈值 $\text{th}>0$，我们可以开始构建形状类。这很重要，因为每个类都代表描述性相似的视频帧图像形状的集族。对于小阈值 $\text{th}>0$ 和少量形状特征，我们可以预期视频帧图像中的形状将被分割成形状类似的小集族。事实上，这适合唯一感兴趣的形状是那些描述性非常接近的形状的情况。光涡旋神经形状的贝蒂数是一个很好的特征，因为用于光涡旋神经的自由阿

贝尔群表示的贝蒂数代表了有关此类神经形状结构的大量信息。近似描述接近性阈值 th > 0 的选择类似于渔网中孔洞大小的选择。形状接近性阈值越大，落入具有接近目标形状的近似描述接近性的一类形状的形状数量就越大。■

习题 7.22

执行下列步骤：

（1）选择一个视频，该视频记录了在与阳光相关的不同角度下显示的装满咖啡的咖啡杯上被自然阳光照亮的视觉场景。每个视频帧图像都是一个咖啡杯光焦散的记录，用于不同位置的不同咖啡杯。**提示**：使用手机或 iPad 拍摄视频，视频时长不应超过 3min。

（2）对所选的视频里帧图像 X 中孔的质心进行三角剖分以获得 CW 空间 K。让 K 具有 $\delta_{\|\Phi\|}$ 接近度。

（3）找到最大的亚历山德罗夫神经 Nrv$A$，它是具有公共顶点的三角形的最大数量的集族（复合形 K 的 MNC）。Nrv$A$ 中的每个顶点都是视频帧图像 X 上一个孔的质心。一个视频帧图像中可能有多个 MNC。

（4）在 MNC Nrv$A$ 中找到三角形的重心。

（5）构建一个光涡旋神经循环 $\mathrm{sk_{cyclic}}\mathrm{Nrv}E$，其顶点是所选 MNC 的三角形和沿所选 MNC 边界的三角形的重心。

（6）令 $\Phi(\mathrm{sk_{cyclic}}\mathrm{Nrv}E) = \mathrm{sk_{cyclic}}\mathrm{Nrv}E$ 的贝蒂数。关于如何计算光涡旋神经的贝蒂数见 4.11 节。

（7）选择阈值 th > 0。对所选视频中的每个视频帧图像重复步骤（3）。

（8）形状类代表选择步骤：

在视频的初始帧中选择一个 $\mathrm{sk_{cyclic}}\mathrm{Nrv}E$ 作为 $\mathrm{cls}_{\mathrm{shape}}^{\delta_{\|\Phi\|}}$ 形状类中的代表形状。

（9）找到至少 10 个视频帧图像，其中包含在描述上近似于 $\mathrm{sk_{cyclic}}\mathrm{Nrv}E$ 的光涡旋神经。构造一个光涡旋神经类，该类由包含光涡旋神经 $\mathrm{sk_{cyclic}}\mathrm{Nrv}E'$的视频帧图像组成，满足

$$\overbrace{\left\|\Phi(\mathrm{sk_{cyclic}}\mathrm{Nrv}E)-\Phi(\mathrm{sk_{cyclic}}\mathrm{Nrv}E')\right\|\overset{?}{<}\mathrm{th}}^{\text{具有接近贝蒂数的神经}}$$

这一步构造类 $\mathrm{cls}_{\mathrm{shape}}^{\delta_{\|\Phi\|}}(\mathrm{sk_{cyclic}}\mathrm{Nrv}E)$。

（10）在 $\mathrm{cls}_{\mathrm{shape}}^{\delta_{\|\Phi\|}}(\mathrm{sk_{cyclic}}\mathrm{Nrv}E)$类中存储和显示帧图像。

（11）对 3 个不同的视频重复步骤（1）。■

习题 7.23

令 $\mathrm{cls}_{\mathrm{shape}}^{\hat{\hat{\delta}}_{\|\Phi\|}}(\mathrm{sh}E)$是一类具有近似强描述性的形状，接近于代表性形状 sh$E$。重复习题 7.22 中的步骤以构建 $\mathrm{cls}_{\mathrm{shape}}^{\hat{\hat{\delta}}_{\|\Phi\|}}(\mathrm{sh}E)$类视频帧图像形状。■

习题 7.24

令 $\mathrm{cls}_{\mathrm{shape}}^{\overset{\mathrm{conn}}{\delta_{\|\Phi\|}}}(\mathrm{sh}E)$是一类在描述上与代表性形状 sh$E$ 近似连通（接近）的形状。重复习题 7.22 中的步骤，构造一个 $\mathrm{cls}_{\mathrm{shape}}^{\overset{\mathrm{conn}}{\delta_{\|\Phi\|}}}(\mathrm{sh}E)$类的视频帧图像形状。■

设 $\mathrm{sk_{cyclic}Cusp}A$、$\mathrm{sk_{cyclic}Cusp}B$ 是光涡旋神经 $\mathrm{sk_{cyclic}Nrv}E$ 上的一对尖端骨架，设 $\mathrm{sk_{cyclic}}$ 是神经 $\mathrm{sk_{cyclic}Nrv}E$ 上最里面的骨架。还假设尖端骨架和最里面的骨架有一个公共顶点 p。在这种情况下，我们获得了所谓的三骨架光涡旋神经 G（由 $\mathrm{triSk_{cyclic}Nrv}G$ 表示），定义为

$$\mathrm{triSk_{cyclic}Nrv}G=\left\{\mathrm{sk}\in\mathrm{sk_{cyclic}Nrv}E:\bigcap\mathrm{sk}\neq\varnothing\right\}$$

例 7.25 （三骨架光涡旋神经）

设光涡旋神经 $\mathrm{sk_{cyclic}Nrv}E$ 和三骨架光涡旋神经 $\mathrm{triSk_{cyclic}Nrv}G$ 表示在图 7.7 中。在这个例子中，我们有

$$\mathrm{triSk_{cyclic}Nrv}G=\left\{\mathrm{sk}\in\mathrm{sk_{cyclic}Nrv}E:\bigcap\mathrm{sk}=p\right\}$$

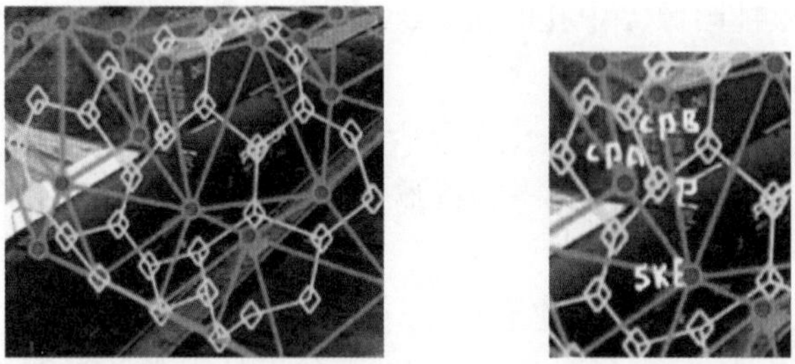

(a) 光涡旋神经$\mathrm{sk_{cyclic}Nrv}E$ (b) 三骨架光涡旋神经$\mathrm{triSk_{cyclic}Nrv}G$

图 7.7 $\mathrm{sk_{cyclic}Nrv}E\to\mathrm{triSk_{cyclic}Nrv}G$

即在图 7.7(b)中，光涡旋神经 $\mathrm{sk_{cyclic}Nrv}E$ 上的尖端骨架 $\mathrm{cp}A$、$\mathrm{cp}B$ 和最里面的骨骼 $\mathrm{sk}E$ 具有共同的顶点，即 p。因此，$\mathrm{triSk_{cyclic}Nrv}G$ 是一个光涡旋神经，是图 7.7(a)中神经 $\mathrm{sk_{cyclic}Nrv}E$ 的子代。 ■

定理 7.26

每个光涡旋神经都是三骨架光涡旋神经的集族。

证明：令 $\mathrm{sk_{cyclic}}$ 为平面中三角形有限有界曲面形状上的光涡旋神经 $\mathrm{sk_{cyclic}Nrv}E$ 的最内层骨架。根据定义，有一组附着在 $\mathrm{sk_{cyclic}Nrv}E$ 边界上的尖端骨架。每对相邻的尖端骨架 $\mathrm{cp}A$ 和 $\mathrm{cp}B$ 都有一个与 $\mathrm{sk_{cyclic}Nrv}E$ 相同的顶点 p，因为每个尖端细丝都终止于 sk 循环上的一个顶点。因此，我们有

$$\left\{\mathrm{cp}A\cap\mathrm{cp}B\right\}\cap\mathrm{sk_{cyclic}}=p$$

那么骨架 $\mathrm{cp}A$、$\mathrm{cp}B$、$\mathrm{sk_{cyclic}}$ 的集族是三骨架光涡旋神经。最里面的骨架 $\mathrm{sk_{cyclic}}$ 上的每个顶点都连通到神经 $\mathrm{sk_{cyclic}Nrv}E$ 上的尖端细丝。因此，$\mathrm{sk_{cyclic}Nrv}E$ 是三骨架光涡旋神经的集族。 ■

习题 7.27

三骨架光涡旋神经的贝蒂数是多少？它总是一样的吗？ ■

习题 7.28

一对有共同边的三骨架光涡旋神经的贝蒂数是多少？它总是一样的吗？ ■

习题 7.29

一个光涡旋神经上的三骨架光涡旋神经集族的贝蒂数是多少？ 它总是一样的吗？ ■

习题 7.30

使用 $\delta_{\|\Phi\|}^{\overset{\wedge}{\text{conn}}}$ 接近性重复习题 7.22 中的步骤，以构造一个 $\text{cls}_{\text{shape}}^{\delta_{\|\Phi\|}^{\overset{\wedge}{\text{conn}}}}$ ($\text{triSk}_{\text{cyclic}}\text{Nrv}G$)类，该类源自 3 个不同视频的三角化视频帧图像上的光涡旋神经。**提示**：不是去比较整个光涡旋神经的描述，而是将一个视频帧图像上选定的三骨架光涡旋神经 $\text{triSk}_{\text{cyclic}}\text{Nrv}G$ 的总面积（而不是贝蒂数）与所选视频中的剩余视频帧图像上的三骨架光涡旋神经进行比较。这将导致一类具有大致相同总面积的三骨架光学涡旋神经。 ■

尖端细丝表示相对于在相机图像或视频帧图像中捕获的视觉场景形状的偏振光。光的**偏振**是指电磁波的几何方向，它向左或向右旋转。偏振光是光子流，每个光子都有特定的自旋。光涡旋神经上的每个尖端细丝都代表了所谓的**光子量子位**，它是对偏振光中光子的两种可能自旋状态之一的描述。光子自旋在行进方向上要么在右手边，要么在左手边。光涡旋神经上的尖端细丝代表光子沿尖端细丝边界行进的方向。在我们的情况中，一个光**尖端细丝矢量量子位**记录了偏振光的左方向或右方向。左方向尖端顶点矢量产生的是超过 90°的角度（参见图 7.8(a)），右方向尖端顶点矢量产生的是小于 90°的角度（参见图 7.8(b)）。有关更多信息，请参见附录 A.21 节。

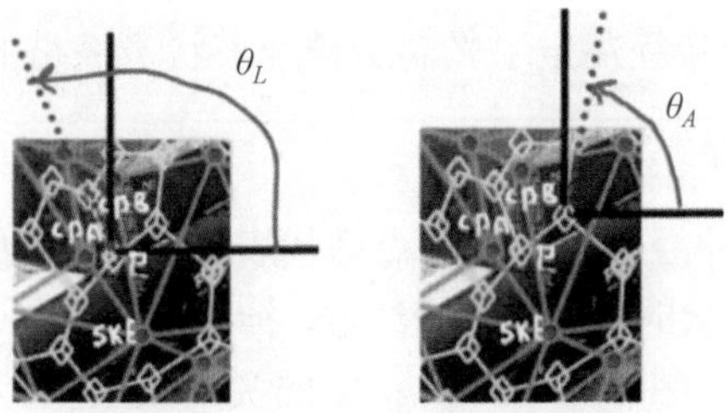

(a) 左方向尖端细丝cp$A$　(b) 右方向尖端细丝cp$A$

图 7.8　左方向和右方向尖端细丝

习题 7.31

使用 $\delta_{\|\Phi\|}^{\overset{\wedge}{\text{conn}}}$ 接近性重复习题 7.22 中的步骤，以构建从 3 个不同视频的三角化视频帧图像上的光涡旋神经派生的 $\text{cls}_{\text{shape}}^{\delta_{\|\Phi\|}^{\overset{\wedge}{\text{conn}}}}$ ($\text{triSk}_{\text{cyclic}}\text{Nrv}G$)类。**提示**：将选定视频帧图像上特定三骨架光涡旋神经 $\text{triSk}_{\text{cyclic}}\text{Nrv}G$ 中尖端细丝的朝向角（测试情况）与位于所选视频中剩余帧中的每个三骨架光涡旋神经的尖头细丝朝向角（样本情况）进行比较。这将导致一类三骨架光涡旋神经，其中包含具有大致相同朝向角的尖端细丝。在这里，需要非常小心地设置三骨架光涡旋神经的比较。令 θ_L 和 θ_R 是一对选定尖端细丝的朝向角。然后让这些朝向的描述（实际特征值）分别为 $\Phi(\theta_L)$和 $\Phi(\theta_R)$。这导致在构造 $\text{cls}_{\text{shape}}^{\delta_{\|\Phi\|}^{\overset{\wedge}{\text{conn}}}}$ ($\text{triSk}_{\text{cyclic}}\text{Nrv}G$)类时进行以下设置：

$$
\begin{aligned}
\text{th} &> 0\text{（近似描述接近性阈值）}\\
\psi_t &= \overbrace{\left\|\Phi(\theta_{L_t}),\Phi(\theta_{R_t})\right\|}^{\text{测试情况：特征矢量表达类}}\\
\psi_s &= \overbrace{\left\|\Phi(\theta_{L_s}),\Phi(\theta_{R_s})\right\|}^{\text{样本：类可能成员的描述}}\\
\|\psi_t-\psi_s\| &< \text{th}
\end{aligned}
$$

■

7.10 构造近似强描述性连通形状类的步骤

本节通过扩展算法 15 来处理光涡旋神经形状的 $\delta_{\|\Phi\|}^{\overset{\wedge\!\wedge}{\text{conn}}}$ 类的构造，从而继承了用于构造形状的近似描述类的方法。在 $\text{cls}_{\text{shape}}^{\delta_{\|\Phi\|}^{\overset{\wedge\!\wedge}{\text{conn}}}} E$ 形状类中，每个形状 sh$A$ 与形状 sh$E$（类代表形状）具有近似的强描述接近性。也就是说，对于选定的阈值 th > 0，我们有

$$\text{sh}E\ \delta_{\|\Phi\|}^{\overset{\wedge\!\wedge}{\text{conn}}}\ \text{sh}A \Leftrightarrow \|\text{sh}E - \text{sh}A\| < \text{th}$$

7.11 近似强描述性连通的神经形状的特征

关于强描述性连通接近性，首先要注意的是对包含路径连通顶点集族的连通空间内部的关注。连通空间内部的特征决定了光涡旋神经形状类成员的成员资格。

> **观察 4　光涡旋神经内部结构**
>
> 请注意，光学涡旋神经上的每个顶点都代表反射光中的单个光子，该光子构建了光涡旋神经 $\text{sk}_{\text{cyclic}}\text{Nrv}E$ 形状的结构。另请注意，神经 $\text{sk}_{\text{cyclic}}\text{Nrv}E$ 的内部定义在内部循环骨架 $\text{sk}_{\text{cyclic}} \in \text{int}(\text{sk}_{\text{cyclic}}\text{Nrv}E)$和附着在 $\text{sk}_{\text{cyclic}}$ 上的尖端细丝上。出于这个原因，在开始构建源自光涡旋神经的近似强描述连通性形状类时，我们考虑内部 $\text{int}(\text{sk}_{\text{cyclic}}\text{Nrv}E)$的特征。■

接下来给出由 $\text{sk}_{\text{cyclic}}\text{Nrv}E$ 定义的连通空间内部特征的示例。

细丝数： 令 filamentCount 是光学涡旋神经 $\text{sk}_{\text{cyclic}}\text{Nrv}A$ 上的细丝数。

细丝长度 + 内部循环骨架长度： 令附着在内部循环骨架 $\text{sk}_{\text{cyclic}}E$ 上的尖端细丝 filament$A$ 有顶点 $\boldsymbol{p}_{\text{filament}A}(x, y)$和 $\boldsymbol{q}_{\text{filament}A}(x', y')$。并令 skcyclic$E$ 有 n 个顶点：

$$\boldsymbol{p}_1(x_1, y_1), \cdots, \boldsymbol{p}_i(x_i, y_i), \boldsymbol{p}_{i+1}(x_{i+1}, y_{i+1}), \cdots, \boldsymbol{p}_n(x_n, y_n)$$

尖端细丝 A 的长度 $L_{\text{filament}A}$ 是 $\boldsymbol{p}_{\text{filament}A}(x, y)$和 $\boldsymbol{q}_{\text{filament}A}(x', y')$之间的距离，定义为

$$\overbrace{L_{\text{filament}A} = \| \boldsymbol{p}, \boldsymbol{q} \| = \sqrt{(x-x')^2 + (y-y')^2}}^{\text{尖端细丝filament}A\text{的长度}}$$

$\text{sk}_{\text{cyclic}}E$ 上的矢量对之间距离 $L_{\text{sk}_{\text{cyclic}}E}$ 的总和定义为

$$\overbrace{L_{\text{sk}_{\text{cyclic}}E} = \sum_{\boldsymbol{p}_i \in \text{sk}_{\text{cyclic}}E} \| \boldsymbol{p}_i, \boldsymbol{p}_{i+1} \|}^{\text{循环骨架}\mathbf{sk}_{\text{cyclic}}E\text{的长度}}$$

然后尖端细丝 + 内循环骨架的总长度 $L_{L_{\text{filament}A}, L_{\text{sk}_{\text{cyclic}}E}}$ 定义为

$$\overbrace{L_{L_{\text{filament}A}, L_{\text{sk}_{\text{cyclic}}E}} = L_{\text{filament}A} + L_{\text{sk}_{\text{cyclic}}E}}^{\text{filament}A\text{的长度}+\text{sk}_{\text{cyclic}}E\text{的长度}}$$

例 7.32（附着在神经内部循环骨架上的尖端细丝样本）

图 7.9 显示了光涡旋神经 $\text{sk}_{\text{cyclic}}\text{Nrv}E$ 上的样本尖端细丝顶点 $\boldsymbol{p}$、$\boldsymbol{q}$。内部循环骨架 $\text{sk}_{\text{cyclic}}E$

的外边界用线段——表示。根据我们观察到的情况，可以计算总长度 $L_{L_{\text{filament}A},\, L_{\text{sk}_{\text{cyclic}}E}}$，从而为 $\text{sk}_{\text{cyclic}}\text{Nrv}E$ 提供有用的特征值。设视频帧图像上的集族形状具有接近性 $\delta_{\|\Phi\|}^{\text{conn}}$，我们可以开始使用算法 17，借助单分量特征矢量 $\Phi(\text{cls}_{\text{shape}}^{\overset{\wedge}{\delta_{\|\Phi\|}^{\text{conn}}}}E)=(L_{L_{\text{filament}A}},\, L_{\text{sk}_{\text{cyclic}}E})$ 构建近似的强描述连通性类 $\text{cls}_{\text{shape}}^{\overset{\wedge}{\delta_{\|\Phi\|}^{\text{conn}}}}E$。可以通过包含由光尖端神经内部定义的连通空间的一些特征来改进此类的构造。

算法 17： 近似强描述连通性光涡旋神经形状类的完整构建

Input : Visual Scene video scv

Output: Shape class $\text{cls}_{\text{shape}}^{\overset{\wedge}{\delta_{\|\Phi\|}^{\text{conn}}}}E$

1 /* Make a copy of the video scv.*/ ;
2 $scv' := scv$;

3 /* Use Algorithm 18 to initialize $\text{cls}_{\text{shape}}^{\overset{\wedge}{\delta_{\|\Phi\|}^{\text{conn}}}}E$ with first $\text{sk}_{\text{cyclic}}\text{Nrv}E$ from frame $img \in scv'$.*/ ;
4 **Frame Selection Step**: *Select frame $img \in scv'$*;
5 /* Delete frame img from scv' (copy of scv), i.e.,*/ ;
6 $scv' := scv' \smallsetminus img$;
7 $continue := True$;
8 **while** *($scv' \neq \varnothing$ and continue)* **do**
9 　　*Select new frame $img' \in scv'$*;
10 　　**Test case** *repeat steps 3–11 in Algorithm 15 to obtain a candidate class shape $sk_{\text{cyclic}}\text{Nrv}E' \in K' \in img \in scv'$*;
11 　　/* Check if the description $\Phi(\text{sk}_{\text{cyclic}}\text{Nrv}E')$ of the new shape $\text{sk}_{\text{cyclic}}\text{Nrv}E'$ has approximate strong descriptive connected closeness to the description $\Phi(\text{sk}_{\text{cyclic}}\text{Nrv}E)$ of the representative shape $\text{sk}_{\text{cyclic}}\text{Nrv}E$*/ ;
12 　　**if** *($sk_{\text{cyclic}}\text{Nrv}E\ \overset{\overset{\wedge}{conn}}{\delta_{\|\Phi\|}}\ sk_{\text{cyclic}}\text{Nrv}E'$)* **then**
13 　　　　**Class Construction Step**: $cls_{\text{shape}}^{\overset{\wedge}{\delta_{\|\Phi\|}^{conn}}}E := cls_{\text{shape}}^{\overset{\wedge}{\delta_{\|\Phi\|}^{conn}}}E \cup sk_{\text{cyclic}}\text{Nrv}E'$;
14 　　**if** *($scv' \neq \varnothing$)* **then**
15 　　　　; /* Delete frame img' from scv', i.e.,*/ ;
16 　　　　$scv' := scv' \smallsetminus img'$;
17 　　**else**
18 　　　　$continue := False$;

19 /* This completes the construction of an approximate strong descriptive connectedness optical vortex nerve shape class $cls_{\text{shape}}^{\overset{\wedge}{\delta_{\|\Phi\|}^{conn}}}E$.*/ ;

算法 18： 近似强描述连通性光涡旋神经形状类的初步构建

Input : Visual Scene video scv

Output: Shape class $\text{cls}_{\text{shape}}^{\overset{\wedge}{\delta_{\|\Phi\|}^{conn}}}E$

1 /* Make a copy of the video scv.*/ ;
2 $scv' := scv.$;
3 /* Repeat Steps 3–11 in Algorithm 16 to find a representative optical vortex nerve shape in the new class $\text{cls}_{\text{shape}}^{\overset{\wedge}{\delta_{\|\Phi\|}^{conn}}}E.$ */ ;

/* Make a copy of the video scv. */ ;

Proximity Selection Step: *Equip* K' *with approximate proximity* $\overset{\overset{\wedge\wedge}{conn}}{\delta_{\|\Phi\|}}$ *defined on feature vector* $\Phi(sk_{cyclic}NrvE)$. ;

/* Equip K' with approximate proximity $\overset{\overset{\wedge\wedge}{conn}}{\delta_{\|\Phi\|}}$ defined on feature vector $\Phi(\mathrm{sk}_{\mathrm{cyclic}}\mathrm{Nrv}E)$. */ ;

Class initialization Step: $cls_{shape}^{\overset{\overset{\wedge\wedge}{conn}}{\delta_{\|\Phi\|}}}E := cls_{shape}^{\overset{\overset{\wedge\wedge}{conn}}{\delta_{\|\Phi\|}}}E \cup sk_{cyclic}NrvE$. ;

/* Delete frame img from scv' (copy of scv), i.e.,*/ ;

$scv' := scv' \setminus img.$;

/* This completes the initial construction of an approximate strong descriptive connectedness optical vortex nerve shape class $\mathrm{cls}_{shape}^{\overset{\overset{\wedge\wedge}{conn}}{\delta_{\|\Phi\|}}}E$.*/ ;

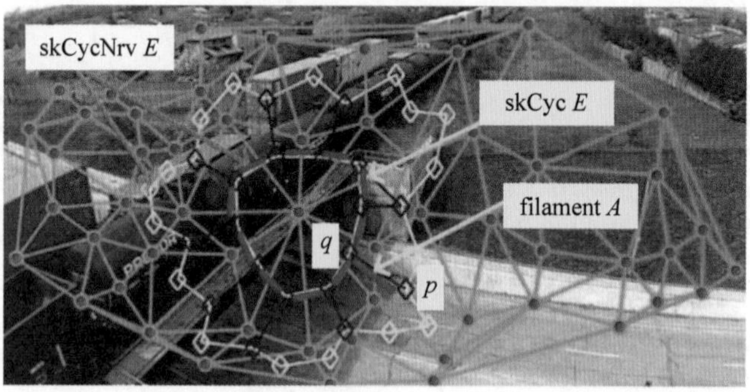

图 7.9　附着在内部循环骨架 $\mathrm{sk}_{\mathrm{cyclic}}E$ 上的尖端细丝 A ■

细丝顶点波长：设 $x_{\mathrm{filament}A}$ 是光涡旋神经 $\mathrm{sk}_{\mathrm{cyclic}}\mathrm{Nrv}E$ 上的尖端细丝 filament$A$ 上的顶点。另外，让 $v_{\mathrm{filament}A}$ 为 $x_{\mathrm{filament}A}$ 的粒子速度。回忆 7.2 节，顶点的粒子速度是通过记录在时间 t 的视频帧图像 f 中 $\mathrm{sk}_{\mathrm{cyclic}}\mathrm{Nrv}E$ 的第一次出现和在时间 t' 的视频帧图像 f' 中 $\mathrm{sk}_{\mathrm{cyclic}}\mathrm{Nrv}E$ 的下一次出现来估计的。那么 $v_{\mathrm{filament}A}$ 的粒子速度 $x_{\mathrm{filament}A}$ 定义为

$$\overbrace{v_{\mathrm{filament}A} = \frac{\Delta f}{\Delta t} = \frac{|f - f'|}{|t - t'|}}^{\text{尖端细丝顶点}x_{\mathrm{filament}A}\text{的粒子速度}}$$

由于每个尖端细丝顶点代表从摄像机或单次拍摄数码相机记录的视觉场景里的表面形状反射光中特定光子的作用，因此我们根据光子波长计算细丝顶点的波长。参见附录 A.22 节，光子的波长（用λ表示）定义为

$$\hbar = 1.054571726\cdots \times 10^{-34}\,\mathrm{kg\,m^2/s}\text{（普朗克常数）}$$

$$p = m\dot{x} = m\frac{\mathrm{d}x}{\mathrm{d}t}\text{（粒子的动能）}$$

$$\lambda = \frac{2\pi h}{p}\text{（光子的波长）}$$

令 $\lambda_{\mathrm{filament}A}$ 是光学涡旋神经 $\mathrm{sk}_{\mathrm{cyclic}}\mathrm{Nrv}A$ 上的尖端细丝顶点的波长，定义为

$$\overbrace{\lambda_{\mathrm{filament}A} = \frac{2\pi\hbar}{m \times v_{\mathrm{filament}A}} = \frac{2\pi\hbar}{1 \times v_{\mathrm{filament}A}}}^{\text{顶点}x_{\mathrm{filament}A}\text{的波长，}m=1}$$

细丝动能：设细丝 A 是具有质量 $m_{\text{filament}A}$ 和粒子速度 $v_{\text{filament}A}$ 的光涡旋神经上的尖端细丝。那么尖端细丝的动能 $E_{\text{filament}A}$ 定义为

$$\overbrace{E_{\text{filament}A}=\frac{1}{2}m_{\text{filament}A}v_{\text{filament}A}^{2}}^{\text{尖端细丝filament}A\text{的能量}}$$

尖端细丝表示从内部循环骨架光路和外部循环骨架光路之间的表面形状反射的光所遵循的路径，这些光路定义了光涡旋神经。因此，让 $m := 1$，因为质量 m 可以忽略不计。尖端细丝的能量是由光涡旋神经定义的连通空间内部特征的一个重要例子。

细丝顶点能量：令λ是以纳米（nm，即 10^{-6}m）为单位测量的光子的波长，可见光中光子的波长范围为 620~750nm（**红色**），495~570nm（**绿色**）和 380~400nm（**蓝色**），绿色在**可见光谱**的中部，$\hbar$ 是普朗克常数，c 是真空中的光速（299792458m/s 或 299792km/s，或 186282mile/s)。回想 2.7 节，光子的能量 $E(\lambda)$定义为

$$\overbrace{E(\lambda)=\frac{2\pi\hbar c}{\lambda}}^{\text{单个光子的能量}}$$

这是在由光涡旋神经 $\text{sk}_{\text{cyclic}}\text{Nrv}A$ 定义的连通空间中，尖端细丝顶点总能量特征的一个很好的来源。令 $N_{\text{filament}A}$ 为神经 $\text{sk}_{\text{cyclic}}\text{Nrv}A$ 中尖端细丝的数量。那么总能量 $E_{\Sigma\text{filament}A}$ 定义为

$$\overbrace{E_{\Sigma\,\text{filament}A}=2N_{\text{filament}A}\times E(\lambda)=2N_{\text{filament}A}\times\frac{2\pi\hbar c}{\lambda}}^{\text{神经}\text{sk}_{\text{cyclic}}\text{Nrv}A\text{上尖端细丝的能量}}$$

细丝中的数字 2 源于每个尖端细丝具有 2 个顶点的事实。

循环能量：令 $\text{sk}_{\text{cyclic}}A$ 是质量为 $m_{\text{sk}_{\text{cyclic}}A}$ 和粒子速度为 $v_{\text{sk}_{\text{cyclic}}A}$ 的光涡旋神经上的内循环骨架。那么内循环骨架的能量 $E_{\text{sk}_{\text{cyclic}}A}$ 定义为

$$\overbrace{E_{\text{sk}_{\text{cyclic}}A}=\frac{1}{2}m_{E_{\text{sk}_{\text{cyclic}}A}}v_{E_{\text{sk}_{\text{cyclic}}A}}^{2}}^{\text{内循环骨架}E_{\text{sk}_{\text{cyclic}}A}\text{的能量}}$$

7.12　资料来源和进一步阅读

描述接近性：

有关计算接近性的介绍，请参阅 Peters [3]。

描述接近性：

有关描述接近性的最新概述，请参阅 Di Concilio、Guadagni、Peters、Ramanna [4]。

动能：

Gupta 和 Gupta [5]很好地介绍了身体的能量(做功的能力)和动能(相对于身体的运动)。

基本能量当量：

有关谐波精髓的形成和基本能量方程的介绍，请参见 Worsley [2]。

设 $\hbar$ 为普朗克常数，n 为单位时间内量子系统中存在的普朗克量子数。系统的总能量 E

定义为

$$E = \hbar n$$

例 7.33 （量子系统的总能量[2，附录 A，p.317]）
令

$$\hbar = 6.626069 \times 10^{-34}\,\mathrm{J/s}$$

单个 10^{27} 伽马射线光子的总能量 E 定义为

$$E = \hbar n = 6.626069 \times 10^{-34} \times 10^{27} = 6.626069 \times 10^{-7}\,\mathrm{J/s}$$ ■

参 考 文 献

1. Planck, M.: Ueber das gesetz der energiervertlung im nomalspectrum. Deutschen Physikalishchen Gesellschaft 2, 553–563 (1900)
2. Worsley, A.: The formulation of harmonic quintessence and a fundamental energy equivalence equation. Phys. Essays 23(2), 311–319 (2010). https://doi.org/10.4006/1.3392799, ISSN 0836-1398
3. Peters, J.: Computational proximity. Excursions in the topology of digital images. Intell. Syst. Ref. Libr. 102, Xxviii + 433 (2016). https://doi.org/10.1007/978-3-319-30262-1, MR3727129 and Zbl 1382.68008
4. Concilio, A.D., Guadagni, C., Peters, J., Ramanna, S.: Descriptive proximities. Properties and interplay between classical proximities and overlap. Math. Comput. Sci. 12(1), 91–106 (2018). MR3767897, Zbl 06972895
5. Gupta, S., Gupta, S.: I.I.T. Physics, revised Ed., ii+1784. Jui Prakash Nath Publications, Meerut (1999). ASIN: B07CLNWBL for 2018 Ed

第 8 章　布劳威尔-勒贝格平铺定理和覆盖表面形状的神经复合形

本章介绍布劳威尔-勒贝格（Brouwer-Lebesgue）平铺定理的亚历山德罗夫版本，并介绍彼此接近的神经复合形系统，这些神经复合形能覆盖视觉场景中未知表面形状的全部或部分的内部已知形状。

8.1　引　　言

对平铺的研究从 H. Lebesgue（1875—1941 年）时代开始，文献[1]对空间填充曲线进行了研究，Sagan [2，5.5 节，pp.79-81]用多边形近似空间填充曲线（这项工作至少在开始时朝着使用三角剖分以近似空间填充曲线的方向发展），L.E.J. Brouwer（1881—1996 年）关于表面维数[3，4]的论述，一直到当前平铺的工作（例如，Adams、Morgan 和 Sullivan [5] 关于碰撞肥皂泡，Salepci 和 Welshinger [6]关于在单元复合形上平铺骨架）。布劳威尔引入了单纯近似定理，使用了博雷尔-勒贝格覆盖定理。回想一下，欧氏空间 $\mathbb{R}^n$ 中包含其内部点但不包含其边界点的非空集 G 称为**开集**。相比之下，$\mathbb{R}^n$ 中包含其内部点和边界点的非空集 E 称为**闭集**。开集和闭集是布劳威尔-勒贝格覆盖定理的基本构建块（图 8.1 和表 8.1）。

(a) 单元复合形拓扑学先驱L.E.J. Brouwer　　(b) 拓扑学先驱H. Lebesgue

图 8.1　H. Lebesgue 和 L.E.J. Brouwer

表 8.1　光尖端复合形及它们的符号

符号	含义	符号	含义
$\text{cuspNrv}E$	8.6 节	$\text{sk}_{\text{cyclic}}E$	8.6 节
$\text{sk}_{\text{cyclic}}\text{Nrv}E$	8.6 节	$\text{sk}_{\text{cyclic}}\text{Nrv}O$	8.6 节
$v_{\text{cuspContour}}$	8.11 节	$\text{cls}_{\text{cuspNrvShapeSys}}^{\delta_{\lVert\Phi\rVert}} E$	习题 8.43
$m_{\text{cuspNrvSys}}$	8.12 节	$E_{\text{cuspNrvSys}}$	4.7 节
$\text{cls}_{\text{shape}}^{\overset{\text{conn}}{\delta_{\lVert\Phi\rVert}}} E$	习题 8.48	$m_{\text{cuspNrvSys}}$	8.12 节

8.2 表面、形状、铺片和平铺

本节简要讨论用已知形状近似未知形状的基本构建块的结构。

> **观察 5　类比：平铺表面形状**
>
> 表面、形状和铺片的组合类似于在桌面上的一种情况，我们将咖啡洒在桌面上，用餐巾纸覆盖，从而形成了一个表面形状。■

这项工作的重点是有限有界的平面区域，这些区域是 3-D 形状的切片，例如来自圆柱体的圆盘或来自圆环的带孔圆盘。换句话说，**平表面**（简称为**表面**）是一个 3-D 形状的平面切片。每个表面都有一个源自其父辈 3-D 形状的边界和内部的形状。视频帧图像是跨越视觉场景中的许多表面的平面视图。每个物理表面形状有点像内部有许多孔的切割宝石的剖面。诀窍是获得未知物理形状的知识，这些形状表示为视频帧图像中平面有界表面的集族。

平面上的**铺片**是封闭的、有界的形状。回想一下，**闭合形状**是一个表面子区域，它包括其形状边界和形状内部。闭合的有界形状的例子是多胞形（每个多胞形都是半平面集族的交集，每个半平面都包括其边界）和单元复合形中的 2-单元（实心三角形▲）。回忆 1.12 节，一个 2-单元内部可以有一个或多个孔。类似地，任何表面铺片的内部都可以包含一个或多个孔，或者该内部本身可以是一个孔（例如，参见图 8.2(d)中具有非空边界和内部为孔的圆环铺片）。

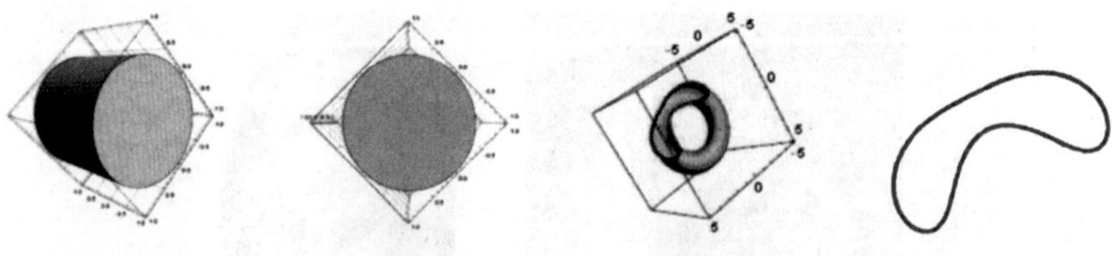

(a) 实心管作为平面圆形铺片的来源　(b) 圆盘铺片作为实体圆柱体的切片　(c) 环面　(d) 具有不规则边界和内部有孔的环铺片

图 8.2　源自实心圆柱体和圆环体的铺片

例 8.1　（简单铺片样例）

图 8.2(b)中的圆盘 sh$A$ 是图 8.2(a)中所示实心管的切片。这是一个铺片，因为它包括其非空内部 int(sh$A$)与来自管壁切片的边界 bdy(sh$A$)，即

$$\mathrm{sh}A=\overbrace{\mathrm{int}(\mathrm{sh}A)\cup\mathrm{bdy}(\mathrm{sh}A)}^{\mathbf{sh}A\text{是圆盘铺片}}$$

超薄轮胎铺片是一个内部有孔的圆盘。轮胎铺片的来源是管子或管子的切片。图 8.2(d)中的不规则形状[1]sh$B$ 是图 8.2(c)中所示环面的切片。这也是一个具有非空边界 bdy(sh$B$)以及内部 int(sh$B$)为一个孔的铺片的例子。形状 sh$B$ 是一个铺片，因为

1　此示例形状是使用来自 https://www.mathematica.stackexchange.com/questions/23546/的 Mathematica 脚本生成的。

$$\mathrm{sh}B=\overbrace{\mathrm{int}(\mathrm{sh}B)\cup\mathrm{bdy}(\mathrm{sh}B)=\varnothing\cup\mathrm{bdy}(\mathrm{sh}B)=\mathrm{bdy}(\mathrm{sh}B)}^{\mathbf{sh}B\text{是圆环铺片}}$$

圆盘和圆环切片都是闭合有界集，因为两者都是由它们的边界和内部定义的。 ■

根据定义，每个有限有界曲面都是形状 sh$E$，因为曲面是由其边界及其内部定义的。区域 sh$E$ 的**平铺**是铺片之间没有间隙且没有重叠的对铺片的布置，使得 sh$E$ 是铺片的并集的子集。设 shT_1, …, shT_k 是**覆盖**形状 sh$E$ 的铺片的集族。那么

$$\mathrm{sh}E\subset\overbrace{\bigcup_{i=1}^{k}T_i}^{\text{形状sh}E\text{的平铺覆盖形状}}$$

$$T_i\cap T_j\neq\varnothing,i\neq j\ \overbrace{\Leftrightarrow\mathrm{int}(T_i)\cap\mathrm{int}(T_j)=\varnothing}^{\text{相邻铺片具有不重叠的内部}}$$

覆盖表面且没有间隙的非重叠铺片的集族称为对表面的**覆盖**。有关表面覆盖的更一般视图，请参见 Grünbaum 和 Shephard [7]。请注意，表面覆盖物可以由不同形状的铺片紧密相接组成。一个完整的建筑墙的平铺图就是这样的一个例子。

8.3　博雷尔-勒贝格覆盖定理和可收缩表面覆盖

定理 8.2　博雷尔-勒贝格覆盖定理）

设 E 是 R^n 中的一个有界闭集，设 G 是覆盖 E 的开集集族的并集，那么 G 包含 G 中的 k 个子集 G_i，其并集也覆盖 E，即有

$$E\subset\overbrace{\bigcup_{i=1}^{k}G_i}^{\bigcup_{i=1}^{k}G_i\text{覆盖有界闭合集合}E}$$

换言之，只要满足定理 8.2 的要求，表面形状为 E 的覆盖集 G 是**可收缩覆盖集**。 ■

例 8.3　（工作中的博雷尔-勒贝格覆盖定理）

图 8.3 显示了一个由开集 G（没有边界的多边形）覆盖的有界闭曲面形状 E。多亏了博雷尔-勒贝格覆盖定理，我们总能在覆盖集 G 中找到有限个开的子集 G_i，$i\leqslant k$，使得子集的并集覆盖 E。例如，我们可以在多边形 G 的边界内部找到三角形$\triangle G_i$，$i\leqslant 3$，使得三角形的并集覆盖形状 E。也就是说，我们有

$$E\subset\overbrace{\bigcup_{i=1}^{3}\triangle G_i}^{\bigcup_{i=1}^{3}\triangle G_i\text{覆盖有界闭合集合}E}$$

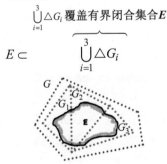

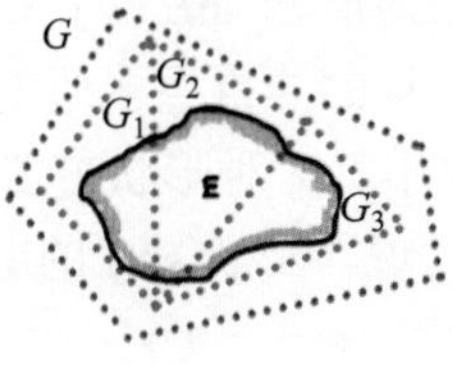

图 8.3　有界闭合形状 E 被 G 中三角形的并集覆盖 ■

8.4 足够小铺片的布劳威尔-勒贝格平铺定理

设K和K'是一对单元复合形，令$f: K \rightarrow K'$是从单元复合形K到单元复合形K'的映射。回想一下映射$f: K \rightarrow K'$是一个**连续映射**，使得$f(p)\ \delta\ f(q)$，只要$p\ \delta\ q$，即$f(p)$接近$f(q)$，只要顶点p接近顶点q。此外，设$\mathrm{cl}(K)$表示K的闭包，即非空集K包括其边界以及内部点。那么布劳威尔在一个连续映射的近似中得到如下结果。

定理 8.4 （布劳威尔近似定理）

映射$f: K \rightarrow K'$是连续映射$g: \mathrm{cl}(K) \rightarrow \mathrm{cl}(K')$的近似，只要对于每个顶点$p \in \mathrm{cl}(K)$，有$\mathrm{cl}(f(p))$属于一个包含顶点$g(p)$的$K$的最小单元复合形。 ■

定理 8.4 保证了连续映射可以通过最简单的分段映射来近似。在本章中，重点是勒贝格和布劳威尔在与布劳威尔近似定理相关的另一个发现。这个发现与我们用足够小的铺片（例如填充三角形，即 2-单元）覆盖 n-D 表面形状时会发生什么有关，因此，覆盖曲面形状中的顶点最终至少会导致出现覆盖表面形状的$n+1$个铺片。

定理 8.5 （布劳威尔–勒贝格平铺定理）

如果一个 n-D 形状以任何方式被**足够小**的铺片覆盖，则该形状中存在分属于至少$n+1$个小铺片的点。 ■

请注意，如果定理 8.5 中的铺片相对于被覆盖的表面形状不够小，则该定理失败。考虑一个被大铺片覆盖的 2-D 形状。如果我们用一个大的三角形形状的铺片 sh$E$ 覆盖平面（2-D）形状的 sh$A$ 使得 sh$A \subset$ sh$E$，那么 sh$A$ 中的所有点都位于 1 个铺片中。每当足够小的铺片覆盖一个表面形状时，定理 8.5 告诉我们覆盖表面形状的铺片近似于该形状。**足够小**取决于被覆盖的表面形状。这是一个非常简单的想法，对表面形状的研究具有非常重要的意义。

习题 8.6

给出一个表面形状 sh$E$ 的例子，以及对覆盖 sh$E$ 的三角形集族的选择。 ■

习题 8.7

对于视频中的每一幅帧图像，选择足够小的三角形来覆盖每个视频帧图像中的选定形状。 ■

在近似表面形状时，重点是用已知形状 sh$E$ 覆盖未知的表面形状 sh$A$。**已知形状**是某个欧氏空间 R^n 中有限点集的凸包，$n \geqslant 1$（有关凸包的更多信息，请参见 1.7 节）。换句话说，我们所说的已知形状可以是**多胞形**，例如实心三角形或实心多边形。已知形状是平面中的实心三角形的要求很重要，因为我们不仅对逼近轮廓感兴趣，而且对逼近未知表面形状的内部感兴趣。在这项工作中，已知形状 sh$E$ 是在覆盖的表面形状没有被已知空间填充曲线表示的情况下，具有已知几何形状的非重叠多边形的集族。

回忆 1.7 节中**覆盖**的概念。就使用另一种形状覆盖一个表面形状而言，形状 sh$E$ 覆盖形状 sh$A$，条件是 sh$A \subseteq$ sh$E$。换句话说，形状 sh$A$ 的所有部分都包含在形状 sh$E$ 中。

观察 6　近似未知表面形状

这里的基本目标是用已知表面形状 sh$\boldsymbol{E}'$去近似**未知表面形状** sh$\boldsymbol{E}$。已知形状 sh$\boldsymbol{E}'$的几何形状为我们提供了一种测量已知形状所覆盖的未知形状 sh$\boldsymbol{E}$ 的限制条件的方法。让未知形状 sh$\boldsymbol{E}$ 是有限有界的闭合曲面形状，并选择已知形状 sh$\boldsymbol{E}'$是足够小的曲面形状的集族，例如三角化曲面上的填充三角形。那么，根据布劳威尔–勒贝格定理 8.5，我们总能找到一个已知形状 sh$\boldsymbol{E}'$去近似于未知形状 sh$\boldsymbol{E}$。 ■

请注意，一个简单的、填充的、循环的平面骨架 sk$A$ 可以分解为覆盖 sk$A$ 的填充三角形的集族。回想一下，平面**循环骨架** sk$A$ 是由一族路径连通的顶点定义的，因此 sk$A$ 上有一条从 sk$A$ 上的任何顶点 p 起始并到 p 结束的路径。称骨架 sk$A$ 是**简单的**，只要骨架 sk$A$ 没有环（自相交）。骨架 sk$A$ 上的每条边都是一个半平面的边界边，该半平面向上或向下或跨越而到达 sk$A$ 的内部。最终结果是骨架 sk$A$ 由一族半平面与沿 sk$A$ 边界的有界边的交集所定义。未知平面形状的面积可以通过用不重叠的三角形覆盖该形状来近似。

例 8.8（用三角形近似虎头的面积）

图 8.4 显示了一个 2-D 虎头，上面覆盖着一个包含小的、不重叠的等边三角形的单元复合形 K。由定理 8.5 可知，虎头中至少有属于复合形 K 中 2+1 个三角形的点。例如，图 8.4 中的点 p 是包含 6 个△的亚历山德罗夫神经的顶点。覆盖这个虎头形状的三角形面积的总和近似于那个形状，因为三角形面积的总和给出了头部形状占据的表面积的上限。

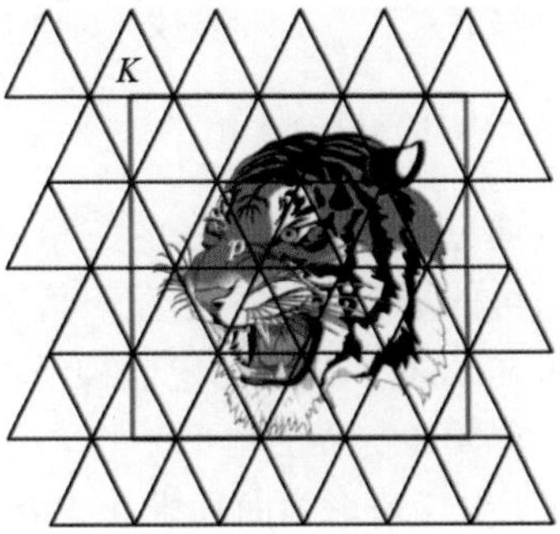

图 8.4　用三角形平铺图像

8.5　亚历山德罗夫–神经平铺定理

回想一下，有限有界平面区域π上的铺片是一种形状，即包括其边界和内部的非空集。CW 复合形中平面铺片的常见示例是实心三角形。平面铺片的一个例子是亚历山德罗夫神经 Nrv$E$，它由对π的三角剖分产生。情况就是这样，因为 Nrv$E$ 是三角形的集族，边界由填充三角形的外边界定义，在 Nrv$E$ 中有一个公共顶点 p，内部非空且由内部和连接到核 p 的边定义。

定理 8.9（亚历山德罗夫–神经平铺定理）

如果 2-D 表面形状以任何方式被足够小的亚历山德罗夫神经覆盖，则该形状中存在属于至少 2 + 1 个神经的点。

证明：设 K 是一个 2-单元复合形，它覆盖了一个形状 sh$E$，其铺片是亚历山德罗夫神经复合形 Nrv$E$。根据布劳威尔–勒贝格定理 8.5，如果覆盖 sh$E$ 的瓦片足够小，则 sh$E$ 中的点至少位于 2 + 1 个铺片中。神经铺片 Nrv$E$ 包含至少 3 个顶点，神经至少有一个实心三角形▲A。根据定义，Nrv$E$ 中▲A 中的每个顶点都是连接到▲A 的 2 + 1 条神经的核（与神经三角形集族共有的顶点）。因此，对于覆盖形状 sh$E$ 的亚历山德罗夫神经复合形的铺片，布劳威尔–勒贝格结果成立，前提是神经铺片足够小以允许覆盖物中有 2 个以上的神经铺片。因此，期望的结果如下。

例 8.10 （**具有非重叠、非等边三角形的三角化形状**）

火星奥林匹斯山火山口的快照如图 8.5(a)所示。这是奥林匹斯山的照片，火星上的一座非常大的盾状火山，由美国国家航空航天局水手 9 号拍摄。这座火星火山高出火星平原 25 km（16 英里），直径为 624 km（374 英里）。整个夏威夷山脉（从考艾岛到夏威夷）都可嵌入奥林匹斯山。有关这方面的更多信息，请参阅美国宇航局的报告[8]。

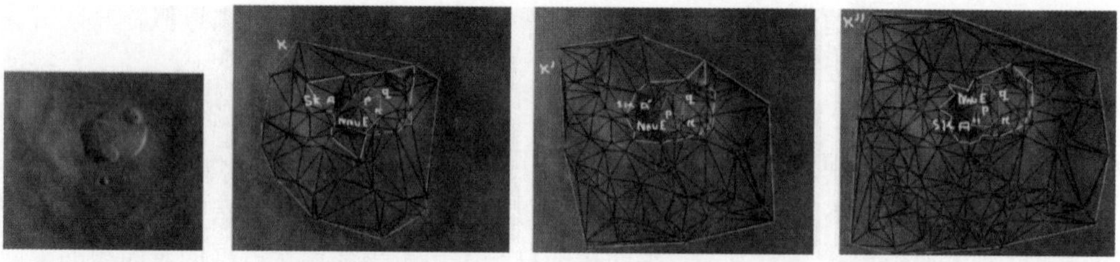

(a) 火星奥林匹斯山，由美国宇航局/JPL-加州理工学院提供　(b) 火星奥林匹斯山的三角剖分，89个顶点　(c) 火星奥林匹斯山的三角剖分，144个顶点　(d) 火星奥林匹斯山的三角剖分，233个顶点

图 8.5　奥林匹斯山火山口区域的单元复合形 K、K'、K''的近似 ■

根据定理 8.9，我们知道可以通过在陨石坑形状的三角剖分中用足够小的亚历山德罗夫神经覆盖该形状来近似 2-D 陨石坑的形状。诀窍是在三角剖分中选择种子点的数量，使得陨石坑形状中的最大点数包含在 k，$k \geqslant (2+1)$个的覆盖神经中。奥林匹斯山陨石坑面积的近似值也可以通过在包含非等边 2-单元（实心三角形）的单元复合形 K 中用填充的循环骨架 sk$A$ 覆盖火山口图像，然后对 sk$A$ 中三角形的面积求和来获得。

观察 7　亚历山德罗夫–神经平铺定理的重要性

亚历山德罗夫–神经平铺定理 8.9 提供了一个表面形状与神经复合形平铺充分性的下限。一旦我们达到了拥有足够小的神经铺片的点，以便在形状覆盖的 2 + 1 个神经中包含表面形状点，我们也有一个改善用已知表面形状来近似未知表面形状的起点的指示，即覆盖未知形状的一族连续的亚历山德罗夫神经的形状。术语**未知表面形状**意味着对观察到的表面形状的内部和边界的测量是未知的。 ■

例如，通过对 89 个质心进行三角剖分并用填充的循环骨架 sk$A$ 覆盖火山口，我们获得了火星火山口面积的粗略近似值，如图 8.5(b)所示。在这里，有一个充满了亚历山德罗夫神经的骨架 sk$A$ 覆盖了陨石坑。例如，Nrv$E \in$ sk$A$ 包含▲(pqr)，其中每个顶点是另一条神经的核。

通过将质心数量从 89 增加到 144，我们获得了改进的陨石坑面积近似值，如图 8.5(c)

所示。在该近似中，填充骨架 sk$A$ 的边界比图 8.5(b)中填充骨架 sk$A$ 更靠近火山口边缘。三角形数量从 144 增加到 233 导致了一个相当好的被覆盖的火山口形状的近似值，如图 8.5(d)所示。在这种情况下，填充骨架 sk$A$ 的边界非常接近火星山陨石坑的边缘。这三个近似值的准确性越来越高，几乎同心的神经铺片覆盖了三角化的奥林匹斯山陨石坑，即

$$\overbrace{\text{奥林匹斯火山口} \subset \mathrm{sk}A'' \subset \mathrm{sk}A' \subset \mathrm{sk}A}^{\text{减少神经铺片与火星陨石坑的重叠}}$$ ■

例 8.11　（用亚历山德罗夫神经在加拿大 20 美元形状上平铺肖像）

一张 20 加元的钞票的一面如图 8.6 所示。接下来是对伊丽莎白女王肖像的依次平铺（图 8.7）。

图 8.6　20 加元的钞票

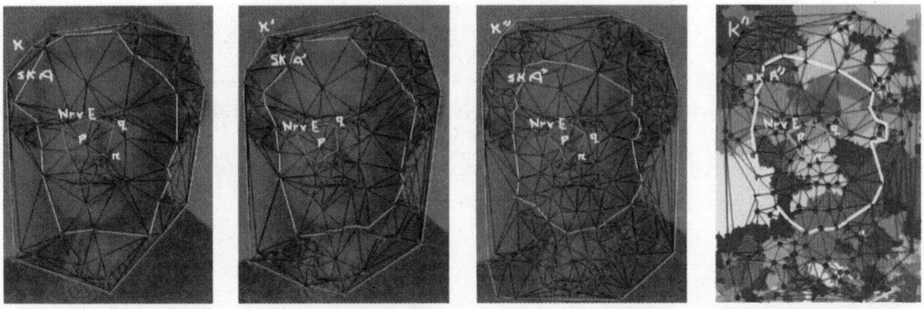

(a) 亚历山德罗夫神经，89个顶点覆盖伊丽莎白女王肖像　(b) 亚历山德罗夫神经，144个顶点覆盖伊丽莎白女王肖像　(c) 亚历山德罗夫神经，233个顶点覆盖伊丽莎白女王肖像　(d) 覆盖伊丽莎白女王肖像的233个片段

图 8.7　伊丽莎白女王肖像的依次 K、K'、K''亚历山德罗夫神经平铺近似

图 8.7(a)：填充的骨架 sk$A$ 包含神经铺片，顶点位于伊丽莎白女王肖像面部的 89 个质心子集中。

图 8.7(b)：填充的骨架 skA 包含神经铺片，顶点位于伊丽莎白女王肖像面部的 144 个质心子集中。

图 8.7(c)：填充的骨架 skA 包含神经铺片，顶点位于伊丽莎白女王肖像面部的 233 个质心子集中。

图 8.7(d)：覆盖伊丽莎白女王肖像的 233 个片段。

数学形态学可用于获得对伊丽莎白女王肖像的分割。每个•是一个片段的质心。每个片段都有不同的颜色，代表肖像中肖像强度均匀的区域。请注意覆盖伊丽莎白女王肖像面部的骨架 sk$A$、skA'、skA''的尺寸逐步缩小，这表明肖像面部区域的近似精度不断提高，即，

$$\overbrace{\text{伊丽莎白女王肖像面部} \subset \mathrm{sk}A'' \subset \mathrm{sk}A' \subset \mathrm{sk}A}^{\text{减少面部亚历山德罗夫神经铺片的重叠}}$$

我们知道这个平铺中的亚历山德罗夫神经足够小并且定理 8.9 成立，因为 Nrv$E$ 中三角形▲(pqr) 的顶点是面部平铺中的核。换句话说，面部表面存在分属于覆盖中的 2+1 神经的点。 ■

8.6 光尖端神经铺片

本节介绍表面的另一种形式的平铺，其中每个平铺都是从光涡旋神经中提取的光尖端神经。

定义 8.12 （光尖端神经）

令 $\mathrm{sk}_{\mathrm{cyclic}}\mathrm{Nrv}G$ 是 CW 复合形 K 上的光涡旋神经，该 CW 复合形 K 源自有限有界曲面上基于质心的三角形的重心三角剖分。令 $\mathrm{sk}_{\mathrm{cyclic}}A$ 是中心填充循环骨架，让 $\mathrm{sk}_{\mathrm{cyclic}}B$ 是 $\mathrm{sk}_{\mathrm{cyclic}}\mathrm{Nrv}G$ 上的外部骨架。还令 $\mathrm{sk}_{\mathrm{cyclic}}Q$ 是一个连接到填充骨架 $\mathrm{sk}_{\mathrm{cyclic}}A$ 的填充循环尖端骨架，让 $\mathrm{sk}_{\mathrm{cyclic}}Q'$是一个连接到 $\mathrm{sk}_{\mathrm{cyclic}}A$ 的填充循环尖端骨架。**尖端骨架**是包含一对尖端细丝的环状骨架，它们连接在光涡旋神经 $\mathrm{sk}_{\mathrm{cyclic}}\mathrm{Nrv}G$ 的中央骨架 $\mathrm{sk}_{\mathrm{cyclic}}A$ 和外部骨架 $\mathrm{sk}_{\mathrm{cyclic}}B$ 的顶点之间。有一个细丝连接到 $\mathrm{sk}_{\mathrm{cyclic}}A$ 上的尖端细丝的顶点和 $\mathrm{sk}_{\mathrm{cyclic}}B$ 上的顶点。光尖端神经 cuspNrv$O$ 定义为

$$\mathrm{cuspNrv}E = \overbrace{\left\{\mathrm{sk}_{\mathrm{cyclic}}Q \in \mathrm{sk}_{\mathrm{cyclic}}\mathrm{Nrv}G : \left[\bigcap \mathrm{sk}_{\mathrm{cyclic}}Q\right] \bigcap \mathrm{sk}_{\mathrm{cyclic}}A \neq \varnothing\right\}}^{\mathbf{cuspNrv}\boldsymbol{E}\text{骨架有共同的单元}}$$ ■

从定义 8.12 中，我们知道当寻找与光涡旋神经附着的光尖端神经时所期望的是什么，那就是三个相交骨架的共同单元。

引理 8.13

光尖端神经中的共同单元是一个顶点。

证明：设 cuspNrv$E$ 是一个光尖端神经，包含一个中央骨架 $\mathrm{sk}_{\mathrm{cyclic}}A$ 和一对连接到 $\mathrm{sk}_{\mathrm{cyclic}}A$ 的尖端骨架 $\mathrm{sk}_{\mathrm{cyclic}}B$ 和 $\mathrm{sk}_{\mathrm{cyclic}}C$。根据定义 8.12，$\mathrm{sk}_{\mathrm{cyclic}}B$ 和 $\mathrm{sk}_{\mathrm{cyclic}}C$ 有一个共同的边（称之为 filament$O$），因为这些尖端骨架与 $\mathrm{sk}_{\mathrm{cyclic}}A$ 有一个共同的部分。同样根据定义，filament$O$ 有一个连接到 $\mathrm{sk}_{\mathrm{cyclic}}A$ 的顶点。每个尖端骨架都有一个连接到 $\mathrm{sk}_{\mathrm{cyclic}}A$ 的边（称为边 filament$B$、边 filament$C$）。因此，

$$\overbrace{[\mathrm{filament}B \cap \mathrm{filament}C] \cap \mathrm{filament}O = p}^{\text{光尖端神经骨架有共同的顶点}\boldsymbol{p}}$$ ■

根据定义，光尖端神经中作为共同单元的顶点是三角形的重心。

根据引理 8.13，光涡旋神经的中央骨架 $\mathrm{sk}_{\mathrm{cyclic}}A$ 的每个顶点 p 都连通到尖端细丝，这是连通到中央骨架的一对相邻尖端骨架共有的边。$\mathrm{sk}_{\mathrm{cyclic}}A$ 上的这样一个顶点 p 是光神经的核。

例 8.14

图 8.8 显示了三角化表面 K 上的示例光尖端神经 cuspNrv$E$，由以下步骤定义：

步骤 0：在三角化图像上，$\mathrm{sk}_{\mathrm{cyclic}}\mathrm{Nrv}G \in K$。

注意：$\mathrm{sk}_{\mathrm{cyclic}}\mathrm{Nrv}G$ 位于 K 上最大亚历山德罗夫神经的重心上。

步骤 1：$\mathrm{sk}_{\mathrm{cyclic}}A \in \mathrm{sk}_{\mathrm{cyclic}}\mathrm{Nrv}G$。

步骤 2：vertex$p \in \mathrm{sk}_{\mathrm{cyclic}}A$。

步骤 3：$\mathrm{sk}_{\mathrm{cyclic}}Q_1 \cap \mathrm{sk}_{\mathrm{cyclic}}A = \mathrm{filament}A$。

步骤 4：$\mathrm{sk}_{\mathrm{cyclic}}Q_2 \cap \mathrm{sk}_{\mathrm{cyclic}}A = \mathrm{filament}A'$，因此 $\mathrm{filament}A \cap \mathrm{filament}A' = p$

步骤 5：$\mathrm{cuspNrv}E = (\mathrm{sk}_{\mathrm{cyclic}}Q_1 \cup \mathrm{sk}_{\mathrm{cyclic}}Q_2) \cup \mathrm{sk}_{\mathrm{cyclic}}A$，因此

$$(\mathrm{sk}_{\mathrm{cyclic}}Q_1 \cap \mathrm{sk}_{\mathrm{cyclic}}Q_2) \cap \mathrm{sk}_{\mathrm{cyclic}}A = p$$

换句话说，图 8.8 中的两个填充骨架 $\mathrm{sk}_{\mathrm{cyclic}}Q_1$ 和 $\mathrm{sk}_{\mathrm{cyclic}}Q_2$ 都有一条边连通到中央骨架 $\mathrm{sk}_{\mathrm{cyclic}}A$。它们分别为 filament$A$ 和 filamentA'。由于这些星型骨架在尖端神经中相邻，所以相连的边有一个共同的顶点 p，即 $\mathrm{filament}A \cap \mathrm{filament}A' = p$。这也意味着所有三个循环骨架都有一个共同的顶点 p，即尖端神经的核。 ■

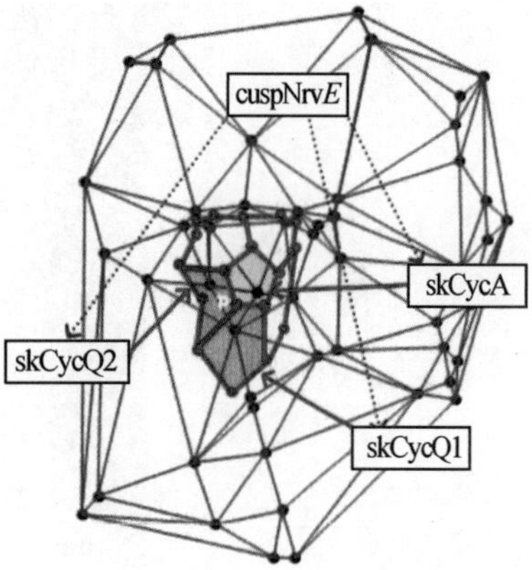

图 8.8　光尖端神经 cuspNrv$E$ 的结构

请注意，图 8.8 中的尖端神经 cuspNrv$E$ 的每个顶点都是三角形的重心。在构建一个光尖端神经时，我们要求每个重心都属于一个三角形，三角形的顶点是表面孔（即吸收光的表面区域）的质心。因此，光尖端神经中的骨架内部是反射光的表面区域。

例 8.15　（**火星奥林匹斯山陨石坑的三角化照片上的光尖端神经**）

在图 8.9 的火星奥林匹斯山陨石坑的三角化照片上显示了一个光尖端神经样例。根据算法 19，有 3 个尖端细丝 $\overline{pp'}$、$\overline{qq'}$、$\overline{rr'}$，在图 8.9 中用红色线段——表示。标记为 A 的区域覆盖了大部分主要火山口。标记为 B 和 C 的区域覆盖了主陨石坑边缘的较小陨石坑。这些表明构建一个光尖端神经的主要优势之一是尖端神经能够到达中心涡旋骨架覆盖的主要区域之外的边界区域的部分（这是算法 19 中的填充骨架 $\mathrm{sk}_{\mathrm{cyclic}}A$）。回想一下，中央涡旋骨架是光涡旋神经中一对嵌套的非同心涡旋骨架中最里面的涡旋。在这个例子中，弧 $\overline{q'p'}$ 和 $\overline{pr'}$ 是覆盖火山陨石坑的光涡旋神经的最外层涡旋骨架（在图 8.9 中用橙色片段表示）的一部分。

算法 19：在三角化视觉场景中构建光尖端神经

Input : Visual Scene img
Output: Optical Cusp Nerve cuspNrv$G$ on a Triangulated Visual Scene img
Let S be a set of centroids on the holes on img;
/* Apply the steps in Example 8.14, i.e.,*/ ;
Triangulation Step *triangulate on centroids in S to produce cell complex K*;
MNC Step: *Find maximal nucleus cluster MNC Nrv$H$ on K*;
Barycenters Step: *Find barycenters of ▲s on K*;
Vortex Skeletons Step: *Connect barycenters on Nrv$H$ and on barycenters of ▲s adjacent to Nrv$H$*;
/* The Vortex Skeletons Step constructs nesting, non-overlapping cyclic skeleton on MNC Nrv$H$:*/ ;
/* Inner skeleton $\mathrm{sk}_{\mathrm{cyclic}}A$ and outer skeleton $\mathrm{sk}_{\mathrm{cyclic}}A'$ on MNC Nrv$H$.*/ ;
Vertex Selection Step: *Choose vertex p on $sk_{cyclic}A$*;
/* Let q, r be vertexes on the left and right of p, respectively.*/ ;
Left Cusp Filament Step: *Attach filament between q on $sk_{cyclic}A$ and q' on $sk_{cyclic}A'$*;
Middle Cusp Filament Step: *Attach filament between p on $sk_{cyclic}A$ and p' on $sk_{cyclic}A'$*;
Right Cusp Filament Step: *Attach filament between r on $sk_{cyclic}A$ and r' on $sk_{cyclic}A'$*;
/* This completes the construction of an optical cusp nerve cuspNrv$G$.*/ ;

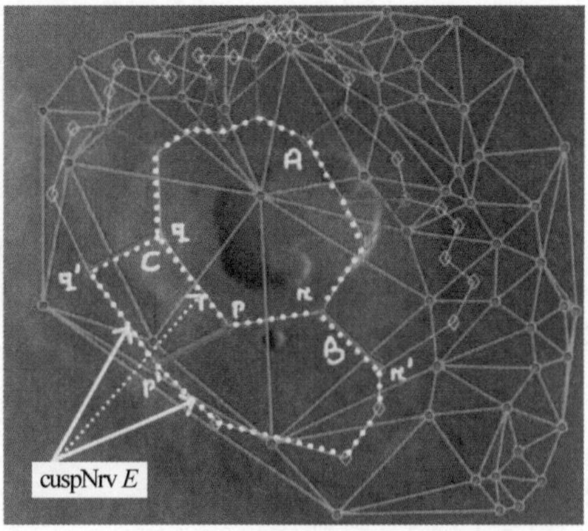

图 8.9 覆盖火星火山陨石坑的光尖端神经 cuspNrv$E$ ■

例 8.16 （三角化视频帧图像上的光尖端神经）

在图 8.10 中博物馆大厅场景的三角化视频帧图像[1]中显示了一个光尖端神经 cuspNrv$E$。该神经包含 5 个嵌套的非中心涡旋。每对相邻（最近）的涡旋之间都连着尖端细丝。从算法 19 中可以看出，图 8.10 中有许多用虚线表示的尖端细丝。

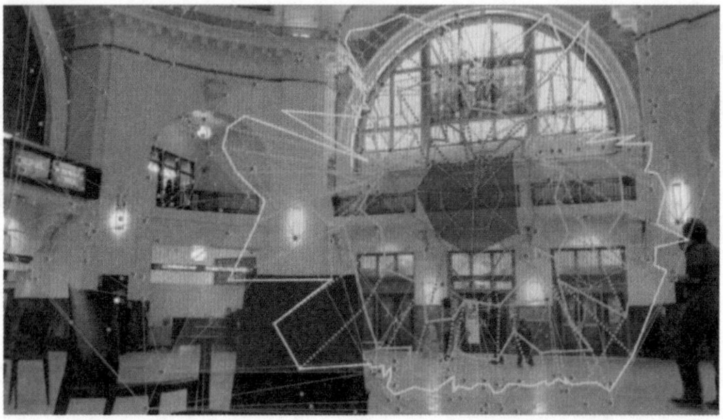

图 8.10 光尖端神经 cuspNrv$E$，由 A.P.H. Don 提供 ■

一个骨架涡旋 skVE 是一个填充涡旋，假设 skVE 的闭包里包括一个非空的 int(skVE)，即 skVE 的内部是非空的。

例 8.17 （光涡旋神经中的填充涡旋）

在图 8.10 中，光涡旋神经中的每个涡旋都是填充的。例如，图 8.10 中最内涡旋的阴影内部不仅包括其边界，还包括该涡旋的阴影内部。 ■

定理 8.18

设 K 是由尖端细丝相互连接的嵌套、填充、非同心涡旋的非空集族，那么 K 是神经。 ■

习题 8.19 ☕

1 非常感谢 Arjuna P. H. Don 的这张照片。

证明定理 8.18。■

习题 8.20

对于图 8.10 所示的光涡旋神经 $\mathrm{sk}_{\mathrm{cyclic}}\mathrm{Nrv}E$ 中的一对嵌套非同心涡旋（通过尖端细丝相互连接，例如，由蓝色 •••••• 虚线边表示），执行以下操作：

（1）图 8.10 中的每个涡旋都是填充的。证明 $\mathrm{sk}_{\mathrm{cyclic}}\mathrm{Nrv}E$ 是亚历山德罗夫神经的说法是正确的，即，验证图 8.10 中的整个涡旋集族具有非空交集。

（2）给出 $\mathrm{sk}_{\mathrm{cyclic}}\mathrm{Nrv}E$ 中最里面一对涡旋的贝蒂数。

（3）给出 $\mathrm{sk}_{\mathrm{cyclic}}\mathrm{Nrv}E$ 中最外面一对涡旋的贝蒂数。

（4）给出整个光尖端神经 cuspNrv$E$ 的贝蒂数。■

习题 8.21

图 8.11 显示了 2018 年 11 月 27 日在印度海得拉巴举行的竞选所用广告牌上的数字所覆盖的光涡旋神经 $\boxed{\mathrm{skCycNrv}E}$ 中的一对嵌套非同心涡旋（由红色尖端细丝——连通）[1]。执行以下操作：

（1）给出 $\boxed{\mathrm{skCycNrv}E}$ 的贝蒂数。

（2）给出在竞选广告牌上覆盖中央政客脸部的光尖端神经 $\boxed{\mathrm{skCycNrv}E}$ 的贝蒂数。

图 8.11　覆盖海得拉巴竞选广告牌的光涡旋神经，由 S. Ramanna 提供 ■

习题 8.22

使用 Mathematica 为单次拍摄的图像实现算法 20。给出三个带有光尖端神经的示例图像（使用你的相机或手机，而不是来自互联网的图片）。

算法 20：构建一个近似强描述性的接近尖端神经形状类

Input　: Visual Scene video scv

Output: Shape class $\mathrm{cls}^{\delta_{\|\Phi\|}^{\Lsh}}_{cuspNrvShape}E$

1 /* Make a copy of the video scv.*/ ;

2 $scv' := scv$;

3 /* Initialize $\mathrm{cls}^{\delta_{\|\Phi\|}^{\Lsh}}_{cuspNrvShape}E$ with prototype cusp nerve shape cuspNrv$E$. */ ;

1　非常感谢 Sheela Ramanna 提供这张照片。

4 **Frame Selection Step**: *Select frame* $img \in scv'$ *Let* S *be a set of centroids on the holes on frame* $img \in scv'$;
5 **Triangulation Step**: *Triangulate centroids in* $S \in img$ *to produce cell complex* K';
6 *Let* T *be a set of triangles on frame* $img \in scv'$;
7 **MNC Step**: *Find maximal nucleus cluster MNC NrvH on* K';
8 **Barycenters Step**: *Find the barycenters* B *on* $T \subset K'$;
9 **sk$_{cyclic}$Nrv Construction Step**: *Construct barycentric* $sk_{cyclic}NrvH$ *on* $T \subset K'$;
10 /* In the next step, use Algorithm 19:*/ ;
11 **cuspNrv Selection Step**: *Select cuspNrvE on* $sk_{cyclic}NrvH$;
12 **Class representative Step**: $shE := cuspNrvE$;
13 **Shape Features Selection Step**: *Select* $\Phi(shE)$;
14 /* Equip scv, scv' with proximity $\overset{\wedge\!\wedge}{\delta}_{\|\Phi\|}$ defined on feature vector $\Phi(\text{sh}E)$,*/ ;
15 **Class initialization Step**: $cls_{cuspNrvShape}^{\overset{\wedge\!\wedge}{\delta}_{\|\Phi\|}} E := cls_{cuspNrvShape}^{\overset{\wedge\!\wedge}{\delta}_{\|\Phi\|}} E \cup shE$;
16 /* This completes the initial construction of a cusp nerve shape class $\text{cls}_{cuspNrvShape}^{\overset{\wedge\!\wedge}{\delta}_{\|\Phi\|}} E$.*/ ;

算法 21：初始化一个近似强描述性的接近尖端神经形状类

Input : Visual Scene video scv
Output: Shape class $\text{cls}_{cuspNrvShape}^{\overset{\wedge\!\wedge}{\delta}_{\|\Phi\|}} E$

1 /* Make a copy of the video scv.*/ ;
2 $scv' := scv$;
3 /* Use Algorithm 21 to initialize $\text{cls}_{cuspNrvShape}^{\overset{\wedge\!\wedge}{\delta}_{\|\Phi\|}} E$*/ ;
4 /* Delete initial frame img from scv', i.e.,*/ ;
5 $scv' := scv' \setminus img$;
6 $continue := True$;
7 **while** *($scv' \neq \varnothing$ and continue)* **do**
8   *Select new frame* $img' \in scv'$;
9   **Test case** *repeat steps 4 to 10 to obtain shape* $shE' := cuspNrvE' \in K' \in img \in scv'$;
10   /* Check if the description of the interior of the new shape shE' matches the description of the interior of the representative shape sh$E$*/ ;
11   **if** *($shE \ \overset{\wedge\!\wedge}{\delta}_{\Phi}\ shE'$)* **then**
12   **Class Construction Step**: $cls_{cuspNrvShape}^{\overset{\wedge\!\wedge}{\delta}_{\|\Phi\|}} E := cls_{cuspNrvShape}^{\overset{\wedge\!\wedge}{\delta}_{\|\Phi\|}} E \cup shE'$;
13   **if** *($scv' \neq \varnothing$)* **then**
14   ; /* Delete frame img' from scv', i.e.,*/ ;
15         $scv' := scv' \setminus img'$;
16   **else**
17         $continue := False$;
18 /* This completes the construction of a cusp nerve shape class $\text{cls}_{cuspNrvShape}^{\overset{\wedge\!\wedge}{\delta}_{\|\Phi\|}} E$.*/ ;

■

习题 8.23 ☕

使用 MATLAB 为单次拍摄的图像实现算法 20。给出三个带有光尖端神经的示例图像（使用你的相机或手机，而不是来自互联网的图片）。■

习题 8.24 ☕

使用 MATLAB 为视频中的帧图像实现算法 19。给出三个带有光尖端神经的示例视频帧图像（使用你的相机或手机，而不是来自互联网的视频）。■

8.7　光尖端神经系统

在有限有界曲面的三角剖分中可以有多个最大核聚类（MNC）。出于这个原因，也可以有多个重心光涡旋神经，每个都覆盖一个 MNC。在光涡旋神经不止一个的情况下，当光尖端神经具有共同的边时，就会出现光尖端神经系统。

定义 8.25 （光尖端神经系统）

令 K 为从有限有界曲面的三角剖分中推导出的 CW 复合形 K。光尖端神经系统 cuspNrvSys$E$ 定义为

$$\text{cuspNrvSys}E = \overbrace{\{\text{cuspNrv}E \in K : \bigcap \text{cuspNrv}E \neq \varnothing\}}^{\text{具有共同部分的尖端神经}}$$ ■

例 8.26 （光尖端神经系统样例）

沿着图 8.12 中海得拉巴街景的天际线出现一对光涡旋神经。这些天际线神经中的每一个都有一个中央填充骨架，其顶点标有菱形符号♦。例如，在图 8.12 天际线的左上角，请注意使用蓝色菱形符号♦标识光涡旋神经中内部涡旋上的顶点位置。请注意出现在图 8.12 中天际线中心的神经内部涡旋，其中顶点的位置用黄色菱形♦标记。那对天际线神经之间有一个光尖端神经系统（看看你是否能识别它们）。图 8.12 中还有许多其他的光尖端神经系统（见习题 8.27）。

图 8.12　多个尖端神经系统 ■

习题 8.27 🚲

鉴别图 8.12 中的光涡旋神经系统。 ■

习题 8.28 ☕

编写一个 MATLAB 脚本，对出现在视频三角化帧图像中的光尖端神经系统加阴影。在包含阴影的光尖端神经系统的视频中给出 3 幅帧图像。 ■

可以对连通到光涡旋神经的光尖端神经进行许多观察。以下是一些观察。

定理 8.29

设 K 是三角化表面上的单元复合形。令 $\text{sk}_{\text{cyclic}}\text{Nrv}E$ 和 cuspNrv$G$ 分别是复合形 K 上的光涡旋神经 E 和光尖端神经 G。那么

（1）光尖端神经的贝蒂数等于 2 + 1。

（2）$\mathrm{sk}_{\mathrm{cyclic}}\mathrm{Nrv}E$ 的内部涡旋上的每个顶点 p 都是复合形 K 上的光尖端神经 G 的核。

（3）$\mathrm{cuspNrv}G$ 上的顶点是路径连通的。

（4）具有共同边的光尖端神经定义了光尖端神经系统。

（5）光涡旋神经是光尖端神经的集族。

（6）每个光尖端神经都附着在光涡旋神经内部涡旋的一个顶点 p 上。

（7）$\mathrm{cuspNrv}G$ 上的每个顶点都有路径连通到 $\mathrm{sk}_{\mathrm{cyclic}}\mathrm{Nrv}E$ 上的每个顶点，即 $\mathrm{sk}_{\mathrm{cyclic}}\mathrm{Nrv}E$ 上的每对顶点都是路径连通的。

（8）设 $B(\mathrm{sk}_{\mathrm{cyclic}}\mathrm{Nrv}E)$是光涡旋神经 $\mathrm{sk}_{\mathrm{cyclic}}\mathrm{Nrv}E$ 的贝蒂数。附着在 $\mathrm{sk}_{\mathrm{cyclic}}\mathrm{Nrv}E$ 上的光尖端神经的数量等于 $B(\mathrm{sk}_{\mathrm{cyclic}}\mathrm{Nrv}E)-2$。

证明：

（1）直接来自定义 8.12 节和 4.13 节的定理 4.26。

（2）直接来自定义 8.12 节的尖端神经和引理 8.13。

（3）见习题 8.30。

（4）令 $\overline{pq}$ 是尖端神经 E 集族的公共边。那么我们可以写

$$E=\overbrace{\left\{\mathrm{cuspNrv}E\in K:\bigcap\mathrm{cuspNrv}E=\overline{pq}\right\}}^{\text{多个尖端神经具有共同的边}}$$

也就是说，E 中尖端神经的交集是非空的。因此，根据定义 8.25，$E=\mathrm{cuspNrvSys}E$，E 是一个光尖端神经系统。

（5）根据引理 8.13，光尖端神经 $\mathrm{sk}_{\mathrm{cyclic}}\mathrm{Nrv}E$ 的内部涡旋 $\mathrm{sk}_{\mathrm{cyclic}}A$ 上的每个顶点都连通到一个尖端细丝，又根据定义 8.25，其属于附着到 $\mathrm{sk}_{\mathrm{cyclic}}\mathrm{Nrv}E$ 的光尖端神经 $\mathrm{cuspNrv}E$。因此，$\mathrm{sk}_{\mathrm{cyclic}}A$ 上的每个顶点都连通到光尖端神经。所以，$\mathrm{sk}_{\mathrm{cyclic}}A$ 上的涡旋属于光尖端神经的集族。此外，神经 $\mathrm{sk}_{\mathrm{cyclic}}\mathrm{Nrv}E$ 的内部涡旋 $\mathrm{sk}_{\mathrm{cyclic}}A$ 是附着到 $\mathrm{sk}_{\mathrm{cyclic}}\mathrm{Nrv}E$ 上的每个光尖端神经的一部分。因此，光涡旋神经实际上是光尖端神经的集族。此外，$\mathrm{sk}_{\mathrm{cyclic}}\mathrm{Nrv}E$ 上的每一对尖端神经 $\mathrm{cuspNrv}G$、$\mathrm{cuspNrv}G'$都有非空交集，即，

$$\mathrm{cuspNrvSys}G=\mathrm{cuspNrv}G,\mathrm{cuspNrv}G'\in\mathrm{sk}_{\mathrm{cyclic}}\mathrm{Nrv}E:\overbrace{\mathrm{cuspNrv}G\cap\mathrm{cuspNrv}G'=\mathrm{sk}_{\mathrm{cyclic}}A}^{\mathbf{sk}_{\mathbf{cyclic}}\mathbf{Nrv}\boldsymbol{E}\text{神经的共同涡旋}}$$

这为我们提供了一种新形式的尖端神经系统 $\mathrm{cuspNrvSys}G$，即，

$$\mathrm{cuspNrvSys}G=\{\mathrm{cuspNrv}G\in\mathrm{sk}_{\mathrm{cyclic}}\mathrm{Nrv}E:\overbrace{\bigcap\mathrm{cuspNrv}G=\mathrm{sk}_{\mathrm{cyclic}}A}^{\text{所有}\mathbf{sk}_{\mathbf{cyclic}}\mathbf{Nrv}\boldsymbol{E}\text{神经的共同涡旋}}$$

如果一对光涡旋神经具有重叠的内部涡旋，则该对神经定义了尖端神经系统（见习题 8.31）。

（6）光涡旋神经内部涡旋上的每个顶点都是光尖端神经的核，这一事实来自该定理的第 3 部分（见习题 8.32）。

（7）连通到光涡旋神经 $\mathrm{sk}_{\mathrm{cyclic}}\mathrm{Nrv}E$ 的光尖端神经 $\mathrm{cuspNrv}G$ 上的每个顶点都通过路径连通到该神经的核 p。根据定理的第 6 部分，核 p 是 $\mathrm{sk}_{\mathrm{cyclic}}\mathrm{Nrv}E$ 的内部涡旋上的一个顶点。根据定义，$\mathrm{sk}_{\mathrm{cyclic}}\mathrm{Nrv}E$ 上的内部涡旋 $\mathrm{sk}_{\mathrm{cyclic}}A$ 是一个循环骨架。因此，顶点 p 路径连通到 $\mathrm{sk}_{\mathrm{cyclic}}A$ 上的每个顶点。因此，通过 $\mathrm{sk}_{\mathrm{cyclic}}A$ 上的顶点 p，$\mathrm{cuspNrv}G$ 上的每个顶点都路径连通到 $\mathrm{sk}_{\mathrm{cyclic}}A$ 上的每个顶点。这给了我们想要的结果。也就是说，对每对涡旋，连通到 $\mathrm{sk}_{\mathrm{cyclic}}A$

的 cuspNrv$G$ 上的顶点 q 和 $\mathrm{sk}_{\mathrm{cyclic}}A$ 上的顶点 r 都是路径连通的。

（8）贝蒂数 $B(\mathrm{sk}_{\mathrm{cyclic}}\mathrm{Nrv}E) = k + 2$ 中的 k 是附着在 $\mathrm{sk}_{\mathrm{cyclic}}A$ 内部涡旋上的尖端细丝的计数。根据定理的第 2 部分，每个尖端细丝都附着到 $\mathrm{sk}_{\mathrm{cyclic}}\mathrm{Nrv}E$ 上的内部涡旋 $\mathrm{sk}_{\mathrm{cyclic}}A$ 上的顶点 p，并且 p 是附着到涡旋 $\mathrm{sk}_{\mathrm{cyclic}}A$ 的尖端神经 cuspNrv$G$ 的公共部分（核）。贝蒂数 $B(\mathrm{sk}_{\mathrm{cyclic}}\mathrm{Nrv}E) = k + 2$ 不仅计算了附着在内部涡旋 $\mathrm{sk}_{\mathrm{cyclic}}A$ 上的尖端细丝 k 的数量，还包括了 $\mathrm{sk}_{\mathrm{cyclic}}\mathrm{Nrv}E$ 中涡旋数的计数，即 2，我们在列表中不考虑附着到 $\mathrm{sk}_{\mathrm{cyclic}}\mathrm{Nrv}E$ 的尖端神经的数量。因此，$B(\mathrm{sk}_{\mathrm{cyclic}}\mathrm{Nrv}E) - 2$ 是附着到 $\mathrm{sk}_{\mathrm{cyclic}}\mathrm{Nrv}E$ 的光尖端神经数量的计数。见习题 8.33~习题 8.35。 ■

习题 8.30

证明定理 8.29 的第 3 部分。 ■

习题 8.31

证明一对具有重叠内部涡旋的光涡旋神经定义了尖端神经系统。 ■

习题 8.32

证明定理 8.29 中的第 6 部分。也就是说，通过该步骤得出以下结论：光涡旋神经内部涡旋上的每个顶点都是附着在涡旋神经上的尖端神经核。尝试为光尖端神经提供此结果的图片证明。 ■

习题 8.33

编写一个 Mathematica 脚本，计算三角化数字图像中从最大核聚类（MNC）中三角形的重心导出的每个光涡旋神经的内部涡旋上附着的尖端神经的数量。突出显示所发现的每个光涡旋神经。每次在同一幅图像中出现一种神经，请确保为每个光涡旋神经使用不同的颜色。显示三幅三角化视频帧图像，其中包括每幅图像中光涡旋神经的贝蒂数的显示以及附着到各个光涡旋神经内部涡旋的相应数量的尖端神经。 ■

习题 8.34

编写一个 MATLAB 脚本，计算视频中从每个三角化帧图像中最大核聚类（MNC）中三角形的重心导出的每个光涡旋神经的内部涡旋上附着的尖端神经的数量。突出显示所发现的每个光涡旋神经。每次在同一幅图像中出现一种神经，请确保为每个光涡旋神经使用不同的颜色。显示三幅三角化的视频帧图像，其中包括每帧中光涡旋神经的贝蒂数的显示以及附着到各个光涡旋神经内部涡旋的相应数量的尖端神经。 ■

习题 8.35

一族相交的光尖端神经系统的贝蒂数是多少？ ■

8.8　尖端神经形状类及其构造

接下来，我们考虑构建额外的神经形状类，总结在表 8.2 中。

表 8.2　基于接近性的尖端神经形状类及它们的符号

符号	形状类	位置	应用
$\mathrm{cls}^{\delta_{\|\Phi\|}^{\Join}}_{\mathrm{cuspNrvShape}}$	$\delta_{\|\Phi\|}^{\Join}$ 接近 cuspNrv 形状	8.9 节	算法 23

续表

符号	形状类	位置	应用
$\mathrm{cls}^{\delta^{\text{conn}}_{\|\Phi\|}}_{\text{cuspNrvShape}}$	$\delta^{\text{conn}}_{\|\Phi\|}$ 接近 cuspNrv 形状	习题 8.40	算法 23
$\mathrm{cls}^{\delta^{\wedge\!\!\wedge}_{\|\Phi\|}}_{\text{cuspNrvShapeSys}}$	$\delta^{\wedge\!\!\wedge}_{\|\Phi\|}$接近 cuspNrvSys 形状	8.10 节	算法 23
$\mathrm{cls}^{\delta_{\|\Phi\|}}_{\text{cuspNrvShapeSys}}$	$\delta_{\|\Phi\|}$ 接近 cuspNrvSys 涡旋形状	习题 8.43	算法 23

8.9 构造近似强描述性尖端神经形状类的步骤

在本节中，介绍构建 E 类重心尖端神经形状的步骤，这些形状在视频帧图像中具有很强的描述性（由 $\mathrm{cls}^{\delta^{\wedge\!\!\wedge}_{\|\Phi\|}}_{\text{cuspNrvShape}}$ 表示）。回想一下，尖端神经是包含顶点的交叉循环骨架的集族，这些顶点是三角化视频帧图像上最大核聚类（MNC）上的重心。算法 20 中给出了一种构建尖端神经形状类的方法。此类形状很重要，因为它隔离了那些具有匹配描述的内部最大核聚类（MNC）的形状。这种形式的亚历山德罗夫神经形状是多种神经形式的基础，例如光涡旋神经形状和光尖端神经形状（图 8.13）。

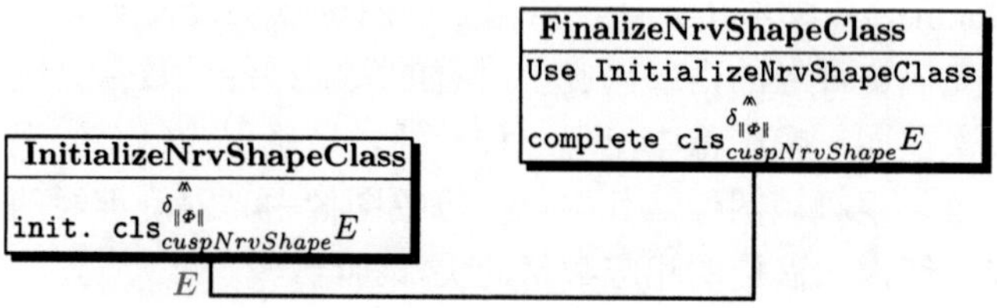

图 8.13 建立尖端神经形状类 $\mathrm{cls}^{\delta^{\wedge\!\!\wedge}_{\|\Phi\|}}_{\text{cuspNrvShape}}$ 的框图

习题 8.36 ☕

使用 Mathematica 为单次拍摄的图像实现算法 20。该 Mathematica 脚本构建了一个包含尖端神经形状的类 $\mathrm{cls}^{\delta^{\wedge\!\!\wedge}_{\|\Phi\|}}_{\text{cuspNrvShape}}E$，这些形状包含阴影光学尖端神经，其中包含描述接近性的内部。 ■

习题 8.37 ☕

使用 Mathematica 为单次拍摄的图像实现算法 20。该 Mathematica 脚本构建了一个类 $\mathrm{cls}^{\delta^{\wedge\!\!\wedge}_{\|\Phi\|}}_{\text{cuspNrvShape}}E$，其中包含在描述性上非常接近于代表性尖端神经形状的尖端神经形状。给出三幅包含阴影的光尖端神经的图像，其中包含描述接近性的内部。 ■

习题 8.38 ☕

使用 MATLAB 为视频中的帧图像实现算法 19。给出三个带有光尖端神经的示例视频帧图像（使用您的相机或手机，而不是来自互联网的视频）。 ■

例 8.39 （样本尖端神经轮廓节点计数）

从在三角化视频帧图像中的光骨架神经 E（该神经包含内骨架和外骨架，它们通过在内骨架上的每个节点和外骨架上的每个节点之间附着的尖端细丝连通）出发，选择一个骨

架神经 E 上的尖端神经 cuspNrv$E$。

图 8.14 显示了一个样本尖端神经 cuspNrv$E$。cuspNrv$E$ 的轮廓是沿尖端神经轮廓的边缘序列。轮廓的长度等于轮廓节点的数量。这可以通过简化假设每对相邻节点之间的长度等于 1 个单位长度来实现。在这个例子中，轮廓节点数等于 $13 \times 1 = 13$。

图 8.14　样本尖端神经系统轮廓的节点数　■

习题 8.40 ☕

使用 $\delta_{\|\Phi\|}^{\text{conn}}$ 而不是 $\delta_{\|\Phi\|}^{\wedge\!\wedge}$ 接近性来实现算法 20，以使用 MATLAB 为视频中的帧构建尖端神经系统形状类。这种方法将构造一个包含尖端神经系统形状的类 $\text{cls}_{\text{cuspNrvShapeSys}}^{\delta_{\|\Phi\|}^{\wedge\!\wedge}} E$，其中包含与代表性尖端神经系统形状骨架具有近似强描述接近性的骨架，定义为

$$\text{cls}_{\text{shape}}^{\overset{\wedge\!\wedge}{\delta}{}_{\|\Phi\|}^{\text{conn}}} E = \overbrace{\left\{\text{cuspNrv}G \in K : \text{cuspNrvSys}G\ \delta_{\|\Phi\|}^{\text{conn}}\ \text{cuspNrvSys}G\right\}}^{\textbf{sys.}\boldsymbol{G}\ \delta_{\|\Phi\|}^{\text{conn}}\ \text{接近}\textbf{sys.}\boldsymbol{E}}$$

与习题 8.42 不同，该类包含 $\delta_{\|\Phi\|}^{\text{conn}}$ 的尖端神经系统，即尖端神经系统包含的骨架在描述上与代表性尖端神经系统的骨架近似接近。令 E 为类 $\text{cls}_{\text{shape}}^{\overset{\wedge\!\wedge}{\delta}{}_{\|\Phi\|}^{\text{conn}}} E$ 中的代表性形状，并令 E' 为该形状类的可能成员。设 L 为形状 E 的轮廓长度，L'为视频帧图像中形状 E'的轮廓长度。使用轮廓节点计数来估计轮廓形状长度（参见例 8.39 了解如何执行此操作）。然后确定形状 E 是否是 $\text{cls}_{\text{shape}}^{\overset{\wedge\!\wedge}{\delta}{}_{\|\Phi\|}^{\text{conn}}} E$ 的成员，使用

$$\begin{aligned}
\text{th} &= \text{近似阈值} \\
\Phi_{\text{initial}}(E) &= L \\
\Phi_{\text{next}}(E') &= L' \\
\left\|\Phi_{\text{initial}}(E) - \Phi_{\text{next}}(E')\right\| &= \left\|L - L'\right\| \\
&\leqslant \text{th} : \text{接受} E' \text{在} \ \text{cls}_{\text{cuspNrvShapeSys}}^{\delta_{\|\Phi\|}^{\wedge\!\wedge}} E \text{中，或} \\
&> \text{th} : \text{拒绝} E'
\end{aligned}$$

使用你的相机或手机，而不是来自互联网的视频，获取用于构建尖端神经系统形状类

的视频。给出在一个或多个选定视频帧图像上找到的两个样本 $cls_{cuspNrvShapeSys}^{\delta_{\|\hat{\phi}\|}^{\bigwedge}}$ E 形状类。

■

8.10 构造近似强描述性尖端神经形状系统类的步骤

在本节中，我们来看看构建尖端神经系统形状类 E（由 $cls_{cuspNrvShapeSys}^{\delta_{\|\hat{\phi}\|}^{\bigwedge}}$ E 表示）的步骤。$cls_{cuspNrvShapeSys}^{\delta_{\|\hat{\phi}\|}^{\bigwedge}}$ E 类包含尖端神经系统形状，这些形状与此类的代表性尖端神经系统形状具有近似的强描述接近性，定义为

$$cls_{cuspNrvShapeSys}^{\overset{conn}{\delta_{\|\phi\|}}}E = \overbrace{\left\{ cuspNrvSysG \in K : G \, \delta_{\|\phi\|}^{\bigwedge} \, cuspNrvSysE \right\}}^{\textbf{Cusp Nrv. sys. 接近cusp Nrv sys}E}$$

回忆定义 8.25，尖端神经系统是尖端神经的集族，这些尖端神经具有共同的部分，例如共同的顶点或共同的边。有关尖端神经系统的详细信息，请参见 8.7 节。

算法 22 给出了一种构建尖端神经系统形状类的方法。构建尖端神经系统形状类的系统结构如图 8.15 的框图所示。在这个系统中，有一个系统形状类的**初始类**块集，其中包含一个代表性的尖端神经系统形状类。**初始类**块代表算法 23 中的步骤。该类的每个附加成员都必须具有与该类的代表性形状近似接近的描述。这种**近似接近**的概念意味着描述代表性形状的特征矢量与任何其他类形状的差异的范数必须小于某个预设阈值。这个近似接近的要求由图 8.15 中的**完成类**（Finalize Class）块强制执行。**完成类**块代表算法 22 中的步骤。

算法 22：尖端神经系统形状类的完整构建

Input : Visual Scene video scv

Output: Shape class $cls_{cuspNrvShapeSys}^{\delta_{\|\phi\|}^{\bigwedge}}E$

1 /* Make a copy of the video scv.*/ ;
2   $scv' := scv$;
3 /* Use Algorithm 22 to initialize $cls_{cuspNrvShapeSys}^{\delta_{\|\phi\|}^{\bigwedge}}E$ with first cuspNrvSys$E$ from frame img.*/ ;
4 **Frame Selection Step**: *Select frame $img \in scv'$*;
5 /* Delete frame img from scv' (copy of scv), i.e.,*/ ;
6   $scv' := scv' \smallsetminus img$;
7 $continue := True$;
8 **while** $(scv' \neq \varnothing$ and continue$)$ **do**
9   *Select new frame $img' \in scv'$*;
10   **Test case** *repeat steps 4 to 10 to obtain shape* $shE' := cuspNrvSysE' \in K' \in img \in scv'$;
11   /* Check if the description of the interior of the new shape shE' approximately matches the description of the interior of the representative shape shE*/ ;
12   **if** $(shE \, \delta_{\|\phi\|}^{\bigwedge} \, shE')$ **then**
13   **Class Construction Step**: $cls_{cuspNrvShapeSys}^{\delta_{\|\phi\|}^{\bigwedge}}E := cls_{cuspNrvShapeSys}^{\delta_{\|\phi\|}^{\bigwedge}}E \cup shE'$;
14   **if** $(scv' \neq \varnothing)$ **then**
15   ; /* Delete frame img' from scv', i.e.,*/ ;
16         $scv' := scv' \smallsetminus img'$;
17   **else**

18 　　$continue := False$;

19 /* This completes the construction of a cusp nerve shape system class $\text{cls}_{cuspNrvShapeSys}^{\delta_{\|\Phi\|}^{\Join}} E$.*/ ;

算法 23：尖端神经系统形状类的初步构建

Input : Visual Scene video scv

Output: Shape class $\text{cls}_{cuspNrvShapeSys}^{\delta_{\|\Phi\|}^{\Join}} E$

1 /* Make a copy of the video scv.*/ ;

2 $scv' := scv$;

3 **Frame Selection Step**: *Select frame $img \in scv'$ Let S be a set of centroids on the holes on frame $img \in scv'$*;

4 **Triangulation Step**: *Triangulate centroids in $S \in img$ to produce cell complex K'*;

5 *Let T be a set of triangles on frame $img \in scv'$*;

6 **MNC Step**: *Find maximal nucleus cluster MNC $NrvH$ on K'*;

7 **Barycenters Step**: *Find the barycenters B on $T \subset K'$*;

8 /* In the next step, use Algorithm 19, construct cusp nerves on each MNC on img:*/ ;

9 **Cusp Nerve Step**: *Construct $cuspNrvE$ on $sk_{cyclic}NrvH$*;

10 /* Repeat steps 3–7 until a cusp nerve system cuspNrvSys$E$ is found on img:*/ **Class representative Step**: $shE := cuspNrvSysE$;

11 **Shape Features Selection Step**: *Select $\Phi(shE)$*;

12 /* Equip scv, scv' with approximate proximity $\delta_{\|\Phi\|}^{\Join}$ defined on feature vector $\Phi(\text{sh}E)$,*/ ;

13 **Class initialization Step**: $cls_{cuspNrvShapeSys}^{\delta_{\|\Phi\|}^{\Join}} E := cls_{cuspNrvShapeSys}^{\delta_{\|\Phi\|}^{\Join}} E \cup shE$;

14 /* Delete frame img from scv' (copy of scv), i.e.,*/ ;

15 $scv' := scv' \setminus img$;

16 /* This completes the initial construction of a cusp nerve shape system class $\text{cls}_{cuspNrvShapeSys}^{\delta_{\|\Phi\|}^{\Join}} E$.*/ ;

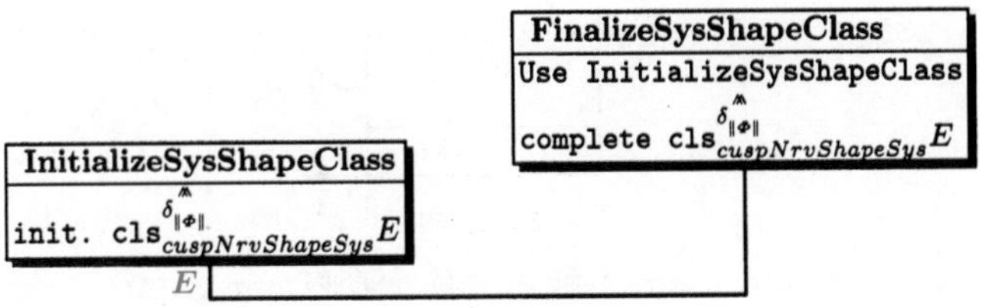

图 8.15　构建尖端神经系统形状类 $\text{cls}_{\text{cuspNrvShapeSys}}^{\delta_{\|\Phi\|}^{\Join}} E$ 的框图

在构建这个形状类时，使用了近似接近性 $\delta_{\|\Phi\|}^{\Join}$（详见 7.5 节）。

尖端神经系统顶点的粒子速度模型

8.11　形状轮廓粒子速度

在视频帧图像序列中出现然后又重新出现的任何单元形状上的顶点都被视为具有速度的粒子。为简单起见，我们在本节中仅考虑尖端神经系统中的粒子速度。

光尖端神经系统骨架上的顶点可以看作是在时空中沿着尖端神经系统轮廓移动的粒子。图 8.16 所示的尖端神经系统轮廓上的顶点表示处于移动粒子流中的粒子（光子）。这些光粒子运动的证据可以在一系列视频帧图像中找到，这些视频帧图像记录了来自视觉场景（例如交通流量或货运列车的运动）的反射光的变化。

回想一下，目标的**速度**等于目标经过时间 t 单位内的位移。目标初始位置和最终位置之间的方向距离称为**位移**。在这里的情况中，我们有

目标 = 尖端神经系统轮廓**顶点**（我们的粒子）。

位移 = 特定尖端神经系统第一次出现和下一次出现之间的**视频帧数**（由$\mathbf{\Delta fr}$ 表示）。令 fr_0 是视频帧图像中第一个出现的尖端神经系统，并让 fr_1 是稍后视频帧图像中神经系统的下一个出现。那么我们有

$$\mathbf{\Delta fr} = |\mathrm{fr}_1 - \mathrm{fr}_0|$$

经过时间 = 特定尖端神经系统第一次出现和下次出现之间经过的**秒数**（由Δt 表示）。设 t_0 是视频帧图像中第一次出现尖端神经系统的时间，设 t_1 是稍后视频帧图像中神经系统下一次出现的时间。那么我们有

$$\mathbf{\Delta fr} = |t_1 - t_0|\ \mathrm{s}$$

一个粒子**基于帧的速度** v，其中

$$v_{\mathrm{cuspContour}} = \overbrace{\frac{\mathbf{\Delta fr}}{\Delta t} = \frac{|\mathrm{fr}_1 - \mathrm{fr}_0|}{|t_1 - t_0|}\ \mathrm{s}}^{\text{尖端神经轮廓粒子速度}}$$

有关特定帧速度的图形视图，请参见图 8.16。

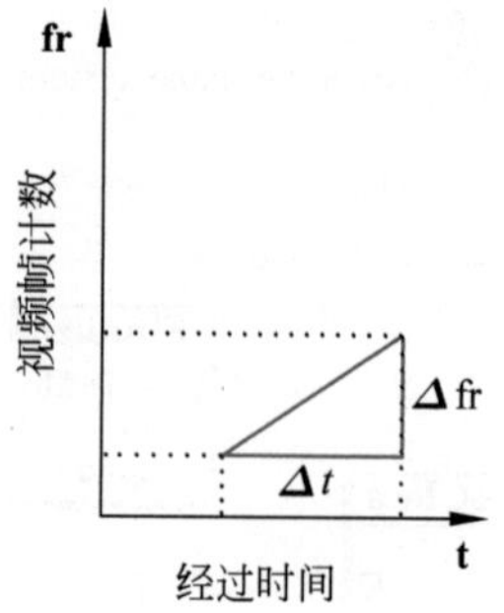

图 8.16　基于视频帧图像的粒子速度 $v = \Delta\mathrm{fr}/\Delta t$

通过计算视频帧图像中第一次出现尖端神经系统轮廓 E 的时间与同一尖端神经系统轮廓 E 在后面的视频帧图像中再次出现的时间之间的差异，我们得出测量这些尖端神经粒子速度的方法。换句话说，神经系统轮廓上的顶点（光子流中的粒子）具有可以在一系列视频帧图像上被测量的粒子速度。这种关于神经系统轮廓顶点粒子速度的观点与 Buslaev 和 Tatashev [9]对两个轮廓系统（在一对视频帧图像上读取神经系统轮廓）的研究直接相关。

令 N_{vertex} 为尖端神经系统轮廓（尖端神经系统的骨架边界）上的顶点数，并让 t 为一对视频帧图像中尖端神经骨架第一次出现和下一次出现之间所经过的时间（以秒为单位）。请注意，所有顶点将具有相同的粒子速度，因为所有轮廓顶点从帧到帧一起移动。假设有第二个尖端神经系统（称为 cuspNrvSys$G$），它有 $N_G = k$ 个节点，在一系列视频帧图像上具有位移$\mathbf{\Delta fr}$ 和经过时间Δt。那么形状类中这个尖端神经系统的粒子速度 $v_{\mathrm{cuspNrvSys}}$ 定义为

$$v_{\text{cuspNrvSys}G} = \overbrace{N_G \frac{\Delta \mathbf{fr}}{\Delta t\ \mathrm{s}}}^{\text{系统形状类}G\text{的粒子速度}}$$

例 8.41 （样本尖端神经系统轮廓粒子速度）

在图 8.17 中的三角化视频帧图像中显示了一对选定的尖端神经 E 和 E'。尖端神经 E 的轮廓以红色边缘显示，尖神经 E'的轮廓以黄色边缘显示。尖端神经 E 和 E'具有共同的边缘，如图 8.17 所示。在此示例中，尖端神经系统（称为 cuspNrvSys$G$）沿其轮廓具有 $N_G=27$ 个节点，系统出现之间的时间间隔为 t。还假设 cuspNrvSys$G$ 是尖端神经系统形状类的代表。假设有第二个尖端神经系统（称为 cuspNrvSysG'），它有 $N_{G'}=k$ 个节点，在视频帧图像序列上有位移Δfr 和经过时间Δt。那么形状类中这个尖端神经系统的粒子速度 $v_{\text{cuspNrvSys}}$ 定义为

$$v_{\text{cuspNrvSys}G'} = \overbrace{N_{G'} \frac{\Delta fr'}{\Delta t'}}^{\text{系统形状类}G'\text{的粒子速度}}$$

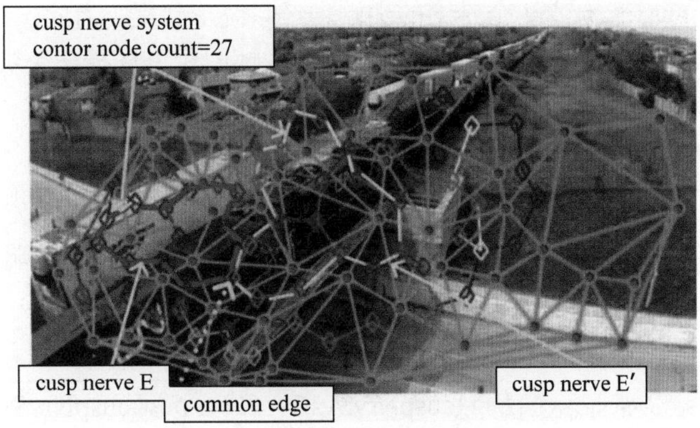

图 8.17　样本尖端神经系统轮廓节点数

然后我们需要通过执行以下操作来确定 cuspNrvSys$G$ 是否属于这个形状类 $\text{cls}^{\delta\|\Phi\|}_{\text{cuspNrvShapeSys}}E$：

$$\begin{aligned}
\text{th} &= \text{近似阈值}\\
G &= \text{尖端神经系统形状类的代表}\\
G' &= \text{尖端神经系统形状类的可能成员}\\
\Phi_{\text{initial}}(G) &= v_G\\
\Phi_{\text{next}}(G') &= v_{G'}\\
\left\|\Phi_{\text{initial}}(G)-\Phi_{\text{next}}(G')\right\| &= \left\|v_G - v_{G'}\right\|\\
&\leqslant \text{th}:\text{接受}G'\text{在}\text{cls}^{\delta\|\Phi\|}_{\text{cuspNrvShapeSys}}E\text{中，或}\\
&> \text{th}:\text{拒绝}G'\text{。}
\end{aligned}$$

■

习题 8.42 ☕

实现算法 23 以使用 MATLAB 为视频中的帧图像构建尖端神经系统形状类

$\mathrm{cls}^{\delta_{\|\Phi\|}^{\wedge\wedge}}_{\mathrm{cuspNrvShapeSys}} E$。使用粒子速度 v_{cuspNrv} 作为尖端神经系统的一个特征来构建尖端神经系统形状类。然后，令

$$
\begin{aligned}
\mathrm{th} &= \text{所选近似阈值}\\
E &= \text{初始视频帧中形状类的代表}\\
E' &= \text{其后视频帧形状类的可能成员}\\
\Phi_{\mathrm{initial}}(E) &= v_E\\
\Phi_{\mathrm{next}}(E') &= v_{E'}\\
\left\|\Phi_{\mathrm{initial}}(E)-\Phi_{\mathrm{next}}(E')\right\| &= \left\|v_E - v_{E'}\right\|\\
&\leqslant \mathrm{th}: \text{接受} E' \text{在} \mathrm{cls}^{\delta_{\|\Phi\|}^{\wedge\wedge}}_{\mathrm{cuspNrvShapeSys}} E \text{中，或}\\
&> \mathrm{th}: \text{拒绝} E'\text{。}
\end{aligned}
$$

使用你的相机或手机，而不是来自互联网的视频，获取用于构建尖端神经系统形状类的视频。给出在一个或多个选定视频帧图像上找到的两个样本 $\mathrm{cls}^{\delta_{\|\Phi\|}^{\wedge\wedge}}_{\mathrm{cuspNrvShapeSys}} E$ 形状类。

提示：同一个视频可用于构建两个不同的尖端神经系统形状类。为此，请从算法 23 中表示类代表性步骤（Class representative Step）的不同视频帧图像里选择一个尖端神经系统，即，每次在同一个视频上使用算法 23 时，选择不同的初始尖端神经系统。 ■

习题 **8.43** ☕

使用 $\delta_{\|\Phi\|}$ 而不是 $\delta_{\|\Phi\|}^{\wedge\wedge}$ 接近性来实现算法 23，以使用 MATLAB 为视频中的帧图像构建尖端神经系统形状类。这种方法将构造一个类 $\mathrm{cls}^{\delta_{\|\Phi\|}^{\wedge\wedge}}_{\mathrm{cuspNrvShapeSys}} E$ 包含尖端神经系统形状，这些形状与此类的代表性尖端神经系统形状具有近似的强描述接近性，定义为

$$
\mathrm{cls}^{\delta_{\|\Phi\|}}_{\mathrm{cuspNrvShapeSys}} E = \overbrace{\left\{\mathrm{cuspNrvSys}G \in K : G\ \delta_{\|\Phi\|}\ \mathrm{cuspNrvSys}E\right\}}^{\textbf{sys.}\boldsymbol{G}\ \boldsymbol{\delta_{\|\Phi\|}}\ \text{接近}\textbf{cusp Nrv sys}\boldsymbol{E}}
$$

与习题 8.42 不同，该类包含 $\delta_{\|\Phi\|}$ 接近性的尖端神经系统，即在描述上与代表性尖端神经系统近似地接近的尖端神经系统。换句话说，我们不限于比较一对尖端神经系统内部的近似描述接近性。该类的成员可以近似描述接近性特定类的代表性尖端神经系统的边界/内部或者边界和内部。使用粒子速度 v_{cuspNrv} 作为尖端神经系统形状的特征来构建尖端神经系统形状类。使用您的相机或手机，而不是来自互联网的视频来获取用于构建尖端神经系统形状类的视频。给出在一个或多个选定视频的帧图像上找到的两个样本形状类 $\mathrm{cls}^{\delta_{\|\Phi\|}^{\wedge\wedge}}_{\mathrm{cuspNrvShapeSys}} E$。 ■

8.12 神经形状的相对论质量和神经系统的能量

本节介绍尖端神经系统形状的相对论质量和在视频帧图像中观察到的神经系统能量。

令 $\mathrm{cuspNrv}G$ 和 $\mathrm{cuspNrv}G'$ 是尖端神经系统 $\mathrm{cuspNrvSys}E$ 中的一对尖端神经，并让 A_G 和 $A_{G'}$ 分别是 $\mathrm{cuspNrv}G$ 和 $\mathrm{cuspNrv}G'$ 的观察面积。那么，尖端神经系统形状的总面积 A_E 定义为

$$A_E = \overbrace{A_G + A_{G'}}^{\mathbf{sk_{cyclic}Shape}\text{面积}}$$

尖端神经系统形状的质量 $m_{\mathrm{cuspNrvSys}}$ 由其理想化厚度等于 1 的总面积定义，即，

$$m_{\mathrm{cuspNrvSys}} = \overbrace{A_E \times 1 = A_E}^{\mathbf{sk_{cyclic}Shape}\text{面积}}$$

质量 $m_{\mathrm{cuspNrvSys}}$ 是一个**相对论质量**，它取决于观察者的参考系相对于观察者在一系列三角化视频帧图像上对正在演化的神经的观察，这些视频帧图像提供了来自视觉场景表面的反射光（光子流）的简短历史。也就是说，在一系列视频帧图像上，可以观察到神经质量的变化（其在三角化视频帧图像上传播的变化区域）。可以在记录视频帧图像的同时实时对视觉场景进行三角化。我们心目中的观察者是在三角化视觉场景中实时记录神经组成（其相对论质量）变化的人。

根据 8.11 节，具有 N 个顶点的尖端神经系统轮廓的粒子速度 v_{particle}（具有帧位移Δfr 和经过时间Δt）定义为：

$$v_{\mathrm{particle}} = \overbrace{\frac{\Delta fr}{\Delta t}}^{\mathbf{sk_{cyclic}Shape}\text{粒子速度}}$$

包含嵌套、非同心涡旋的任何单元形状的整个结构在一系列视频帧图像中出现然后又重新出现，被视为具有相对论质量和速度并具有能量的粒子的集族。

通过考虑在一系列视频帧图像中观察到的尖端神经系统的质量 $m_{\mathrm{cuspNrvSys}}$ 和粒子速度 v_{particle}，我们得出了一种估计进化神经系统能量的方法。Lewis 和 Tolman [10，p.782]观察到，当一个系统以任何形式获得能量时，它会按比例获得质量。

实际上，对于实时观察到的三角化视频帧图像上不断演变的尖端神经系统，我们有

$$\overbrace{E_{\mathrm{cuspNrvSys}} \propto m_{\mathrm{cuspNrvSys}}}^{\text{尖端神经系统能量正比于它获得的质量}}$$

通过考虑粒子速度 v_{particle} 的作用，我们可以精确地了解所观察到的尖端神经系统的能量。也就是说，在一系列视频帧图像上的尖端神经系统形状的能量 $E_{\mathrm{cuspNrvSys}}$ 定义为

$$E_{\mathrm{cuspNrvSys}} = \frac{1}{2}\overbrace{m_{\mathrm{cuspNrvSys}} \times v_{\mathrm{particle}}^{2}}^{\text{尖端神经系统的能量}}$$

基于粒子速度和系统能量的形状类的限制成员资格

一幅三角化的视频帧图像可能包含一个以上的尖端神经系统，这是同一帧图像上常见的多个最大亚历山大神经的结果（参见，例如，图 8.14）。因此，一帧图像中可能有多个神经系统具有相同的特征值。此外，作为系统特征的粒子速度本身往往不能很好地测试系统类中神经系统的成员资格。因此，在搜索属于同一类的系统形状时考虑多个特征是有帮助的。值得注意的是，**粒子速度** $v_{\mathrm{cuspContour}}$ 和**系统能量** $E_{\mathrm{cuspNrvSys}}$ 的组合在构建系统形状类时具有足够的辨别力。对于多特征方法的改进，还可以考虑使用**系统直径**（系统轮廓顶点之间的最大距离）、**轮廓长度**、轮廓顶点的**平均波长**和三角化视频帧图像中的**孔数**，即总共 6 个系统特征。为了对抗分类系统的时间复杂度，经验法则是使用最多 8

个特征来描述一个系统。■

尖端神经系统上的孔数问题归结为神经系统内部质心的数量。回想一下，每个质心都在一个形状的孔上，并且是用于对单幅图像或视频帧图像进行三角剖分的种子点的来源。例如，图 8.10 中尖端神经内部有 3 个孔（一个系统包含一个尖端神经），图 8.14 中尖端神经内部有 1 个孔，图 8.17 中尖端神经系统中有 7 个孔。

我们仍然需要从量子力学的角度考虑尖端神经系统的能量。这是通过将我们对尖端神经系统的看法限制在从视觉场景表面反射光中的光子流来完成的，并在视频中逐帧进行记录。

习题 8.44

回忆 2.7 节，从量子力学的角度来看，波长为λ的光子的能量（由 $E_{\text{photon}}(\lambda)$表示）定义为[11，10.8 节，p.344]：

$$E_{\text{photon}}(\lambda)=\frac{2\pi\hbar c}{\lambda}\quad（单个光子的能量）$$

可以从尖端神经系统轮廓推导出尖端神经系统能量的两个公式，即，

神经轮廓顶点：在这种情况下，将我们对三角化视觉场景上的尖端神经系统形状的观察限制为系统形状轮廓上的 $N_{\text{particles}}$ 个粒子（顶点），给出尖端神经系统轮廓的能量公式。即，通过考虑顶点 $N_{\text{particles}}$ 个粒子（光子）并忽略由附着在神经系统形状轮廓上的顶点之间的线段表示的光子流，给出视频帧图像中尖端神经系统形状轮廓的能量的公式。

神经轮廓顶点加边：通过将顶点视为粒子（光子）和由附着在神经系统形状轮廓顶点对之间的线段表示的光子流，可给出视频帧图像中尖端神经系统形状轮廓的能量公式。为简单起见，假设一条边代表 L 个光子的流，其中 L 是连接在一对顶点之间的边的长度。■

习题 8.45

使用 $\delta_{\|\Phi\|}$ 而不是 $\delta_{\|\Phi\|}^{\wedge\wedge}$接近性来实现算法 23，以使用 MATLAB 为视频中的帧图像构建尖端神经系统形状类。这种方法将构造一个包含尖端神经系统形状类 $\text{cls}_{\text{cuspNrvShapeSys}}^{\delta_{\|\Phi\|}^{\wedge\wedge}}E$，这些形状与该类的代表性尖端神经系统形状具有近似的强描述接近性，定义为

$$\text{cls}_{\text{cuspNrvShapeSys}}^{\delta_{\|\Phi\|}^{\wedge\wedge}}E=\overbrace{\{\text{cuspNrvSys}G\in K:G\ \delta_{\|\Phi\|}\ \text{cuspNrvSys}E\}}^{\textbf{sys.}\boldsymbol{G}\ \boldsymbol{\delta_{\|\Phi\|}}\ \textbf{接近cuspNrvsys}\boldsymbol{E}}$$

与习题 8.42 不同，该类包含 $\delta_{\|\Phi\|}$ 接近性的尖端神经系统，即，相对于两个系统特征（**系统粒子速度**和**系统能量**），这些尖端神经系统在描述上近似接近于一个代表性的尖端神经系统。该类成员可以在描述上近似接近，前提是每个成员都有一个粒子速度 $v_{\text{cuspNrvSys}}$ 和系统能量 $E_{\text{cuspNrvSys}}$，它们接近类代表性系统的粒子速度和能量。

使用您的相机或手机，而不是来自互联网的视频以获取用于构建尖端神经系统形状类的视频。给出在一个或多个选定视频的帧图像上找到的两个样本形状类 $\text{cls}_{\text{cuspNrvShapeSys}}^{\delta_{\|\Phi\|}^{\wedge\wedge}}E$。

■

习题 8.46

使用 $\delta_{\|\Phi\|}$ 而不是 $\delta_{\|\Phi\|}^{\wedge\wedge}$接近性来实现算法 23，以使用 MATLAB 为视频中的帧构建尖端神经系统形状类。这种方法将构造一个包含尖端神经系统形状类 $\text{cls}_{\text{cuspNrvShapeSys}}^{\delta_{\|\Phi\|}}E$，这些形

状与该类的代表性尖端神经系统形状具有近似的描述接近性，定义为

$$\mathrm{cls}_{\mathrm{cuspNrvShapeSys}}^{\delta_{\|\Phi|}}E=\overbrace{\{\mathrm{cuspNrvSys}G\in K:G\ \delta_{\|\Phi\|}\ \mathrm{cuspNrvSys}E\}}^{\mathbf{sys.}\boldsymbol{G}\ \delta_{\|\Phi\|}\ \text{接近}\mathbf{cuspNrvsys}\boldsymbol{E}}$$

与习题 8.42 不同的是，该类包含 $\delta_{\|\Phi\|}^{\wedge\wedge}$接近性的尖端神经系统，即，相对于 5 个系统特征（**系统粒子速度、系统能量、系统直径、系统孔数、系统轮廓顶点平均波长**）。这个类的成员可以近似地描述接近性，前提是每个成员都有一个接近类代表性描述的特征矢量（描述）。类 $\mathrm{cls}_{\mathrm{cuspNrvShapeSys}}^{\delta_{\|\Phi\|}}E$ 的每个成员的描述是一个特征矢量，包括

粒子速度：v_{Nrvsys}，它用于从轮廓顶点（粒子）的粒子速度导出的神经轮廓。

能量：E_{Nrvsys}，它基于尖端神经系统的相对论质量。

直径：$\mathrm{diam}_{\mathrm{Nrvsys}}$，它是一对尖端神经轮廓顶点之间的最大距离。

孔数：$\mathrm{hole}_{\mathrm{Nrvsys}}$，它是尖端神经系统内部的孔数，是通过计算尖端神经系统内部的质心数找到的。

波长：$\lambda_{\mathrm{Nrvsys}}$，它是尖端神经轮廓上顶点的平均波长。

尖端神经系统类的每个成员 G 的描述$\Phi(\mathrm{Nrv}_{\mathrm{sys}})$将定义为

$$\Phi(G_{\mathrm{Nrv}_{\mathrm{sys}}})=(v_{\mathrm{Nrv}_{\mathrm{sys}}},E_{\mathrm{Nrv}_{\mathrm{sys}}},\mathrm{diam}_{\mathrm{Nrv}_{\mathrm{sys}}},\mathrm{hole}_{\mathrm{Nrv}_{\mathrm{sys}}},\lambda_{\mathrm{Nrv}_{\mathrm{sys}}})$$

在这种构建尖端神经系统类的方法中，类 G 的每个成员将相对于选定的阈值 th 而具有与类代表 G 的描述接近的描述，即，

$$\|\Phi(G_{\mathrm{Nrv}_{\mathrm{sys}}})-\Phi(G'_{\mathrm{Nrv}_{\mathrm{sys}}})\|<\mathrm{th}$$

使用您的相机或手机，而不是来自互联网的视频来获取用于构建尖端神经系统形状类的视频。给出在一个或多个选定视频的帧图像上找到的两个样本 $\mathrm{cls}_{\mathrm{cuspNrvShapeSys}}^{\delta_{\|\Phi\|}}E$ 形状类。■

8.13　轮廓节点计数作为尖端神经系统的特征

习题 8.48 使用轮廓节点计数作为特征来确定视频帧图像中的尖端神经系统是否属于形状类。

例 8.47　（尖端神经系统轮廓节点数样例）

先考虑一对光学骨架神经 E 和 E'（每个都有一个内骨架和外骨架，在各个内骨架上的节点和外骨架上的节点之间附着一个尖端细丝），在每个骨架神经 E 和 E'上选择一个尖端神经。

图 8.17 中显示了一对具有公共边的尖端神经 cuspNrv$E$ 和 cuspNrv$E$。这对尖端神经构成了一个尖端神经系统 cuspNrvSys$G$。cuspNrvSys$G$ 的轮廓是沿神经系统边界的边缘序列。轮廓的长度等于轮廓节点的数量。这可以通过简化假设每对相邻节点之间的长度等于 1 单位长度来实现。在这个例子中，轮廓节点数等于 $27\times1=27$。■

习题 8.48

使用 $\delta_{\|\Phi\|}^{\mathrm{conn}}$ 而不是 $\delta_{\|\Phi\|}^{\wedge\wedge}$接近性来实现算法 23，以使用 Matlab 为视频中的帧图像构建尖端

神经系统形状类。这种方法将构造一个包含尖端神经系统形状类 $\mathrm{cls}_{\mathrm{cuspNrvShapeSys}}^{\delta_{\|\Phi\|}^{\wedge}} E$，其中包含的骨架与此类尖端神经系统形状的代表性骨架具有近似强描述接近性，定义为

$$\mathrm{cls}_{\mathrm{shape}}^{\delta_{\|\Phi\|}^{\overset{\wedge}{\mathrm{conn}}}} E = \overbrace{\left\{ \mathrm{cuspNrvSys}G \in K : \mathrm{cuspNrvSys}G\ \delta_{\|\Phi\|}^{\mathrm{conn}}\ \mathrm{cuspNrvSys}E \right\}}^{\mathbf{sys.}\boldsymbol{G}\ \delta_{\|\Phi\|}^{\mathrm{conn}}\ \text{接近}\mathbf{sys.}\boldsymbol{E}}$$

与习题 8.42 不同，该类包含 $\delta_{\|\Phi\|}^{\mathrm{conn}}$ 的尖端神经系统，即尖端神经系统包含的骨架在描述上与代表性尖端神经系统的骨架近似接近。令 E 为类 $\mathrm{cls}_{\mathrm{shape}}^{\delta_{\|\Phi\|}^{\overset{\wedge}{\mathrm{conn}}}} E$ 中的一个代表性形状，并令 E 为该形状类的可能成员。设 L 为形状 E 的轮廓长度，L'为视频帧图像中形状 E'的轮廓长度。使用轮廓节点计数来估计轮廓形状长度（参见例 8.47，了解如何执行此操作）。然后确定形状 E'是否是 $\mathrm{cls}_{\mathrm{shape}}^{\delta_{\|\Phi\|}^{\overset{\wedge}{\mathrm{conn}}}} E$ 的成员，使用

$$\begin{aligned}
\mathrm{th} &= \text{近似阈值}\\
\Phi_{\mathrm{initial}}(E) &= L\\
\Phi_{\mathrm{next}}(E') &= L'\\
\left\|\Phi_{\mathrm{initial}}(E) - \Phi_{\mathrm{next}}(E')\right\| &= \|L - L'\|\\
&\leqslant \mathrm{th}: \text{接受形状}E'\text{在}\mathrm{cls}_{\mathrm{cuspNrvShapeSys}}^{\delta_{\|\Phi\|}^{\wedge}} E\text{中，或}\\
&> \mathrm{th}: \text{拒绝形状}E'\text{。}
\end{aligned}$$

使用你的相机或手机，而不是来自互联网的视频，获取用于构建尖头神经系统形状类的视频。给出在一个或多个选定视频的帧图像上找到的两个样本 $\mathrm{cls}_{\mathrm{shape}}^{\delta_{\|\Phi\|}^{\overset{\wedge}{\mathrm{conn}}}} E$ 形状类。■

习题 8.49 ☕

这是习题 8.48 的延续。使用 $\delta_{\|\Phi\|}^{\mathrm{conn}}$ 而不是 $\delta_{\|\Phi\|}^{\wedge}$接近性来实现算法 23，以使用 MATLAB 为视频中的帧图像构建尖端神经系统形状类。这种方法将构造一个包含尖端神经系统形状类 $\mathrm{cls}_{\mathrm{cuspNrvShapeSys}}^{\delta_{\|\Phi\|}^{\wedge}} E$，其中包含的骨架与此类尖端神经系统形状的代表性骨架具有近似强描述接近性，定义为

$$\mathrm{cls}_{\mathrm{shape}}^{\delta_{\|\Phi\|}^{\overset{\wedge}{\mathrm{conn}}}} E = \overbrace{\left\{ \mathrm{cuspNrvSys}G \in K : \mathrm{cuspNrvSys}G\ \delta_{\|\Phi\|}^{\mathrm{conn}}\ \mathrm{cuspNrvSys}E \right\}}^{\mathbf{sys.}\boldsymbol{G}\ \delta_{\|\Phi\|}^{\mathrm{conn}}\ \text{接近}\mathbf{cuspNrvSys.}\boldsymbol{E}}$$

与习题 8.42 不同，该类包含 $\delta_{\|\Phi\|}^{\mathrm{conn}}$ 的尖端神经系统，即尖端神经系统包含的骨架在描述上与代表性尖端神经系统的骨架近似接近。令 E 为类 $\mathrm{cls}_{\mathrm{shape}}^{\delta_{\|\Phi\|}^{\overset{\wedge}{\mathrm{conn}}}} E$ 中的一个代表性形状，并令 E'为该形状类的可能成员。设 L 为形状 E 的轮廓长度，L'为视频帧图像中形状 E'的轮廓长度。令 λ_E 为形状 E 轮廓上节点的平均波长，令 $\lambda_{E'}$为形状 E'轮廓上节点的平均波长。使用轮廓节点计数来估计轮廓形状长度（参见例 8.39 了解如何执行此操作）。然后确定形状 E'是否是 $\mathrm{cls}_{\mathrm{shape}}^{\delta_{\|\Phi\|}^{\overset{\wedge}{\mathrm{conn}}}} E$ 的成员，使用

$$
\begin{aligned}
\text{th} &= \text{近似阈值}\\
\varPhi_{\text{initial}}(E) &= \overbrace{(L,\lambda_E)}^{\textbf{cuspNrvSys}\boldsymbol{E}\text{的特征矢量}}\\
\varPhi_{\text{next}}(E') &= \overbrace{(L',\lambda_{E'})}^{\textbf{cuspNrvSys}\boldsymbol{E'}\text{的特征矢量}}\\
\left\|\varPhi_{\text{initial}}(E)-\varPhi_{\text{next}}(E')\right\| &= \left\|(L,\lambda_E)-(L',\lambda_{E'})\right\|\\
&\leqslant \text{th}:\text{接受形状}E'\text{在}\text{cls}_{\text{shape}}^{\overset{\text{conn}}{\delta_{\|\varPhi\|}^{\Lambda\!\!\Lambda}}}E\text{中，或}\\
&> \text{th}:\text{拒绝形状}E'\text{。}
\end{aligned}
$$

使用你的相机或手机，而不是来自互联网的视频，获取用于构建尖端神经系统形状类的视频。给出在一个或多个选定视频的帧图像上找到的两个样本 $\text{cls}_{\text{shape}}^{\overset{\text{conn}}{\delta_{\|\varPhi\|}^{\Lambda\!\!\Lambda}}}E$ 形状类。■

应用 2：在视频上对尖端神经系统形状进行分类的近似描述接近性

尖端神经系统形状类的一项有前景的应用是研究高速公路上的车辆交通模式。有方法建议发现尖端神经系统中的相似性，这些系统涵盖了交通模式视频中通常由市政规划办公室收集的各个帧图像中的重要部分。基于 $\delta_{\|\varPhi\|}^{\Lambda\!\!\Lambda}$ 的尖端神经系统形状类的出现补充了早期高速公路交通模式的工作，例如 Małecki [12]（另见 Nagel 和 Schreckenberg [13]）。与使用单元自动机研究交通流模式所产生的抽象视图不同，基于 $\delta_{\|\varPhi\|}^{\Lambda\!\!\Lambda}$ 的尖端神经系统形状类根据三角化视频帧图像的那些主要部分提供了交通流的可视化，其中有基于质心的最大亚历山德罗夫神经（或 MNC）。在视频帧图像中有多个相互靠近的 MNC 的情况下，我们可以期望找到覆盖帧图像中 MNC 三角形重心高度集中的那部分的尖端神经系统。回想一下，每个重心都在一个三角形上，三角形的顶点是图像中孔的质心。每个孔都是视频帧图像的暗（吸光）区域。重心的高度集中突出了孔高度集中的地方（出现质心的地方），这转化为帧图像中存在由其内部暗区或孔定义的形状的位置。尖端神经系统包含分布在重叠或接近的 MNC 中的翼边。使用 $\delta_{\|\varPhi\|}^{\Lambda\!\!\Lambda}$ 接近性将不同视频帧图像上的尖端神经系统与感兴趣的特定尖端神经系统进行比较，从而构建尖端神经类，该类可提供形状的细粒度比较，并在数百帧交通视频中提供近似描述接近性。这也是贝蒂数的一种应用，它提供了一种简单的测量尖端神经系统骨架接近性的方法。一对尖端神经系统将根据它们的描述（即贝蒂数）进行比较。■

8.14　开 放 问 题

本节给出近端涡旋循环和近端涡旋神经研究中出现的开放问题。涡旋循环可以在空间上接近（重叠涡旋循环具有一个或多个公共顶点）或描述上接近（描述性相交的涡旋循环对）。对于这样的单元复合形，我们有以下未解决的问题。

定义 8.50　（前导聚类）

设 X 是一个非空集。对于每个给定的集合 $A\times 2^X$，构建包含所有子集 $B\times 2^X$ 的前导聚类（由 $C_{\delta_{\text{soFar}}}(A)$表示），使得 $A \cap B \neq \varnothing$。令 δ_{soFar} 为任一近似值。实际上，

$$C_{\delta_{\text{soFar}}}(A) = \overbrace{\left\{B \in 2^K : A\ \delta_{\text{soFar}}\ B\right\}}^{\text{前导聚类：所有}B\ \delta_{\text{soFar}}\text{接近}A}$$

聚类的交集和并集都属于 K，定义了 K 上的前导一致拓扑，即 K 上所有一致聚类的集族。 ■

定理 8.51

令 K 为配备接近性 $\overset{\widehat{\text{conn}}}{\delta}$ 的涡旋循环的有限集族，令 τ 为接近空间中的前导一致拓扑$(K, \overset{\widehat{\text{conn}}}{\delta})$，那么每个涡旋循环聚类 $E \in \tau$ 在 E 上都有一个 CW 拓扑。

证明：每个 $E \in \tau$ 都是配备接近性 $\overset{\widehat{\text{conn}}}{\delta}$ 的涡旋循环的前导聚类。每个闭包 cl(vcyc$H$) $\in E$ 与 E 中有限数量的其他涡旋循环相交，因为 E 是有限的（闭包有限性属性）。令 cl(vcyc$A$), cl(vcyc$B$) $\in E$。对于 int(vcyc$A$) $\cap$ int(vcyc$B$) $\neq \varnothing \Rightarrow$ cl(vcyc$A$) $\overset{\widehat{\text{conn}}}{\delta}$ cl(vcyc$B$)，根据公理 **P4intConn**（弱拓扑性质）。因此，E 具有 CW 拓扑。 ■

开放问题

这里是要考虑的未解决问题列表。

开放-1：涡旋光子可以在空间上接近（重叠）。根据定理 8.51，可以在涡旋光子集族上的一致 Leader 拓扑中的每个涡旋光子聚类上构建 CW 拓扑。在这种情况下，为了分类和分析目的而考虑涡旋光子的空间接近性问题，通过考虑每个相交涡旋光子聚类上的 CW 拓扑结构而使问题得以简化。这是一种问题化简的形式，尚未尝试过。

开放-2：涡旋光子的螺旋通量之间的空间可以看作孔。使用连通接近性和 CW 拓扑的组合对此类光子的聚类进行分类和分析，对带孔的涡旋光子进行建模是一个悬而未决的问题。这是知识抽取的一种形式。

开放-3：众所周知，真正的基本粒子可以具有纽结的形式[14]，在纽结理论[15]中有多种形式。涡旋循环可以看作是相交纽结的集族。空间闭合涡旋循环的所有可能配置的集族是一个开放的问题。

开放-4：一类被称为胶球的基本粒子以纽结的色动力学通量线[14]的形式存在。涡旋神经可以被视为相交（重叠）胶球的集族。空间上接近涡旋神经的所有可能配置的集族是一个开放的问题。

开放-5：根据本书观察到，涡旋循环可以在空间上接近（重叠）涡旋神经。在空间上接近涡旋神经的涡旋循环的所有可能配置的集族是一个开放的问题。

开放-6：令单元复合形 K 是一个豪斯道夫空间，它配备了接近性 $\overset{\widehat{\text{conn}}}{\delta_{\Phi}}$ 和描述性闭包 cl_{Φ}。设 A 为 K 中的一个单元（骨架）。可以在每个单元分解 $A, B \in K$ 上定义一个描述性 CW 复合形，当且仅当

描述性闭包有限：每个单元（骨架）的闭合 $\text{cl}_{\Phi}A$ 与有限数量的其他单元相交。

描述性弱拓扑：$\text{A} \in 2^K$ 是描述性闭合的（$A = \text{cl}_{\Phi}A$），前提是 $A \underset{\Phi}{\Cap} \text{cl}_{\Phi}B$ 是闭合的，即 $A \underset{\Phi}{\Cap} \text{cl}B = \text{cl}_{\Phi}(\text{A} \cap \text{cl}B)$。

证明 K 有一个拓扑 τ，它是一个描述性 CW 拓扑，假设 τ 具有描述性闭包有限和

描述性弱拓扑性质。

开放-7： 令 K 是涡旋循环的有限集族，它是一个豪斯道夫空间，配备了接近性 $\overset{\overset{\wedge\wedge}{\text{conn}}}{\delta}$ 和描述性闭包 cl_{Φ}。并让 τ 成为接近性空间上的前导一致拓扑(K, $\overset{\overset{\wedge\wedge}{\text{conn}}}{\delta}$)，证明每个涡旋循环聚类 $E \in \tau$ 在 E 上都有一个描述性的 CW 拓扑。

开放-8： 令 K 是涡旋循环的有限集族，它是一个豪斯道夫空间，配备了接近性 $\overset{\overset{\wedge\wedge}{\text{conn}}}{\delta_{\Phi}}$ 和描述性闭包 cl_{Φ}。并让 τ 成为接近性空间上的前导一致拓扑(K, $\overset{\overset{\wedge\wedge}{\text{conn}}}{\delta_{\Phi}}$)，证明每个涡旋循环聚类 $E \in \tau$ 在 E 上都有一个描述性的 CW 拓扑。

开放-9： 镶嵌数字图像上最大核聚类（MNC）的内部和外部轮廓[16，8.2-8.9 节]形成涡旋循环。一个开放的问题是在配备相关器{ $\overset{\text{conn}}{\delta}$, $\overset{\overset{\wedge\wedge}{\text{conn}}}{\delta}$, $\overset{\overset{\wedge\wedge}{\text{conn}}}{\delta_{\Phi}}$ }的 MNC 涡旋循环集族上构建 CW 拓扑。

开放-10： 一个开放的问题是在配备相关器{ $\overset{\text{conn}}{\delta}$, $\overset{\overset{\wedge\wedge}{\text{conn}}}{\delta}$, $\overset{\overset{\wedge\wedge}{\text{conn}}}{\delta_{\Phi}}$ }的 MNC 涡旋循环集族上构建前导一致拓扑，并在前导一致拓扑集群上构建 CW 拓扑。

开放-11： 脑组织镶嵌显示缺少典型的微电路[17]。有关沿优先大脑通路（形状为环面）的类似甜甜圈轨迹的相关工作，请参见例如[18]。一个开放的问题是在由脑组织镶嵌产生的前导一致拓扑集群（配备接近性 $\overset{\overset{\wedge\wedge}{\text{conn}}}{\delta}$ 或 $\overset{\overset{\wedge\wedge}{\text{conn}}}{\delta_{\Phi}}$ ）上构建 CW 拓扑。这是问题 9 的结果的应用。

开放-12： **时空中的涡旋猫**。通过镶嵌显示猫的视频帧图像，在镶嵌的帧图像上找到最大的核聚类 MNC，并在 MNC 核周围构建精细和粗糙的轮廓，我们获得了涡旋循环。通过在视频中的一系列帧图像上重复这些步骤，我们获得了时空中的涡旋猫循环。例如，参见[19]和[20]中的涡旋猫循环样例。一个开放的问题是在配备接近性 $\overset{\overset{\wedge\wedge}{\text{conn}}}{\delta}$ 的视频帧图像的涡旋猫循环集族上构建 Leader 一致拓扑，并跟踪前导一致拓扑集群在视频帧图像序列上的持久性。

开放-13： **切赫神经轮廓**。切赫神经核的轮廓在[21，4.3.2 节，p.119ff]中介绍。一个开放的问题是在配备接近性 $\overset{\overset{\wedge\wedge}{\text{conn}}}{\delta}$ 的切赫神经轮廓的集族上构建描述性 CW 拓扑。

8.15　资料来源和进一步阅读

能量：

Baldomir 和 Hammond [22，pp.12-13，53-55]考虑了能量的种类（例如，动能和势能），其中动能 E 由质量 m，位移 ds（空间间隔）定义：

$$E = \frac{1}{2}mv^2 = \frac{1}{2}m\left(\frac{\mathrm{d}s}{\mathrm{d}t}\right)^2 = \frac{1}{2}m\left(\frac{\mathrm{d}^2 s}{\mathrm{d}t^2}\right)$$

路径能量：

路径能量的概念来自米尔诺（Milnor）[23，III.12 节，p.70-73]。这个概念在 CW 复合形上路径连通骨架中可微路径的研究中延续。设 K 是一个覆盖有限有界平面区域的单元复合形。假设 K 上有一个闭包有限弱拓扑。换句话说，让 K 是一个 CW 复合形。让 m: [0, 1] → K 在 K 的骨架 sk$E$ 上定义一条从顶点 p 到顶点 q 的路径，其中 $m(0)=p$ 和 $m(1)=q$。还假设 m 是分段可微的，这意味着在时间 t 的 p 和 q 之间的 m 的每个顶点都有导数 dm/dt（粒子速度）。令 p 和 q 之间的所有此类路径的集合表示为

$$\overbrace{\Omega(\text{sk}E;p,q)=\Omega(\text{sk}E)=\Omega}^{p\text{和}q\text{之间的可微路径}}$$

设 a、b 是路径 m 上的顶点。也就是说，对于 x，$x\in[0,1]$，我们有 $m(x)=a$ 和 $m(x')=b$，其中 $m(x)<m(x')$。那么，对于 $0\leqslant x\leqslant x'\leqslant 1$，$m$ 从 a 到 b 的能量（用 $E_a^b(m)$表示）定义为

$$E_a^b(m)=\overbrace{\int_a^b\left\|\frac{\mathrm{d}m}{\mathrm{d}t}\right\|^2\mathrm{d}t}^{a\text{和}b\text{之间的路径}m\text{的能量}}$$

习题 8.52

执行如下步骤：

（1）推导出路径能量的公式，作为路径 m 上从 a 到 b 的粒子速度的有限和（而不是积分）。这意味着将只计算顶点（路径连通骨架段上的端点）的能量。

（2）让 $K_1,\cdots,K_n$ 是 n 个三角化视频帧图像上的单元复合形。令 f_a、f_b 分别表示时刻 t_a 时视频帧图像 f_a 中骨架 sk$E$ 上顶点 a 的出现和 t_b 时刻视频帧图像 f_b 中骨架 sk$E$ 上顶点 b 的出现。假设骨架 skE'是骨架 sk$E$ 的复制品。换句话说，假设骨架 skE'重新出现在稍后的视频帧图像 f_b 中。使用 $v=\Delta f/\Delta t=(f_b-f_a)/(t_b-t_a)$计算粒子速度 v = d$m$/d$t$。此外，假设每个顶点的相对论质量为 1。对于序列 $K_1,\cdots,K_n$ 的三角化视频帧图像，给出步骤（1）中公式的新版本。

（3）使用步骤（2）中的公式计算三角化视频帧图像序列的路径能量。

（4）对两个不同的三角化视频帧图像序列重复步骤（3）。 ■

视频帧图像之间的映射：

Boxer [24]是一篇关于数字图像之间多值函数特性的优秀文章，在视频帧图像的研究中很有用。

开放问题：

Peters [25，3.3 节，p.70]介绍了与涡旋循环研究相关的 13 个开放问题，例如时空涡旋**猫循环**的构建（开放-12）和在切赫神经轮廓集族上构建**描述性 CW 拓扑结构**（开放-13）。根据本书的第 7 章和第 8 章，很明显，在各种形式的单元复合形上可能存在许多不同的描述性 CW 拓扑结构。基本的 Alexandroff-Whitenead 闭包有限和弱拓扑属性可以改进和扩展，这取决于描述接近性的选择，例如以下接近关系：

$$R_{\delta_\Phi}=\overbrace{\{\delta_\Phi,\delta_{\|\Phi\|}\}}^{\text{基于}\delta_\Phi\text{的CW复合形和拓扑}}$$

$$R_{\overset{\wedge\!\!\wedge}{\delta_\Phi}} = \overbrace{\left\{\overset{\wedge\!\!\wedge}{\delta_\Phi}, \overset{\wedge\!\!\wedge}{\delta_{\|\Phi\|}}\right\}}^{\text{基于}\overset{\wedge\!\!\wedge}{\delta_\Phi}\text{的CW复合形和拓扑}}$$

$$R_{\overset{\text{conn}}{\delta_\Phi}} = \overbrace{\left\{\overset{\text{conn}}{\delta_\Phi}, \overset{\text{conn}}{\delta_{\|\Phi\|}}\right\}}^{\text{基于}\overset{\text{conn}}{\delta_\Phi}\text{的CW复合形和拓扑}}$$

$$R_{\overset{\overset{\wedge\!\!\wedge}{\text{conn}}}{\delta_\Phi}} = \overbrace{\left\{\overset{\overset{\wedge\!\!\wedge}{\text{conn}}}{\delta_\Phi}, \overset{\overset{\wedge\!\!\wedge}{\text{conn}}}{\delta_{\|\Phi\|}}\right\}}^{\text{基于}\overset{\overset{\wedge\!\!\wedge}{\text{conn}}}{\delta_\Phi}\text{的CW复合形和拓扑}}$$

请注意，在每种情况下，描述性交集都有不同的形式。例如，参见 7.2 节中近似描述性交集的介绍。描述接近性的近似形式已包含在这些关系中的每一个中间，为构建如基于$\delta_{\|\Phi\|}$的涡旋神经类铺平了道路，可用于需要检测、分析和分类表面形状的各种应用，如在视频帧图像序列中（例如，参见 7.8 节）。

光子：

Worsley 和 Peters [26]推导出电子的三重球面模型，其半径由光速决定。

量子动力学：

Yurkin、Peters 和 Tozzi [27]给出了**原子**的几何视图，对光子的研究有影响。

矩形性：

Hamrouni、Bensaci、Kherfi、Khaldi 和 Aiadi [28，2.2 节，p.599]通过用矩形覆盖叶片来提取叶片的基本几何特性，并使用矩形的测量值来近似覆盖叶片的几何特性。这就是所谓的**矩形性**。

参 考 文 献

1. Lebesgue, H.: Sur les fonctions représentables analytiquement. J. de Math. 6(1), 139–216(1905)
2. Sagan, H.: Universitext. Space-filling curves, p. xvi+193. Springer, New York (1994). ISBN: 0-387-94265-3, MR1299533
3. Brouwer, L.: Beweis der invarianz der dimensionenzahl (german). Math. Ann. 70, 161–165 (1911). Zbl JFM 42.0416.02, reviewer Prof. Bklaschke
4. Brouwer, L.: Über den natürlichen dimensionsbegriff (german). J. füar Math. 142, 146–152 (1913). Zbl JFM 44.0555.01, reviewer Prof. Bklaschke
5. Adams, C., Morgan, F., Sullivan, J.:When soap bubbles collide. arXiv 0412(020v3), 1–9 (2006)
6. Salepci, N., Welshinger, J.Y.: Tilings, packings and expected betti numbers in simplicial complexes. arXiv 1806(05084v1), 1–28 (2018)
7. Grünbaum, B., Shephard, G.: Tilings and Patterns, pp. Xii+700. W.H. Freeman and Co, New York (1987).

MR0857454

8. NASA: Martian olympus mon volcano crater. Technical report, Jet Propulsion Laboratory/ Caltech (2018). https://mars.jpl.nasa.gov/gallery/atlas/images/oly.jpg
9. Buslaev, A., Tatashev, A.: Exact results for discrete dynamical systems on a pair of contours. Math. Methods Appl. Sci. 41(17), 1–12 (2018). https://doi.org/10.1002/mma/4822
10. Lewis, G., Tolman, R.: The principle of relativity, and non-Newtonian mechanics. Proc. Am. Acad. Arts Sci. 44(25), 711–724 (1909). https://www.jstor.org/stable/20022495
11. Susskind, L., Friedman, A.: Quantum Mechanics. The Theoretical Minimum, xx+364 pp. Penguin Books, UK (2014). ISBN: 978-0-141-977812
12. Malecki, K.: Graph cellular automata with relation-based neighbourhoods of cells for complex systems modelling: A case of traffic simulation. Symmetry 9(12), 322 (2017). https://doi.org/10.3390/sym9120322
13. Nagel, K., Schreckenberg,M.:Acellular automaton model for freeway traffic. J. Phys. I Francey 2(12), 2221–2229 (1992). https://doi.org/10.1051/jp1:1992277
14. Flammini, A., Stasiak, A.: Natural classification of knots. Proc. R. Soc. Lond. Ser. A Math. Phys. Eng. Sci. 463(2078), 569–582 (2017). MR2288834
15. Toffoli, S.D., Giardino, V.: Forms and roles of diagrams in knot theory. Erkenntnis 79(4), 829–842 (2014). MR3260948
16. Peters, J.: Foundations of Computer Vision. Computational Geometry, Visual Image Structures and Object Shape Detection, Intelligent Systems Reference Library 124. Springer International Publishing, Switzerland (2017). i–xvii, 432 pp. https://doi.org/10.1007/ 978-3-319-52483-2, Zbl 06882588 and MR3768717
17. Peters, J., Tozzi, A., Ramanna, S.: Brain tissue tessellation shows absence of canonical microcircuits. Neurosci. Lett. 626, 99–105 (2016). https://doi.org/10.1016/ j.neulet.2016.03.
052
18. Tozzi, A., Peters, J., Deli, E.: Towards plasma-like collisionless trajectories in the brain. Neurosci. Lett. 662, 105–109 (2018)
19. Cui, E.: Video vortex cat cycles part 1. Technical report, University of Manitoba, Computational Intelligence Laboratory, Deparment of Electrical & Computer Engineering, U of MB, Winnipeg, MB R3T 5V6, Canada (2018). https://youtu.be/rVGmkGTm4Oc
20. Cui, E.: Video vortex cat cycles part 2. Technical report, University of Manitoba, Computational Intelligence Laboratory, Deparment of Electrical & Computer Engineering, U of MB, Winnipeg, MB R3T 5V6, Canada (2018). https://youtu.be/yJBCdLhgcqk
21. Ahmad,M., Peters, J.: Proximal C˘ ech complexes in approximating digital image object shapes. Theory and application. Theory Appl. Math. Comput. Sci. 7(2), 81–123 (2017). MR3769444
22. Baldomir, D., Hammond, P.: Geometry of Electromagnetic Systems, p. xi+239. Clarendon Press, Oxford (1996). Zbl 0919.76001
23. Milnor, J.: Morse Theory. Based on Lecture Notes by M. Spivak and R. Wells, vi+153 pp. Princeton University Press, Princeton (1963). MR0163331
24. Boxer, L.: Multivalued functions in digital topology. Note diMatematica 37(2), 61–76 (1909). https://doi.org/10.1285/i15900932v37n2p61

25. Peters, J.: Proximal vortex cycles and vortex nerve structures. Non-concentric, nesting, possibly overlapping homology cell complexes. J. Math. Sci. Modell. 1(2), 56–72 (2018). ISSN 2636-8692, www.dergipark.gov.tr/jmsm, See, also, arXiv:1805.03998
26. Worsley, A., Peters, J.: Enhanced derivation of the electron magnetic moment anomaly from the electron charge from geometric principles. Appl. Phys. Res. 10(6), 24–28 (2018). https://doi.org/10.5539/apr.v10n6p24
27. Yurkin, Peters, J., Tozzi, A.: A novel belt model of the atom, compatible with quantum dynamics. J. Sci. Eng. Res. 5(7), 413–419 (2018)
28. Hamrouni, L., Bensaci, R., Kherfi, M., Khaldi, B., Aiadi, O.: Automatic recognition of plant leaves using parallel combination of classifiers. In: Amine, A., Mouhoub, M., Mohamed, O.A., Djebbar, B. (eds.) Computational Intelligence and Its Applications, pp. 597–606. Springer International Publishing, Switzerland (2018). https://doi.org/10.1007/ 978-3-319- 89743-1_51

词　汇　表

A.1　数字与字母

➢ **1-链**（1-chain）：1-链是△-复合形中连接弧（1-单元）的形式和。例如，参见图 A.1 中由 e_1+e_2 定义的 1-链。参见 **1-循环**、**形式和**、**路径**。

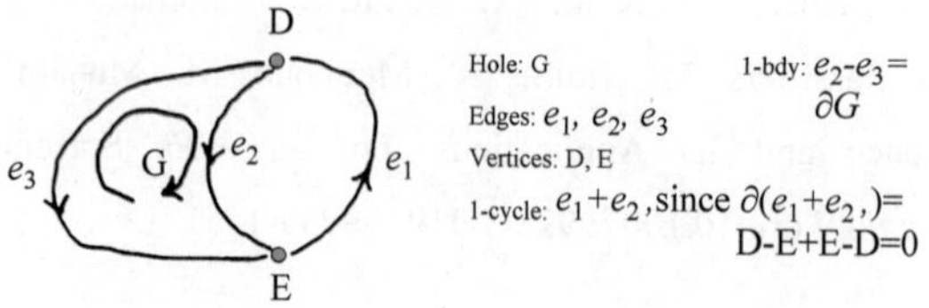

图 A.1　1-边界（用 $1-bdy = \partial G = e2 - e3$ 表示）样本

➢ **1-循环**（1-cycles）：由单纯复形中的边 $e_1, ..., e_n$ 定义的路径能定义 1-循环，条件是边界同态∂将边映射到零。

例 A.1　（1-循环样本）

令 C_1 为一组边链，即一维 1-单纯形，令 C_0 为一组顶点的线性组合，即零维 0-单纯形的线性组合。设 σ 为单纯复形中的一条路径。回想一下，1-链 c 是路径的总和，$c = \Sigma_i \sigma_i$。设$\partial c = \Sigma_i \partial c_i$是 1-链 c 上的边界同态。如果$\partial c = 0$，则 1-链是 1-循环。例如，在图 A.1 中，我们有

C_0：0-链，是有孔的边界，例如图 A.1 中的 e_2、e_3。

C_1：1-循环的集合，例如图 A.1 中的$\partial(e_1 + e_2)$。

图 A.1 中的边 e_1、e_2 定义了一个 1-循环，因为$\partial(e_1 + e_2) = D + E + E - D = 0$。这个例子的变型可见 Hatcher [5，p.100]和 Alayragues、Damiand、Lienhardt、Peltier [17，2.1 节，p.5]。■

Ahmad-Peters 描述性并集（Ahmad-Peters Descriptive Union）：Ahmad 和 Peters 在[1，Def.5，p.9]中对描述性并集进行了介绍。设 $A, B \subset K$ 是单元复合形 K 的子集，而ϕ：$2^K \rightarrow R^n$ 将其映射到描述其单元的 n 维实值特征矢量。那么，

$$A\underset{\Phi}{\overset{\sim}{\bigcup}}B = \{x \in A \bigcap B : \Phi(x) \in \Phi(A) \text{ or } \Phi(x) \in \Phi(B)\}$$

其中$\underset{\Phi}{\overset{\sim}{\bigcup}}$是空间受限且描述性无差别的并集。我们可以将这个定义表示如下

$$
\begin{array}{ccccc}
A & \xleftarrow{\ a\ } & A \cap B & \xrightarrow{\ b\ } & B \\
\pi \downarrow\!\uparrow \phi & & & & \pi \downarrow\!\uparrow \phi \\
\phi(A) & \xrightarrow{\ c\ } & \phi(A) \cup \phi(B) & \xleftarrow{\ d\ } & \phi(B)
\end{array}
$$

$$\downarrow \pi$$

$$A\underset{\Phi}{\overset{\sim}{\bigcup}}B$$

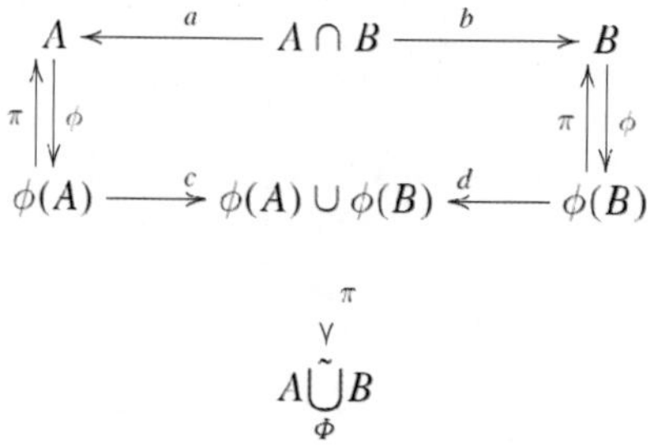

定理 A.2

令 $A, B \subset K$ 是 K 的两个子集，ϕ：$2^K \to \mathrm{R}^n$ 是一个探测函数，那么

$$A \tilde{\bigcup_{\Phi}} B \Leftrightarrow A \cap B$$ ■

- **aka：也称为（also known as）**的缩写。
- **X_9 灾难**（X_9 catastrophe）：由水平显微镜载玻片上的水滴产生的光灾难 X_9 并将其周长限制为正方形：Nye [19，8.1 节，pp.193-195；X_9 的展开，图 8.1，p.195]。X_9 焦散出现在椭圆形水滴形成的彩虹中：Nye [60]。光涡旋（光波场错位）常见于 X_9 焦散中，其胚芽 $\phi(x, y)$ 源自状态变量 x 和 y，定义为

$$\overbrace{\phi(x,y) = x^4 + Kx^2y^2 + y^4}^{X_9\text{光灾难的胚芽}}$$

常数 K 称为 X_9 胚芽 $\phi(x, y)$ 的模。完全展开 X_9 焦散需要 8 个控制变量。当仅有 3 个控制变量 a、b、c 时，X_9 焦散的展开定义为

$$\overbrace{\phi(x,y;a,b,c) = x^4 + 6x^2y^2 + y^4 + c(x^2+y^2) + by + ax}^{X_9\text{光灾难的部分展开}}$$

另见 Nye [61，1 节，p.2]。图 A.2 中 $K=2$ 时 X_9 的展开表示基于 Nye [60，4 节，p.407]。

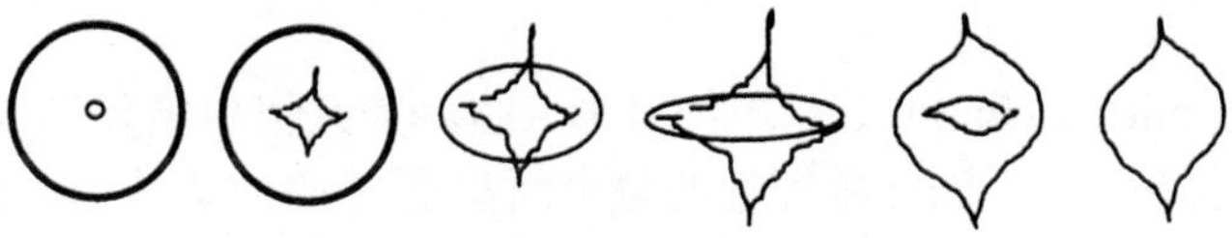

图 A.2　$K=2$ 时 X_9 的展开

在这项工作中，X_9 光灾难是令人感兴趣的，因为它们与光尖端神经（参见 8.6 节和 8.7 节）和附录 A.18 节以及光涡旋神经（关于光涡旋参见 4.11 节）中的基本结构相似。

A.2　A

- **奥德特对光的观点**（X. Oudet view of light）：光子流[42]。

A.3　B

- **饱和度**（saturation）：

设 img 是一幅彩色图像，其中像素具有 R（红色）、G（绿色）和 B（蓝色）强度。img 的饱和度是每个图像像素颜色中白色的数量。设 $p \in \text{img}$ 是一个具有饱和度 S_p 的像素，可如下估计

$$S_p = 1 - \overbrace{\left[\frac{3\min(R+G+B)}{R+G+B}\right]}^{\text{彩色像素}p\text{的饱和度}}$$

- **贝蒂数**（Betti number）：

(a) 形状中的孔数，Hilton[2，p.282]；(b) 同源群的等级，Hilton[2，p.284]；(c) 自由阿贝尔群中的生成元数量，Giblin [3]。参见**孔**，**同源组**。这里是详细信息。

贝蒂数 = 自由阿贝尔群的等级

贝蒂数是对自由阿贝尔群中生成元数量（等级）的计数。回想一下，群 G 是一个非空集，它配备了一个二元运算∘，该运算是关联的，其中有一个单位元素 e，G 中的每个成员 a 都有一个逆 b，即 $a \circ b = e$。**循环群** H 是这样一个群，其中 G 的每个成员都可以写成称为生成元的单个元素的正整数幂。一个循环群是**阿贝尔群**，如果对于 G 中的每对元素，都有 $a \circ b = b \circ a$。**自由阿贝尔群**是一个有多个生成元的阿贝尔群，即群中的每个元素都可以写成$\Sigma_i g_i a$，这里生成元 g_i 都在 G 中。从同源性观点对循环群的介绍可参见 Giblin [3，A.1 节，p.216]。有关这方面的更多信息，请参阅 7.3 节。■

- **边**（edges）：1-单元（连接到一对顶点（0-单元）的线段）。参见**顶点**：附录 A.5 节。
- **边界**（boundary）：围绕不同形状的连通单元。
- **边链**（chain of edges）：C_1 中的元素，Hatcher [5，p.99]。

A.4 C

- **彩色图像像素的波长**（wavelengths of color image pixels）：彩色图像像素的波长是种子点的来源，可用于生成图像网格，也可用作选定像素的显著特征，例如图像区域质心。

A.5 D

- **单纯复形**（simplicial complex）：单纯复形（也称为**几何单纯复形**或简称为**复合形**）K 是 R^n 中的一组单纯形，因此单纯形的每个面都是 K 中的单纯形，并且 K 中两个单纯形的交集是 K 中的单纯形。单纯形的子集是单纯形（称为此类子集的**面**）。单纯形的**维数**比单纯形中的顶点数少 1。单纯形 σ 的边界$\partial\sigma$ 等于其真面的并集的子复合形。（来自 May [56]）。
- **单纯同源群**（simplicial homology group）：有限单纯复形 K（记为 $H_n(K)$）的第 n 阶单纯同源群定义为

$$H_n(K) = Z_n(K)/B_n(K)$$

  在分解出 B_n 中边界循环的所有副本后，这些副本也是 Z_n 中的循环，在这个商群中幸存下来的是 n-维孔，即那些不是 n-边界的 n-循环：Rotman [12，1.1 节]。
- **单纯形**（simplex）：k-单纯形是 $k+1$ 个仿射独立顶点的凸包：Edelsbrunner and Harer [34，III.1 节，pp.51-52]。
- **单元**（cell）：(a) 在覆盖欧氏平面的有限有界区域的单元复合形 K 中，**单元**是顶点、边或实心三角形▲；(b) **单元**是一个有限的平面区域，有一个边界和非空的内部；(c) 单元的各个边界∂▲q 都与一个整数 $q \geqslant 0$ 相关联，例如，孔边界上的边数。自由阿贝尔群 B_p 的 p 个单元是生成元，被称为边界群：Eilenberg [4]。
- **顶点**（vertex）：(a) 单元复合形中的 0-单元；(b) 将来自所记录视觉场景的反射光中的光子表示为单次拍摄的图像或视频中的帧。参见**边**：A.3 节和观察 8。

A.6 E

- **二元关系**（binary relation）：令 X 为一个非空集合，2^X 为 X 中子集的集族。在 X 上的二元关系 R 是 $X[2^X]$中一组有序对成员的集合，定义为

$$A, B \subset X$$
$$R = \{(a,b) \in X \times X : a \in X \text{ and } b \in X\}$$

例 **A.3** （接近关系）

令 K 为 CW 复合形，$\text{sk}_{\text{cyclic}}\text{Nrv}E$ 和 $\text{sk}_{\text{cyclic}}\text{Nrv}E'$为 K 上的骨架循环涡旋神经。同时令 δ_Φ 为 K 上的描述性接近关系。那么

$$2^K = X \text{ 中子集的集族}$$
$$\delta_\Phi = \{(\text{sk}_{\text{cyclic}}\text{Nrv}E, \text{sk}_{\text{cyclic}}\text{Nrv}E') \in 2^K \times 2^K : \text{sk}_{\text{cyclic}}\text{Nrv}E \in 2^K \text{ and } \text{sk}_{\text{cyclic}}\text{Nrv}E' \in 2^K\} \quad \blacksquare$$
$$\text{sk}_{\text{cyclic}}\text{Nrv}E \ \delta_\Phi \ \text{sk}_{\text{cyclic}}\text{Nrv}E' \in 2^K \times 2^K$$

A.7 F

➢ **反射**（reflection）：
光从表面弹射出来。光滑的表面，如水或玻璃或抛光金属会反射光线，因此入射光线的入射角等于反射光线的反射角。凹凸不平的表面将导致相对于光线入射角的不同反射角。**漫反射**是由光线照射到凹凸不平的表面引起的。

➢ **分类形状**（classify shapes）：同源群用来以非常基本的方式对形状进行分类：Tourlakis [7]。对同源形状进行分类的基本方法是将三角化的形状看作一组 p 循环（$p \geqslant 0$），其中一些可能是形状中孔的边界。首先确定同源群，这些群可以分解出形状中的孔洞，从而留下一组不是孔洞的 p 循环。令 Z_p 表示一组三角化形状中的 p 循环，令$|Z_p|$表示 **Z_p 的阶数**，即 Z_p 中 p 循环的总数。请注意，每个形状都有一个独特的 p 循环，即形状的轮廓。换句话说，一组形状循环上的同源群提供了一个形状的标记，即使得一个形状与其他形状相似（即，那些形状包含相同数量的路径$|Z_p| -1$ 而不是孔的边界）并与包含不同数量的非孔循环的其他形状不同。有关形状轮廓和所谓**轮廓演化**的更多信息，请参阅 Corcoran、Winstanley、Mooney 和 Tilton [8]。有关形状理论的更多信息，请参阅 Smirnov [9]和 S.N. Ibrahim 关于形状标记的介绍[10]，以及 Vixie、Clawson、Asaki、Sandine 和 Morgan [11]。另请参见**轮廓**、**循环**、**1-循环**、**路径**、**形状**。请注意，轮廓演化在三角化视频帧图像序列中很常见。诀窍是量化形状轮廓相对于视频帧图像中形状的第一次出现及其随后在后续视频帧图像中再次出现的变化。这种量化可以巧妙地完成，例如，通过测量 Milnor 路径能量的等效值（参见 8.15 节和附录 A.13 节，以了解其他形式的形状能量）。

➢ **覆盖**（cover，covering）：设 E, X 为非空集，设 2^X 为 X 中子集的集族。集族 2^X 覆盖 E，条件是 E 是 2^X 的子集。也就是说，2^X 是 E 的覆盖，条件是

$$E \subseteq \overbrace{2^X}^{2^X \text{覆盖} E}$$

例 **A.4** （由神经复合形覆盖的形状）

设 sh$E$ 为曲面形状，而 Nrv$A$ 为神经复合形。神经 Nrv$A$ 覆盖形状 sh$E$，条件是

$$\text{sh}E \subseteq \overbrace{\text{Nrv}A}^{\text{Nrv}A\text{覆盖sh}E}$$

根据定义，神经复合形是具有非空交集的子集的集族。另外请注意，神经复合形以及任何其他子集集族都可以由单个子集组成，即自身。 ■

更多有关信息，可参见 Weisstein [15]，还可参见[16，15.9 节，p.104]。

➢ **辐条**（spoke）：辐条：辐条是一对多边形，其中包括网状神经（见 A.13 节）的核，并且具有共同的边。在亚历山德罗夫网状神经 $\text{Nrv}_{\text{Alexandroff}}E$ 的情况下，神经辐条中的一对三角形可以具有共同的顶点或边。同样，例如，咖啡杯焦散的尖端宽度存在奇点，随着尖端趋向于一个点（尖点），该宽度趋于零。

A.8　G

➢ **光**（light）：
惠更斯的观点：光存在于**某种物质的运动中**：Huygens [41]。
奥德特的观点：光是**光子流**：Oudet [42]。
杨的观点：光在**物理上是一种波**：Young [43]。另见 Dennis [44]。
牛顿的观点：光由连续的和同时的部分组成：Newton [45，1 节，p.1]。最小的光或光的一部分，可以在没有其余光的情况下单独停止或传播，或者单独做或遭受任何事情，而其余部分不做或没有受到影响，可称之为光线，Newton [45]。
观察 8　光在视神经复合形中的角色

观察 8　光在视神经复合形中的角色

我们使用光作为波的形式来定义尖端细丝以及涡旋 1-单元（边），并使用光作为粒子的形式来定义视神经的顶点（三角形顶点是孔的质心的重心）。基本方法是将反射光与非孔的表面区域隔离。■

➢ **光涡旋神经**（optical vortex nerve）：光涡旋神经 E（由 $\text{sk}_{\text{cyclic}}\text{Nrv}E$ 表示）是一对循环骨架上的交叉重心光尖端神经的集族，**尖端细丝**表示从物理表面反射的光的路径。见 4.12 节关于尖端细丝和 4.11 节关于光涡旋神经，特别是关于光涡旋神经内部结构的观察 4。另见附录 A.18 节中的“**神经复合形**”下的“光涡旋神经复合形”和“光尖端神经复合形”。

➢ **光子的波长**（wavelength of photon）：光子的波长（用λ表示）定义为

$$\hbar = 1.054571726\cdots 10^{-34}\,\text{kg}\,\text{m}^2/\text{s}\text{（普朗克常数）}$$

$$p = m\dot{x} = m\frac{\mathrm{d}x}{\mathrm{d}t}\text{（粒子的动能）}$$

$$\lambda = \frac{2\pi h}{p}\text{（光子的波长）}$$

有关光波波长的完整介绍，请参见 Susskind 和 Friedman [54，8.2 节，p.260]。

A.9　H

➢ **豪斯道夫距离**（Hausdorff distance）：设 X 是一个非空集，x 是 X 中的一个点，A 是 X 的子集。那么豪斯道夫距离 $\text{dist}(x, A)$定义为

$$\text{dist}(x, A) = \inf\{\| x, a \| : a \in A\} \approx \min\{\| x, a \| : a \in A\}$$

符号 $\inf\{\|x, a\| : a \in A\}$读成取范数$\|x, a\|$的最大下界。豪斯道夫[30，22 节，p.128]引入了这种点和集合间的距离形式，见对豪斯道德文原版的翻译书[31]。出于计算目的，我们使用 $\min\{\|x, a\| : a \in A\}$进行代替。

设 $\boldsymbol{p} = (x_1, a_1), \boldsymbol{q} = (x_2, a_2)$ 是平面中的点。符号$\|\boldsymbol{p} - \boldsymbol{q}\|$是点 x 和 a 之间的欧氏距离，定

义为

$$\|\boldsymbol{p}-\boldsymbol{q}\|=\sqrt{(x_2-x_1)^2+(a_2-a_1)^2} \quad \text{（欧氏距离）}$$

例 A.5

点 $\boldsymbol{p}=(x_1, a_1), \boldsymbol{q}=(x_2, a_2)$之间的欧氏距离如图 A.3 所示。例如，令 $\boldsymbol{p}=(x_1, a_1)$是德劳内神经的核，令 $\boldsymbol{q}=(x_2, a_2)$是重心 1-循环上的顶点，那么核 $\boldsymbol{p}$ 与 1-循环顶点 $\boldsymbol{q}$ 之间的欧氏距离如图 A.3 所示。

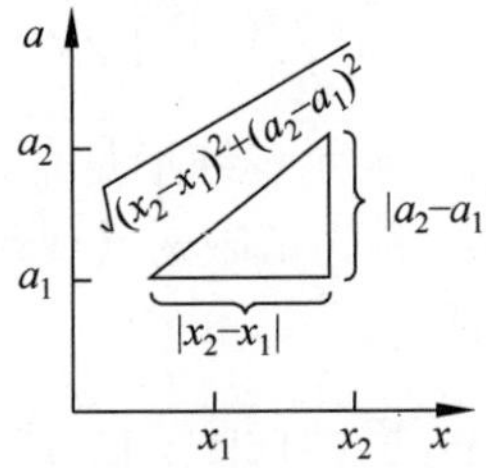

图 A.3 点 $p=(x_1, a_1), q=(x_2, a_2)$之间的欧氏距离

设 $A=\{q_1, q_2,\cdots, q_k\}$是具有核 p 的德劳内神经的重心 1-循环上的一组 k 个顶点，那么 p 和 A 之间的豪斯道夫距离 dist(p, A)定义为

$$\text{dist}(p, A)=\min\{\| p, q_i \|: q_i \in A\}$$

■

A.10 J

- **奇点**（singularity）：奇点是一个函数（也是表面形状）爆炸（趋于无穷大）或退化（趋于零）的点。当神经复合形收缩到单个顶点时，它就会退化。例如，尖端光神经的奇点是一对非常细的光涡旋神经辐条所共有的单个顶点（当辐条收缩为骨架时）。

A.11 K

- **孔**（hole）：(a) 边之间的空白空间，见 Hatcher [5，p.101]；(b) 一个吸收光的表面区域；(c) 一个抵抗（防止）自身收缩到单个顶点的物体；(d) 一个具有边界和空的内部的表面区域。这里有一个需要考虑的难题：列奥纳多・达・芬奇（Leonardo da Vinci）的蒙娜丽莎（Mona Lisa）画中有多少个孔？Krantz [32，1.1 节，p,1]问：充气篮球上的孔和甜甜圈中心的孔一样吗？有关黑洞视界拓扑结构和黑洞表面可能存在的负质量的最新研究，请参见 Tozzi 和 Peters [33]。

A.12 L

- **连通形状**（connected shape）：形状 sh$A$ 是连通的，前提是 sh$A$ 中的每对顶点之间存在边路径。
- **链**（chain）：令▲复合形 X 是一个单元复合形，$\blacktriangle_n(X)$是一个自由阿贝尔群，其基是 X 中开放 n-单纯形 e_n 的集族。$\blacktriangle_n(X)$的成员称为 n-链。此外，$\triangle_n(X)$的元素被写成有限和 $\Sigma_i n_i e_i^n$ 的形式，系数为 $n_i \in$ Z（整数）。和$\Sigma_i n_i e_i^n$ 被看作为一个链，它是 X 中 n-单纯形的有限集族。关于这一点，参见 Hatcher [5]。
- **链复合形**（chain complex）：一个链复合形是阿贝尔群及其同态的序列 $C=\{C_p, \partial_p\}$，$n=$ Z

$$\partial_p : C_n \to C_{n-1} : \partial_p \circ \partial_{p+1} = 0, \quad 对所有n$$

映射∂_p称为边界同态：Adhikari [6，10.1 节]。

- **链映射**（chain map）：设 K 是覆盖欧氏平面有限有界区域的单纯复形，设 $C_n(K)$是 K 上的一组 n 循环。此外，设 $v_0,\cdots, v_n$ 是 K 中的 n 个单纯形。对于 $n\geqslant 1$，映射

$$\partial_n : C_n(K) \to C_{n-1}(K)$$

由下式定义

$$\partial_n [v_0,\cdots,v_n]=\sum_{i=0}^{n}(-1)^i [v_0,\cdots,\hat{v}_i\cdots,v_n]$$

总和中省略了项 $\hat{v}_i$。项的交替符号表示单纯形是有方向的，这意味着对于每个正项$+v_j$，都有相应的$-v_j$，$0\leqslant j\leqslant n$。映射∂_n 称为**链映射**（或**单纯边界图**）。每个链映射∂_n 是一个**同态**，例如，对于单纯形 v 和 v'，有

$$\partial_n([v,v']) = \sum_{i=0}^{2}(-1)^i[v,v'], \quad 或$$

$$\partial_n(v+v') = \partial_n(v) + \partial_n(v'), \quad (\textbf{同态映射})$$

即，链映射$\partial_n(v, v')$将一个单纯形序列映射到一个具有交替符号的和，或者$\partial_n(v + v')$将一个单纯形总和映射到单个单纯形链映射的总和。

定理 A.6 （**基本链映射定理**）

对所有的 $n\geqslant 0$，

$$\partial_{n-1}\partial_n=0$$

证明：令 $x_0,\cdots, x_n$ 是复合形 K 中的单纯形。为简单起见，假设 $x_0,\cdots, x_n$ 是 K 中的顶点。$\partial_n[x_0,\cdots, x_n]$中的每一项都具有如下形式

$$(-1)^j [x_0,\cdots,\hat{x}_i,\cdots,x_n], \quad 0\leqslant j\leqslant n$$

因此

$$\partial_n [x_0,\cdots,\hat{x}_i,\cdots,x_n] = \sum_{i=0}^{n}(-1)^j [x_0,\cdots,\hat{x}_i,\cdots,x_n]$$

接下来，使用 Rotman [12，性质 1.1 的证明，p.6]的技巧，把这个总和分成一对和得到

$$\partial_n [x_0,\ldots,\hat{x}_i,\ldots,x_n] = \sum_{j=0}^{i-1}(-1)^j [x_0,\cdots,\hat{x}_j,\cdots,\hat{x}_i,\cdots,x_n] + \sum_{k=i+1}^{n}(-1)^{k-1}[x_0,\cdots,\hat{x}_i,\cdots,\hat{x}_k,\cdots,x_n]$$

可见，项$[x_0,\cdots,\hat{x}_i,\cdots,\hat{x}_j,\cdots,x_n]$在$\partial_{n-1}\partial_n$ 中出现两次，即在$\partial_{n-1}[x_0,\cdots,\hat{x}_i,\cdots,x_n]$中以及在$\partial_{n-1}[x_0,\ldots,\hat{x}_j,\ldots,x_n]$中。因此，第一项的符号为$(-1)^{i+j}$，第二项的符号为$(-1)^{i+j-1}$。如此，$(n-2)$的项成对抵消，给出了想要的结果，即$\partial_{n-1}\partial_n = 0$。 ■

- **零镜头识别**（zero shot recognition）：没有训练数据的图像分类。参见 5.13 节及应用。
- **路径**（path）：单纯复形中的路径是连接单纯形的序列。一对单纯形σ_1 和σ_2 是**连通的**，前提是σ_1 和σ_2 具有公共部分。有关这方面的更多信息，请参阅 Klette 和 Rosenfeld [39，1.1.4 小节]和 Bredon [52，IV.1 节，p.169]。

例 A.7 （**路径中连通的 1-单纯形样本**）

设 e_1、e_2、e_3 是 1-单纯形（边）的序列，如图 A.4 所示。每对近邻（相邻）边都有一个公共顶点。因此，e_1、e_2、e_3 定义了一条路径。

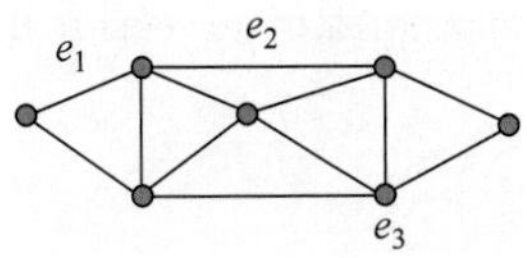

图 A.4 示例路径 ■

参见 **1-循环**。

- **轮廓**（contour）：(a) 形状的边界；(b) 表面边界；(c) 轮廓网。更多信息，请参见 Carr 和 Duke [14]。

A.13 N

- **能量**（energy）：(a) 能量是变形器，参见 Susskind [21，7 节，p.126]；(b) 来自量子力学和传统物理学的各种形式的能量提供了一种刻画形状的有用方法。对于出现在三角化曲面上的形状尤其如此，特别是**形状轮廓的演变**，参见附录 A.7 节的“分类形状”。在这里对数字图像的计算几何学和拓扑学的研究中，以下形式的能量是有用的：
  路径的米尔诺能量：8.15 节。
  动能：8.15 节。另见**细丝动能**：7.11 节。
  神经系统能量：8.15 节。另见 8.12 节。
  光子能量：7.2 节。
  萨斯金德变形能量：附录 A.23 节“质量”。

A.14 O

- **欧氏平面**（Euclidean plane）：R^2。

A.15 P

- **陪集**（coset）：陪集是 H 中元素的一组乘积，每个元素被在右侧或左侧的 H 元素相乘（或相加）以构成陪集的右侧和左侧。对于 $x \in G$，形式为 Hx 的 G 的子集称为 H 的**右陪集**，形式为 xH 的 G 的子集称为 H 的**左陪集**。例如，设 H 是加性群 G 的一个子群，令 0、a 和 b 在 G 中，0 和 b 在 H 中，则

右陪集	
$H=$	$\{0, b\}$
$Ha=$	$\{0+a, b+a\}$

左陪集	
$H=$	$\{0, b\}$
$aH=$	$\{a+0, a+b\}$

还可参见**商群**，**同调群**，$\boldsymbol{H_p}$。

- **偏振**（polarization）：光的偏振是指电磁波的几何朝向，它向左或向右旋转。

A.16 Q

- **群**（group）：在代数中，群是一个非空集 G，它配备了一个二元运算$\circ$使得$\circ$是结合的、G 包含一个恒等元、并且 G 的每个成员都有一个逆元。对于群的简化视图，请考虑广群（groupoid），它是一个定义了二元运算的非空集。有关广群的详细介绍，请参阅 Clifford 和 Preston [28]。有关 Klee-Phelps 凸广群的结果，请参见 Peters、Özturk 和 Uçkun [29]。参见**自由阿贝尔群**：附录 A.23 节和 3.18 节。还可回想**同源群**，它是一个计算拓

扑空间中孔数量的阿贝尔群。有关同源群的详细介绍，请参阅 Giblin [3，第 4 章，p.99]。参见附录 A.19 节。

A.17　R

➢ **弱拓扑**（weak Topology）：(a) 令 X 为豪斯道夫空间，令 E 为 X 的单元分解。回想一下，拓扑空间的**单元分解**是将 X 划分为称为单元的子空间，以便 X 的每个成员恰好位于一个单元中。拓扑空间是一个 n-单元，只要该空间与 R^n 同胚。集族 τ_E 是 Jänich 弱拓扑，前提是 $A \subset X$ 是闭合的，当且仅当 $A \cap \text{cl}e$，$e \in E$ 也是闭合的[59，VII.3 节]。(b) 令Γ是从集族 X 上到拓扑空间 Y 的映射的集族 f：$X \rightarrow Y$。对于每个开集 $V \subset Y$，将拓扑 τ_Γ 定义为 $f^{-1}(V)$的所有并集以及有限交集的集族。拓扑 τ_Γ 是 X 上的弱拓扑。
参见 **CW-复合形、同胚、拓扑**。

A.18　S

➢ **色调角**（hue angle）：令 img 是一幅彩色图像，其中每个像素具有 R（红色）、G（绿色）和 B（蓝色）强度。并令 $p \in$ img 是一个具有色调角 θ_p 的像素，其估计值为

$$\theta_p = \overbrace{\cos^{-1}\left[\frac{(R-G)+(R-B)}{2\sqrt{(R-G)^2+(R-B)(G-B)}}\right]}^{\text{彩色像素}p\text{的色调角}}$$

彩色像素的色调角

在电磁波谱中，彩色像素 p 的色调角 θ_p 与其波长（以 nm 为单位）之间存在着一一对应的关系。■

例 A.8　（彩色像素与波长样本的对应关系）
在图 A.5(a)中的亚历山德罗·格拉纳塔（Alessandro Granata）绘画的第 150 行像素使用绿色为假彩色。彩色像素色调角与波长的一一对应关系如图 A.5(b)所示。

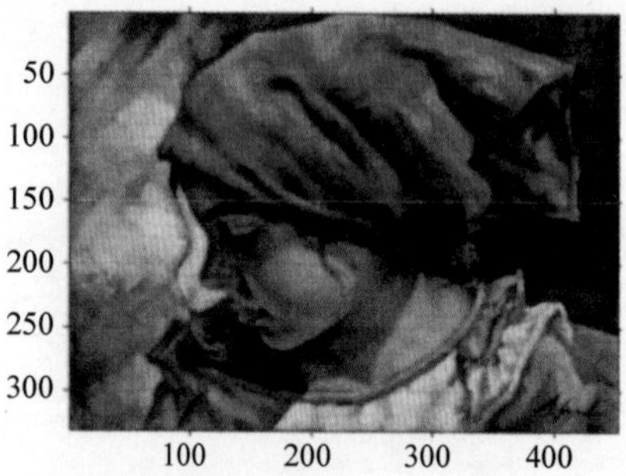

(a) 假彩色的像素行，绘画由 Alessandro Granata提供

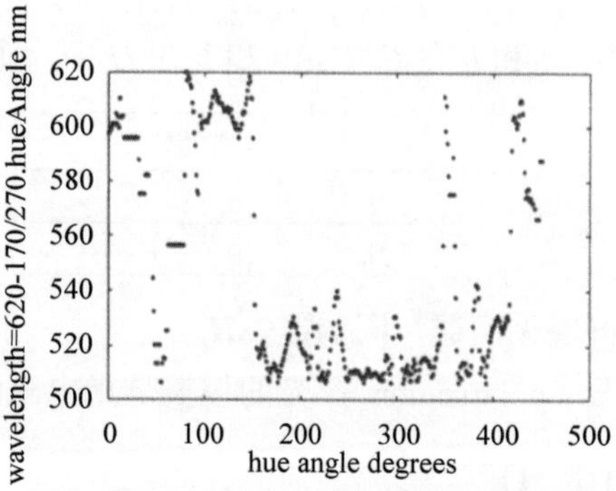

(b) 第150行彩色像素的色调角与波长的关系（以nm为单位）。由M.Z. Ahmad绘制

图 A.5　第 150 行彩色像素的色调角与波长的对应关系，单位为 nm　■

➢ **商群**（quotient group）：(a) 设 G 为群且设 H 为 G 的子群，即 $H \subseteq G$。G 中 H 的右陪集的集合称为商群（记为 G/H）。商群 G/H 的符号读作 G mod H。Herstein [36，6 节，pp.41-43]对商群做了很好的介绍。

例 A.9 （同源群）

设 K 是一个单纯复形，覆盖欧氏平面的有限有界区域。p-链 c 是 K 中路径连接的 p-单纯形的形式和，且

$$\partial_i = i^{th} K \text{中} p\text{-单纯形}$$
$$\lambda_i = \pm 1 \text{或} 0$$
$$c = \sum \lambda_i \partial_i$$

■

(b) 设 G 和 H 为一对群。Giblin [3]观察到：商群 G/H 是一种用于“忽略”或“置零”H 元素的装置。注意，例如，对于同源群，我们只考虑 H 在 G 中的右陪集，并且忽略 H。参见**同源群**：附录 A.19 节。

此外，令 K_p 为 K 中至多为 p 维的单纯形集合。令 Z_p 是一组单纯的 n-循环，它们是一些$(n+1)$-单纯形的并集的边界。例如，在图 A.6 中，Z_1 是一组 1-循环，它们是 2-单纯形的边界。在这个例子中，连通段的序列 $\overline{pq}$，$\overline{qr}$，$\overline{rs}$，$\overline{sp}$ 是一对面向 2-单纯形▲pqs，▲qrs 上的 1-循环边界。$(Z_n, +)$，$n \geqslant 0$（简写为 Z_n）是核子群 $\ker\partial_n \subseteq C_n$（所有单纯 n-循环的集合）。另外，让 B_n 是一组单纯 n-孔边界。第 n 个有限单纯复形 K 的单纯同源群是由下式定义的商群（用 $H_n(K)$表示）

$$H_p(K) = Z_p / B_p = \ker\partial_n / B_n = \text{循环}/\text{边界（单纯商群）}$$

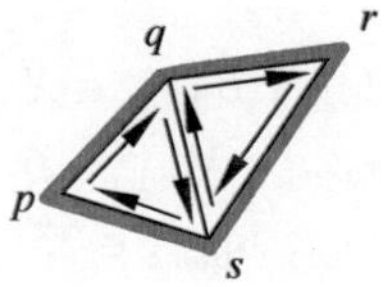

图 A.6 Z_1 循环示例

定理 A.10 （**[12，推论 1.2]**）

设 K 是一个复合形，覆盖欧氏平面的有限有界区域。对于所有 $n \geqslant 0$，$B_n(K) \subseteq Z_n(K)$，B_n 中的 n-边界是 Z_n 中 n-循环的子集。

证明：令 $\alpha \in B_n$ 是一个孔的 n-边界。那么，对于某些$(n+1)$-链，$\alpha = \partial_{n+1}(\beta)$。因此，根据定理 A.4，有

$$\partial_n(\alpha) = \partial_n \partial_{n+1}(\beta) = 0, \quad \text{即} \alpha \in Z_n / B_n = \ker\partial_n = Z_n$$

■

- **上界**（upper bound）：阈值 th > 定义了一类形状，其中该类的每个成员相对于阈值 th 与特定形状近似接近。有关这方面的更多信息，请参见 7.3 节和 7.7 节。
- **神经复合形**（nerve complex）：

  亚历山德罗夫神经：具有共同顶点的三角形集族（参见 1.23 节）。

  MNC 神经复合形：包含最多成分的神经复合形。例如，亚历山德罗夫 MNC 包含具有最大数量的公共顶点的三角形，而 MNC 涡旋神经包含具有最大数量的公共顶点或公共边的涡旋。

  骨架神经复合形：具有非空交点的骨架集族（参见 2.6 节）。

  双子座神经复合形：具有共同顶点或共同边的骨架集族（参见 2.13 节）。

光尖端神经复合形的起源

请注意，光尖端神经 cuspNrv$O$ 包含三个具有公共顶点（神经核）的多边形。这种形式的神经在 Peters [50，14.1 节，pp.345-346]中也被称为**网状神经**。据 Peters 和 Inan 的介绍[51，3 节]，每对相交的网格多边形都是一个**辐条**的例子。这导致了光尖端神经的替代定义。令 spoke$E$ 为非重叠多边形网格中的辐条，覆盖有限有界的表面区域。并且令 cuspNrv$O$ 是一个由下式定义的光尖端神经

$$\text{cuspNrv}O = \{\text{spoke}E : \bigcap \text{spoke}E \neq \varnothing\}$$

根据引理 8.13，$\cap \text{spoke}E = p$，一对相交辐条的公共顶点。 ■

光涡旋神经复合形：从有限有界三角化物理表面区域反射的光里衍生出的一族相交的环状细丝骨架（参见 4.11 节）。光涡旋神经骨架中的每根细丝都代表一条反射光的通路。

光尖端神经复合形：一族相交的尖端细丝（参见 8.6 节和 8.7 节）。

- **时钟加法**（clock addition），也称**模块化加法**（modular addition）：时钟加法的工作方式与我们对时钟计数的方式相同，来自 Carter [13，5.1.2 小节，p.65]。
- **视频上的二元关系**（binary relation on a video）：令 X_{video} 为非空视频，$2^{X_{\text{video}}}$ 为 X_{video} 中帧图像的集族。在视频 X_{video} 上的二元关系 R_{video} 是 $X_{\text{video}}[2^{X_{\text{video}}}]$中一组有序对成员的集合，定义为

$$A_{\text{frame}}, B_{\text{frame}} \in X_{\text{video}}$$
$$R_{\text{video}} = \{(fr_a, fr_b) \in X_{\text{video}} \times X_{\text{video}} : fr_a \in X_{\text{video}} \text{ 且 } fr_b \in X_{\text{video}}\}$$
$$A_{\text{frame}} \ X_{\text{video}} \ B_{\text{frame}} \in 2^{X_{\text{video}}} \times 2^{X_{\text{video}}}$$

例 **A.11** （视频上的接近关系）

令 K 和 K'分别为视频 X_{video} 上的三角化视频帧图像，sk$_{\text{cyclic}}$Nrv$E$ 和 sk$_{\text{cyclic}}$NrvE'分别为 K 和 K'上的骨架循环涡旋神经。同时令δ_Φ为 X_{video} 上的描述性接近关系。那么

$$2^{X_{\text{video}}} = \text{视频}X_{\text{video}}\text{中三角化帧的集族}$$
$$\text{sk}_{\text{cyclic}}\text{Nrv}E \in fr_a \in 2^{X_{\text{video}}},\ \text{sk}_{\text{cyclic}}\text{Nrv}E' \in fr_b \in 2^{X_{\text{video}}}$$
$$\delta_\Phi = \{(\text{sk}_{\text{cyclic}}\text{Nrv}E, \text{sk}_{\text{cyclic}}\text{Nrv}E') \in 2^{X_{\text{video}}} \times 2^{X_{\text{video}}} : \text{sk}_{\text{cyclic}}\text{Nrv}E \in fr_a \text{ 且 } \text{sk}_{\text{cyclic}}\text{Nrv}E' \in fr_b\}$$
$$\text{sk}_{\text{cyclic}}\text{Nrv}E \ \delta_\Phi \ \text{sk}_{\text{cyclic}}\text{Nrv}E' \in 2^{X_{\text{video}}} \times 2^{X_{\text{video}}}$$

■

A.19 T

- **特征**（feature）：参见**形状特征**。
- **同态**（Homomorphism），也称**同形映射**（same shape mapping）：两群之间的通信，来自 Carter [13，8.1 节，p.157]。同态是两个群之间的连续函数[映射]，在其共同域中模仿其域的结构，来自 Carter [13，8.1 节，pp.158-159]。例如，对于群 G 和同态ε：$G \to G$，令加法下的 $g \in G$ 是由 $g = a + b + a + a + b$ 定义的群 G 中的一个元素，则得到

$$\varepsilon(g) = \varepsilon(a) + \varepsilon(b) + \varepsilon(a) + \varepsilon(a) + \varepsilon(b)$$

换言之，令 C_i 和 C_{i-1} 为群。关于这对群的同态是从 C_i 上到 C_{i-1} 中的连续映射∂：$C_i \to C_{i-1}$，这是一个同态，条件是$\partial(a + b) = \partial(a) + \partial(b)$，对于所有 a，$b \in C_i$。参见**连续**、**映射**。

历史注释 2

同态一词来自希腊语单词：意为“相像”ομο (omo)和“构建”μορφωκτ ις (morphosis)，参见 Weisstein [38]。 ■

➢ **同态的核**（kernel of a homomorphism）：群 H 的同态 ∂ 的核是所有元素 $h \in H$ 的集合，其中 $\partial(h) = 0$。见**同态**。

➢ **同源群**（homology group）：(a) Harer 和 Edelsbrunner [34，IV.1 节，p.79]观察到同源群为拓扑空间中的孔提供了一种数学语言。同源群关注空间中空洞周围的东西，例如覆盖有限有界平坦区域的 CW 复合形上的单元集族中的空洞，如视频帧图像中发现的区域。(b) **同源群**是一个阿贝尔群，它计算表面上复合形中孔的数量（Munkres [35，1.5 节，p.26f]）。(c) P. Giblin 观察到每个边界都是一个循环[3，4.8 节，p.104]。令$(G, \circ)$，$(H, +)$为群，令 f：$G \to H$ 为同态（即 $f(a \circ b) = f(a) + f(b)$，$a, b \in G$）。$f$ 的**核**（用 ker$f$ 表示）是集合 $f^{-1}(e)$，其中 e 是 G 的单位元素。f 的**图像**（用 img$f$ 表示）是 H 中的子集 $f(G)$。令 f：$G \to H$ 是矢量空间 G 和 H 之间的线性变换[34，IV.3 节，p.93]，那么核和图像定义为

$$\ker f = \overbrace{\{a \in G : f(a) = 0 \in H\}}^{\text{映射 } f \text{ 的核，} G \text{ 的子群}}$$

$$\text{img } f = \overbrace{\{b \in H : f(b) = a \in G, \text{对某些} G \text{中的} a\}}^{\text{映射 } f \text{ 的图像，} H \text{ 的子群}}$$

回想一下，G/H 表示一个商群，它是 G 中 H 的右陪集的集族。例如，让 H 等于子群 $\{e, a\}$。G 中 H 的右陪集是

$$H = \{e, h\}$$

$$Ha = \{a, ha\} \subset G$$

则可以将核 ker$f$ 中 img$f$ 的右陪集写成 ker$f$/img$f$。更进一步，令 K 是有限有界平面上三角化表面上的单元复合形，具有 p 个单元（维度为 K）。令σ是 K 上一个单元。和$\Sigma_i a_i \sigma_i$称为 p-链（记为 $C_p(K)$，简写为 C_p）。在来自骨架循环中单元的 p-链中，每个单元σ_i写成循环单元模 2 的倍数。p-单元复合形的边界表示为总和$\Sigma_i u_i$（记为∂_p）。例如，p-链 c 的边界是总和

$$\partial c = \sum_i a_i \partial \sigma_i ()$$

回想在 A.18 节中，商群为

$$\text{循环}/\text{边界} = Z_p / B_p = \ker \partial_p / \text{img} \partial_p$$

第 p 个商群 H_p 是如下定义的商群

$$H_p = \overbrace{Z_p / B_p}^{p \text{复合形的同源群}}$$

更多有关这方面的信息，请参阅 Harer 和 Edelsbrunner [34，IV.1 节，pp.79-82]和附录 A.21 节关于循环和边界的介绍。有关商群的更多信息，请参阅 Herstein [36，2.6 节，从 p.41 起]。商群 Z_p/B_p 被称为单元复合形 K 上的**奇异同源群**。更多有关示例和应用信息，请参阅 Krantz [37，3.2 节，从 p.108 起]。参见附录 A.18 节商群。

➢ **同源群上的同态**（homomorphism on a homology group）：令$(G, +)$和$(H, +)$是一对同源群。

G 上的映射∂：$G \rightarrow H$ 到 H 上是一个**同态**，前提是

$$\partial(a) \pm \partial(b) = \partial(a \pm b), \quad 对于所有a和b \in G且\partial(a), \partial(b) \in H$$

- **同源性**（homology）：研究链复合形和链映射，这些链映射导致从形状中的孔边界和同态链映射得出的阿贝尔群[2]。
- **图像目标形状彩色相似性**（image object shape color similarity）：设 R_1、G_1 和 B_1 是形状内部的平均 RGB 彩色亮度值，则

$$C_1 = \sqrt{R_1^2 + G_1^2 + B_1^2}$$

$$C_2 = \sqrt{R_2^2 + G_2^2 + B_2^2}$$

$$C_{\text{Sim}} = 1 - \frac{|C_2 - C_1|}{|C_1|}$$

大的 C_{Sim} 值意味着高彩色接近度[40]。

- **拓扑**（Topology）：
开集 X 的集族满足 $A \cap B \subset X$ 和 $A \cup B \subset X$，条件是开集 A 和 B 在 X 中。请参阅**弱拓扑**：附录 A.17 节。

A.20 W

- **网格生成点**（mesh generation points）：**种子点**的别称。参见种子点，附录 A.23 节。
- **涡旋**（vortex），**涡度**（vorticity）：(a) 由于流体中的应力分布，可以将类似固体的旋转传递给单元：Cottet 和 Koumoutsakos [57，1 节，pp.1-2]。(b) 旋光度（Kamandi、Albooyey、Veysi、Rajaei、Zeng、Wickramasinghe 和 Capolino [58]）。参见**边**：A.3 节。

A.21 X

- **像素**（pixel）：数字图像中的元素。有关光栅图像像素的细节，参见 Peters [53，p.14，p.88]。
- **像素量子位**（pixel qubit）：孤立的量子自旋是量子位的一个例子。Susskind 和 Friedman [54，pp.2-3]观察到，附着在电子上的是一个额外的自由度，称为它的自旋（又名**量子自旋**，它是与电子隔离的动量和角动量）。**量子位**是量子信息的基本单位，例如电子自旋，量子力学系统的两个状态（或能级），其具有两个能级（自旋向上和自旋向下）。在我们的案例中，重点是记录偏振光的光子量子位。**光子量子位**是双态量化系统中光子能量的隔离，其中单个光子处于垂直极化状态或水平极化状态。光子量子位是极化正弦平面电磁波状态的量子力学描述。
光的偏振是指电磁波的几何朝向，它向左或向右旋转。**光子量子位**是对两种可能的自旋状态之一的描述，其中光自旋在行进方向上位于右手或左手。在我们的例子中，一个光**尖端细丝矢量量子位**记录了偏振光的左方向或右方向（例如，参见，图 A.7(a)作为图 A.7 所示的部分光焦线尖端矢量量子位信息系统的基础）。尖端顶点矢量的左方向产生一个超过 90° 的角度（见图 A.7(b)），尖端顶点矢量的右方向是一个小于 90° 的角度（见图 A.5(c)）。Zizzi [55]引入了一个量子位，而不是一个位。参见**种子点**：附录 A.23 节。

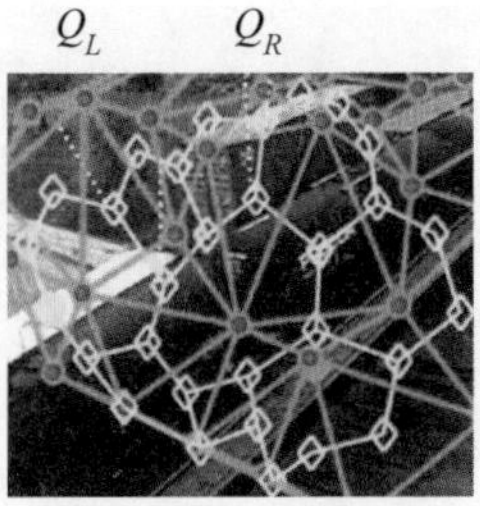

(a) 光涡旋神经尖端细丝矢量

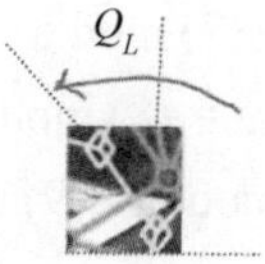

(b) 左尖端矢量量子位

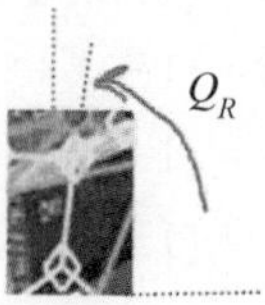

(c) 右尖端矢量量子位

图 A.7 来自光涡旋神经的光焦散尖端矢量量子位

- **形式和**（formal sum）：(a) 是用非特定术语书写的总和。例如

$$(\lambda_1+\lambda_2) \bmod 2 \quad \text{用2去除}\lambda_1+\lambda_2\text{后的余数}$$

而不具体给出$\lambda_1+\lambda_2$的值。(b) 给定一个集合 X，X 元素的形式和表示由 X 生成的自由阿贝尔群的一个元素[23]。另请参见 MacLane 和 Birkhoff 的函数缩写[24，IV.6 节，p.138]，[25，III.2 节，p.61]。

- **形状**(shape)：目标 A 的形状（记为 sh$A$）等于形状边界 bdy(sh$A$)和非空形状内部 int(sh$A$)的并集，即，

$$\text{sh}A=\overbrace{\text{bdy}(\text{sh}A)\cup\text{int}(\text{sh}A)}^{\textbf{目标形状包括bdy(sh}A\textbf{)和非空int(sh}A\textbf{)}}$$

- **形状标记**（shape signature）：参阅**分类形状**：附录 A.7 节。
- **形状特征**（shape feature）：直径、动能、内部面积、最大内部颜色亮度、最大段长度、周长、神经数量、顶点数量、速度。请参阅**图像目标形状特征**。
- **循环和边界**（cycles and boundaries）

$Z_p=\ker\partial_p$ 的元素称为 p 循环，而 $B_p=\text{Im}\partial_p$ 的元素称为链复合形 C 的 p 边界。

对于链复合形，有

$$\text{循环}/\text{边界}=Z_p/B_p=\ker\partial_p/\text{Im}\,\partial_p$$

定理 A.12 （**[6，10.1 节，性质 10.1.3]**）

对任何链复合形，$B_p=\text{Im}\partial_p$ 是 $Z_p=\ker\partial_p$ 的子群。

证明：结果遵循定理 A.4，因为对所有 n，$\partial_p\circ\partial_{p+1}=0$。 ■

- **循环群**（cyclic group）：具有二元运算+的群 G 是循环群，只要 G 中有一个元素 a（称为**生成元**），使得 G 中的每个元素 b 都是 a 的倍数，即

$$b=\overbrace{a+a+\cdots+a}^{n\text{个}a\text{的副本}}=na,\ \text{其中}n\text{是整数}$$

例 A.13

令 Z^{0+}是具有二元运算+的正整数以及 0 的集合。数字 1 是生成元，则 Z^{0+}是循环群，因为 Z^{0+}中的每个数字 x 都是 1 的倍数。 ■

例 A.14

设 $Z_p \bmod p$ 是具有二元运算+的整数加$\{0, 1, 2, ..., p-1\}$的集合。数字 1 是生成元，则 $Z_p \bmod p$ 是**循环群**，因为 $Z_p \bmod p$ 中的每个数字 x 都是 1 的倍数。为了看出这一点，让 x 成为 $Z_4 \bmod 5=\{0, 1, 2, ..., x, ..., 4\}$的成员，并且回想一下 $x \bmod 5$ 是 x 除以 5 以后

的余数，那么有

(0 + 5) mod 5 = 0,

(1 + 5) mod 5 = (6) mod 5 = 1,

(2 + 5) mod 5 = (1 + 1 +5) mod 5 = (7) mod 5 = 2,

(3 + 5) mod 5 = (1 + 1 +1 +5) mod 5 = (8) mod 5 = 3,

(4 + 5) mod 5 = (1 + 1 + 1 +1 +5) mod 5 = (9) mod 5 = 4. ■

A.22 Y

- **衍射**（diffraction）：(a) 衍射是光线绕过物体（例如云中的水滴、灰尘颗粒或冰晶或悬挂在屋顶边缘的冰柱）边缘时的弯曲。也指被衍射物体移动的光波。有关这方面的更多信息，请参阅伊利诺伊大学网页[18]。(b) 当入射光的初始波前在其边缘被急剧切断时，就会发生衍射：Nye [19，6.1 节，p.123]。Nye 观察到，在偏离光轴的不同观察点处，波前不同点的贡献之间存在相位差，因此它们之间存在干涉，因此出现衍射图案[19，6.1 节，p.123]。例如，在咖啡杯里焦散波场的衍射图案，参见 4.11 节和 Wright [20]。请注意，咖啡杯焦散是光的波前错位的一个例子，即撞击咖啡杯内曲面的平行光线弯曲。有关衍射图案，请参见 6.5 节的应用。
- **因子群**（factor group）：假设 Z 和 B 是阿贝尔群，并假设 B 是 Z 的一个子群。群 Z 模子群 B 的因子群 $H = Z/B$ 是 Z 中 B 的所有陪集 $g + B$ 的群（参见 Eilenberg 和 MacLane [22，I.4 节，p.763]）。因子群也称为商群。P. Giblin 指出商群（或因子群）Z/B 是“忽略”或“置零”B 元素的方法，参见 Giblin [3，A.12 节，p.219]。参见**阿贝尔群、陪集、自由阿贝尔群、群、同源群、商群**。
- **映射胚芽**（map germ）：映射胚芽定义了一组从平面到平面的映射等价关系。每个等价类被称为一个映射胚芽，每个类都是一个表示形状的胚芽：Saji [46]、Nishimura [47]、Seade [48]。

A.23 Z

- **折射**（refraction）：

  光的折射：光的折射是光从一种透明介质（如空气）进入另一种介质（如相机镜头或水）时发生的弯曲。当把铅笔尖放在清水中时，你会看到什么呢？有关这方面的更多信息，请参阅 Nye [19，6.4 节，pp.136-137]。

  折射率的介质源比：令μ为折射率，定义为

$$\mu = \frac{\text{真空中光速}}{\text{介质中光速}}$$

- **折射率**（refraction index），**斯奈尔定律**（Snell's law）：

  诸如透镜或水滴之类材料的折射率是该材料减慢光速并扭曲入射光的入射角的程度。设α为入射角（光进入材料之前），μ_1 为入射折射率，β为折射角（光弯曲程度），μ_2 为出射折射率，则

$$\mu_1 \sin\alpha = \mu_2 \sin\beta$$

  参见**衍射**：附录 A.22 节，**反射**：附录 A.7 节。
- **整数集合**（set of integers）：Z。

- **值**（value）：令 img 为一幅彩色图像，其中像素具有 R（红色）、G（绿色）和 B（蓝色）强度。img 的值是 img 中每个像素的亮度。令 $p \in$ img 是一个具有值 V_p 的像素，该值如下估计：

$$V_p = \overbrace{\frac{R+G+B}{3}}^{\text{彩色像素}p\text{的值}}$$

- **质量**（mass）：质量就是能量（爱因斯坦）：Susskind [21，7 节，p.127]。Susskind 更进一步得出结论：能量是一种**变形器** [21，7 节，p.126]。设 E 是与运动物体相关的能量，m 是物体的质量，c 是光在空间中传播的速度。爱因斯坦将质量视为能量的观点源于他对能量、质量和光速之间关系的观察，即

$$E = m \times c^2$$

$$m \approx \overbrace{\frac{E}{c^2}}^{\text{目标能量的变形观点}}$$

引理 **A.15** （基于 **L. Susskind** 的观察）
物体的质量与形状变化成正比。

证明：设 m_A 是能量为 E_A 的物体 A 的质量。质量 m_A 与其 Susskind 能量 E_A 成正比，后者是变形的。因此，m_A 是由物体 A 在运动和形状变化的生命周期中所释放的潜能 E 所产生的，这导致变化（变形）比 E/c^2。 ■

回想一下，目标 A 的形状 sh$A$ 是由其边界和内部的组合定义的，内部是非空的。设 sh$A$ 是物体 A 的形状。引理 A.13 提出了一个形状函数 sh$A$(bdy$A$, int$A$, sA)，它取决于 bdy$A$（形状 sh$A$ 的边界）、int$A$（形状 sh$A$ 的内部）和 sA（形状 sh$A$ 的速度）的瞬时值，它返回一个单一的实数值，代表 A 的运动和形状变化的组合结果，即 A 的瞬时能量。

定理 A.16
物体的质量可以从它不断变化的形状和速度推导出来。

证明：根据定义，在时空中行进的物体 A（由 sh$A$ 表示）的形状具有在任何给定时刻速度为 sA 的边界 bdy$A$ 和非空内部 intA。设 sh$A$：R × R × R → R 是一个标量函数，使得标量 sh$A$(bdy$A$, int$A$, sA) = sh($\boldsymbol{r}$)被分配给位置矢量为 $\boldsymbol{r}$ 的每个点 P。此外，div sh$A$ 表示 sh$A$ 的散度矢量场，grad sh$A$ 表示 sh$A$ 的梯度标量场（方向变化）。

微分算子△sh$A$(bdy$A$, int$A$, sA)是函数 sh$A$ 在点(bdy$A$, int$A$, sA)的拉普拉斯增量。回想一下，Hamilton nabla 算子∇提供了标准导数的简写。

△sh$A$ 的拉普拉斯增量定义为

$$\begin{aligned}\triangle \mathrm{sh}A &= \overbrace{\text{div grad sh}A}^{\mathrm{sh}_A\text{的梯度的散度}\to\text{能量}E_A} \\ &= \nabla \bullet (\nabla \mathrm{sh}A) \\ &= \frac{\partial^2 \mathrm{sh}A}{\partial \mathrm{bdy}_A^2} + \frac{\partial^2 \mathrm{sh}A}{\partial \mathrm{int}_A^2} + \frac{\partial^2 \mathrm{sh}A}{\partial s_A^2}\end{aligned}$$

在任何给定时刻，目标 A 的能量 E_A 是△sh$A$ 的值。实际上，△sh$A$ → E_A，即△sh$A$ 映射到能量 E_A。然后，根据引理 A.13，物体 A 的质量 m_A 与其变形能量 E_A 成正比，定义为

$$\overbrace{m_A = \frac{1}{c^2} \times [\triangle \text{sh}_A] = \frac{1}{c^2} \times [E_A]}^{\text{质量}m_A\text{◆变形能量}[\triangle\text{sh}_A]}$$

因此，质量 m_A 相对于其变形能量而变化。也就是说，质量 m_A 在其生命周期中的每个瞬间随着其形状跟随速度 s_A 的变化而变化，因为它在空间中移动。■

质量来自变形能量

定理 A.15 是一个目标质量的视图，它与其变形能量成正比，因为能量本身是一个变形器[21，7 节，p.126]。每个目标都有潜在的能量，这取决于每一瞬间它在空间中传播的形状和速度。随着目标 A 的能量 E_A 发生变化，它的质量 m_A 也会发生变化。■

(a) **改变视频中记录的表面形状**。Susskind 和 Friedman [21，7 节，p.126]关于质量的变形能量观点对解释视频帧图像中记录的目标表面形状的改变和变化具有重要意义。我们可以在一对视频帧图像中测量每个形状边界（其顶点数、长度）、形状内部（其面积）和相对于其初始和下一个外观的位移。在不断变化的表面孔边界中可以找到这种质量变形观点的证据，它们直接影响包含这些孔的表面形状。视频帧图像提供了路径能量水平在每个时刻的形状转换和微小变化的记录。我们在一系列视频帧图像中所拥有的是视觉场景中的表面随着记录的变化（**侵蚀**、**膨胀**、**收缩**）以及记录的表面在时空中移动时形状变化的一点历史。

(b) 目标的质量是目标的一种特性，是目标对加速度的抵抗力的量度。千克（kg）是质量的标准单位。

➢ **质量点**（mass point）：普朗克质量 m 为点粒子的最大质量 $\approx 2.18 \times 10^{-8}$kg。有关质点的更多信息，请参阅费米[49]中的光学-力学类比，这是费米芝加哥大学讲座中关于量子力学的手写笔记。

➢ **自由阿贝尔群**（free Abelian group）：(a) 一个阿贝尔群 G 是一个自由阿贝尔群，只要 G 是循环群的直接和。有关这方面的更多信息，请参阅 Giblin [3，A.9 节，pp.217-219] 和 Rotman [26，pp.312-317]。(b) 如果离散群 B 的元素 $\partial\blacktriangle_i$ 使得每个元素都可以表示为具有整数系数 λ_i 的有限和 $\Sigma_i\lambda_i\partial\blacktriangle_i$，则 B 称为具有基元素 $\partial\blacktriangle_i$ 的自由阿贝尔群。例如，链群 Z_p 和边界群 B_p 是自由阿贝尔群。参见**阿贝尔群**、**边界群**、**链**、**群**。

➢ **自由群**（free group）：群 G 是一个自由群，只要 G 的每个元素 g 都可以写成其生成元 $x_1,\cdots,x_i,\cdots,x_n$ 的线性组合，即

$$g = m_1x_1 + \cdots + m_ix_i + \cdots + m_nx_n,\quad m_i \in \mathbb{Z}\ \text{（整数集合）}$$

➢ **自由群引理**（free group lemma）：

引理 **A.17** （**[22，p.764]**）

自由群的每一个真子群都是自由的。■

有关此引理的更多信息，请参阅 Alexandroff (Alexandrov) [27，第 III 部分，附录 2 节，p.213]。

➢ **种子点**（seed points）：

种子点是在有限有界区域的镶嵌或三角剖分中使用的顶点。以下是在沃罗诺伊和德劳内网格生成中有用的可能种子点列表。种子点也称为**网格生成点**。

（1）**质心**：已知最早的网格生成点。用于研究有限有界曲面的形状，尤其是在表面孔三角化质心上的亚历山德罗夫神经顶点的背景下，导致重心嵌套、非同心、重叠涡旋循环骨架和一族光焦散褶皱和尖端细丝，为**光涡旋神经**提供框架，记为 $\text{sk}_{\text{cyclic}}\text{Nrv}E$。尖端细丝顶点是三角形重心（在孔的质心之间，它们是亚历山德罗夫神经中的顶点）。因此，**尖端细丝**代表视觉场景中来自形状表面的反射光所遵循的路径。尖端细丝的朝向是**光子自旋量子位**的来源（参见**量子位**：附录 A.21 节的“像素量子位”）。

（2）**角点**：很有用，前提是选择受到限制。参见，例如[50，pp.356-357]附录 A 中的手稿 19。

（3）**矩形网格线交点**。

（4）**像素彩色波长**。参见**光的波长**。

（5）**像素强度**。很有用，前提是选择受到限制。

（6）**边缘像素**。典型，边缘像素提供过多的种子点。

（7）**关键点**。图像中有特色的边缘像素（参见 Mathematica 中的**图像关键点**）。例如，参见[50，pp.370-371]附录 A 中的手稿 32 和手稿 33。

（8）**临界点**。也称为兴趣点。

（9）**随机选取的点**。在某些实验中有用。

（10）**显著点**。参见 Mathematica 中的图像显著性滤波器。

（11）**混合质心-角点**。质心也是角点。

（12）**混合质心-边缘**。质心也是边缘。

（13）**混合像素强度-质心**。质心也是强度水平集中的显著点。

（14）**混合像素强度-角点**。角点也是强度水平集中的显著点。

（15）**混合像素强度-边缘**。边缘像素也是强度水平集中的显著点。

（16）**混合像素强度-关键点**。关键点也是强度水平集中的显著点。

（17）**混合像素强度-临界点**。临界点也是强度水平集中的显著点。

（18）**混合像素彩色波长-强度-质心**。质心也是强度水平集中的显著点。

（19）**混合像素彩色波长-强度-角点**。角点也是强度水平集中的显著点。

（20）**混合像素彩色波长-强度-边缘**。边缘像素也是强度水平集中的显著点。

（21）**混合像素彩色波长-强度-关键点**。关键点也是强度水平集中的显著点。

（22）**混合像素彩色波长-强度-临界点**。临界点也是强度水平集中的显著点。

（23）**混合关键点-质心**。关键点也是质心。

（24）**混合关键点-角点**。关键点也是角点。

（25）**混合关键点-边缘**。关键点也是边缘像素。

（26）**混合角点-质心**。角点也是质心。

（27）**混合角点-边缘**。角点也是边缘像素。

（28）**混合临界点-质心**。临界点也是质心。

（29）**混合临界点-角点**。临界点也是角点。

（30）**混合临界点-关键点**。临界点也是关键点。

（31）**混合临界点-边缘像素**。临界点也是边缘点。

参考文献

1. Ahmad, M., Peters, J.: Descriptive unions. A fibre bundle characterization of the union of descriptively near sets. arXiv 1811(11129v1), 1–19 (2018)
2. Hilton, P.: A brief, subjective history of homology and homotopy theory in this century. Math. Mag. 61(5), 282–291 (1988). MR0979026, homology until 1940
3. Giblin, P.: Graphs, Surfaces and Homology, 3rd edn. Cambridge University Press, Cambridge (2016).Xx+251 pp. ISBN: 978-0-521-15405-5, MR2722281, first edition in 1981, MR0643363
4. Eilenberg, S.: Homology of spaces with operators. i. Trans. Am. Math. Soc. 61, 757–831 (1947). MR0021313
5. Hatcher, A.:Algebraic Topology.Cambridge University Press, Cambridge,UK(2002). xii+544 pp. ISBN: 0-521-79160-X, MR1867354
6. Adhikari, M.: Basic Algebraic Topology and its Applications. Springer, Berlin (2016). Xxix+615 pp. ISBN: 978-81-322-2841-7, MR3561159
7. Tourlakis, G.: Group extensions and homology. SIAM J. Appl. Math. 33(1), 51–54 (1977). MR0515290
8. Corcoran, P., Winstanley, A., Mooney, P., Tilton, J.: Self-intersecting polygons resulting from contour evolution for shape similarity. Int. J. Shape Model 15(1), 93–109 (2009).MR2804504
9. Smirnov, Y.M.: The theory of shapes. i. (Russian). Algebra Topol. Geom. 19, 181–207, 276 (1981). MR0639760; Translated from Itogi Nauki i Tekhniki, Seriya Algebra, ropologiya, Geometriya, vol. 19, pp. 181–207 (1981)
10. Ibrahim, S.: Data-inspired advances in geometric measure theory: Generalized surface and shape metrics. Ph.D. thesis,Washington State University, Department of Mathematics (2014). Chair: K.R. Vixie, MR3295312; arXiv:1408.5954v1, 26 Aug. 2014
11. Vixie, K., Clawson, K., Asaki, T., Sandine, G., Morgan, S.: Multiscale flat norm signatures for shapes and images. Appl. Math. Sci. 4(667-680), 93–109 (2009). MR2595506
12. Rotman, J.: An Introduction to Homological Algebra, 2nd edn. Universitext. Springer, New York (2009). Xiv+709 pp. ISBN: 978-0-387-24527-0, MR2455920
13. Carter, N.: Visual Group Theory. Mathematical Association of America, Classroom Resource Materials Series,Washington,DC(2009). xiv+297 pp. ISBN: 978-0-88385-757-1, MR2504193
14. Carr, H., Duke, D.: Joint contour nets. Found. Comput. Math. 18(6), 1333–1396 (2018). MR3875842
15. Weisstein, E.: Cover.WolframMathWorld (2018). http://mathworld.wolfram.com/Cover.html
16. Willard, S.: General Topology. Dover Publications, Inc., Mineola (1970). Xii + 369pp, ISBN:0-486-43479-6 54-02, MR0264581
17. Alayragues, S., Damiand, G., Lienhardt, P., Peltier, S.: A boundary operator for computing the homology of cellular structures. HAL archives-ouvertes.fr (2011). http://hal.archives- ouvertes.fr/hal-00683031v1
18. Ww2010.: Department of Atmospheric Sciences. University of Illinois (2010). http://ww2010.atmos.uiuc.edu/(Gh)/guides/mtr/opt/mch/refr/less.rxml
19. Nye, J.: Natural Focusing and Fine Structure of Light. Caustics and Dislocations. Institute of Physics Publishing, Bristol (1999). xii+328 pp. MR1684422
20. Wright, F.: Wavefield singularities: a caustic tale of dislocation and catastrophe. Ph.D. thesis, University of Bristol, H.H.Wills Physics Laboratory, Bristol, England (1977). https:// researchinformation.bristol.ac.uk/

files/34507461/569229.pdf
21. Susskind, L.: The Black Hole War, p. 470. Back Bay Books, New York (2008)
22. Eilenberg, S., MacLane, S.: Group extensions and homology. Ann. Math. 43(2), 757–831 (1942). MR0007108
23. [pseudonym], H.: Formal sum. Stackexchange (2017). https://math.stackexchange.com/ questions/2308741/what-is-the-meaning-of-formal-in-math-speak
24. MacLane, S., Birkhoff, G.: Algebra. The Macmillan Co., New York (1967). xix+598 pp
25. MacLane, S., Birkhoff, G.: A Survey of Modern Algebra. The Macmillan Co., New York (1941). xi+450 pp. MR0005093
26. Rotman, J.: The Theory of Groups. An introduction. 4th edn. Springer, New York (1965, 1995). xvi+513 pp. ISBN: 0-387-94285-8, MR1307623
27. Alexandrov, P.: Combinatorial Topology.Graylock Press, Baltimore (1956). xvi+244 pp. ISBN:0-486-40179-0
28. Clifford,A., Preston, G.: The Algebtaic Theory of Semigroups, Vol. 1.American Mathematical Society, Providence (1961). Mathematical Surveys No. 7
29. Peters, J., Öztürk, M., Uçkun, M.: Klee-Phelps convex groupoids. arXiv 1411(0934), 1–5(2014). Published in Mathematica Slovaca 67 (2017), no. 2.397-400
30. Hausdorff, F.: Set Theory, trans. by J.R. Aumann.AMSChelsea Publishing, Providence (1957).352 pp
31. Hausdorff, F.: Grundzüge der Mengenlehre. Veit and Company, Leipzig (1914). Viii + 476 pp
32. Krantz, S.: A Guide to Topology. The Mathematical Association of America, Washington, D.C. (2009). ix + 107pp, The Dolciani Mathematical Expositions, 40. MAA Guides, 4, ISBN:978-0-88385-346-7, MR2526439
33. Tozzi, A., Peters, J.: Topology of black holes horizons. Emerg. Sci. J. 3(2), 58–63 (2019). http://dx.doi.org/10.28991/esj-2019-01169
34. Edelsbrunner, H.,Harer, J.: ComputationalTopology.An Introduction. American Mathematical Society, Providence (2010). xii+241 pp. ISBN: 978-0-8218-4925-5, MR2572029
35. Munkres, J.: Elements of Algebraic Topology, 2nd edn. Perseus Publishing, Cambridge (1984). ix+484 pp. ISBN: 0-201-04586-9, MR0755006
36. Herstein, I.: Topics in Algebra, 2nd edn. Xerox College Publishing, Lexington (1975). Xi+388 pp. MR0356988; 1st edn. in 1964, MR0171801 (detailed review)
37. Krantz, S.: Essentials of Topology with Applications. CRC Press, Boca Raton (2010). Xvi+404 pp. ISBN: 978-1-4200-8974-5, MR2554895
38. Weisstein, E.: Homomorphism. Wolfram MathWorld (2017). http://mathworld.wolfram.com/Homomorphism.html
39. Klette, R., Rosenfeld, A.: Digital Geometry. Geometric Methods for Digital Picture Analysis. Morgan-Kaufmann Publishers, Amsterdam (2004). MR2095127
40. Ilieva, J., Zlatev, Z., Yordanova, R.: Application of Fibonacci series in computer-generated patterns for contemporary textiles. Int. J. Textile Sci. Eng. TSE-109, 1–7 (2018). https:// doi.org/10.29011/IJTSE-109.100009
41. Huygens, C.: Treatise on light. In: Which Are Explained the Causes of that Which Occurs in Reflexion and Refraction and Particularly in the Strange Refraction of Iceland Crystal. University of Chicago Press, Chicago (1690 (1912)). xi+129 pp. translated by S.P. Thompson
42. Oudet, X.: Light as flow of photons. Technical report, Université Paris-Sud(2018). https://www.researchgate.net/

profile/Xavier_Oudet
43. Young, T.: The bakerian lecture: On the theory of light and colours. Philos. Trans. R. Soc. Lond. 92, 12–48 (1802). https://www.jstor.org/stable/107113
44. Dennis, M.: Topological singularities inwave fields. Ph.D. thesis, University of Bristol, Department of Physics and Astronomy (2001). Supervisor: M. Berry, 226pp
45. Newton, I.: Opticks: or, A Treatise of the Reflexions, Refractions, Inflexions and Colours of Light. Also Two Treatises of the Species and Magniture of Curvilinear Figures. S. Smith, and B. Walford, Printers to the Royal Society, London, UK (1704). 211pp
46. Saji, K.: Criteria for singularities of smooth maps from the plane into the plane and their applications. Hiroshima Math. J. 40(2), 229–239 (2010). MR2680658
47. Nishimura, T.: Topological equivalence of k-equivalent map germs. J. Lond. Math. Soc. 60(1), 308–320 (1999). MR1722153
48. Seade, J.: Remarks on the topology of real and complex analytic map-germs. In: Singularities and Computer Algebra, pp. 257–273 (2017). MR3675730
49. Fermi, E.: Notes on QuantumMechanics. A Course Given by Enrico Fermi at the University of Chicago. The University of Chicago Press, Chicago (1961). vii+188 pp. ISBN 0-226-24181-8
50. Peters, J.: Computational Proximity. Excursions in the Topology of Digital Images. Intelligent Systems Reference Library, vol. 102 (2016). Xxviii + 433pp. https://doi.org/10.1007/978-3-319-30262-1, MR3727129 and Zbl 1382.68008
51. Peters, J., ˙Inan, E.: Strongly proximal edelsbrunner-harer nerves. Proc. Jangjeon Math. Soc. 19(3), 563–582 (2016). MR3618825
52. Bredon, G.: Topology and Geometry. Springer, New York (1997). Xiv+557 pp. ISBN: 0-387-97926-3, MR1700700
53. Peters, J.: Foundations of Computer Vision. Computational Geometry, Visual Image Structures and Object Shape Detection, Intelligent Systems Reference Library, vol. 124. Springer nternational Publishing, Switzerland (2017). i-xvii, 432 pp. https://doi.org/ 10.1007/978-3-319-52483-2, Zbl 06882588 and MR3768717
54. Susskind, L., Friedman, A.: Quantum Mechanics. The Theoretical Minimum. Penguin Books, UK (2014). xx+364 pp. ISBN: 978-0-141-977812
55. Zizzi, P.: Entangled spacetime. Mod. Phys. Lett. A 33(29), 1–21 (2018). https://doi.org/ 10.1142/ S217732318501687
56. May, J.: Finite Spaces and Larger Contexts. University of Chicago, Chicago (2003). http://math.uchicago.edu/~may/REU2017/FiniteAugBOOK.pdf
57. Cottet, G.H., Koumoutsakos, P.: Vortex Methods. Theory and Practice. Cambridge University Press, Cambridge (2000). xiv+313 pp. ISBN: 0-521-62186-0, MR1755095
58. Kamandi, M., Albooyey, M., Veysi, M., Rajaei, M., Zeng, J., Wickramasinghe, K., Capolino, F.: Unscrambling structured chirality with structured light at nanoscale using photo-induced force, 1–19 (2018)
59. Jänich, K.: Topology. With a chapter by T. Bröcker. Translated from the German by Silvio Levy. Springer, New York (1984). ix+192 pp. ISBN: 0-387-90892-7 54-01, MR0734483
60. Nye, J.: Rainbows from ellipsoidal water drops. Proc. R. Soc.: Math. Phys. Sci. 438(1903), 397–417 (1992). https://www.jstor.org/stable/52118
61. Nye, J.: Wave dislocations in the diffraction pattern of a higher-order optical catastrophe. J. Opt. 12(015702), 1–10 (2010). https://doi.org/10.1088/2040-8978/12/1/015702

主 题 索 引